本书获西安电子科技大学研究生精品教材项目资助

计算机图形学原理及应用

肖　嵩　杜建超　编著
吴成柯　　　主审

西安电子科技大学出版社

内 容 简 介

本书主要讲述计算机图形学基本原理、最新进展和相关应用，是作者在多年教学和研究的基础上，参考国内外该学科领域最新进展和部分最新的研究成果编写而成的。本书涵盖了计算机图形学的最新概况、光栅图形学的基本原理、几何造型基础、三维图形显示、真实感图形学、虚拟现实技术与可视化、计算机动画等图形学方面的主要内容，同时还介绍了计算机图像处理和图像识别方面的相关知识。

本书可作为高等院校本科生、研究生学习计算机图形学的教材，也可供相关技术人员和计算机教育工作者参考使用。

图书在版编目(CIP)数据

计算机图形学原理及应用/肖嵩，杜建超编著. 一西安：西安电子科技大学出版社，2014.6

研究生系列教材

ISBN 978-7-5606-3266-7

Ⅰ. ①计…　Ⅱ. ①肖…　②杜…　Ⅲ. ①计算机图形学—研究生—教材　Ⅳ. ①TP391.41

中国版本图书馆 CIP 数据核字(2014)第 073570 号

策　　划　李惠萍
责任编辑　雷鸿俊　李惠萍
出版发行　西安电子科技大学出版社(西安市太白南路 2 号)
电　　话　(029)88242885　88201467　　邮　　编　710071
网　　址　www.xduph.com　　电子邮箱　xdupfxb001@163.com
经　　销　新华书店
印刷单位　陕西华沐印刷科技有限责任公司
版　　次　2014 年 6 月第 1 版　2014 年 6 月第 1 次印刷
开　　本　787 毫米×1092 毫米　1/16　印　　张 19
字　　数　447 千字
印　　数　1～2000 册
定　　价　38.00 元

ISBN 978-7-5606-3266-7/TP

XDUP 355800-1

西安电子科技大学研究生精品教材

编审委员会名单

—— 前　　言 ——

计算机图形学是近五十年来随着计算机及其外围设备的发展而出现的新兴学科，也是计算机科学领域内最活跃的分支之一，在造船、航空航天、汽车、土建工程、电子、机械、影视广告、地理信息以及轻纺化工等领域均有广泛的应用。

本书主要讲述了计算机图形学的基本原理、最新进展和相关应用，是作者在多年教学和研究的基础上，结合学科最新发展编写而成的。本书的特点主要体现在两个方面：第一，内容反映了计算机图形学方面的最新进展和最新研究成果，具有很强的时代感和创新性；第二，作者在多年一线教学和研究的基础上，加入了图像处理和图像识别的内容，使得全书的内容更加丰富，同时有利于读者更加全方位、系统地掌握图像、图形相关的专业知识与相关应用，提高和激发其学习兴趣。

全书共九章。第一章介绍计算机图形学的基本概念、研究内容、发展历程、图形系统组成和最新研究方向。第二章详细讲述直线和曲线的生成算法、区域填充算法和裁剪算法等光栅图形学的知识，使读者了解图形显示技术的基本原理。第三章讲述曲线和曲面的参数表示、曲线插值和拟合以及 Bezier 曲线和 B 样条曲线，并介绍曲面的拟合和显示，使读者掌握图形几何属性的表示方法。第四章介绍坐标系统变换以及三维空间的投影、裁剪、消隐等算法，使读者掌握计算机生成的三维图形如何转化到显示系统进行显示的过程。第五章介绍真实感图形的生成算法，包括颜色模型、光照模型、纹理映射和一些常用特效的生成算法，使读者掌握图形生成的高级算法。第六章介绍虚拟现实技术、3D 立体显示技术、科学计算可视化及人机交互技术，使读者了解计算机图形学更为广泛的应用领域。第七章介绍计算机动画的基础知识、生成过程和常用软件。第八章讲述图像的基础知识和一些常用的图像处理算法，包括图像的变换和增强，使读者了解自然图像与计算机生成图像之间的区别与联系。第九章介绍图像识别的基础知识，使读者了解计算机视觉是如何利用模式识别的知识对图形图像进行分类和聚类，从而识别出图像中的物体的。此外，还在附录中介绍了计算机图形学的数学基础和图形的几何变换。其中，带 * 的章节可供研究生学习。

本书由西安电子科技大学肖嵩、杜建超编写。西安电子科技大学吴成柯教授在百忙之中审阅了全书，提出了许多宝贵意见。西安电子科技大学硕士研究生冯炜、胡鹏媛、师康潇男、张益彬等参与了本书的部分编写工作，并对内容做了大量细致的校对工作。在此一并对他们表示衷心的感谢。

感谢西安电子科技大学出版社对本书的大力支持。

由于作者水平有限，书中不足之处在所难免，恳请读者批评指正。

编　者

2014 年 2 月于西安

目　录

第一章 绪 论

计算机图形学是近五十年来随着计算机及其外围设备的发展而形成的应用广泛的新兴学科，也是计算机科学领域内最活跃的分支之一。其最早出现，源于在绘图仪和阴极管屏幕上输出图形的需求，技术人员因此设计了一套专用的图形显示算法。如今它已经发展为对高精度的虚拟模型进行生成、显示、存取和管理的新学科，在造船、航空航天、汽车、土建工程、电子、机械、影视广告、地理信息以及轻纺化工等领域均有广泛的应用。工程技术领域的发展，为计算机图形学提出了新的要求，从而丰富和充实了学科内容，不断推动这门学科的快速持续发展。

☞ 1.1 计算机图形学概述

1.1.1 计算机图形学的基本概念

1. 定义

计算机图形学(Computer Graphics，CG)是研究如何利用计算机来处理图形的方法、原理、技术的一门学科。由于现实中的图形属性十分复杂，因此对于计算机图形的处理通常需要先建立一个合理的数学模型，并利用合适的算法表达出图形的特征，最后以栅格化的形式输出到设备上，给用户提供直观的感受。计算机图形学和数字图像处理的区别在于，计算机图形学研究如何由计算机生成真实感的图形，而数字图像处理主要研究对采集设备(如摄像头)采集到的自然图像进行处理。

图形通常由点、线、面、体等几何元素和灰度、色彩、线型、线宽等非几何元素组成。从处理技术上来看，图形主要分为两类：一类是基于线条表示的图形，如工程设计图、等高线地图、曲面的线框图等；另一类是明暗图，也就是通常所说的真实感图形。

计算机图形学一个主要的目的就是要利用计算机产生令人赏心悦目的真实感图形。为此，必须先建立起一个用图形描述的场景的几何表示，再用某种光照模型，计算在假想的光源、纹理、材质属性下的光照明效果。所以计算机图形学与另一门学科——计算机辅助几何设计有着密切的关系。事实上，计算机图形学也将表示几何场景的曲线曲面造型技术和实体造型技术作为主要研究内容。同时，真实感图形的计算结果是以数字图像的方式提供的，故计算机图形学和图像处理也有着密切的联系。

虽然图形与图像两个概念间的区别越来越模糊，但两者还是有一定区别的：图像通常仅指计算机内以位图形式存储的灰度信息，而图形含有几何属性，更为强调场景的几何表示，图形是由场景的几何模型和景物的物理属性共同组成的。

计算机图形学的研究内容非常广泛，如图形硬件、图形标准、图形交互技术、光栅图形生成算法、曲线曲面造型、实体造型、真实感图形计算与显示算法、非真实感绘制，以及科学计算可视化、计算机动画、自然景物仿真、虚拟现实等。近三十年来，计算机图形学渐渐成为一门发展迅速、应用广泛的前沿学科。

2. 图形的概念与表示

1)图形的分类

图形在日常生活中是一个十分宽泛的概念，在计算机领域，根据不同的需求，可以对图形以不同的依据进行分类。狭义上的图形通常指描述图形，即可以用函数、方程式来描述的各种几何图形，常说的矢量图即是描述图形，其特点之一在于不会因为放大缩小的处理而损失形状的细节；广义上的图形泛指各类自然图形，如图片、图像、绘画、图景等，通常这种图片以像素为单位储存，格式有 PNG、JPG、TIFF 等。

按照维度，图形可分为 2D 图形和 3D 图形，虽然通常在计算机上对 3D 图形还是通过 2D 的显示器来输出与制作，但许多新兴的技术正在不断地使三维图形的显示更为逼真；按照颜色，图形可分为单色、灰度、彩色图形，颜色细节越丰富的图形占用的空间将会更大，根据实际使用的要求选择必要的颜色格式可以节约处理资源与存储容量；按照构成方法，可将图形分为矢量图和点阵图；按照运动与否，可将图形分为静态图和动画，其处理方式有很大的不同。图形分类的准则比较丰富，可以根据不同情况采用不同的标准。

2) 图形的要素

组成图形的要素分为几何要素和非几何要素。几何要素包括点、线、面、体等；而非几何要素是指图形的颜色、灰度、明暗度等视觉属性。任何图形都是几何要素和非几何要素的结合。

对于图形要素的把握在计算机图形学前期的学习中颇为重要。由于在计算机图形学中将会使用到大量的数学工具来描述图形的生成，所以本学科前期的主要学习内容是关于各类图形生成的算法，偏重于数学与几何讨论，读者应在掌握数学表达的基础上对计算机图形的内在要素有足够的感性与理性认识。在计算机图形学中，图形生成的算法经过多年发展到当今的水平，其最初思想便是对这些基本要素的表示与计算。明确掌握各个元素在图形学中的作用，将有助于更准确地理解图形生成的原理，并更好地在已有知识储备的前提下对每个部分进行更深入的研究。

3) 图形相关术语

在学习本书的过程中，经常使用图形、图像、图片等词语，其含义类似但侧重点不同，故描述时应该注意其区别。与图形相关的术语十分丰富，一些近似的用语在适用范围上有所不同。常用的术语如下：

- 图形(Graphics)：强调对象的几何特征与结构。
- 图像(Image)：常按处理方式分为位图和矢量图，是图形和影像的总称。
- 图片(Picture/Photo)：绘图、摄影等含有一定创作成分的图像文件。
- 图案(Pattern)：强调结构的典型易辨及造型的匀称。
- 图表(Chart)：对数据等统计信息直观化，以图形或表格的形式表现。

• 图标(Icon)：用于指代及标识计算机中文件功能的图像。

• 插图(Figure)：文章、资料等中用于直观展示正文内容的图像。

在计算机图形学中，图形和图像两个术语往往可以互换使用，但图形偏重于被处理对象的结构单元本身，例如一个绘制中的多边形，或者一个三维球体；而图像多用于描述处理界面的整体，例如一幅用计算机绘制的画面全体。一个真实感3D场景呈现在显示器上的画面通常称为图像，而场景中的一个球体可以称做图形；一张数码相机拍摄的照片或者艺术家在计算机上绘制出的图画不能简单地称做图形，而是图像。

4) 图形的表示

表示一个图形常用的方法有参数法和点阵法。参数法使用一个或多个函数描述图形的性质，其特性与解析几何中的原理类似。例如，需要绘制一条45°的直线，在解析几何中可以简单地使用函数 $y=x$ 来实现，在计算机中也可以通过在一个绘图区域里用同样的函数使得所有符合此函数条件的位置被着色而构成一条直线，如果需要改变其长度，只需要规定其定义域即可；点阵法与参数法不同的是要对图像进行栅格化，即将一个图像划分为密集的网格单元，即像素，然后对每一个单元的颜色信息进行定义，当图像被放大到一定倍数时，会很明显地看到一个一个的正方形色块，这就是平时所说的像素，如图1.1.1所示(其中右图为放大数倍后的照片)。

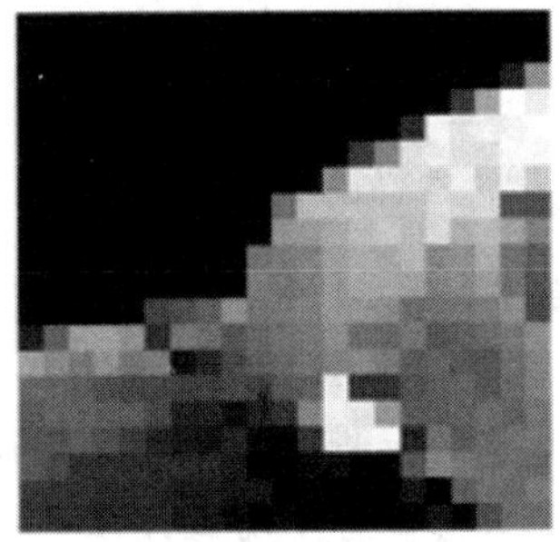

图1.1.1 像素示意图

由于现在的显示技术也是基于以像素为单元的原理制造的，故点阵法广泛适用于各种图形的表示与编辑，在图像的分辨率(即图像宽度和高度所使用的像素数量)足够大的情况下，其显示效果足以胜任通常的显示需求。但是由于点阵法要对所有的像素信息进行定义，故占用存储量较大，而且基于像素的图形在放大一定倍数之后将出现明显的锯齿，无法显示细节，因此通常在对图形进行精密、定性的处理时会采用参数法以确保准确性。例如，在数据处理常用的软件MATLAB中，计算结果的图形便是以参数法实时生成的，以便于研究人员直观准确地对结果进行处理。

1.1.2 计算机图形学的研究内容

计算机图形学研究的基本对象是图形生成、处理、显示的原理和算法，包括线段、圆弧、曲线曲面的表示和生成、遮挡效果处理、光照模型处理、纹理处理以及虚拟现实等。同时，真实感图形的计算结果也是通过数字图像的方式提供的，因此对图像的处理也应是计算机图形学的研究内容之一。

在不同的时期，研究者对计算机图形学的研究重点也在与时俱进，这是软件和硬件共同发展、相互作用的过程。最初，对图形的研究集中在基础图形的算法、生成方法以及输出上。随着这门技术的成熟，对于图形的研究加入了更多非几何要素的讨论，例如颜色、明暗度等参数逐渐被重视与开发，同时，3D 图形学的研究逐渐起步。随着各项图形学标准的设立，进入高速发展期的图形学不断涌现出各种新的思路与创想，同时，计算机图形学理论的成熟及其实用价值的提升也使得这门学科的具体应用更加多样化。与此同时，更高效、更精准的图形处理硬件和算法则自始至终作为一个重点内容不断地在探索中优化、更新。

当今计算机图形学的一个主要研究方向为增强现实技术，利用计算机图形学生成真实感的图形和场景，再结合图像处理技术，将生成的图形和场景融入到自然场景中，使得虚拟和现实相结合，产生完美的视觉效果。增强现实技术包含了多媒体、三维建模、实时视频显示及控制、多传感器融合、实时跟踪及注册、场景融合等新技术与新手段，广泛应用到军事、医疗、建筑、教育、工程、影视、娱乐等领域。

☞ 1.2 计算机图形学的发展过程

1.2.1 早期发展

20 世纪 50 年代是计算机图形学诞生的时期。1950 年第一台图形显示器旋风Ⅰ号(WhirlwindⅠ)在美国麻省理工学院(MIT)诞生；1958 年，美国 Calcomp 公司发明了滚筒式绘图仪，GerBer 公司发明了平板式绘图仪；20 世纪 50 年代末期，MIT 的林肯实验室在“旋风”计算机上开发了 SAGE 空中防御体系。

从 20 世纪 60 年代起，计算机图形学作为一门新兴学科正式确立，开始了蓬勃的发展。1962 年，MIT 林肯实验室的 I. E. Sutherland 发表了一篇题为《Sketchpad：一个人机交互通信的图形系统》的博士论文；1962 年，雷诺汽车公司的工程师 Pierre Bézier 提出了 Bézier 曲线、曲面的理论；1964 年 MIT 的教授 Steven A. Coons 提出了超限插值的新思想，通过插值四条任意的边界曲线来构造曲面。

20 世纪 70 年代，光栅图形学进入迅速发展期，区域填充、裁剪、消隐等基本图形概念及其相应算法纷纷诞生，图形软件也渐渐开始标准化。1974 年，ACM SIGGRAPH 召开了“与机器无关的图形技术”的工作会议，之后 ACM 成立图形标准化委员会，并制定了“核心图形系统”(Core Graphics System)；与此同时，ISO 又发布了 CGI、CGM、GKS、PHIGS 等图形标准。随着软硬件技术的提高，真实感图形学成为了当时重要的研究领域。1970 年，Bouknight 提出了第一个光反射模型；1971 年 Gourand 提出了“漫反射模型＋插值”的思想，被称为 Gourand 明暗处理；1975 年，Phong 提出了著名的简单光照模型——Phong 模型。英国剑桥大学 CAD 小组的 Build 系统和美国罗彻斯特大学的 PADL－1 系统标志着实体造型技术的诞生。以上种种发展表明，计算机图形学逐渐步入成熟时期并日益发展壮大。

1980 年 Whitted 提出了一个光透视模型——Whitted 模型，并第一次给出了光线跟踪算法的范例，实现了 Whitted 模型；1984 年，美国 Cornell 大学和日本广岛大学的学者分别将热辐射工程中的辐射度方法引入到计算机图形学中。进入 20 世纪 80 年代后，图形硬件和各个分支均飞速发展，图形学渐渐开始向社会各个角落渗透，随着设备成本的下降，普通用户也逐渐有能力开始涉足图形学的领域了。

1.2.2 硬件设备发展

高质量的计算机图形离不开高性能的计算机图形硬件设备。一个图形系统除了主机之外最主要的硬件便是图形输入/输出(I/O)设备。这一节将介绍常见的计算机图形学输入/输出硬件。

1. 显示器

显示器作为电脑 I/O 设备中的重要一员，承担着将计算机内特定的文件输出成肉眼可见的图形的任务。显示器在计算机图形学的研究和发展过程中扮演着至关重要的角色。它的性能(如分辨率、发色数、刷新率、响应时间等)也直接关系到计算机图形处理的直观性、美观性和准确性。可以说，没有显示器的发明，计算机图形学的发展将举步维艰。

早年的显示器以 CRT(Cathode Ray Tube，阴极射线管)为主，屏幕尺寸小，体形笨重，且没有彩色显像技术，显示能力仍停留在文本、线条等简单图形的范围内，而且计算机的处理能力也无法驱动复杂的图形，计算机的技术仍停留在代码阶段。图 1.2.1 所示为 20 世纪 80 年代由 Apple 公司推出的 Ivel Z-3 主机，它采用单色 CRT 显示。

图 1.2.1 Apple 公司的 Ivel Z-3 主机

20 世纪 90 年代，彩色显像技术渐渐普及，同时这一时期也是计算机处理性能的快速提升期。GUI(图形用户界面)的逐步成熟和商业化，以及电视游戏机等专用设备的日益强大，使得越来越多的用户体验到了计算机图形能力的强大。Microsoft 公司革命性地推出了 Windows 95 操作系统之后，人机交互这个概念终于深入人心，此后彩色显示器成为了每台个人电脑的标准配置。

进入 21 世纪，更为轻便的显示器如背投、液晶(LCD)、等离子等开始慢慢替代相对笨重的 CRT 显示器，市场竞争的激烈也使得这些技术在短时间内有了指数级的进步。如今电脑用显示器以轻便节能的 LCD 为主，其各方面的优势也已在各类移动设备上大显神通；等离子显示器动态表现力更佳，但不宜长时间显示静止画面(可能导致过热残像)，且体积不易做小，故更多用于巨型宣传屏幕、大尺寸家用电视等领域。投影仪携带方便，易于搭建，但对放映环境要求较高，更多用于办公、教学场合。

2. 显卡

显卡即显示接口卡或显示器配置卡，是个人电脑最基本的组成部分之一。显卡的用途是将计算机系统所需要的显示信息进行转换，并向显示器提供行扫描信号，控制显示器的正确显示，是连接显示器和个人电脑主板的重要组件，是“人机对话”的重要设备之一。显卡作为电脑主机里的一个重要组成部分，承担着输出显示图形的任务，对于从事专业图形设计的人员来说显卡非常重要。

现在常用的显卡分为集成显卡、独立显卡和核芯显卡三类，在性能和成本上各有优劣。目前台式机和高性能笔记本电脑采用独立显卡(或与集成显卡组成可切换双卡模式)；集成显卡通常用于节省能耗的场合，如上网本、平板电脑等；核芯显卡则是 GPU 与 CPU 整合而成的新技术，目前在移动设备领域也得到了广泛应用。图 1.2.2 所示为 2012 年个人用独立显卡的两款旗舰产品——AMD Radeon HD7970 与 NVIDIA GeForce GTX 690。

图 1.2.2 AMD Radeon HD7970 显卡(左)与 NVIDIA GeForce GTX 690 显卡(右)

显卡经过多年进化，独显接口从早期的 CGA、MGA、VGA、PCI、AGP 发展到如今主流的 PCI-E，其工作时钟速率从 33 MHz 发展到现在的 2.5 GHz，传输速率从 133 MB/s 发展到 8.0 GB/s。显卡技术的突飞猛进对计算机图形学的应用有着不可磨灭的功绩，一些具体的应用将在后面介绍。

3. 数位板

数位板又名绘图板、绘画板、手绘板等，是计算机输入设备的一种，通常是由一块板子和一支压感笔组成的。它和手写板等作为非常规的输入产品相类似，都针对的是一定的使用群体。与手写板所不同的是，数位板主要针对设计类的办公人士，用作绘画创作方面，就像画家的画板和画笔，在电影中常见的逼真的画面和栩栩如生的人物，就是通过数位板一笔一笔画出来的。数位板的这项绘画功能，是键盘和手写板无法媲美之处。数位板主要面向设计、美术类专业师生，广告公司与设计工作室以及 Flash 矢量动画制作者。图 1.2.3 所示为市场上常见的数位板。

图 1.2.3 市场上常见的数位板

数位板硬件上采用的是电磁式感应原理，在光标定位及移动过程中，完全是通过电磁感应来完成的。数位板的板子内有一块电路板，上面有横竖均衡排列的线条，将数位板切割成一定数量的正方形，板面上方产生均衡的纵横交错的磁场，笔尖在数位板上移动时切割磁场，从而产生电信号，通过多点定位，数位板芯片就可以精确地确定数位板笔尖的位置。因此，数位板光标移动过程中笔不需要接触数位板就可以移动，感应高度一般为 15 mm。有源无线的数位板原理和无源无线的有一定区别，有电池的笔本身可以释放出一定的磁场，而无电池的笔则通过将数位板产生的磁场反射来完成。压感产生于笔中的压力电阻，通过磁场信号反馈到数位板上。

4. 打印机

打印机(Printer)是计算机的输出设备之一，用于将计算机的处理结果打印在相关介质上。衡量打印机好坏的指标有三项：打印分辨率、打印速度和噪声。打印机的种类很多，按打印组件对纸是否有击打动作，分击打式打印机与非击打式打印机；按打印字符的结构，分全角字符打印机和点阵字符打印机；按一行字在纸上形成的方式，分串式打印机与行式打印机；按所采用的技术，分柱形、球形、喷墨式、热敏式、激光式、静电式、磁式、发光二极管式等打印机。

图 1.2.4　家用喷墨式打印机

目前针式打印机主要用于低成本的发票、收据等打印；家用打印机以喷墨式为主；商用文档打印多采用激光打印机；传真等情况下采用热敏打印居多，图 1.2.4 所示为家用喷墨式打印机。

☞ 1.3　计算机图形系统的组成

计算机图形系统与一般的计算机系统是一样的，都由硬件和软件两部分组成，硬件由主机和输入/输出设备构成，软件由系统软件和应用软件构成。计算机图形系统是为了支持应用程序，便于实现图形输入输出的硬件和软件的组合体。因此，应具备图形图像处理的功能和独特的系统结构。

1.3.1　基本功能

计算机图形系统对计算机设备软硬件均有一定的要求，一套完备、性能良好的系统对处理图形的能力、效率、可操作性以及直观性等均有至关重要的影响作用。

(1) 计算机功能：图形运算要求 CPU 拥有强大的浮点运算能力，处理范围包括形体设计、分析，图形描述，基本几何元素(点线面等)的表示，求交运算，分类，几何变换，光、色模型的建立和计算，干涉检测等。

(2) 存储功能：存储图形数据，包括几何数据、拓扑关系以及属性信息等。由于一般图形文件体积较大且处理过程对内存占用量也非常大，故对存储能力的要求也是比较严格的。

(3) 对话功能：也称交互功能，即通过图形显示器和图形输入设备实现用户与图形系统的人机通信。用户通过显示屏观察设计的图像，利用交互输入设备对图形进行在线的操作(增加、删除、修改等)以得到满意的设计结果。编辑界面强大的交互能力是开发人员高效率制作图形的根本要求。

(4) 输入功能：将图形的形状、尺寸等有关的图形数据和操作命令输入到计算机中。

(5) 输出功能：把所设计的图形从计算机中输出，包括显示输出和硬拷贝输出两种形式。外设种类要求比普通计算机系统更加齐全。

1.3.2　系统结构

计算机图形系统由功能齐全、性能优秀、相互协作的一系列设备组合而成，输入/输出环境及软硬件在该系统中是高度协调的整体。图 1.3.1 所示为计算机图形系统的组成框图。

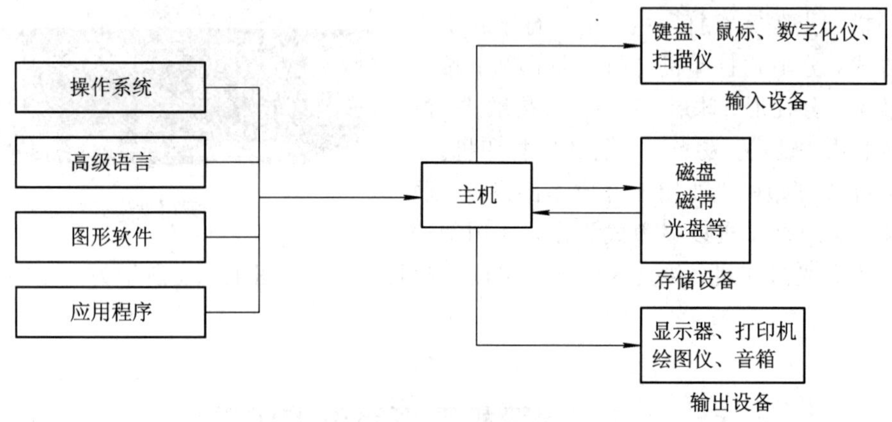

图 1.3.1　计算机图形系统组成框图

1. 硬件系统

硬件系统由主机(包含运算器和放大器等)、输入设备(包括图形、图像输入)、存储设备和输出设备(显示器、打印机、绘图仪等)构成。

计算机图形系统主机常见的有两大类，一类是个人计算机或微机，另一类是图形工作站，两者互不兼容。个人计算机采用开放式体系，CPU 以 Intel、AMD 和 Cyrix 公司的为主，操作系统以 Windows 和 Mac OS 为主，厂商有 IBM、Dell(戴尔)、Acer(宏碁)、Lenovo(联想)等，价格相对较低，用户数量多。图形工作站采用封闭式体系，不同厂家采用的软硬件都不同，不能相互兼容。常见的图形工作站生产厂家有 IBM、HP、DEC 和 SGI 等。工作站速度快，容量大，但价格昂贵，通常为 3～5 万元人民币，面向数量较少的专业用户和企业。

目前，由于个人计算机发展较快，其性能与图形工作站的差别逐步缩小，专门为图形应用方面配备的高档个人计算机的性能已经超过以往低档图形工作站的性能，所以高档的个人计算机图形系统已逐步成为计算机图形系统的首选(特别是对于广大普通用户)。

2. 软件系统

计算机图形系统的软件一般包括系统软件和应用软件两方面。系统软件又分为操作系统和程序设计语言。工作站的操作系统分为底层的 UNIX 系统和上层的窗口系统。窗口系统有 SUN 公司的 Open Windows、OSF 公司的 Motif、DEC 公司的 DEC Windows 和 IBM 公司的 Office Vision 等。个人计算机的操作系统大多采用底层的 DOS 和上层的 Windows，它们都是 Microsoft 公司的产品。由于目前一般的计算机系统也都采用具有图形接口的窗口系统，所以操作系统方面计算机图形系统与一般计算机系统基本上没有差别。

在程序设计语言方面，计算机图形系统要求程序设计语言具有较强的图形图像处理能力，所以 C/C++、VC 等语言逐渐成为计算机图形系统的首选开发语言。

独立的图形软件主要包括面向产品设计和工程设计的计算机辅助设计 CAD 以及面向艺术模拟和工艺美术的计算机美术 CA。目前，图形应用软件代表性的产品有 AutoCAD、CorelDRAW、Freehand、3DStudio 和 3DS MAX、MAYA 等。

3. 输出设备性能

电脑的输出设备性能各有不同，不同的输出设备在能耗、成本及视觉效果等因素上各有优势。通常来说，用户并不需要盲目地追求最新、最高端的设备，而应该根据实际情况选择合适的设备。这样，一方面节约了成本，更主要的是合适的设备往往更适用于某一专门领域的工作与处理，使之事半功倍。

表 1-3-1 和表 1-3-2 所示分别为不同类型显示器和不同类型打印机的性能对比。

表 1-3-1　不同类型显示器性能对比

性能 类别	功耗	屏幕	厚度	平面度	亮度	分辨率	对比度	视角	色彩	价格
CRT	中	中	大	中	好	高	好	大	丰富	低
LCD	小	小	小	好	中	中	中	中	中	低
PDP	大	大	小	好	好	中	好	大	丰富	中

表 1-3-2　不同类型打印机性能对比

类别 性能	针式打印机	喷墨打印机	激光打印机
速度	较低	中	快
成本	极低	中	较高
画质	低	较高	高

☞ 1.4　计算机图形学的应用及研究前沿

计算机图形学近年来的研究正朝着高真实感的方向发展，具有动态化、并行化、网络化的特征。场景的几何表示和图形绘制与实际采集数据相互融合，新的计算理论和方法有待进一步突破。随着计算机应用的深入和相关技术的发展，图形学涵盖的内容将会越来越广泛。

1.4.1　2D 领域应用

虽然现在主流的计算机图形学研究集中在对 3D 图像的处理，但 2D 平面上的图形应用依旧十分重要且具有极高的应用价值。

1. 图形用户界面

随着计算机处理性能的提高，图形用户界面的表现力和人性化程度也在与时俱进。

图形用户界面(Graphical User Interface，简称 GUI，又称图形用户接口)是指采用图形方式显示的计算机操作用户界面。与早期计算机使用的命令行界面(如 PC - DOS 系统)相比，图形界面对于用户来说在视觉上更易于接受。

以 Windows 系统为例，最早的 GUI 受到硬件水平的限制，分辨率和刷新率较低，用户的感官体验比较普通，但这对于一直使用命令行操作的电脑使用者来说已经非常先进。随着系统版本不断演进，GUI 的视觉效果逐渐丰富，更多增强互动性的操作方式也随之被开发出来，例如 Windows 7 对多点触控的支持。其他操作系统的 GUI 如 Apple 的 Mac OSX 或者基于 Linux 的系统 Ubuntu 等都在视觉效果上进行了非常可观的优化，使得用户如同在对视窗进行手把手的操作(例如拖拽、收起过程中的变形伸缩效果等特效)，大大提高了操作的真实感。

图 1.4.1 为 GUI 示意，其中图(a)为 Windows 1.01 的界面，图(b)为 Win95 的界面，图(c)为 Win7 的界面。现今设备的小型化、移动化表明，GUI 的开发已经不局限于电脑，关于移动设备的 GUI 的内容可见第 5.3 节的简述。另外，各大软件商都在致力于开发 3D GUI，但 3D GUI 的进一步普及还需要时间。

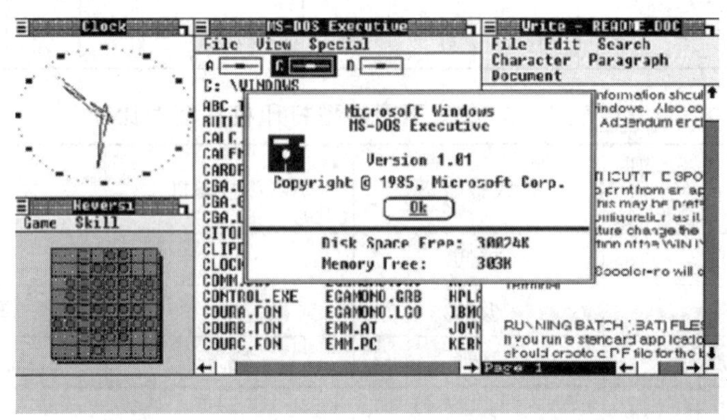

(a)

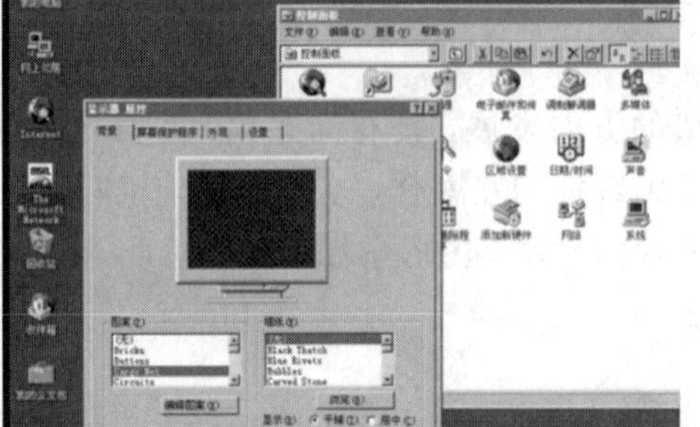

(b)

(c)

图 1.4.1　GUI 示意

2. 艺术创作

1）动画制作

动漫产业伴随着计算机图形学技术的发展而不断革新。如今的动漫制作早已从繁琐的手绘加胶片的人工模式进化为计算机环境下的批量化制作。

Jan Krikke 指出：好莱坞三维电脑动画电影吸引全球目光的同时，日本的动画产业依旧坚持每年生产数千小时长度的 2D 动漫产品。绝大多数日本的动画工作室在近些年内都在制作工序上实现了电脑化，不是为了制作类似皮克斯公司的 3D 动画而是用于增加 2D 制作的效率，使其成本降低且更有审美趣味。日本动画的经典风格等都完整保留下来并不断地推陈出新，从而发展出非常先进的制作模式和独树一帜的产业景象。

图 1.4.2 为日本 Celsys 公司的电脑动画制作软件 Retas！Pro 的界面示意。其中左上为时间轴，左下为剪辑窗口，右边则是虚拟摄像机的设置。这款软件被普遍用于 PC 和苹果机的动画制作。当然，更多专业的动画工作室会采用功能更强大，后期制作效果更绚丽的软件，而且目前日本动画的制作往往会结合许多 3D 技术来实现更震撼的动画效果。

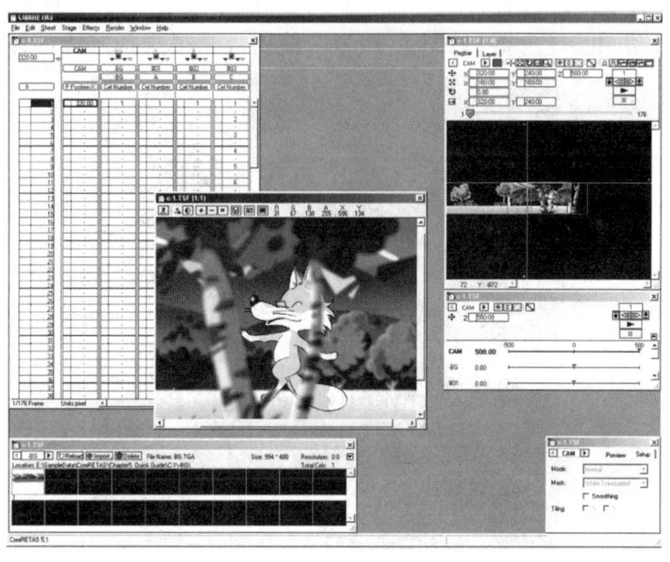

图 1.4.2　Retas！Pro 程序界面

2）计算机制图

用计算机进行艺术创作已经成为了全民皆可涉足的领域。只需一张绘图板（甚至可以只是用鼠标），配合相应的软件，便能在电脑上实现各种笔触效果，绘制出不同风格的作品。主流的几种绘图软件如 Photoshop、CorelDraw、Painter 都支持丰富的画笔设置和渲染功能，专门用于绘画的绘图板都配备了多段触感的画笔，使得作者能像在纸质媒介上绘画一样创作，而且计算机绘图所具有的很多优势（如撤销、屏蔽、特效等功能）是在纸质媒介上非常难以实现的。

除绘画外，摄影也经历了从机械化到数字化的大转变。数码相机的普及使得相片的存储与美化都可以轻松地在计算机上进行。一些新颖的技术为调整图片提供了很便捷的功能。

1.4.2 3D 领域应用

1. 虚拟现实技术

虚拟现实(Virtual Reality)是近年来出现的高新技术，也称灵境技术或人工环境。虚拟现实是利用电脑模拟产生一个三维空间的虚拟世界，提供使用者关于视觉、听觉、触觉等感官的模拟，让使用者如同身临其境一般，可以及时、没有限制地观察三度空间内的事物。

虚拟现实的主要目的之一是用较低的成本建立一个给使用者高度还原感的虚拟世界，这个虚拟环境可以是基于现实世界的，也可以是完全架空的“幻境”。例如，利用QuickTime VR或者3DMAX和MAYA结合制作的虚拟现实空间配合HTML语言搭建博物馆网站的实例中，通过搭建博物馆内部布置的3D模型，并将扫描后的展品以图片或3D模型的形式摆放在虚拟博物馆中，参观者可以足不出户地在网上完成对博物馆的参观，并且可以同时完成网上订票等操作，一步到位，大大提升了用户参观的乐趣。

借助3D图形引擎可以创造具有高度真实感的虚拟世界：首先利用3D建模软件创建对象，然后在3D引擎里进行布置、渲染以及赋予物理属性等操作，再配合一些专用的硬件外设，例如数据手套和3D头盔(见图1.4.3)来使用户获得身临其境的体验。

图1.4.3　虚拟现实技术常用的数据手套和3D头盔

现在的大部分虚拟现实技术都是视觉体验，一般是通过电脑屏幕、特殊显示设备或立体显示设备获得的，也有一些仿真中还包含了其他的感觉处理，比如从音响和耳机中获得声音效果。在一些高级的触觉系统中还包含了触觉信息，也叫做力反馈，在医学和游戏领域有这样的应用。人与虚拟环境的交互要么通过标准装置如键盘与鼠标，要么通过仿真装置如有线手套，要么通过情景手臂或全方位踏车。虚拟环境可以和现实世界类似，如飞行仿真和作战训练，也可以和现实世界有明显差异，如虚拟现实游戏等。就目前的实际情况来说，它还很难形成一个高逼真的虚拟现实环境，这主要是技术上的限制造成的，这些限制来自计算机处理能力、图像分辨率和通信带宽。然而，随着时间的推移，处理器、图像和数据通信技术变得更加强大，并具有成本效益，这些限制将最终被克服。

2. 机械仿真

这里的机械仿真主要是指对机器人捕捉图形的能力，例如通过摄像头来实现对现实环境的感知。许多情况下，设计要求机器人能对所处环境进行正确的反应，以避免碰撞或迷失方向，这对许多实用性应用来说是至关重要的。设计者在这方面的考虑应该周全且高效。

RoboCup(机器人世界杯)的设立对技术研究方面的贡献往往大于比赛本身。而机器人视觉系统的设计和优化是计算机图形学目前研究领域下非常热门且具有先驱性的项目。其中 RoboCup Rescue 是专门研究救援仿真的一个分支。Pedro Miguel Moreira 等人在 RoboCup Rescue 项目的设计过程中提出借助 i-om 算法来设计机器人行动控制方案。

i-om 的设计理念有两点：首先是尽可能地将任务的优化流程从应用程序的专用线程中分离出来，为此，作者采用了智能技术(最优算法)；第二个目标是允许远程操作，令该环境拥有很好的可移植性和交互性。为了满足日后需求，这个软件专门开发了一个上层的消息协议来和核心应用进行交互。借助这个技术可以实现一些重要功能，比如自动选择 3D 场景最佳视角、自动对象(场景)探索、虚拟摄像、基于图像的建模和渲染以及对光线渲染等算法的改良。

3. 视角控制

近年来，建模技术飞速进步，动画与渲染的发展标示着丰富且高保真的虚拟世界在许多互动性图形应用中开始大显身手。尽管如此，用户的 3D 体验更多还是依赖于摄影视角的自然感，这里特指摄像的机位、指向和被拍摄场景与动作之间的关系。摄像机控制包含了视角计算、动态规划与剪辑。法国的 M. Christie 等人整理了各领域研究人员对摄像机控制技术的研究成果，撰写了摄像机控制这门学科的综述，并强调利用摄影学的实践技巧分辨不同应用对摄影控制的不同需求。摄像机控制的问题因应用而异，从扩展式手动控制(半自动)到全自动手段都应分别考虑。作者回顾了从基于约束的到基于优化的整个解决方案的范畴，展示了不同环境下摄像机控制的丰富应用。

摄像机的控制就是对视角的控制，虚拟摄像机相当于用户的双眼，所以如何避免视野堵塞(视角被场景内物体遮挡)和视野混乱(由于算法不当导致摄像视角非正常摆动)是这个技术主要应解决的问题。传统的虚拟摄像机通过详尽的参数被配置在指定的位置，两个矢量参数分别描述摄像机的视角和定位。通常会根据一组视频剪辑和过渡插值的结合体描述摄像机的运动，譬如样条函数在关键帧和控制点的使用等。而在一些较新的算法中，开发人员尝试用启发式的阻塞检测与避免算法，甚至采用线性代数模型来计算视角，这些算法各有优势，但也都有其明显的不足——摄像机控制技术还有很大的发展空间。

一些摄像学和照相学的经验帮助人们建立一个针对摄制能力的分类：从几何学到感知学再到艺术学。这些分类承担着几何表达手法、解决方案结构、用户输入互动的重任。可以明确的是：下一时期的摄像机控制系统需要的不仅仅是有效完成控制任务，更多的是要求摄影学经验丰富的高层次物体视角特征的描述，这将在很大程度上促进视角美学的保持和发展。虽然美学属性已经发展到足够的高度，但如何在计算机上用漂亮的视角剪辑来吸引用户这个问题还处在萌芽阶段。这个技术是一门跨越多个学科的综合技术，不管是心理学、物理学、计算机学的学者们都值得深入探讨。这不仅仅是为了计算机图形学的发展，也是为了开发出人类感知领域一个新的窗口。

1.4.3 综合应用

对于许多具体的、复杂的计算机图形学应用，往往要同时兼顾 2D 的平面图形设计(如贴图、三视图等)和3D建模的结合，而实际上，大多数情况下，计算机图形学的应用也确实是两种模式的综合。

1. 计算机辅助

计算机辅助(CAx)包含了计算机辅助设计(CAD)、计算机辅助制造(CAM)、计算机辅助工程(CAE)等，是当今工程上应用极为广泛的计算机图形技术。通过计算机辅助，设计者可以方便地制作出各类工程或设计用的图纸及三维模型，如建筑平面图、机械结构图、工业设计图等。目前比较流行的CAD软件为美国Autodesk公司于1982年推出的AutoCAD，目前最新的版本为AutoCAD 2013(2012年出品)。

用于建筑设计时CAD可以提供详细的楼层平面图规划，并给予精密的尺寸标注，还可以配合3 DS MAX等三维图形软件直接构建建筑的虚拟效果图，用于商业展示或结构研究等。

随着计算机网络的发展，在网络环境下进行异地异构系统的协同设计，已成为CAD领域最热门的课题之一。通俗地说，协同设计就是一种让不同用户在不同地点设计产品模型的新技术。现代产品设计已不再是一个设计领域内孤立的技术问题，而是综合了各个相关领域、过程、技术资源和组织形式的系统化工程。它要求团队在合理的组织结构下采用群体工作方式来协调和综合设计者的专长，并且从设计一开始就考虑产品生命周期的全部因素，从而达到快速响应市场需求的目的。协同设计的出现对企业生产的时空观造成了根本影响，异地设计、制造、装配等成为可能，从而为企业市场竞争赢得了宝贵时间。

与此相关，随着STEP(产品模型数据交换标准)的制定和完善，异构CAD系统之间的数据通信已经成为新的热门课题，而数据通信中的几何问题更是计算机辅助几何设计中的重要研究方向，它主要是解决异构CAD系统间不同表示形式之间的转化问题以及模型表示的数据简化。

对于机械和工业设计等制造业领域，设计出的图纸可以借助支持CAM的数控机床直接制作出所需的样品以备量产。整个制作流程十分灵活直观，大大节约了开发成本，缩短了开发周期。

2. 物理学/数学仿真

当代物理学和数学研究的问题往往十分复杂抽象，仅凭人力计算往往是不实际的，此时借助计算机便可以在极短的时间里完成海量的计算，同时可以通过一定的算法输出计算结果所需的图表等重要图形供比较和测量。

美国MathWorks公司的MATLAB是目前矩阵计算及图标生成领域应用最广泛的编程语言，用它可以很方便地进行各种物理学、数学等领域的仿真计算和估值。以曲面绘制为例，在实际工程应用中，曲面一般分为两类：规则曲面和不规则曲面。规则曲面是指能够利用数学表达式表示或者是形状规则的曲面；不规则曲面是指需要根据给定的一些特殊的点来构造的光滑曲面。

在MATLAB进行曲面绘制的过程中，一般可用两种数学表达式来表示曲面，其中一种是使用非参数形式：f(x，y)可以使用MATLAB自带的函数ezsurf (f，domain)来表示，其中f是指两个参数的数学函数表达式，domain则用来定义两个参数变量的取值范围。比如，椭圆抛物面的数学表达式 $z=x^2+y^2$ 就可以用MATLAB程序语言表示为：

```
[ x , y ]= meshgrid (-8 : 1 : 8) ;
```

```
ezsurf ('y. ^2 + x.^2', x , y ) ;
```

曲面图形输出结果见图 1.4.4。

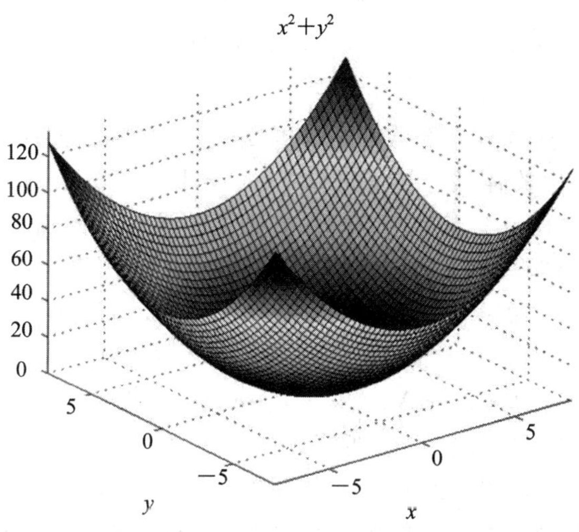

图 1.4.4　曲面图形输出结果

借助 MATLAB 的强大功能，实验人员可以轻松实现各种物理学或数学上的仿真，这为这类学科的发展进步提供了十分重要的辅助工具。

1.5 发展趋势

从计算机图形学目前的学科发展来看，有以下几个发展趋势：与图形硬件的发展紧密结合，突破实时高真实感、高分辨率渲染的技术难点；研究自然和谐的三维模型建模方法；利用日益增长的计算性能实现具有高度物理真实的动态仿真；研究多种高精度数据获取与处理技术，增强图形技术的表现；计算机图形学与视频图像处理的结合；从追求绝对真实感向追求与强调图形的表意性转变等。

1.5.1 智能移动设备的图形应用

2005 年前后，由手机厂家引发的手机性能大战愈演愈烈，手机多媒体性能的发展超乎所有人的想象，无论是硬件配置还是软件功能都逐渐朝着掌上电脑的方向逼近。2010 年后的移动操作系统市场呈现出三足鼎立的景象：Apple 的 iOS、Microsoft 的 Windows Mobile 以及 Google 的 Android 三大智能系统几乎占领了整个移动市场。智能手机和平板电脑的迅速普及也逐渐表明计算机技术的小型化是大势所趋。

计算机图形学在这一领域关注的重点是移动设备的显示能力和交互能力。Nokia 在实体键盘时代凭借 Symbian 系统优秀的操作感和开放性一度称霸，但随着 iPhone 的出现，移动设备迎来了革命性的改变——触控日渐成为了主流。触摸屏幕(单点或多点触控)带给用户的是“即点即得”的直观体验，故 GUI 的设计一定要充分考虑到这一点。

Android 通常用于智能手机，屏幕小，硬件性能如 CPU 和内存等相对性能较低，但拥有丰富的传感器和通信设备，如麦克风、WiFi、蓝牙模块、GPS 芯片、单点或多点触控屏、摄像头、重力感应及陀螺仪等。为了实现以上资源的可视化管理并以此解决固有的硬件限制，Android 应用程序提供了多线程处理模型，其中一个线程提供用户接口资源，同时其他线程在后台运行。另外，每个程序在各自的 Dalvik 虚拟机中运行，这个虚拟机在 Android 移动设备中被可视化。

如今针对 Android 和 iOS 开发软件是许多程序员的目标。而此类软件的图形界面优秀与否也直接关系到用户的体验。Jordi Linares - Pellicer、Pau Micó 和 Javier Esparza - Peidro 在软件开发的过程中发现了 Processing 语言的强大优势并总结成文。Processing 语言是一种具有前瞻性的新兴计算机语言，它的概念是在电子艺术的环境下介绍程序语言，并将电子艺术的概念介绍给程序设计师。它是 Java 语言的延伸，并支持许多现有的 Java 语言架构，不过在语法(syntax)上简易许多，并具有许多贴心及人性化的设计。Processing 可以在 Windows、MAC OS X、MAC OS 9、Linux 等操作系统上使用。

Processing 的源代码是开放的，和近来广受欢迎的 Linux 操作系统、Mozilla 浏览器或 Perl 语言等一样，用户可依照自己的需要自由裁剪出最合适的使用模式。Processing 的应用非常丰富，而且它们全部遵守开放源代码的规定，这样的设计大幅增加了整个社群的互动性与学习效率。

Processing 语言具有易懂、开源、基于 Java、可扩展等优势，因此非常适合作为开发工具。Processing 语言可以在移动设备上方便地实现很多功能，目前是具有很大潜力的热门图形设计语言。

1.5.2　计算机图形学技术的应用

计算机图形学作为一门成熟的技术，已经渗透到人类生活的各个领域，下面以一个典型的实例来展示其应用的普遍性和对人类社会的重要影响。

Ben Delaney 以 2001 年美国"9・11"事件为核心，描述了事发后各类涉及图形建立的案例——媒体快速建立坠机流程的模拟动画、搜救人员借助激光雷达(Lidar)扫描生成的地形结构 3D 图确定路线、通过计算机重新建立世贸大楼并配合物理引擎分析倒塌的内外因、遗址重建的设计等，均用到了计算机图形学的相关知识。

"9・11"事件发生后，新闻媒体仅在数小时内便制作出了撞机事件的 3D 模拟影像(如图 1.5.1 所示)，这令全球关注此事件的人能够尽快了解到事发过程。可以说，3D 图像技术成熟的同时也在推进新闻媒体界的发展。

图 1.5.1　FOX 电视台制作的"9・11"事件 3D 模拟影像

图 1.5.2 所示为 2001 年 9 月 27 日利用激光雷达(Lidar)技术扫描生成的“9 · 11”事件废虚地形图。图中的扫描结果包含了废墟的长宽数据以及很多地面测量很难完成的地形数据。激光雷达利用可见光的反射代替超声波实现地形的扫描，在计算机成像技术逐渐进步的 21 世纪，配合激光雷达已经可以实现高精度的扫描成像。

图 1.5.2 利用激光雷达技术扫描生成的“9 · 11”事件废墟地形图

☞ 1.6 本章小结

计算机图形学随着长期的发展与进步，已经呈现出十分强大的能力和广泛的应用范围。在未来一段时间内，计算机图形学仍将快速发展。对于研究人员来说，如何进一步优化图形生成算法和提高处理速度仍旧是一个主要的努力目标；对于用户而言，计算机图形学的发展将带来更加完美的真实感体验。总的来说，计算机图形学已经渗透到人类生活的各个领域，从最先进的超级计算机到众人手中的移动设备，计算机图形学无所不在，它是人类现代生活中不可或缺的重要角色。

☞ 习 题

1.1 计算机图形学的研究内容和应用价值是什么？

1.2 图形学和图像处理有何异同点？

1.3 制定图形软件标准的意义是什么？

1.4 图形和图像有什么区别？

1.5 一个图形系统由哪些图形设备组成？

1.6 试着给出目前最新的计算机图形学应用实例并加以分析。

第二章 光栅图形学

计算机的图形设备包括光栅显示器和绘图机等，它们可以看做一个隐藏着的规则网格平面，是一个像素的矩阵。在光栅显示器的荧光屏上生成一个对象，实质上是向帧缓冲寄存器的相应单元中填入数据。将计算机中表示的向量图形在显示器上显示的过程称为图形的扫描转换，俗称光栅化。本章主要介绍光栅图形学中的基本概念以及基本图形的生成、填充和裁剪算法。

2.1 直线的生成算法

数学上讲的是理想的直线，即由无数个点组成的没有宽度的线，而在计算机图形学中，直线是由离散的像素点逼近理想直线段的点的集合。画一条从(x_1, y_1)到(x_2, y_2)的直线，实质上是一个发现最佳逼近直线的像素序列，并填入色彩数据的过程，这个过程叫直线光栅化。

计算机生成直线的一般要求是：线段的位置要准确；构成线段的像素点集合应尽可能分布均匀，其密度应该与线段的方向及长度无关；线段生成的速度要快。本节介绍生成直线的两种基本方法：直线 DDA 算法和 Bresenham 算法。

2.1.1 直线 DDA 算法

DDA(Digital Differential Analyzer)是数字微分分析式的缩写，是根据直线的微分方程产生直线的一种方法。

设直线的起点坐标为(x_A, y_A)，终点坐标为(x_B, y_B)，则直线的参数方程为

$$\begin{cases} x = x_A + (x_B - x_A)t \\ y = y_A + (y_B - y_A)t \end{cases} \quad 0 \leqslant t \leqslant 1$$

DDA 算法的原理是取直线起点(x_A, y_A)使 x、y 同时以很小的步长向前增长，使每次的增量与 x、y 的一阶导数成正比。对直线的参数方程求导，即

$$\left.\begin{aligned} \frac{\mathrm{d}x}{\mathrm{d}t} = x_B - x_A \\ \frac{\mathrm{d}y}{\mathrm{d}t} = y_B - y_A \end{aligned}\right\} \Rightarrow \begin{cases} \mathrm{d}x = (x_B - x_A)\mathrm{d}t \\ \mathrm{d}y = (y_B - y_A)\mathrm{d}t \end{cases} \tag{2-1-1}$$

增量 Δx、Δy 可表示为

$$\begin{cases} \Delta x = (x_B - x_A)\Delta t = x_{i+1} - x_i \\ \Delta y = (y_B - y_A)\Delta t = y_{i+1} - y_i \end{cases} \tag{2-1-2}$$

令 $\Delta t=\frac{1}{n}$，$n=\max(|x_B-x_A|, |y_B-y_A|)$，则在精度理想的显示器上可将 x、y 用微小增量 Δx、Δy 来表示，得到递归式

$$\begin{cases} x_{i+1}=x_i+\Delta x \\ y_{i+1}=y_i+\Delta y \end{cases} \tag{2-1-3}$$

直线 DDA 算法的本质是用数值方法解微分方程，通过对 x、y 各增加一个小量，计算下一步的 x、y 值，因此 DDA 算法又称为增量算法。该算法通过循环解决复杂问题，在计算机图形学中有众多应用。DDA 算法的特点是计算量大，产生一个数据点要进行两次浮点数加法和两次取整运算，较为复杂。

2.1.2 直线的 Bresenham 算法

直线是最基本的图形元素，绘图软件中直线生成的速度极大程度影响着软件的效率。由于 Bresenham 算法运算的高效，因此已成为计算机图形学领域中应用最广泛的直线扫描生成算法。假定直线的斜率 $k\in[0, 1]$，设直线从起点 $A(x_1, y_1)$ 到终点 $B(x_2, y_2)$，直线可表示为方程

$$y=mx+b$$

其中

$$b=y_1-m\cdot x_1,\quad m=\frac{y_2-y_1}{x_2-x_1}=\frac{\mathrm{d}y}{\mathrm{d}x}$$

如图 2.1.1 所示，以第一象限为例，当 x 每次增加一个单元，即 $x_{i+1}=x_i+1$ 时，y 的坐标应增加 $\mathrm{d}y/\mathrm{d}x$。由于 y 的增量应小于 1，此时，y_{i+1} 只能选择 $y_{i+1}=y_i$ 或 $y_{i+1}=y_i+1$，即向右或右上方走。到底选择(x_i+1, y_i)还是(x_i+1, y_i+1)，则应根据这两个像素点哪个距离实际直线近来确定。令 d_1 为 y 与 y_i 的距离，d_2 为 y 与 y_i+1 的距离，计算公式为

$$y=m(x_i+1)+b \tag{2-1-4}$$

$$d_1=y-y_i \tag{2-1-5}$$

$$d_2=y_{i+1}-y \tag{2-1-6}$$

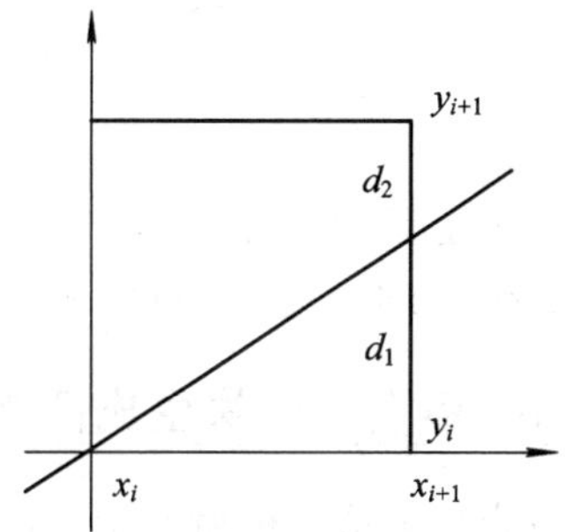

图 2.1.1　直线的 Bresenham 算法

若 $d_1-d_2>0$，说明实际直线更接近像素点(x_i+1, y_i+1)，此时有 $y_{i+1}=y_i+1$，否则 $y_{i+1}=y_i$。因此算法关键在于判断 d_1-d_2 的符号。

由式(2-1-4)、式(2-1-5)和式(2-1-6)可得

$$\begin{aligned} d_1-d_2 &= 2y-2y_i-1 \\ &= 2[m(x_i+1)+b]-2y_i-1 \\ &= 2\frac{\mathrm{d}y}{\mathrm{d}x}(x_i+1)-2y_i+2b-1 \end{aligned}$$

用 $\mathrm{d}x$ 乘等式两边，把 $p_i=\mathrm{d}x(d_1-d_2)$代入并令 $p_i=\mathrm{d}x(d_1-d_2)$，得

$$p_i=2x_i\mathrm{d}y-2y_i\mathrm{d}x+2\mathrm{d}y+\mathrm{d}x(2b-1)$$

因为在第一象限 $\mathrm{d}x>0$，判断 d_1-d_2 符号等价于判断 p_i 的符号。

$$p_{i+1} = 2x_{i+1}\mathrm{d}y - 2y_{i+1}\mathrm{d}x + 2\mathrm{d}y + \mathrm{d}x(2b-1)$$
$$p_{i+1} - p_i = 2\mathrm{d}y - 2\mathrm{d}x(y_{i+1} - y_i)$$

可得递推关系：

$$p_{i+1} = p_i + 2\mathrm{d}y - 2\mathrm{d}x(y_{i+1} - y_i) \qquad (2-1-7)$$
$$p_i = 2x_i\mathrm{d}y - 2y_i\mathrm{d}x + 2\mathrm{d}y + \mathrm{d}x(2b-1)$$

将 $b=y_i-\frac{\mathrm{d}y}{\mathrm{d}x}x_i$ 代入上式，得

$$p_i = 2\mathrm{d}y - \mathrm{d}x \qquad (2-1-8)$$

基于上面的推导，在第一象限内直线的 Bresenham 算法思想如下：

(1) 画点(x_1, y_1)，$\mathrm{d}x=x_2-x_1$，$\mathrm{d}y=y_2-y_1$，计算误差初值 $p_2=2\mathrm{d}y-\mathrm{d}x$，$i=1$。

(2) 求直线的下一点位置：$x_{i+1}=x_i+1$。若 $p_i>0$，则 $y_{i+1}=y_i+1$；否则 $y_{i+1}=y_i$。

(3) 画点(x_{i+1}, y_{i+1})。

(4) 求下一点误差 p_{i+1}，若 $p_i>0$，则由式(2-1-7)得 $p_{i+1}=p_i+2\mathrm{d}y-2\mathrm{d}x$；否则 $p_{i+1}=p_i+2\mathrm{d}y$。

(5) 令 $i=i+1$，若 $i<\mathrm{d}x+1$，则转(2)，否则停止。

Bresenham 算法可以说是最有效的直线生成算法。它只使用整数运算，不用浮点运算；不必计算直线斜率，因此不用做除法；只做整数加减和乘 2 运算，而乘 2 运算可以用硬件移位实现，运算速度很快。

☞ 2.2 圆弧的生成算法

圆弧也是计算机图形学中一种基本的曲线，产生圆弧的算法有多种，这里介绍逐点比较法、简单 DDA 法和角度 DDA 法。

2.2.1 逐点比较法生成圆弧

逐点比较法采用逼近原理，画笔每走完一步，就把当前位置距圆心的距离和圆弧的半径进行比较，根据比较结果决定下一步的走向。这样就可以一步步地用阶梯折线来逼近所画的圆弧。只考虑逆时针画圆的情况，四个象限的情况不同，以第一象限为例说明，如图 2.2.1 所示。

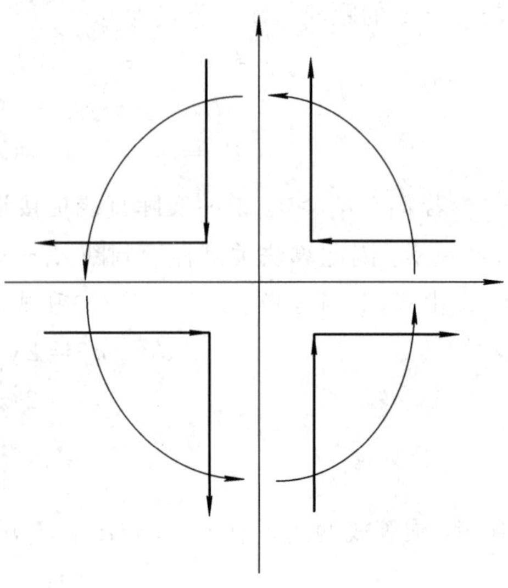

图 2.2.1 圆弧图形走向示意图

1. 偏差计算和画笔走向

在圆弧的插补中，偏差的比较量是半径。设圆弧的起点为 $A(x_a, y_a)$，终点为 $B(x_b, y_b)$，圆心在原点，如图 2.2.2 所示。圆的数学表达式为 $x^2+y^2=R^2$，其参数方程为

$$\begin{cases} x = R\cos\varphi \\ y = R\sin\varphi \end{cases}, \quad 0 \leqslant \varphi \leqslant 2\pi$$

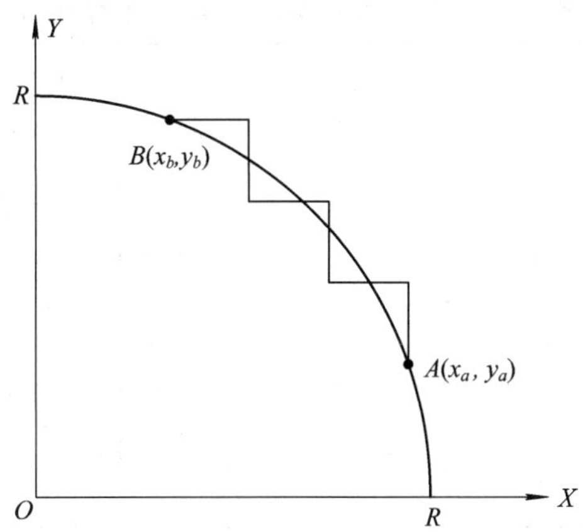

图 2.2.2 逐点比较法产生圆弧

设画笔当前的位置为 $M(x_m, y_m)$，为避免开方，取 M 距圆心的距离平方与半径平方之差作为判别函数，则

$$F_1 = (x_m^2 + y_m^2) - (x_a^2 + y_a^2) \tag{2-2-1}$$

显然，当 $F_1<0$ 时，画笔在圆内；$F_1\geqslant 0$ 时，画笔在圆外。

当 $F_1<0$ 时，向 $+y$ 方向走一步，到达 $M_1(x_1, y_1)$，即

$$\begin{cases} x_1 = x_m \\ y_1 = y_m + 1 \end{cases}$$

当 $F_1\geqslant 0$ 时，向 $-x$ 方向走一步，到达 $M_2(x_2, y_2)$，即

$$\begin{cases} x_2 = x_m - 1 \\ y_2 = y_m \end{cases}$$

这样，就得到了第一象限逆时针的计算公式。

总结其规律，若 $F_i\geqslant 0$，则向 $-x$ 方向走一步，到达 $P_{i+1}(x_{i+1}, y_{i+1})$，其坐标如下：

$$\begin{cases} x_{i+1} = x_i - 1 \\ y_{i+1} = y_i \end{cases}$$

此时偏差为

$$F_{i+1} = (x_i - 1)^2 + y_i^2 - (x_a^2 + y_a^2) = (x_i^2 + y_i^2) - (x_a^2 + y_a^2) + 1 - 2x_i$$

$$F_{i+1} = F_i - 2x_i + 1 \tag{2-2-2}$$

若 $F_i<0$，则向 $+y$ 方向走一步，到达 $P_{i+1}(x_{i+1}, y_{i+1})$，其坐标为

$$\begin{cases} x_{i+1} = x_i \\ y_{i+1} = y_i + 1 \end{cases}$$

此时偏差为

$$F_{i+1} = F_i + 2y_i + 1 \tag{2-2-3}$$

逐点比较法的一般运算规律为：对于Ⅰ、Ⅲ象限，沿运动走向 x 的绝对值逐渐减小，y 绝对值不断增大，因而插补运算规律相同；对逆圆的Ⅱ、Ⅳ象限，其 x 绝对值不断增大，y 绝对值不断减小。

其他象限的推导类似，不再赘述。表 2-2-1 总结了这四种情况的运算规律。

表 2-2-1　圆弧逐点比较法运算规律

<table>
<tr><th rowspan="2">象限</th><th colspan="2">$F_i \geq 0$</th><th colspan="2">$F_i < 0$</th></tr>
<tr><th>走向</th><th>运算公式</th><th>走向</th><th>运算公式</th></tr>
<tr><td>Ⅰ</td><td>$-x$</td><td rowspan="2">$F_{i+1}=F_i-2|x_i|+1$
$|x_{i+1}|=|x_i|-1$
$|y_{i+1}|=|y_i|$</td><td>$+y$</td><td rowspan="2">$F_{i+1}=F_i+2|y_i|+1$
$|x_{i+1}|=|x_i|$
$|y_{i+1}|=|y_i|+1$</td></tr>
<tr><td>Ⅲ</td><td>$+x$</td><td>$-y$</td></tr>
<tr><td>Ⅱ</td><td>$-y$</td><td rowspan="2">$F_{i+1}=F_i-2|y_i|+1$
$|x_{i+1}|=|x_i|$
$|y_{i+1}|=|y_i|-1$</td><td>$-x$</td><td rowspan="2">$F_{i+1}=F_i+2|x_i|+1$
$|x_{i+1}|=|x_i|+1$
$|y_{i+1}|=|y_i|$</td></tr>
<tr><td>Ⅳ</td><td>$+y$</td><td>$+x$</td></tr>
</table>

2. 终点的判断

采用简单的终点判断方法，即每走一步 x 或 y，都与终点坐标进行比较。当相差小于给定的某一正数时，就认为已经达到终点。在判断终点时，使用两个计数器，存入圆弧的起点坐标x_a和 y_a的值，每次画笔移动后即修改计数器内 x_a 和 y_a 的值。用修正后的 x_a、y_a与圆弧的终点坐标 x_b、y_b进行比较，若 $x_a=x_b$，$y_a=y_b$同时成立，则画笔已走到终点，停止绘图；否则继续执行。但在画圆弧开始的几步不能进行终点判断，因为对于整个圆周起点和终点坐标是相同的。图 2.2.3 给出了判断的流程图，其中 C 表示走了几步，M 是门限。

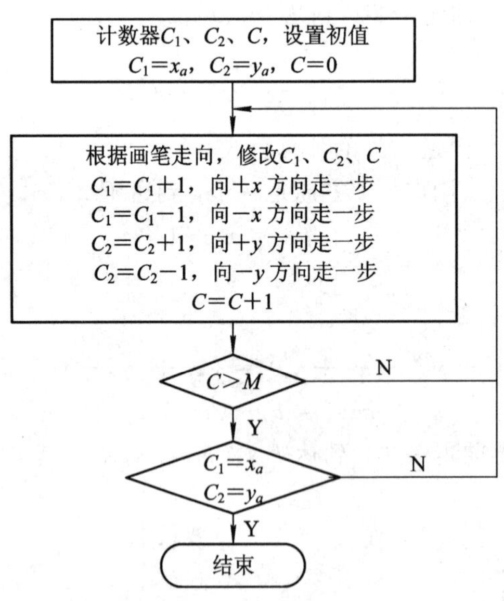

图 2.2.3　终点判定流程

2.2.2　简单 DDA 法生成圆弧

对圆心在原点、半径为 R 的圆的参数方程两边求导，得

$$\begin{cases}\dfrac{dx}{dt}=-R\sin t=-y \\ \dfrac{dy}{dt}=R\cos t=x\end{cases} \Rightarrow \begin{cases}dx=-y dt \\ dy=x dt\end{cases} \Rightarrow \begin{cases}\Delta x=-y\Delta t \\ \Delta y=x\Delta t\end{cases} \tag{2-2-4}$$

设(x_n, y_n)为当前点坐标，(x_{n+1}, y_{n+1})为下一要画点的坐标。令 $\Delta x=x_{n+1}-x_n$，$\Delta t=\xi$，则

$$\begin{cases}x_{n+1}=x_n+\Delta x=x_n-\xi y_n \\ y_{n+1}=y_n+\Delta y=y_n+\xi x_n\end{cases} \Rightarrow [x_{n+1}, y_{n+1}]=[x_n, y_n]\begin{pmatrix}1 & \xi \\ -\xi & 1\end{pmatrix} \tag{2-2-5}$$

ξ 的取法与分辨率有关，应使两点间距离小于屏幕上像素单位大小，有

$$\sqrt{(x_{n+1}-x_n)^2+(y_{n+1}-y_n)^2}\leqslant 1$$

$$\xi^2 x_n{}^2+\xi^2 y_n{}^2\leqslant 1$$

$$\xi^2 R^2\leqslant 1$$

因此 $\xi R\leqslant 1$。若取 $2^{K-1}<R<2^K$，则 $\xi=2^{-K}$。

点(x_{n+1}, y_{n+1})到圆心距离的平方为

$$\begin{aligned}x_{n+1}^2+y_{n+1}^2 &= (x_n-\xi y_n)^2+(y_n+\xi x_n)^2 \\ &= (1+\xi^2)(x_n^2+y_n^2) \\ &= (1+\xi^2)R^2>R^2\end{aligned} \tag{2-2-6}$$

即它大于圆的半径的平方。

由式(2-2-6)知，上述方法得到的不是圆，而是一个半径不断增大的螺旋线。为得到圆的方程，行列式的值应为 1，而

$$\begin{vmatrix}1 & \xi \\ -\xi & 1\end{vmatrix}=1+\xi^2>1$$

若取矩阵

$$\begin{bmatrix}1-\xi^2 & \xi \\ -\xi & 1\end{bmatrix}$$

其行列式的值为

$$\begin{vmatrix}1-\xi^2 & \xi \\ -\xi & 1\end{vmatrix}=1-\xi^2+\xi^2=1$$

即满足画圆的要求，由此得到圆的方程：

$$[x_{n+1}, y_{n+1}]=[x_n, y_n]\begin{pmatrix}1-\xi^2 & \xi \\ -\xi & 1\end{pmatrix} \tag{2-2-7}$$

式(2-2-7)就是用 DDA 法画圆的公式。由式(2-2-7)得

$$\begin{cases}y_{n+1}=y_n+\xi x_n \\ x_{n+1}=x_n(1-\xi^2)-\xi y_n=x_n-\xi y_{n+1}\end{cases}$$

推导得

$$x_{n+1}^2+\xi x_{n+1}y_{n+1}+y_{n+1}^2=x_n^2+\xi x_n y_n+y_n^2$$

这是个椭圆，其长轴为$\dfrac{R}{1-\dfrac{\xi}{2}}$，短轴为$\dfrac{R}{1+\dfrac{\xi}{2}}$。当 ξ 很小时，画出的图形近似为圆。

由椭圆方程可知，如果点(x_n，y_n)在曲线 $x_n^2+\xi x_n y_n+y_n^2=R^2$ 上，则点(x_{n+1}，y_{n+1})必定也在曲线上。

2.2.3 角度 DDA 法生成圆弧

由圆的参数方程可知，当 φ 从 0 变化到 2π 时，表示的轨迹是一个整圆；当 φ 从 φ_a 变化到 φ_b 时，则产生一段圆弧。

假设用 N 个点来画一个圆，则角度的偏移量为

$$\Delta\varphi=\frac{2\pi}{N-1} \tag{2-2-8}$$

每个点所在的角度为

$$\varphi_i=\frac{2\pi}{N-1}\cdot i,\quad i=0,1,\cdots,N-1 \tag{2-2-9}$$

各点坐标为

$$\begin{cases}x_i=R\cos\varphi_i\\ y_i=R\sin\varphi_i\end{cases},\quad i=0,1,\cdots,N-1 \tag{2-2-10}$$

式(2-2-10)即为角度 DDA 算法的计算公式。图 2.2.4 所示为角度 DDA 法产生的圆弧。

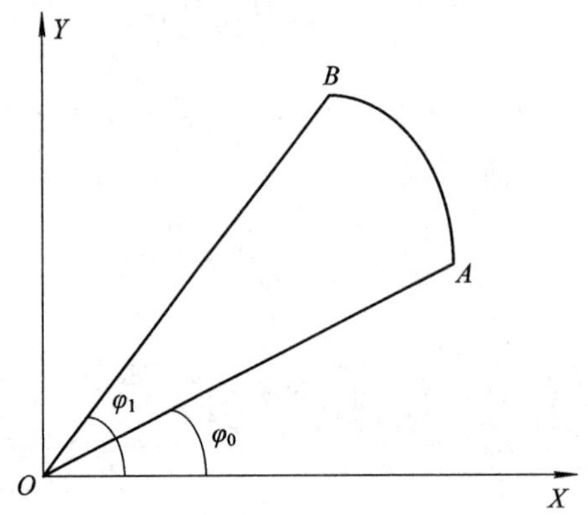

图 2.2.4 角度 DDA 产生的圆弧

平面上已知三个点的坐标 $P_1(x_1, y_1)$、$P_2(x_2, y_2)$、$P_3(x_3, y_3)$，就可以产生从 P_1 到 P_3 的一段圆弧。重点是要求出圆心坐标和半径，以及起点 P_1 和终点 P_3 所对应的角度 φ_a 和 φ_c。根据这三点坐标，可以找出圆心的坐标为

$$x_c=A\cdot(y_3-y_2)+B\cdot\frac{y_2-y_1}{2\cdot E}$$

$$y_c=A\cdot(x_3-x_2)+B\cdot\frac{x_2-x_1}{2\cdot E}$$

其中，

$$A=(x_1-x_2)\cdot(x_1+x_2)+(y_1-y_2)\cdot(y_1+y_2)$$
$$B=(x_3-x_2)\cdot(x_3+x_2)+(y_3-y_2)\cdot(y_3+y_2)$$
$$E=(x_1-x_2)\cdot(y_3-y_2)+(x_2+x_3)\cdot(y_2-y_1)$$

若 $E=0$，则

$$\frac{y_3 - y_2}{x_2 + x_3} = -\frac{y_2 - y_1}{x_1 - x_2}$$

因此，从 $P_1(x_1, y_1)$到 $P_3(x_3, y_3)$为一条直线。否则，计算出半径为

$$r = \sqrt{(x_1 - x_c)^2 + (y_1 - y_c)^2}$$

起点和终点对应的角度分别为

$$\varphi_a = \begin{cases} 90^\circ & x_1 = x_c \\ \arctan\dfrac{y_1 - y_c}{x_1 - x_c} \times 57.2958^\circ & x_1 \neq x_c \end{cases} \tag{2-2-11}$$

$$\varphi_c = \begin{cases} 90^\circ & x_3 = x_c \\ \arctan\dfrac{y_3 - y_c}{x_3 - x_c} \times 57.2958^\circ & x_3 \neq x_c \end{cases} \tag{2-2-12}$$

☞ 2.3 区域填充算法

区域填充是将由一定边界围成的一个区域，以不同的颜色、灰度、线型、符号等以示区别或者增加立体感的过程。区域填充有多种算法，大体可分为扫描线填充算法、种子填充算法以及这两种算法结合的算法。扫描线填充算法是求出扫描线与图形的交点(一般情况下为偶数)，这样扫描线就被交点分成若干段，再判断哪些段在图形内需要填充，哪些段在图形外需要舍弃；而种子填充首先假定封闭多边形内某点是已知的，将这一点作为种子，然后按一定规律检查种子四周的像素是否位于多边形内。如果相邻点位于多边形内，则这点就成为新的种子，然后递归搜索，直到达到边界。

2.3.1 扫描线填充算法

以多边形填充为例，每一条扫描线被多边形分成几段，每一段要么在多边形内，要么在多边形外，在内的填充，在外的舍弃。找出所有位于多边形内部的像素，并赋以适当的像素值，产生填充的图形。多边形区域具有内部相邻的像素空间连贯的特点，当一条扫描线穿过多边形时，必然与多边形的边相交并有交点，依据交点可以确定哪些像素在区域内。这些像素在水平方向是相邻连续的，只要知道扫描线与多边形的交点，就能确定填充区间，知道哪些像素是要填充的。一般情况下，一条直线与任意封闭的曲线相交时，总是从第一个交点进入内部，再从第二个交点退出，交替地进入退出，即奇数次进入、偶数次退出。这就是多边形扫描线填充算法的基本思想。

对于一条扫描线，多边形的填充步骤如下：

(1) 找出扫描线与多边形边界线的所有交点。

(2) 按 x 坐标增加顺序对交点排序。

(3) 第一与第二交点配对，第三与第四交点配对，依此类推，每一对交点表示扫描线与多边形的一个相交区域，形成一个填充段。

(4) 在交点对之间进行填充，把相交区间内的像素置成填充色。

如图 2.3.1 所示，扫描线 3 与多边形相交于 A、B、C、D 四点，将扫描线分成五段，即

$$\begin{cases} x < 2 & \text{多边形外} \\ 2 \leqslant x \leqslant 3.5 & \text{多边形内} \\ 3.5 < x < 7 & \text{多边形外} \\ 7 \leqslant x \leqslant 11 & \text{多边形内} \\ x > 11 & \text{多边形外} \end{cases}$$

将各交点按 x 的递增顺序排序，即为 2、3.5、7、11，则需要填充的区域为(2，3.5)和(7，11)。

下面来看扫描线与多边形相交的特殊情况。扫描经过多边形的顶点，排序以后交点表中的交点数是奇数。如图 2.3.1 中的扫描线 $y=7$ 与多边形各边的交点经排序后是 2，2，8。两个坐标为 2 表示扫描线同时与多边形的两条边在顶点相交。这时如果还是按区间填充就会出错，需要填充的区域(2，8)无法被填充。

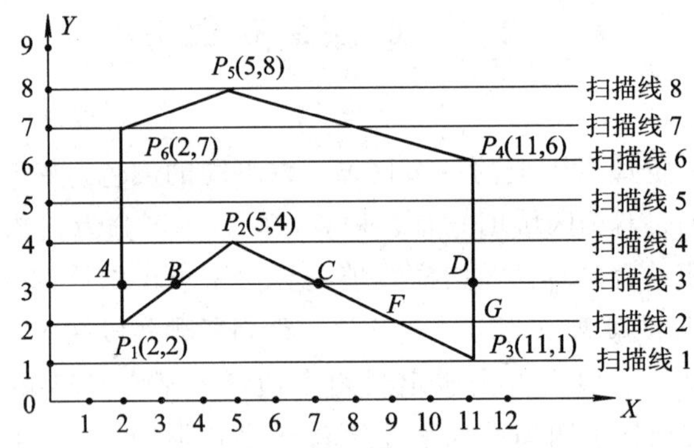

图 2.3.1　多边形边与扫描线的关系

一个解决办法是把当扫描线经过多边形顶点时的两个相同交点看做一个，但这时仍然会遇到新的问题。如在图 2.3.1 中，扫描线 $y=2$ 也经过多边形的顶点，但此时填充的区域应是(9，11)，扫描线与多边形顶点的两个交点应被看做是两个或零个。

为解决这个问题，给出局部极大和局部极小的概念。如果一个顶点的两条边同在扫描线的下方，这个顶点称为局部极大，反之称为局部极小。当顶点表现为局部极大或局部极小时，就将其看做两个或零个交点，否则看做一个。在图 2.3.1 中 P_5 点是局部极大，P_1 点是局部极小，交点应该算做两个或零个。而对于顶点 P_6，由于两条边分别在 P_6 的上方和下方，此时的交点应该算做一个。

实现多边形扫描线填充算法的关键在于如何有效地简化交点的计算以及如何有效地表示交点和填充区域。

假定多边形的一条边的两个端点为$(x_0，y_0)$和$(x_1，y_1)$，则该边斜率的倒数为 $m=\frac{x_1-x_0}{y_1-y_0}$。如果扫描线 $y=y_i$ 与多边形某条边交点的横坐标是 x_i，则对下一条扫描线 $y=y_{i+1}$，交点的横坐标为 x_{i+1}，因为扫描线 y_i 与扫描线 y_{i+1} 是相邻的扫描线，有 $y_i+1\equiv y_{i+1}$，所以 $x_{i+1}=x_i+m$。

可以看到，计算交点同样引入了增量。使用增量时需要知道一条边纵坐标的最大值，以便获得该边与扫描线的相交情况。如果某条边纵坐标的最大值大于扫描线，就不需要对

该边进行处理了。

把与当前扫描线相交的边按其相交的从左到右的顺序存放在一个链表中，这个链表叫做活性边表(Active Edge Table，AET)。活性边表的每一个节点存放了与当前扫描线相交的各边的有关信息。这样存放可以有效地表示交点及填充区域，动态地表示扫描线与多边形相交的变化情况。根据边的连贯性(某条边与当前扫描线相交，那么这条边和可能也和下一条扫描线相交)和扫描线的连贯性(当前扫描线与各边的交点顺序很可能与下一条扫描线与各边的交点顺序相同或类似)，一条扫描线处理完毕后，就不需要为下一条扫描线重新构造活性边表，而只需在当前扫描线的活性边表上稍作修改，即可得到下一条扫描线的活性边表。所以活性边表的节点各项的内容依次是：

(1) x——当前扫描线与边的交点 x 坐标。

(2) Δx——从当前扫描线到下一条扫描线之间的 x 增量，即边的斜率倒数。

(3) y_{max}——活性边对应的最大 y 坐标。

图 2.3.2 所示为图 2.3.1 中各扫描线的活性边表。

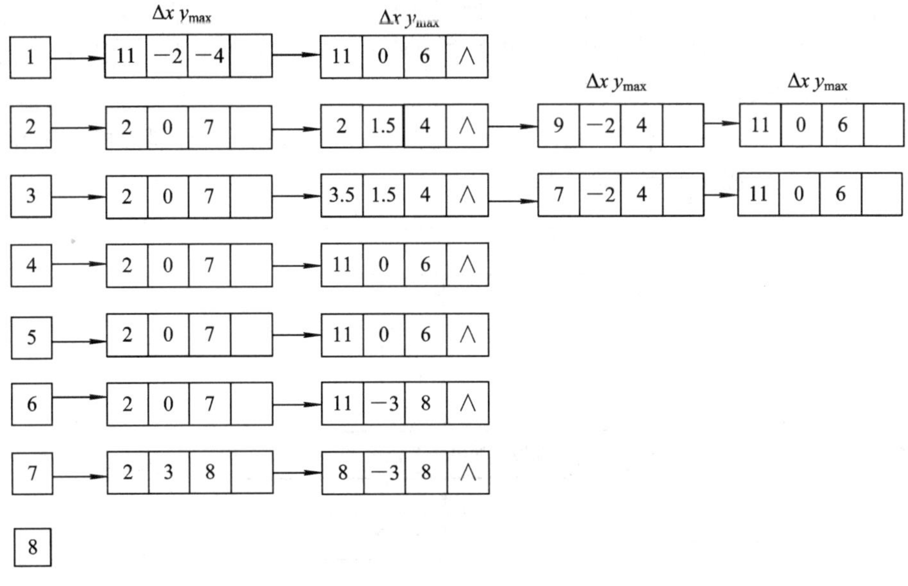

图 2.3.2 图 2.3.1 中各扫描线的活性边表

2.3.2 种子填充算法

种子填充算法是假设一个封闭的区域内有一个种子(像素)是已知的，区域内的各点与种子具有相同的颜色或值，而区域外和边界的像素具有另外的颜色或值。以种子为起点，按一定规律检查种子的四周像素是否具有和边界一样的颜色或值，如果是则舍弃，否则填充种子颜色或值。

一般根据多边形区域的特征将其分为四向连通区域和八向连通区域两种。四向连通区域指的是从区域内一点出发，可通过四个方向，即上、下、左、右移动的组合，在不超出区域的前提下，到达区域内的任意位置像素，如图 2.3.3(a)所示；八向连通区域指的是从区域内每一像素出发，可通过八个方向，即上、下、左、右、左上、右上、左下、右下这八个方向的移动组合到达区域内的任意像素位置，如图 2.3.3(b)所示。因此，种子像素填充法分为四向算法和八向算法两种。四向算法只能应用于四连通区域的填充，八向算法既可应用于八连通区域也可应用于四连通区域。以下只讨论四向算法，八向算法只要将搜索方向改为向外即可。

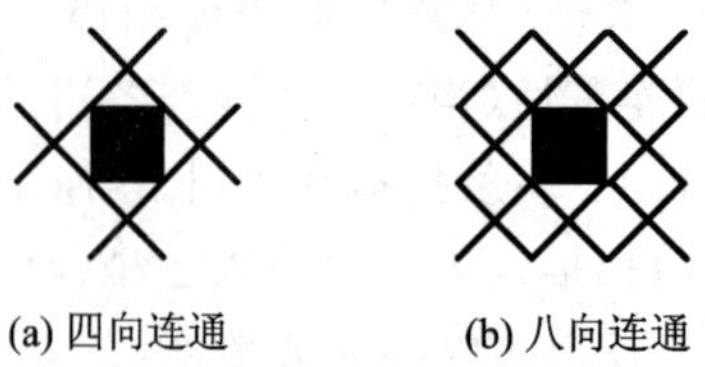

图 2.3.3　四向种子和八向种子

算法的步骤如下：

(1) 把种子像素压入堆栈。

(2) 把种子像素设置成需要的颜色或值。

(3) 检查每个当前像素(第一次是种子像素)的周围四个像素(按右上左下的顺序)是否和边界像素的颜色或值相等，或者已经设置了和种子一样的颜色或值，若是这两种情况之一则舍弃，否则把该像素压入堆栈。

(4) 从堆栈中弹出一个像素，重复执行上述步骤(3)。这样，一直到堆栈中没有元素为止。种子填充算法流程图如图 2.3.4 所示。

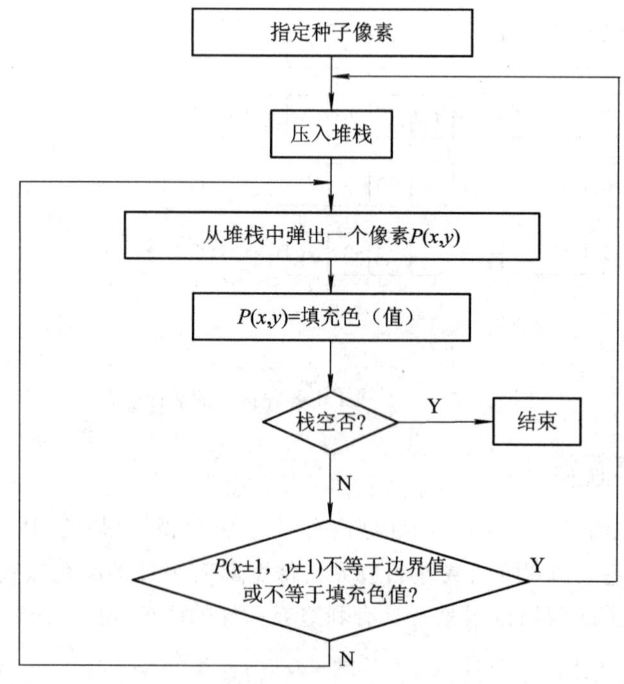

图 2.3.4　种子填充算法流程图

本算法适用于区域内为单一的颜色和灰度的情况，其缺点是堆栈可能很大，堆栈内包含有许多重复或不必要的信息。

☞ 2.4 裁剪算法

裁剪是指从数据集合中抽取所需信息。它是计算机图形学中的重要操作，是计算机图形学研究的热点，在许多领域中都发挥着重要作用。裁剪最常见的应用是确定图形在某一区域内的部分，这个区域又叫做裁剪窗口。目前对裁剪算法的研究更加深入，目标是实现对任意图形的快速裁剪。

2.4.1 点裁剪

点裁剪是最简单的图形裁剪，它是线段及多边形裁剪的基础。无论什么形状的裁剪窗口，都很容易判断点是否在窗口内。如果裁剪窗口是矩形，设矩形的左、右边界的横坐标和上、下边界的纵坐标分别为 x_L、x_R、y_T、y_B，那么点(x, y)在窗口内的充要条件如下：

$$\begin{cases} x_L \leqslant x \leqslant x_R \\ y_B \leqslant y \leqslant y_T \end{cases} \tag{2-4-1}$$

式中的等号表示点在窗口的边界上。只有当上面两个不等式都成立时，点(x, y)才位于矩形窗口内，否则在窗口外。

2.4.2 线段裁剪

1. 矩形窗口的线段裁剪

裁剪窗口为一个矩形区域时，叫做矩形窗口裁剪。矩形窗口直线段裁剪是复杂图元裁剪的基础，为减小计算量，可以用直线段近似。目前最常用的矩形窗口线段裁剪算法有 Cohen-Sutherland 裁剪算法、中点分割算法和 Liang-Barskey 算法。Cohen-Sutherland 算法是最早开发的快速线段裁剪算法，该算法实现简单，应用广泛；中点分割算法是用连续等分线段最终求得交点的方法代替用乘除法实现求交运算；Liang-Barskey 算法利用线段的参数形式，把被裁线段所在直线与矩形裁剪窗口边框的交点坐标的计算简化为对交点对应参数值的计算，再与被裁线段参数定义区间比较，确定有效交点，从而得到裁剪后的线段。

矩形窗口的四个边用左(L)、右(R)、上(T)、下(B)来定义，这些边与显示设备的坐标轴平行。裁剪就是决定图形中哪些点、线段或线段的一部分在窗口内，这是要显示的，舍弃那些在窗口外的。

一条线段与窗口的关系，可以归纳为以下四种情况：

(1) 线段的两个端点都在窗口内，线段可见。此时不需要裁剪，显示整条线段。

(2) 线段的两个端点都在窗口外，线段不可见。此时不需要裁剪，不显示整条线。

(3) 线段的一个端点在窗口内，另一个在窗口外，部分线段可见。此时，需求出线段与该窗框的交点，并将窗口外的线段部分裁剪掉，显示窗口内的部分。

(4) 线段的两个端点都在窗口外，部分线段可见。此时，需求出线段与两个窗口框的交点，删去窗口外的线段，显示窗口内的部分。

下面详细介绍三种基本的线段裁剪算法。

1) Cohen-Sutherland 裁剪算法

Cohen-Sutherland 裁剪算法是由 Sproull 和 Sutherland 在 1968 年提出的，又称编码算法。这是开发最早的一种线段裁剪算法，它对区域进行编码，实现对完全可见和完全不可见线段的快速判断。

Cohen-Sutherland 算法把裁剪窗口的四个边界线延长，将平面分成 9 个区域(见图 2.4.1)，每个区域用一个四位二进制码 $C_TC_BC_RC_L$ 表示。

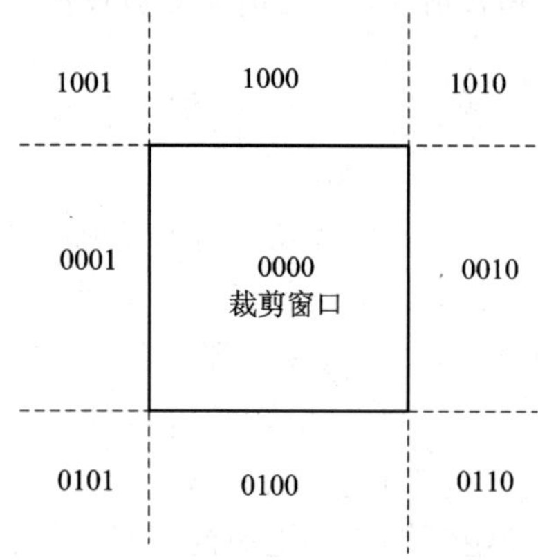

图 2.4.1　多边形裁剪区域的编码

令最右边的位是第一位，编码规则如下：

第一位为 $\begin{cases}1 & \text{线段端点位于窗口左侧}\\0 & \text{线段端点不位于窗口左侧}\end{cases}$

第二位为 $\begin{cases}1 & \text{线段端点位于窗口右侧}\\0 & \text{线段端点不位于窗口右侧}\end{cases}$

第三位为 $\begin{cases}1 & \text{线段端点位于窗口下侧}\\0 & \text{线段端点不位于窗口下侧}\end{cases}$

第四位为 $\begin{cases}1 & \text{线段端点位于窗口上侧}\\0 & \text{线段端点不位于窗口上侧}\end{cases}$

裁剪一条线段时，对裁剪的直线段端点 P_1 和 P_2 编码 code(P_1)和 code(P_2)。可能出现的情况及处理如下：

(1) 线段两端点编码均为 0，即两端点均在窗口内，则线段完全可见。

(2) 线段两端点编码均不为 0，则对两端点编码按位逻辑“与”，若结果不为 0，则线段两端点位于窗口的同一侧，完全不可见。

(3) 线段两端点编码不全为 0，对两端点编码按位逻辑“与”，若结果为 0，则线段部分可见，需要进行线段与裁剪窗口求交。

Cohen-Sutherland 裁剪算法使用逻辑运算来判断线段是否在窗口内，不必把线段与每条窗口边界依次求交，可减少线段和裁剪窗口的求交运算，适用于对不可见线段的快速判别。

2) 中点分割裁剪

中点分割裁剪算法是由 Newman 和 Sproul 在 1979 年提出的，实质上是 Cohen-

Sutherland 算法的改进。首先对线段端点按照线段在平面所处的区域进行编码，将线段与窗口的关系划分为上述线段两端点与窗口相交的三种情况。对第三种情况，即不可丢弃的线段采用中点分割的方法，在中点处将线段分割成相等的两部分，对每一小段重复上述检查，直到每条线段完全在窗口内或完全在窗口外为止。该算法用连续平分线段最终求得交点来代替乘除法实现，这样可避免大量的乘除法。

在图 2.4.2 中，P_1、P_2为窗口外的两个端点，取其中点 P_{m1}，先保存 P_1P_{m1}暂不考虑，在另一半 $P_{m1}P_2$取其中点 P_{m2}，若 P_{m2}可见，就把 P_{m2}作为离点 P_1最远的可见点。在 $P_{m2}P_2$之间再取中点 P_{m3}，而 P_{m3}为不可见，则舍弃 $P_{m3}P_2$(即删除一部分不可见线段)。再转回处理 $P_{m3}P_1$线段，取其中点 P_{m4}，若 P_{m4}可见，则以 P_{m4}为离 P_2的最远可见点，再取 $P_{m4}P_1$的中点 P_{m5}。若 P_{m5}为不可见，则舍弃 P_1P_{m5}，这样经过两次对半直线的折半查找，可以删除直线两端的一部分不可见线段。将上述办法反复执行，直到直线端点与窗口边界重合或满足一定的精度要求。

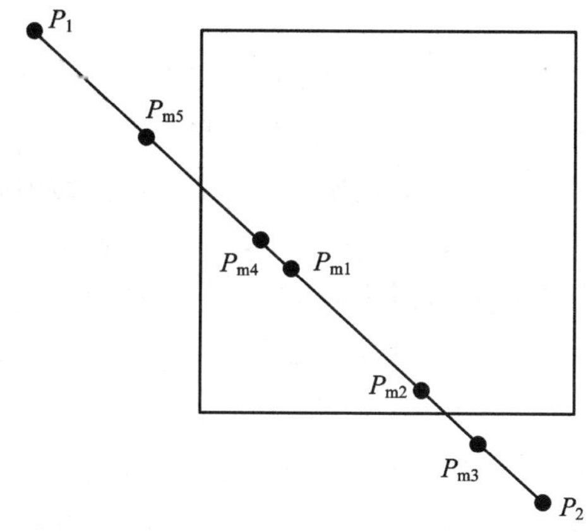

图 2.4.2　中点分割

3) Liang-Barskey 算法

Liang-Barskey 算法是由梁友栋和 Barskey 于 1984 年在 Cyrus-Berk 算法的基础上提出的一种更快的参数化裁剪算法。该算法通过坐标轴方向的投影来判定可见线段，以把二维裁剪变换为一维裁剪。只在需要时才计算交点，以降低计算量，提高计算速度。

设线段两端点为(x_1, y_1)、(x_2, y_2)，四个边界为 X_L、X_R、Y_B、Y_T。首先，写出参数形式的裁剪条件：

$$\begin{cases} X_L \leqslant x_1 + ux \leqslant X_R & x = x_2 - x_1 \\ Y_B \leqslant y_1 + uy \leqslant Y_T & y = y_2 - y_1 \end{cases} \tag{2-4-2}$$

可以统一表示为 $up_k \leqslant q_k$。其中 p_k、q_k定义为

$$p_1 = -x,\ q_1 = x_1 - X_L,\ p_2 = x,\ q_2 = X_R - x_1$$
$$p_3 = -y,\ q_1 = y_1 - Y_B,\ p_4 = y,\ q_4 = Y_T - y_1 \tag{2-4-3}$$

对任何平行于裁剪边界的直线 $p_k=0$，其中 k 为裁剪边界。若满足 $q_k<0$，则线段完全在边界外，舍弃此线段；若 $q_k \geqslant 0$，则此线段平行于裁剪边界且在窗口内。

当 $p_k<0$ 时，线段从边界直线的外部指向内部；当 $p_k>0$ 时，线段从裁剪边界所在直线的内部指向外部。$p_k \neq 0$ 时，可计算出线段与边界的延长线交点的 u 值，$u=q_k/p_k$。

Liang-Barskey 算法是一种高效率的参数化裁剪算法。由于在裁剪过程中只需计算一次线段和裁剪窗口边界的交点，这与 Cohen-Sutherland 算法和中点分割裁剪算法的计算相比要简单得多，但这种算法只局限于矩形窗口。

2. 圆形和椭圆窗口的直线裁剪

圆和椭圆是计算机图形学中的基本图形，目前对裁剪研究最多的是矩形窗口和多边形窗口裁剪，而在实际应用中，常常用到曲线边界窗口的裁剪。

1）圆形窗口线段裁剪算法

由于圆形窗口代数方程的复杂性，其裁剪效率不高，因此人们一直努力寻找高效的裁剪算法。其中包括将线段参数方程代入圆形窗口方程裁剪；利用圆形到线段的距离进行裁剪，即从圆心向直线段引垂直射线来判断直线与窗口的位置关系；利用圆与外切正方形的线性关系，生成规范化交点表，查表来实现裁剪；通过常规外切正方形一次编码、旋转外切正方形二次编码与广义距离三次编码分别获得不同情况的线段实现裁剪。这些算法各有特点，但是计算量都很大。

下面介绍的算法是由任洪海与张飞侠提出的，其主要思想是通过讨论线段两端点相对于圆形窗口的位置，结合远端点向圆引的切线斜率与线段斜率比较及巧妙的点区域判别来快速判断线段与圆形窗口的位置。假设裁剪算法中圆形窗口的圆心为坐标原点，半径为 r；被裁剪线段的两个端点为 $p_1(x_1, y_1)$和 $p_2(x_2, y_2)$。根据圆的常规外切正方形，经过简单运算可排除完全位于常规外切正方形同侧的线段，其判断条件为

$$\max(x_1, x_2) \leqslant -r \text{ 或 } \min(x_1, x_2) \geqslant r \text{ 或 } \max(y_1, y_2) \leqslant -r \text{ 或 } \min(y_1, y_2) \geqslant r \tag{2-4-4}$$

端点 p_i 与圆形窗口的位置关系有圆内、圆外和圆上三种，下面分四种情况讨论。

(1) 如果线段 p_1p_2 两端点都在圆形窗口内(也包括两端点都在窗口上或一个端点在窗口内而另一个端点在窗口上)，可得线段在圆形窗口内，所以线段 p_1p_2 为裁剪结果。

(2) 如果线段 p_1p_2 一个端点在圆形窗口内，而另一个端点在圆形窗口外，可得线段与窗口有交点。应用线段参数形式代入圆方程求交点，窗口内端点到交点之间的线段为裁剪结果。

(3) 如果线段 p_1p_2 两端点都在圆形窗口外，从距离圆心较远的端点向圆引切线，通过比较此切线斜率与线段斜率，判断线段与圆形窗口的相交情况，具体操作如下：

如果 $d_1{}^2 \geqslant d_2{}^2$($d_1$、$d_2$ 分别为 p_1、p_2 到圆心 O 的距离)，取 p_1 点向圆引切线，否则取 p_2 点向圆引切线。假设取 $p_1(x_1, y_1)$点向圆引切线，如图 2.4.3 所示。

p_1o 斜率为$\dfrac{y_1}{x_1}$，设倾角为 a，则

$$\tan a = \frac{y_1}{x_1}$$

p_1o 与两切线形成的夹角相等，设为 b，则

$$\sin b = \frac{r}{d_1}, \quad \cos b = \sqrt{1 - \frac{r^2}{d_1{}^2}} \tag{2-4-5}$$

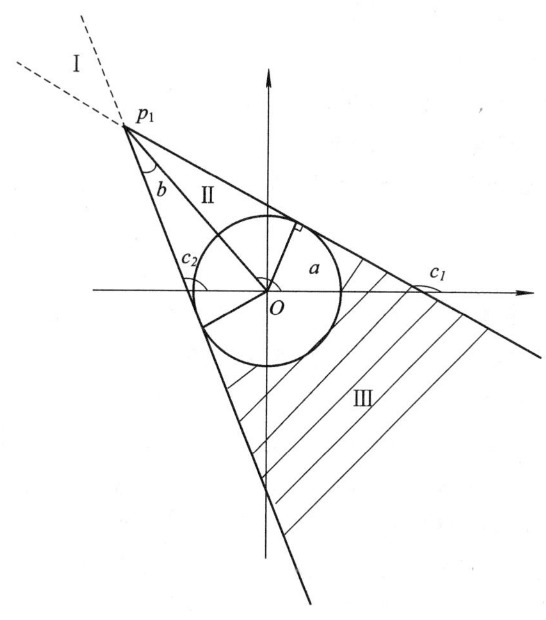

图 2.4.3　线段与圆形区域的关系

由于无论 p_1 在圆形窗口外的哪个位置，从 p_1 向圆引两切线的倾斜角分别为 $c_1=a+b+k\pi$ 和 $c_2=a-b+k\pi$，因此从 p_1 向圆引的两切线的斜率分别为 $\tan c_1$ 和 $\tan c_2$。用正切函数的性质可得

$$\begin{cases} \tan c_1=\dfrac{y_1\sqrt{{d_1}^2-r^2}+rx_1}{x_1\sqrt{{d_1}^2-r^2}-ry_1} \\ \tan c_2=\dfrac{y_1\sqrt{{d_1}^2-r^2}-rx_1}{x_1\sqrt{{d_1}^2-r^2}+ry_1} \end{cases} \tag{2-4-6}$$

若线段 p_1p_2 的斜率 m 满足：

$\tan c_1\tan c_2$ 同号时测试条件：$\min(\tan c_1, \tan c_2)\leqslant m\leqslant\max(\tan c_1, \tan c_2)$

$\tan c_1\tan c_2$ 异号时测试条件：$\min(\tan c_1, \tan c_2)\geqslant m$ 或 $m\geqslant\max(\tan c_1, \tan c_2)$

则 p_1p_2 所在直线与圆形窗口相交，否则 p_1p_2 所在直线与圆形窗口相离，舍弃线段 p_1p_2。

下面讨论如何进行裁剪。当 p_1p_2 所在直线与圆形窗口相交时，可根据 p_2 所在区域情况判断线段是否与圆形窗口相交，而不必都进行求交运算。由于向圆形窗口引切线的端点是取距离圆心较远的端点，已假设为 p_1，那么另一个端点 p_2 一定不在Ⅰ区域，只可能在Ⅱ区域或Ⅲ区域（Ⅱ区域为除了Ⅰ、Ⅲ区域外的所有区域），如图 2.4.3 所示。

如果端点 p_2 在Ⅱ区域，线段 p_1p_2 与圆形窗口没有交点，则舍弃线段 p_1p_2。

如果端点 p_2 在Ⅲ区域，线段 p_1p_2 与圆形窗有两个交点，则两交点间线段为裁剪结果。

(4) 特殊情况：如果一个端点在圆形窗口上，而另一端点在圆形窗口外，假设圆形窗口外的端点为 p_1，从 p_1 引圆的切线，则线段 p_1p_2 所在直线必在两切线之间，如情况(3)中讨论：

如果 ${d_2}^2+r^2-2m\leqslant 0$，可得端点 p_2 在Ⅱ区域对应圆弧上，线段 p_1p_2 与圆形窗口只相交于端点 p_2，则端点 p_2 为裁剪结果；如果 $d_2^2+r^2-2m>0$，可得端点 p_2 在Ⅲ区域对应圆弧上，线段 p_1p_2 与圆形窗口除 p_2 之外还有一个交点，则端点 p_2 到该交点间线段为裁剪结果。

2）椭圆形窗口的线段裁剪

椭圆形窗口线段裁剪的研究较为缓慢，李建华提出了一种线性化裁剪算法，其思想为：根据给定的椭圆长短半轴 a、b，首先在 1/4 椭圆弧上线性生成两个数组，然后根据裁剪的需要，由两数组的数据以及椭圆对称性计算出相应裁剪数据，最后绘制出裁剪图形。

2.4.3　多边形裁剪

1. 矩形窗口的多边形裁剪

多边形的裁剪比直线裁剪要复杂，如图 2.4.4 所示。如果套用线段裁剪算法对多边形的边作裁剪，则裁剪后多边形的边会成为一组彼此不连贯的折线，这样会给填充带来困难，如图 2.4.4(b)所示。多边形裁剪算法的关键在于通过裁剪，不仅要保持窗口内多边形的边界部分，而且要将窗框的有关部分按一定次序插入多边形保留边界之间，从而使裁剪后的多边形仍保持封闭状态，使填充算法得以正确实现，如图 2.4.4(c)所示。本节给出两种经典多边形裁剪算法及一种新的裁剪算法，供有兴趣的读者学习。

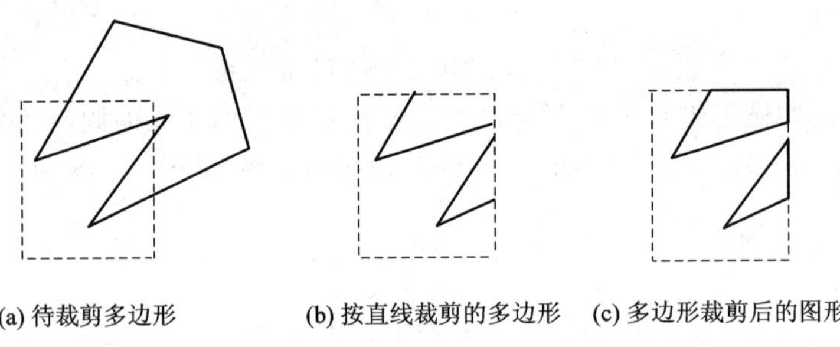

(a) 待裁剪多边形　　(b) 按直线裁剪的多边形　　(c) 多边形裁剪后的图形

图 2.4.4　多边形裁剪

1）Sutherland-Hodgman 逐边裁剪算法

Sutherland-Hodgman 算法是由 Sutherland 和 Hodgman 在 1974 年提出的，基本思想是将多边形对于矩形裁剪窗口的裁剪分解为窗口边界线对多边形进行逐条裁剪。首先，将多边形的顶点按逆时针走向排序，记作 P_1，P_2，…，P_n，如图 2.4.5(a)所示。先用上边窗与多边形各边求交，将位于上边窗之上的部分删去，并插入上窗边及其延长线的交点之间的部分，如图 2.4.5(b)中的线段 P_3P_4 所示，这样便形成了一个新的多边形。然后将新的多边形按相同的方法与右窗边相裁剪。最后分别与下边窗和左边窗裁剪。图 2.4.5(c)、(d)、(e)所示为按上述步骤操作时所生成的新多边形的情况。

生成新的多边形顶点序列的过程是一个对原多边形各顶点依次处理的过程。设当前处理的顶点是 P，先前处理的顶点是 S，多边形各顶点的处理规则如下：

(1) S、P 均在窗边内侧时，保存 P，如图 2.4.6(a)所示。

(2) S 在窗边内侧，P 在窗边外侧时，求出 SP 与窗边的交点 I，保存 I，舍去 P，如图 2.4.6(b)所示。

(3) S、P 均在窗边外侧时，舍去 P，如图 2.4.6(c)所示。

(4) S 在窗边外侧，P 在窗边内侧时，求出 SP 与窗边的交点 I，依次保存 I 和 P，如图 2.4.6(d)所示。

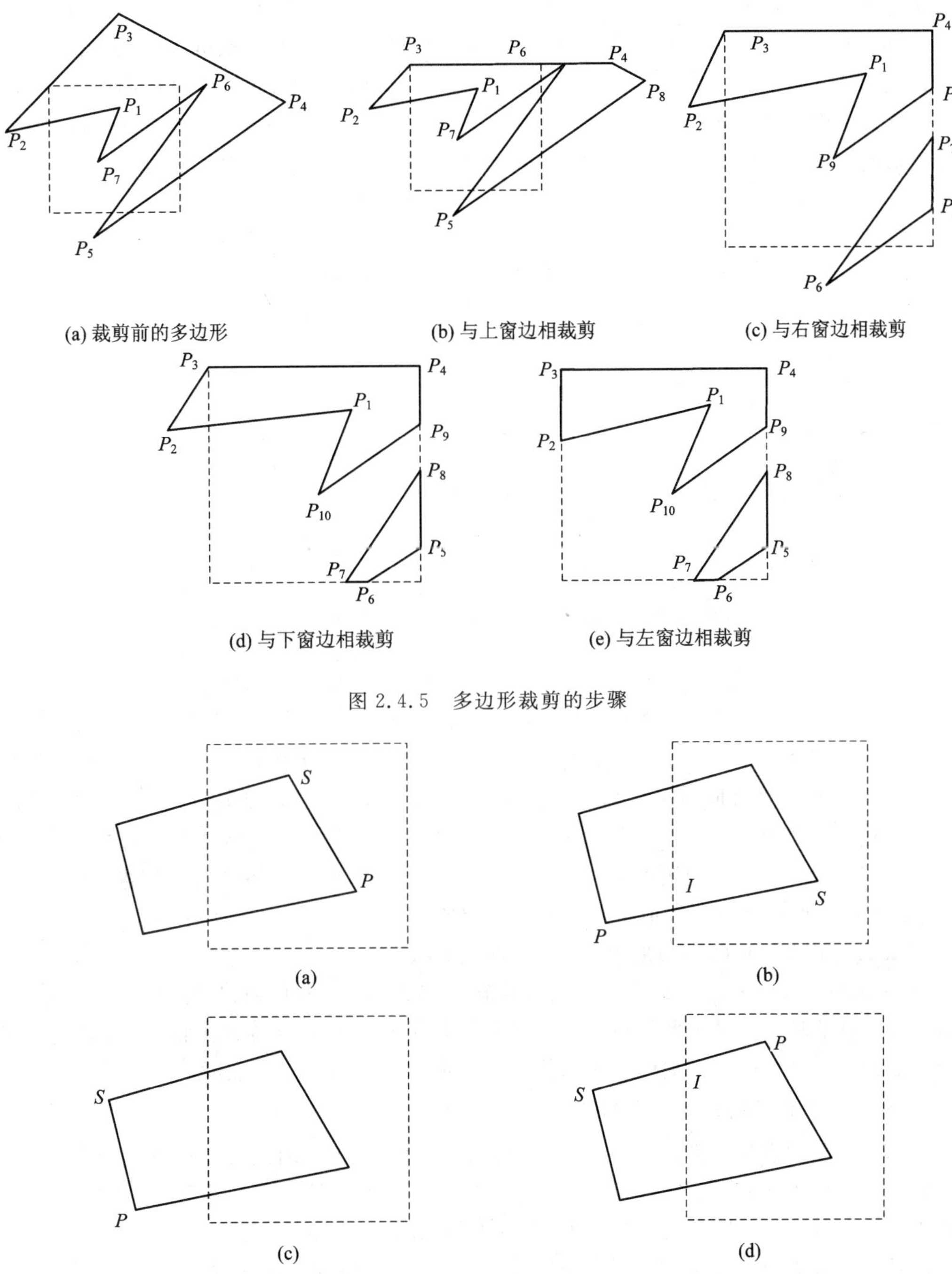

(a) 裁剪前的多边形　(b) 与上窗边相裁剪　(c) 与右窗边相裁剪

(d) 与下窗边相裁剪　(e) 与左窗边相裁剪

图 2.4.5　多边形裁剪的步骤

(a)　(b)　(c)　(d)

图 2.4.6　多边形新顶点序列的生成规则

2）Weiler-Atherton 双边裁剪算法

当 Sutherland-Hodgman 算法用来裁剪凹多边形时，会在裁剪出的各分裂凸多边形间形成一条多余的连线，Weiler-Atherton 算法可有效解决这一问题。该算法的裁剪窗口、被裁剪多边形可以是任意多边形，如凹多边形、凸多边形以及带内环的多边形。

当裁剪多边形与裁剪窗口相交时，除既是顶点也是交点的情况，其他情况交点必然成对出现。对于这些成对出现的点，将裁剪多边形进入裁剪窗口的点叫做入点，离开裁剪窗口的点叫做出点。通过约定被裁剪多边形和裁剪窗口顶点的顺序，根据当前处理的交点是入点还是出点，可以沿着多边形的方向或窗口的边界方向求出图元位于窗口内的部分。

图 2.4.7 中，假设被裁剪多边形与裁剪窗口的顶点和交点都按顺时针方向排列，则被裁剪多边形的顶点和交点序列为 $1ab2cd3ef451$，裁剪窗口顶点和交点序列为 $AaBbcCfDedA$。

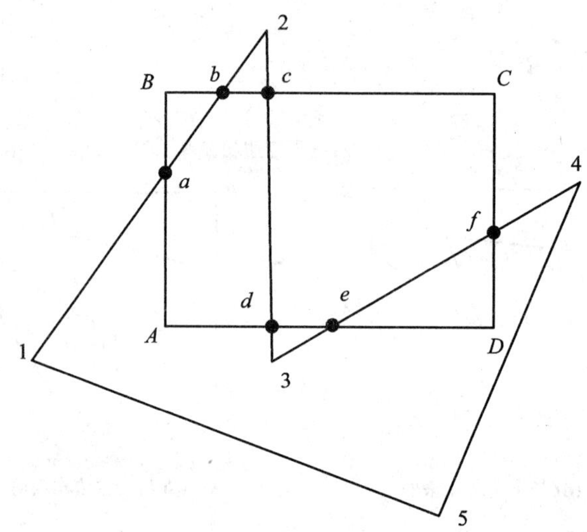

图 2.4.7 Weiler-Atherton 算法举例

从被裁剪多边形的一个点开始，碰到入点，沿被裁剪多边形按顺时针方向搜集出点，并将出点放入输出多边形顶点序列，再沿裁剪窗口按顺时针方向搜集顶点序列，直到遇到下一个入点。若在搜集顶点的过程中遇到被裁剪多边形的顶点，则将顶点按查找顺序插入到输出顶点序列中。按此规则交替地沿着被裁剪多边形和裁剪窗口的边界前进，直到回到起始点。这时，收集到的全部顶点序列就是裁剪所得的多边形。

图 2.4.7 最终得到的多边形为 $abcdAa$ 和 $efDe$。

Weiler-Atherton 算法一次即可求得最终输出多边形，与裁剪窗口的边数无关，适用于裁剪窗口是任意凹、凸多边形的情况，但有重合边和多边形顶点与边界相交时，要注意识别出有效顶点，以免在沿被裁剪多边形边界或裁剪窗口边界搜集顶点时判断失效。

3）基于交点排序的多边形裁剪算法

本算法将裁剪多边形看成一组封闭的有向折线段，依次采用裁剪多边形的边对实体多边形的边界进行求交判断，根据判断结果，对真正相交的线段求交，并对求得的交点按进出性排序，得到一个结果多边形的链表，最后输出结果多边形。

该算法可分为以下四个部分：第一部分，做线段相交判断。根据裁剪边和被裁剪边 4 个节点的相对位置，判断两条线段是否相交，并对交点的进出性进行分析。如图 2.4.8 所示，记多边形的 1 条边的 2 个顶点为 C_0C_1，线段方向为 $C_0 \rightarrow C_1$（其中 $C_0(x_{C_0}, y_{C_0})$，$C_1(x_{C_1}, y_{C_1})$）；实体多边形当前被处理的边的顶点为 S_0、S_1，线段方向为 $S_0 \rightarrow S_1$（其中 $S_0(x_{S_0}, y_{S_0})$，$S_1(x_{S_1}, y_{S_1})$），则它们所在的直线方程可表示为

$$\begin{cases} f_c(x, y) = Ax + By + C = 0 \\ f_s(x, y) = A'x + B'y + C' = 0 \end{cases} \tag{2-4-7}$$

其中

$$\begin{cases} A = y_{C_1} - y_{C_0} \\ B = x_{C_0} - x_{C_1} \\ C = x_{C_1} y_{C_0} - x_{C_0} y_{C_1} \end{cases}, \quad \begin{cases} A' = y_{S_1} - y_{S_0} \\ B' = x_{S_0} - x_{S_1} \\ C' = x_{S_1} y_{S_0} - x_{S_0} y_{S_1} \end{cases}$$

可以将点 S_0、S_1 相对于直线 C_0C_1 的位置表示如下：

$$f_c(x_s, y_s)\begin{cases} >0 & \text{直线右侧的点} \\ =0 & \text{直线上的点} \\ <0 & \text{直线左侧的点} \end{cases}$$

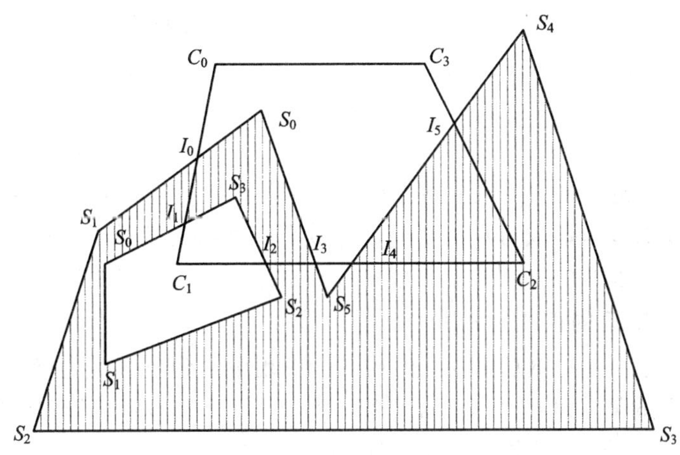

图 2.4.8　裁剪多边形

分析四个节点的相对位置，解决交点为线段顶点和线段共线两种特殊情况下的交点取舍和进出性问题，得出表 2-4-1 与表 2-4-2 的处理方案，避免了对非相交线段求交以及线段共线时交点的重复计算。

表 2-4-1　线段求交处理

$f_c(x_{S_1}, y_{S_1})$ \ $f_c(x_{S_0}, y_{S_0})$	>0	<0	=0
>0	无交点	S_0，进点	见表 2-4-2
=0	S_1，出点	无交点	无交点
<0	见表 2-4-2	无交点	无交点

表 2-4-2　线段求交处理续

$f_c(x_{S_1}, y_{S_1})$ \ $f_c(x_{S_0}, y_{S_0})$	>0	=0	<0
>0	无交点	无交点	求得出点
=0	无交点	无交点	C_1，出点
<0	求出进点	C_0，进点	无交点

第二部分，取裁剪多边形的边依次对实体多边形的边界求交，根据每一条裁剪边上交点的顺序和进出性，判断该裁剪边的终点是否组成结果多边形，将组成结果多边形的裁剪多边形顶点插入到交点链表，形成一个由进点(裁剪多边形顶点)和出点组成的点对。根据交点的进出性，将每一条裁剪边上的所有交点按照裁剪边的方向排序后插入交点链表，如果最后一个交点为进点，则当前裁剪边的终点位于实体多边形内(若无交点，则与前一顶点的内外关系一致)，将该顶点作为“进点”按序插入到交点链表中。

第三部分，根据交点的进出性以及所记录的实体多边形的终点序号，设置所有交点的指针指向，并将组成结果多边形的实体多边形顶点插入到交点链表，完成交点的第二次排序。设置交点的指针指向与实体多边形顶点的插入合并成一步同时进行。对于每一个进点，直接将其指针指向链表中的下一个交点；对于出点，如果存在与该出点具有相同终点信息的进点，且位于出点的前方(沿着实体多边形边的方向)，则将该出点的指针指向该进点；反之，将出点所在实体多边形边的终点作为“出点”插入到交点链表，并将出点指针指向该顶点。

第四部分，通过遍历结果多边形顶点链表，根据指针指向输出结果多边形。

基于交点排序的多边形裁剪算法对原有的裁剪算法进行优化，采用单链表形式，可提高裁剪效率，又不会造成冗余。

2. 任意多边形窗口的直线段裁剪

上面介绍的是矩形窗口裁剪算法，但在实际应用中遇到更多的是凹多边形窗口，最典型的应用是在图形的消隐处理中。下面介绍一种适用于一般多边形窗口的线段裁剪算法，这种算法先排除大量不相交线段，计算量少，运算速度快。

当多边形窗口与被裁剪直线相交，但不与所有边界相交时，一个边界的两个端点若在直线同侧则不用进行求交计算，这样可以简化计算。具体的处理方法如下：

(1) 判断多边形窗口的一条边界是否与被裁剪直线及其延长线有交点，若有则进行求交计算。

(2) 对所有交点按某一坐标值进行排序。

(3) 奇序数交点到下一个偶序数交点之间的直线段在窗口内，为可见部分。

首先介绍交点的计算方法。

令多边形各顶点为 $P_i(x_i, y_i)(i=0, 1, \cdots, n-1)$，定义 $P_n=P_0$。设被裁剪直线的两个端点为 $A(u_1, v_1)$、$B(u_2, v_2)$，则过 A、B 的直线方程为

$$ax+by+c=0 \tag{2-4-8}$$

其中，$a=v_2-v_1$，$b=u_1-u_2$，$c=-bv_1-au_1$。

记 $e_i=ax_i+by_i+c$。若 $e_ie_{i+1}>0$，则 P_i、P_{i+1} 在直线同侧，与直线没有交点。反之对下一边界进行计算。

过 $P_i(x_i, y_i)$、$P_{i+1}(x_{i+1}, y_{i+1})$ 的直线方程为

$$dx+ey+f=0 \tag{2-4-9}$$

其中，$d=y_{i+1}-y_i$，$e=x_i-x_{i+1}$，$f=-ey_i-dx_i$。

两方程联立求直线交点：

$$\begin{cases} ax+by+c=0 \\ dx+ey+f=0 \end{cases} \tag{2-4-10}$$

得

$$\begin{cases} x = \dfrac{bf - ce}{ae - db} \\ y = \dfrac{af - dc}{db - ae} \end{cases} \tag{2-4-11}$$

求得交点后，有以下几种情况，分别进行不同的处理。

(1) 被裁剪线段与窗口顶点相交。直线过窗口顶点分为三种情况(如图 2.4.9 所示)。

① 直线从内部通过多边形窗口的一个顶点，如图 2.4.9(a)所示。

② 直线从窗口外通过多边形窗口的一个顶点，如图 2.4.9(b)所示。

③ 直线通过顶点后从多边形窗口外进入多边形内或由内到外，如图 2.4.9(c)所示。

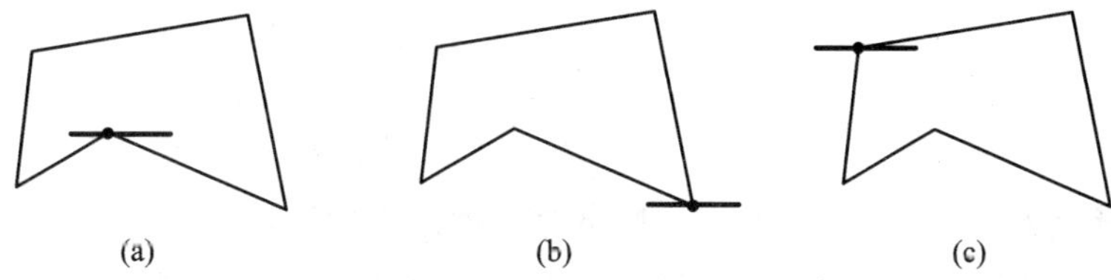

图 2.4.9 裁剪线段与窗口顶点相交的情况

前两种情况由于交点并未改变直线在窗口内或窗口外的状态，不存入交点数组：对第一种情况，交点可见，但只是窗口内可见线段中的一点，不需做处理；第二种情况的交点可见，且整条线段与窗口只交于这一点，所以需显示；第三种情况将交点放入交点数组。

(2) 被裁剪线段与窗口边界重合。直线与多边形边界重合有四种情形：

① 直线从外部与多边形的边重合；

② 直线从内部与多边形的边重合；

③ 直线从外部通过重合边进入多边形窗口内；

④ 直线从内部通过重合边走出多边形窗口。

多边形窗口的边是可见区域。如图 2.4.10 所示，对于图(a)，取该边的两个顶点作为交点；对于图(b)，交点不存入数组；对于图(c)，取边的左顶点作为交点；对于图(d)，取边的右顶点作为交点。

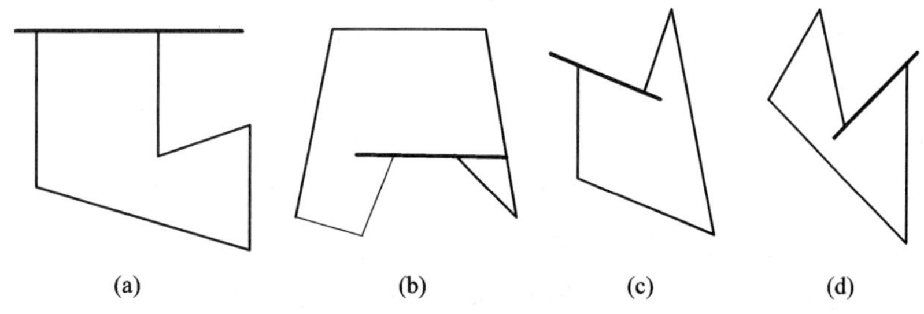

图 2.4.10 裁剪线段与窗口边界重合

本算法的计算量主要在寻找交点上，不计算直线与多边形每一条边及其延长线的交点，而只判断直线与多边形是否真正相交。只有真正相交时才计算交点，并且此算法在求交点时只计算交点的某一坐标值，只有在窗口边界上的交点才计算另一坐标值。这样可以减少计算量，并在交点存储、排序过程中省去另一坐标值的计算量，提高效率。

☞ 2.5 本章小结

本章介绍了基本的光栅图形生成及处理算法，实际上是针对以栅格形式排列像素的显示设备输出图形的近似算法，其中线段与圆弧的生成算法是生成其他图形的基础。二维图形的生成有许多算法，目前对一些算法也有许多改进，本章介绍了几种基本且实用的算法。在二维图形的处理中，本章介绍了重要的图形填充、裁剪算法，并对一些新算法做出了说明。本章讨论的内容是图形生成的基础，是计算机图形学中必须掌握的技术。

☞ 习　题

2.1　简述直线 DDA 算法和 Bresenham 算法的原理。

2.2　用直线 Bresenham 算法画出从点(1，1)到点(6，5)的直线，画出每个像素点的位置。

2.3　为什么直线 Bresenham 算法的效率高?

2.4　简要说明圆弧的三种生成方法的原理。

2.5　用圆弧的 DDA 算法生成圆心为 $O(3, -2)$、半径 $r=12$ 的上半圆。

2.6　自定义一个多边形，并用多边形填充算法实现填充。

2.7　分别描述 Cohen-Sutherland 和 Liang-Barskey 裁剪算法，并比较其算法效率。

第三章　几何造型技术

几何造型是指将物体的属性存储在计算机中，形成物体的三维几何模型的技术。该技术主要研究曲线与曲面的表示、性质、拟合及显示等问题，以曲线、曲面的参数表示形式为主要方法。该技术作为信息技术的一个重要组成部分，将计算机高速、海量数据存储及处理和挖掘能力与人的综合分析及创造性思维能力结合起来，在加速产品开发、缩短设计制造周期、提高质量、降低成本等方面发挥着重要作用。

本章给出参数曲线和曲面的定义及其研究方法，主要介绍包括 Hermite 曲线、Bezier 曲线和 B 样条曲线在内的三种曲线以及包括 Coons 曲面、Bezier 曲面和 B 样条曲面在内的三种曲面。

3.1　参数曲线与曲面

曲线和曲面属于计算机辅助几何设计，也是计算机图形学必不可少的研究内容，在实际工作中它们有着广泛的应用，如试验、统计数据的曲线表示，设计、分析和优化结果的曲线、曲面表示，汽车、飞机、船舶等具有曲面外形的产品设计等。这类曲线、曲面的形状复杂，不能用初等解析曲线、曲面(如二次曲线、曲面)描述，一般称之为自由型曲线曲面。本章将基于实际应用的需求，介绍自由曲线和曲面常用的表示形式及其基础理论知识。

3.1.1　曲线、曲面的基础知识

1. 曲线的参数表示

曲线可分为规则曲线(已知曲线方程，可以画出曲线，是本主要讲述的内容)和不规则曲线(无法用规定方程描绘的曲线，具有随机性和不可预知性，如股票行情曲线)两类。在计算机内通常采用参数法来表示曲线，可以避免非参数法的不便。如曲线用显函数表示为 $y=f(x)$，一个 x 只有一个 y 值与之对应，故不能表示封闭和多值曲线，参数方程能较好地解决该问题。

设平面曲线上一点 $p(x, y)$，则平面曲线的参数可表示为

$$\begin{cases} x = x(t) \\ y = y(t) \end{cases} \qquad (3-1-1)$$

2. 曲面的参数表示

1）曲面的一般参数表示

曲面也可以用非参数形式和参数形式来表示。非参数形式的显式表示为 $z=f(x, y)$，隐式表示为 $s(x, y, z)=0$。例如，球面方程的显示表示为 $z^2=R^2-x^2-y^2$，隐式表示为 $x^2+y^2+z^2-R^2=0$。

将曲面的坐标变量表示成两个参数 u、v 的函数就构成了曲面的参数表达形式。如对图 3.1.1 所示的圆柱，记圆柱为 $\boldsymbol{P}=[x, y, z]^{\mathrm{T}}$，则 $\boldsymbol{P}(u, v)=[x(u, v), y(u, v), z(u, v)]^{\mathrm{T}}$，表示成参数形式为

$$\begin{cases} x = x(u, v) \\ y = y(u, v) \\ z = z(u, v) \end{cases} \tag{3-1-2}$$

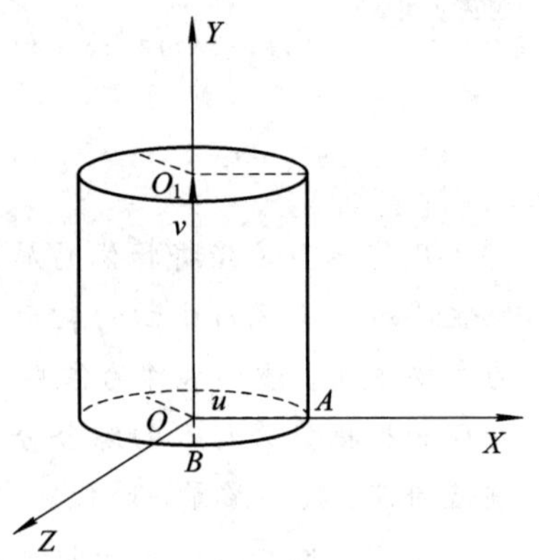

图 3.1.1　圆柱体

2）参数面片的矢量表示

曲面片是构成曲面的基本单元，一个曲面片是以曲线为边界的点的集合。令参数面片的矢量表示为 $\boldsymbol{P}(u, v)$，矩形域参数面片的常用几何元素有：

(1) 角点：令 $u, v=0$ 或 1 代入 $\boldsymbol{P}(u, v)$ 得到 4 个角点，即 $P(0, 0)$、$P(0, 1)$、$P(1, 0)$、$P(1, 1)$，记为 P_{00}、P_{01}、P_{10}、P_{11}，如图 3.1.2 所示。

(2) 边界线：$P(u, 0)$、$P(u, 1)$、$P(0, v)$、$P(1, v)$，记为 P_{u0}、P_{u1}、P_{0v}、P_{1v}。

(3) 曲面片上的一点：$P(u_i, v_j)$，记为 P_{ij}。

(4) P_{ij} 点的切矢：u 向切矢为 $\boldsymbol{P}_{ij}^{u}$，v 向切矢为 $\boldsymbol{P}_{ij}^{v}$。

(5) P_{ij} 点的法矢：$\boldsymbol{n}(u_i, v_j)$，记为 $\boldsymbol{n}_{ij}$，$\boldsymbol{n}_{ij}=\dfrac{\boldsymbol{P}_{ij}^{u}\times\boldsymbol{P}_{ij}^{v}}{|\boldsymbol{P}_{ij}^{u}\times\boldsymbol{P}_{ij}^{v}|}$。

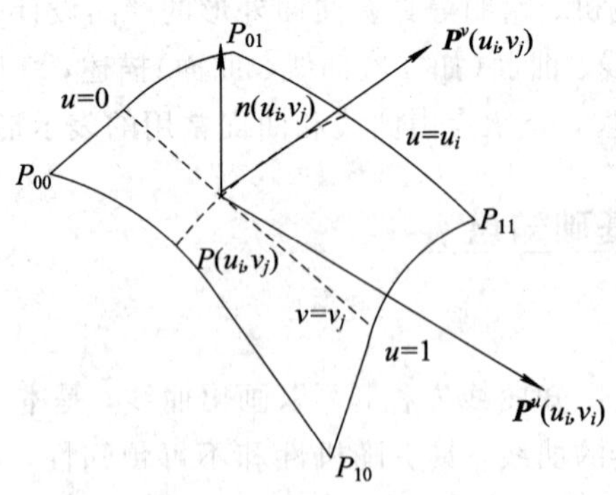

图 3.1.2　曲面片的切法矢量

3）常用面片的参数表示

(1) 图 3.1.3 所示为一矩形平面。在 XOY 平面上，一张矩形域平面片参数表示式为

$$\begin{cases} x = (c-a)u+a \\ y = (d-b)v+b \qquad u, v\in[0, 1] \\ z = 0 \end{cases} \tag{3-1-3}$$

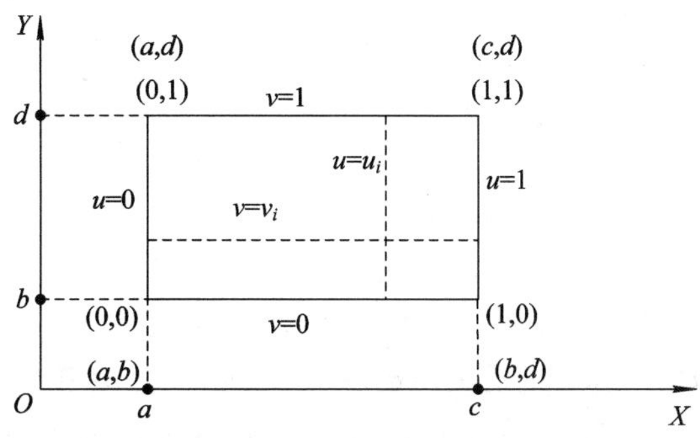

图 3.1.3　矩形平面

(2) 球面。若一个球的球心坐标为(x_0，y_0，z_0)，半径为 r，纬度和经度 u、v 为参数变量(如图 3.1.4 所示)，则其参数方程表示为

$$\begin{cases} x = x_0 + r\cos u\cos v \\ y = y_0 + r\cos u\sin v \\ z = z_0 + r\sin u \end{cases} \quad u \in \left[-\frac{\pi}{2},\ \frac{\pi}{2}\right],\ v \in [0,\ 2\pi] \tag{3-1-4}$$

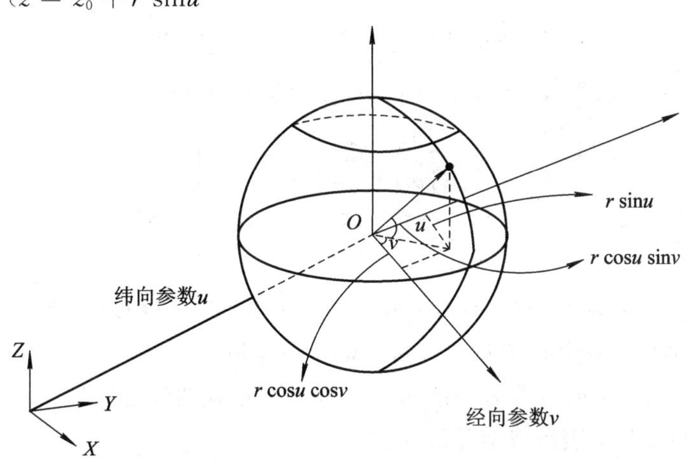

图 3.1.4　球面

(3) 简单回转面。一条由$[x(u),\ z(u)]$定义的曲线绕 z 轴旋转，得到回转面(如图 3.1.5 所示)，其参数方程为

$$\begin{cases} x = x(u)\cos v \\ y = x(u)\sin v \\ z = z(u) \end{cases} \quad v \in [0,\ 2\pi] \tag{3-1-5}$$

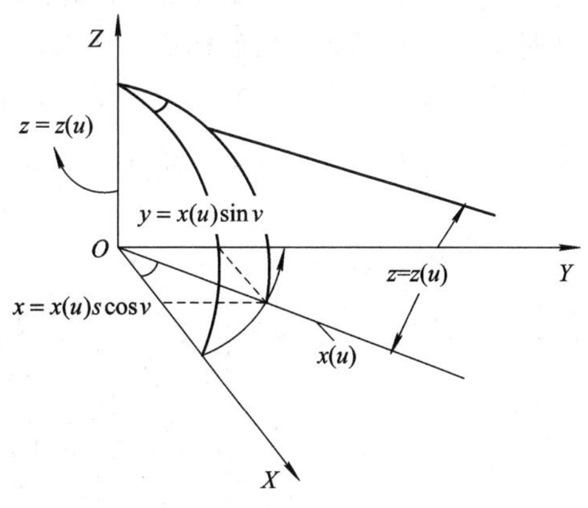

图 3.1.5　回转面

(4) 双三次参数曲面片。由两个三次参数变量(u，v)定义的曲面片叫双三次参数曲面片，这是应用最广泛的一种面片，记为 $P(u,\ v) = \sum_{i=0}^{3}\sum_{j=0}^{3} a_{ij}u^i v^j$，其中 u，$v \in [0,\ 1]$。其矩阵形式为 $\boldsymbol{P} = \boldsymbol{u}^{\mathrm{T}}\boldsymbol{A}\boldsymbol{v}$，其中 $\boldsymbol{u} = [1 \quad u \quad u^2 \quad u^3]^{\mathrm{T}}$，$\boldsymbol{v} = [1 \quad v \quad v^2 \quad v^3]^{\mathrm{T}}$，系数矩阵

$$A=\begin{bmatrix} a_{00} & a_{01} & a_{02} & a_{03} \\ a_{10} & a_{11} & a_{12} & a_{13} \\ a_{20} & a_{21} & a_{22} & a_{23} \\ a_{30} & a_{31} & a_{32} & a_{33} \end{bmatrix} \tag{3-1-6}$$

$\boldsymbol{a}_{ij}$ 为空间位置矢量。

边界线表示为

$$P_{u0}=a_{00}+a_{10}u+a_{20}u^2+a_{30}u^3 \qquad (v=0)$$

$$P_{u1}=(a_{30}+a_{31}+a_{32}+a_{33})u^3+(a_{20}+a_{21}+a_{22}+a_{23})u^2 + (a_{10}+a_{11}+a_{12}+a_{13})u+(a_{00}+a_{01}+a_{02}+a_{03}) \qquad (v=1)$$

$$p_{0v}=a_{00}+a_{01}v+a_{02}v^2+a_{03}v^3 \qquad (u=0)$$

$$P_{1v}=(a_{03}+a_{13}+a_{23}+a_{33})v^3+(a_{02}+a_{12}+a_{22}+a_{32})v^2 + (a_{10}+a_{11}+a_{12}+a_{13})v+(a_{00}+a_{10}+a_{20}+a_{30}) \qquad (u=1)$$

由双三次参数曲面片推广到 $m\times n$ 次参数多项式曲面，其定义如下：

$$P(u,\ v)=\sum_{i=0}^{m}\sum_{j=0}^{n}a_{ij}u^iv^j=\boldsymbol{u}^{\mathrm{T}}\boldsymbol{A}\boldsymbol{v} \tag{3-1-7}$$

其中，$\boldsymbol{u}=[1,\ u,\ \cdots,\ u^m]$，$\boldsymbol{v}=[1,\ v,\ \cdots,\ v^n]$，系数矩阵为

$$A=\begin{bmatrix} a_{00} & a_{01} & \cdots & a_{0n} \\ a_{10} & a_{11} & \cdots & a_{1n} \\ \vdots & \vdots & \ddots & \vdots \\ a_{m0} & a_{m1} & \cdots & a_{mn} \end{bmatrix}$$

从 n 次参数多项式曲线 $P(v)=\boldsymbol{G}\cdot\boldsymbol{M}_v\cdot\boldsymbol{v}=[G_0,\ G_1,\ \cdots,\ G_n]\cdot\boldsymbol{M}_v\cdot\boldsymbol{v}(v\in[0,\ 1])$，推出参数多项式曲面，其中 $\boldsymbol{G}$ 为位置矢量，$\boldsymbol{M}_v$为基矩阵。

让 $G_i(i=0,\ 1,\ \cdots,\ n)$沿着另一条 m 次的参数多项式曲线连续运动，设 G_i的轨迹线为 $G_i=G_i(u)$，$u\in[0,\ 1]$，表示成矩阵形式：

$$G_i(u)=[g_{0i},\ g_{1i},\ \cdots,\ g_{mi}]\cdot\boldsymbol{M}_u\cdot\boldsymbol{u}$$

其中 $g_{ji}(j=0,\ 1,\ \cdots,\ m)$是 $G_i(u)$的控制点，$\boldsymbol{M}_u$为$(m+1)\times(n+1)$阶基矩阵，当所有 G_i运动时，$P(v)$也运动，从而构成一张多项式曲面。

$$P(u,\ v)=[G_0^{\mathrm{T}}(u),\ G_1^{\mathrm{T}}(u),\ \cdots,\ G_n^{\mathrm{T}}(u)]\cdot\boldsymbol{M}_v\cdot\boldsymbol{v} \qquad (u,\ v\in[0,\ 1]\times[0,\ 1])$$

而 $G_i^{\mathrm{T}}(u)=\boldsymbol{u}^{\mathrm{T}}\cdot\boldsymbol{M}_u^{\mathrm{T}}\cdot[g_{0i},\ g_{1i},\ \cdots,\ g_{mi}]^{\mathrm{T}}$，代入上式，得

$$P(u,\ v)=\boldsymbol{u}^{\mathrm{T}}\cdot\boldsymbol{M}_u^{\mathrm{T}}\cdot\boldsymbol{G}\cdot\boldsymbol{M}_v\cdot\boldsymbol{v} \tag{3-1-8}$$

几何矩阵 $\boldsymbol{G}$ 为

$$G=\begin{bmatrix} g_{00} & g_{01} & \cdots & g_{0n} \\ g_{10} & g_{11} & \cdots & g_{1n} \\ \cdots & \cdots & \ddots & \cdots \\ g_{m0} & g_{m} & \cdots & g_{mn} \end{bmatrix}$$

g_{ij} 为控制顶点，所有的 g_{ij} 组成空间的一张网称为控制网络，$\boldsymbol{M}_v$、$\boldsymbol{M}_u$为基矩阵，分别确定了关于参数 u、v 的一组基函数。

坐标分量表达式如下：

$$\begin{cases} x(u,\ v) = \boldsymbol{u}^{\mathrm{T}} \cdot \boldsymbol{M}_u^{\mathrm{T}} \cdot \boldsymbol{G}_x \cdot \boldsymbol{M}_v \cdot \boldsymbol{V} \\ y(u,\ v) = \boldsymbol{u}^{\mathrm{T}} \cdot \boldsymbol{M}_u^{\mathrm{T}} \cdot \boldsymbol{G}_y \cdot \boldsymbol{M}_v \cdot \boldsymbol{V} \\ z(u,\ v) = \boldsymbol{u}^{\mathrm{T}} \cdot \boldsymbol{M}_u^{\mathrm{T}} \cdot \boldsymbol{G}_z \cdot \boldsymbol{M}_v \cdot \boldsymbol{V} \end{cases} \tag{3-1-9}$$

3. 插值、逼近与拟合

由试验、观测或计算得到的由若干个离散点组成的点列为 $p_i(i=0,1,\cdots,n)$，用光滑曲线将这些离散点连接起来(要求曲线过所有的控制点列)称为对这些数据点的插值，所构造的曲线称为插值曲线。这些数据点若原来位于某曲线上，则称该曲线为被插曲线。

在某些情况下，测量所得的数据点可能本身存在着较大的误差，这时要求构造一条曲线严格通过给定的数据点就无意义了。更为合理的提法是，构造一条曲线使之在某种意义下最为接近给定的数据点，称之为对这些数据点的逼近。把一系列离散的有序点列(控制点)用一条满足一定特性的曲线连接起来的一种图像处理方法称为曲线的拟合。一般把插值和逼近统称为拟合。

4. 参数连续性与几何连续性

在高等数学中，函数曲线的光滑度(又称光顺性)用对变量的可微性来度量。同样的，参数曲线的光滑度也沿用对其参数的可微性来度量。参数曲线的可微性与所取参数有关，故常把参数曲线可微性称为参数连续性。相邻曲线段的连接可以使之满足某种连续性条件，整条曲线的参数连续性就取决于相邻曲线段在公共连接点处的连续性。

设曲线方程为 $P=P(t)(t\in[0,1])$，下面讨论其参数连续性和几何连续性。

1) 参数连续性

如果曲线在 t_0 处的左右 n 阶导数存在，即满足

$$\left.\frac{\mathrm{d}^k P(t)}{\mathrm{d}t^k}\right|_{t=t_0^-} = \left.\frac{\mathrm{d}^k P(t)}{\mathrm{d}t^k}\right|_{t=t_0^+},\quad k=0,1\cdots,n \tag{3-1-10}$$

则称曲线在 $t=t_0$ 处 n 阶参数连续，记作 C^n。若曲线在 $[0,1]$ 内处处满足 C^n，则该曲线是 C^n 的，即 n 阶参数连续。以下为两种特殊情况：

① $n=0$，曲线在 t_0 处零阶参数连续(C^0)，其充要条件是 $P(t_0^-)=P(t_0^+)$；

② $n=1$，曲线在 t_0 处一阶参数连续(C^1)，其充要条件是 $P(t_0^-)=P(t_0^+)$ 且 $P'(t_0^-)=P'(t_0^+)$。

2) 几何连续性

对于函数曲线，C^0、C^1、C^2 依次表示函数的图形、切线方向、曲率是连续的。函数的连续阶数越高就越光滑，即函数曲线的可微性和光滑度是一致的。但参数曲线则不然，在参数曲线出现零切矢处虽然是可微的，却可能是不光滑的；反之，光滑曲线有可能是不可微的。因此，用参数连续性来度量连接的光滑度是过分且不全面的，现在多用几何连续性来度量。组合曲线在连接点处具有 k 阶几何连续性，简记为 GC^k。

如果曲线在 $t=t_0$ 处参数连续，即 $P(t_0^-)=P(t_0^+)$，则称该曲线在 t_0 处零阶几何连续(记为 GC^0)；如果曲线在 $t=t_0$ 处零阶几何连续，且切矢量方向连续，即存在常数 $\alpha>0$，使 $P'(t_0^-)=\alpha P'(t_0^+)$，则称曲线在 $t=t_0$ 处一阶几何连续(记为 GC^1)；如果曲线在 $t=t_0$ 处一阶几何连续，且副法矢量方向连续，曲率也连续，即 $B(t_0^-)=B(t_0^+)$，$K(t_0^-)=K(t_0^+)$，称曲线在 $t=t_0$ 处二阶几何连续(记为 GC^2)。

若定义曲率矢量为$\frac{P'(t)\times P''(t)}{|P'(t)|^3}$，则 $K(t_0^-)=K(t_0^+)$等价为曲率矢量在 t_0点连续，

$$\left.\frac{P'(t)\times P''(t)}{|P'(t)|^3}\right|_{t=t_0^-}=\left.\frac{P'(t)\times P''(t)}{|P'(t)|^3}\right|_{t=t_0^+}$$

几何连续性仅与曲线本身有关(切矢量、副法矢量的方向和曲率)，而与其表达式中的参数选取无关，而参数连续性依赖于参数的选取，条件更严格且不易观察。

对于曲线 $P=P(t)$，若$|P'(t_0)|\neq 0$(即 $P(t_0)$为正则点)，曲线在 $t=t_0$处是 C^1的，则它在该处是一阶几何连续的；若曲线 $P=P(t)$在 $t=t_0$处的左右一、二阶导数存在，并且$|P'(t_0)|\neq 0$，则曲线在 $t=t_0$处二阶几何连续的充要条件为存在 $\alpha>0$ 和 β，使得

$$\begin{cases} P(t_0^-)=P(t_0^+) \\ P'(t_0^-)=\alpha P'(t_0^+) \\ P''(t_0^-)=\alpha^2 P''(t_0^+)+\beta P'(t_0^-) \end{cases} \tag{3-1-11}$$

当 $\alpha=1$，$\beta=0$ 时，上式变为 C^2的条件，表明 C^2的条件较 GC^2的条件更苛刻。

3.1.2 规则曲线

对工程常用的规则曲线，如渐开线、摆线、心形线、阿基米德螺线等，它们不是基本图形，没有相应函数可以调用，因此必须采用编程方式画出。

画曲线的一般步骤如下：

(1) 建立坐标系。

(2) 确定曲线的参数方程。

(3) 确定参数增量，求曲线上的点坐标，从起始点开始，调用 lineto()函数画直线而形成近似曲线。

下面给出几种规则曲线。

1. 渐开线

与基圆相切的直线 AB 绕基圆作纯滚动时，端点 B 的轨迹就是渐开线，如图 3.1.6 所示。以基圆圆心 $O(x_0, y_0)$为坐标原点，参数为 ϕ，它是以 OA 为始边，OB 为终边的正角，其变化范围为$[0, 2\pi]$，则渐开线上任意一点的参数方程为

$$\begin{cases} x=x_0+r\cos\phi+r\phi\sin\phi \\ y=y_0+r\sin\phi+r\phi\cos\phi \end{cases} \tag{3-1-12}$$

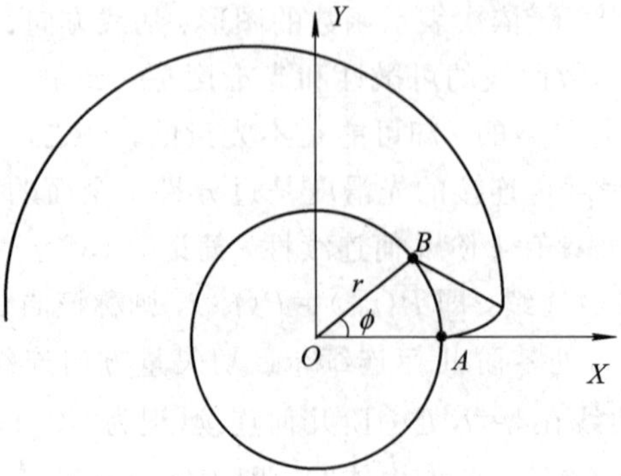

图 3.1.6 渐开线

2. 平摆线

一个圆沿着一定直线作纯滚动时，圆上一定点在平面上运动的轨迹形成平摆线，如图3.1.7所示。平摆线的起点为坐标原点，参数为θ，变化范围为[0，2π]。其参数方程如下：

$$\begin{cases} x = r(\theta - \sin\theta) \\ y = r(1 - \cos\theta) \end{cases} \tag{3-1-13}$$

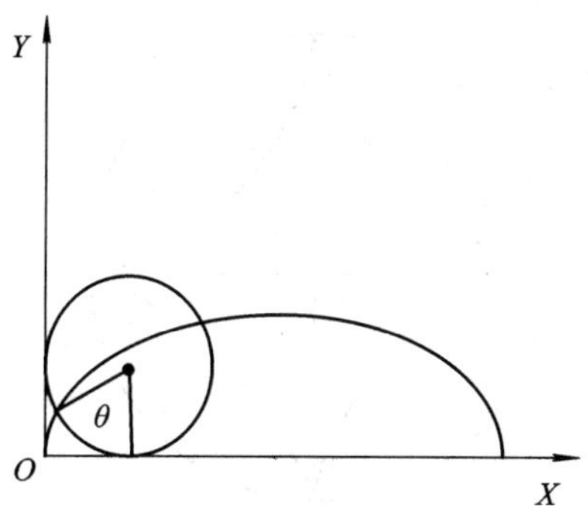

图 3.1.7 平摆线

3. 外摆线

一个动圆与导圆(弧)成外切，动圆沿导圆(弧)作纯滚动时，动圆上一点的轨迹是外摆线，如图3.1.8所示。令导圆的中心为坐标原点，外摆线的参数为ϕ，变化范围为[0，2π]。其参数方程如下：

$$\begin{cases} x = (r_1 + r_2)\cos\phi - r_2\cos\dfrac{\phi(r_1 + r_2)}{r_2} \\ y = (r_1 + r_2)\sin\phi - r_2\sin\dfrac{\phi(r_1 + r_2)}{r_2} \end{cases} \tag{3-1-14}$$

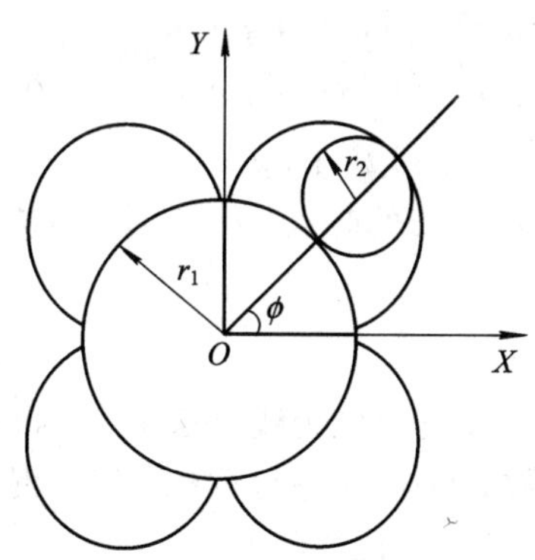

图 3.1.8 外摆线

4. 内摆线

一个动圆与导圆(弧)成内切，动圆沿导圆(弧)作纯滚动时，动圆上一点的轨迹为内摆线，如图3.1.9所示。令导圆的中心为坐标原点，内摆线的参数为ϕ，变化范围为[0，2π]。其参数方程如下：

$$\begin{cases} x = (r_1 - r_2)\cos\phi + r_2 \cos \dfrac{\phi(r_1 - r_2)}{r_2} \\ y = (r_1 - r_2)\sin\phi - r_2 \sin \dfrac{\phi(r_1 - r_2)}{r_2} \end{cases} \tag{3-1-15}$$

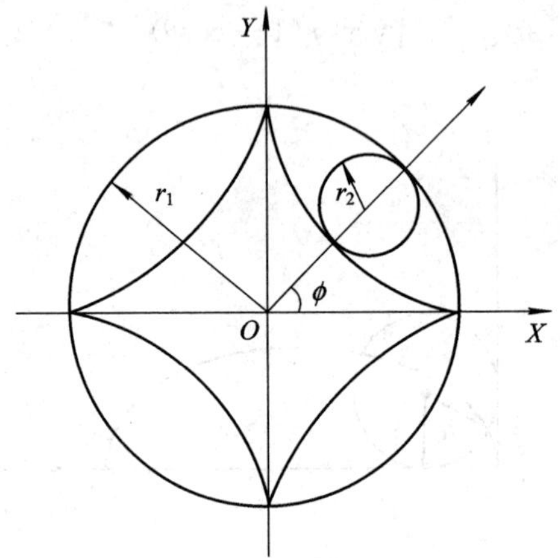

图 3.1.9 内摆线

3.1.3 自由曲线

在汽车、飞机、船舶等的计算机辅助设计中，复杂曲线和曲面的设计是一个主要问题。所谓复杂曲线和曲面，指的是形状比较复杂的、不能用二次方程描述的曲线和曲面。汽车车身、飞机机翼和轮船船体等的曲线和曲面均属于这一类，一般称为自由曲线和自由曲面，本节先讨论自由曲线。

空间中一条自由曲线可用三次参数方程表示，即

$$\begin{cases} x(t) = a_x t^3 + b_x t^2 + c_x t + d_x \\ y(t) = a_y t^3 + b_y t^2 + c_y t + d_y \qquad 0 \leqslant t \leqslant 1 \\ z(t) = a_z t^3 + b_z t^2 + c_z t + d_z \end{cases} \tag{3-1-16}$$

式中，t 为参数。当 $t=0$ 时，对应曲线的起点；$t=1$ 时，对应曲线的终点。

1. 抛物线参数样条曲线

基本方法：给定 N 个型值点 p_1，p_2，…，p_n，对其相邻三点 p_i、p_{i+1}、p_{i+2} 及 p_{i+1}、p_{i+2}、p_{i+3}（$i=1, 2, \cdots, N-2$），反复用抛物线算法拟合，再对此相邻抛物线曲线在公共区间 P_{i+1} 到 P_{i+2} 范围内，用权函数 t 与 $1-t$ 进行调配，使其混合为一条曲线，可表示为

$$S = \sum_{i=1}^{N-2} [(1-t)S_i + tS_{i+1}]$$

其中，S_i 为由 p_i、p_{i+1}、p_{i+2} 三点决定的抛物线曲线，S_{i+1} 为 p_{i+1}、p_{i+2}、p_{i+3} 三点决定的抛物线曲线。

混合后的 S 曲线在 P_{i+1} 到 P_{i+2} 公共段内，是 S_i 的后半段与 S_{i+1} 的前半段混合的结果，如图 3.1.10 所示。

$$\begin{cases} x = (1-2t_1)(a_{1x}{t_1}^2 + b_{1x}t_1 + c_{1x}) + 2t_2(a_{2x}{t_2}^2 + b_{2x}t_2 + c_{2x}) \\ y = (1-2t_1)(a_{1y}{t_1}^2 + b_{1y}t_1 + c_{1y}) + 2t_2(a_{2y}{t_2}^2 + b_{2y}t_2 + c_{2y}) \end{cases} \tag{3-1-17}$$

式中，$t_2 \in [0, 0.5]$，$t_1 = t_2 + 0.5 \in [0.5, 1]$。

所以当 $t_1 = 0.5$，$t_2 = 0$ 时，$S = S_i$；$t_1 = 1$，$t_2 = 0.5$ 时，$S = S_{i+1}$。

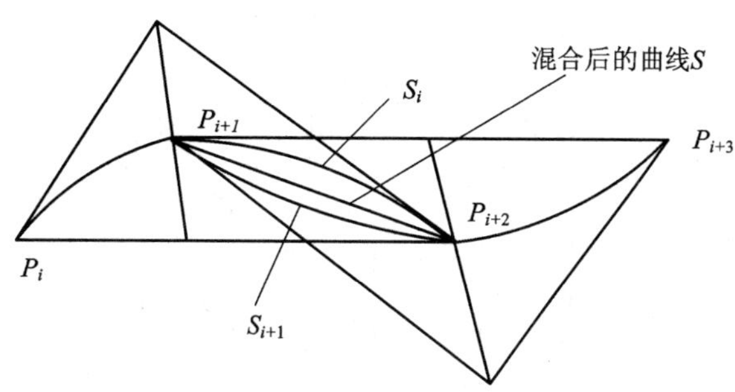

图 3.1.10　抛物线参数样条曲线

2. 三次 Hermite 曲线

Hermite 曲线 $Q(t)$ 是由给定曲线的两端点 P_0、P_1 及两端点处的切线矢量 $\boldsymbol{R}_0$、$\boldsymbol{R}_1$ 确定的参数三次多项式曲线。其中 $Q(0) = P_0$，$Q(1) = P_1$，$Q'(0) = R_0$，$Q'(1) = R_1$。

1）参数方程

参数三次多项式曲线的矩阵表达式为

$$\boldsymbol{Q}(t) = [t^3 \quad t^2 \quad t \quad 1]\begin{bmatrix} a \\ b \\ c \\ d \end{bmatrix} \tag{3-1-18}$$

其中 x 分量可表示为

$$\boldsymbol{x}(t) = [t^3 \quad t^2 \quad t \quad 1]\begin{bmatrix} a \\ b \\ c \\ d \end{bmatrix}_x \tag{3-1-19}$$

令 $\boldsymbol{T} = [t^3 \quad t^2 \quad t \quad 1]$，$\boldsymbol{C}_x = [a \quad b \quad c \quad d]_x^{\mathrm{T}}$，则 $\boldsymbol{x}(t) = \boldsymbol{T} \cdot \boldsymbol{C}_x$。

$$\boldsymbol{x}'(t) = [3t^2 \quad 2t \quad 1 \quad 0] \cdot \boldsymbol{C}_x \tag{3-1-20}$$

将给定边界条件 $x(0) = P_{0x}$，$x(1) = P_{1x}$，$x'(0) = R_{0x}$，$x'(1) = R_{1x}$。代入式(3-1-19)和式(3-1-20)得

$$\begin{aligned} P_{0x} &= [0 \quad 0 \quad 0 \quad 1] \cdot C_x \\ P_{1x} &= [1 \quad 1 \quad 1 \quad 1] \cdot C_x \\ R_{0x} &= [0 \quad 0 \quad 1 \quad 0] \cdot C_x \\ R_{1x} &= [3 \quad 2 \quad 1 \quad 0] \cdot C_x \end{aligned}$$

将上式表示成矩阵形式，即

$$\begin{bmatrix} P_{0x} \\ P_{1x} \\ R_{0x} \\ R_{1x} \end{bmatrix} = \begin{bmatrix} 0 & 0 & 0 & 1 \\ 1 & 1 & 1 & 1 \\ 0 & 0 & 1 & 0 \\ 3 & 2 & 1 & 0 \end{bmatrix} \cdot \boldsymbol{C}_x \tag{3-1-21}$$

对式(3-1-21)两边乘以 4×4 矩阵的逆阵，得到

$$C_x = \begin{bmatrix} 2 & -2 & 1 & 1 \\ -3 & 3 & -2 & -1 \\ 0 & 0 & 1 & 0 \\ 1 & 0 & 0 & 0 \end{bmatrix} \begin{bmatrix} P_0 \\ P_1 \\ R_0 \\ R_1 \end{bmatrix}_x \tag{3-1-22}$$

令

$$\boldsymbol{M}_{\mathrm{h}} = \begin{bmatrix} 2 & -2 & 1 & 1 \\ -3 & 3 & -2 & -1 \\ 0 & 0 & 1 & 0 \\ 1 & 0 & 0 & 0 \end{bmatrix}, \quad \boldsymbol{G}_{\mathrm{h}} = [P_0 \quad P_1 \quad R_0 \quad R_1]^{\mathrm{T}}$$

$\boldsymbol{M}_{\mathrm{h}}$称为 Hermite 矩阵，是一个常数矩阵，$\boldsymbol{G}_{\mathrm{h}}$是 Hermite 几何矢量，则式(3-1-22)可表示为

$$\boldsymbol{C}_x = \boldsymbol{M}_{\mathrm{h}} \cdot \boldsymbol{G}_{\mathrm{h}x} \tag{3-1-23}$$

得到 Hermite 曲线的方程为

$$\boldsymbol{Q}(t) = \boldsymbol{T} \cdot \boldsymbol{M}_{\mathrm{h}} \cdot \boldsymbol{G}_{\mathrm{h}}, \quad t \in [0, 1] \tag{3-1-24}$$

2）调和函数

令调和函数 $F_{\mathrm{h}}(t)=\boldsymbol{T} \cdot \boldsymbol{M}_{\mathrm{h}}$，作为 Hermite 基函数，则各调和函数可表示为

$$\begin{bmatrix} F_{\mathrm{h1}}(t) \\ F_{\mathrm{h2}}(t) \\ F_{\mathrm{h3}}(t) \\ F_{\mathrm{h4}}(t) \end{bmatrix} = \begin{bmatrix} 2t^3 - 3t^2 + 1 \\ -2t^3 + 3t^2 \\ t^3 - 2t^2 + t \\ t^3 - t^2 \end{bmatrix} \tag{3-1-25}$$

调和函数的图形如图 3.1.11 所示。这些分量分别对 $Q(0)$、$Q(1)$、$Q'(0)$、$Q'(1)$起作用，使得在整个参数域范围内产生曲线，从而构成 Hermite 曲线。调和函数的性质如下：

(1) 调和函数仅与参数 t 有关，而与初始条件无关。

(2) 调和函数对于物体空间三个坐标值(x, y, z)是相同的。

(3) 当处于参数域边界时，调和函数各分量中仅有 1 个起作用。即

$$t=0, \ F_{\mathrm{h1}}(t)=1, \ F_{\mathrm{h2}}(t)=F_{\mathrm{h3}}(t)=F_{\mathrm{h4}}(t)=0$$

$$t=1, \ F_{\mathrm{h2}}(t)=1, \ F_{\mathrm{h1}}(t)=F_{\mathrm{h3}}(t)=F_{\mathrm{h4}}(t)=0$$

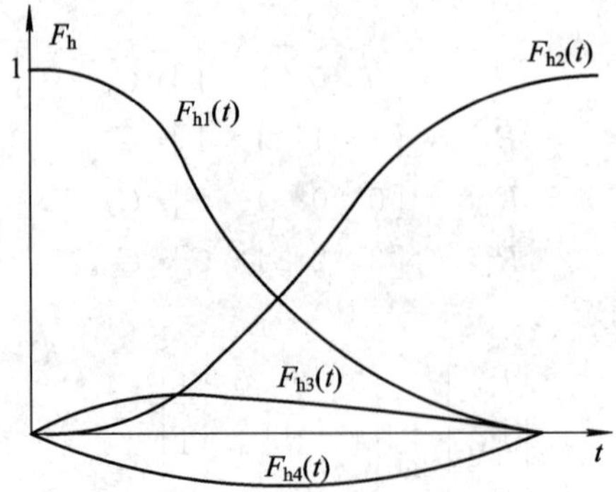

图 3.1.11　Hermite 曲线的基函数

3）形状控制

根据定义，Hermite 曲线由它两端点的位置与切矢量唯一确定，可通过如下三个方法控制其形状：

（1）改变端点位置矢量 $\boldsymbol{P}_0$、$\boldsymbol{P}_1$。

（2）调节切矢量 $\boldsymbol{R}_0$、$\boldsymbol{R}_1$ 的方向，如图 3.1.12 所示。令 $\boldsymbol{R}_0$、$\boldsymbol{R}_1$ 的长度与 $\boldsymbol{P}_0$、$\boldsymbol{P}_1$ 的长度不变，曲线随切矢量方向的变化而变化。

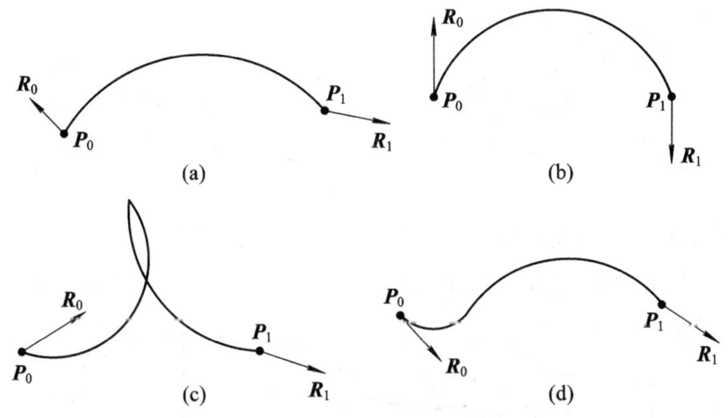

图 3.1.12 曲线随切矢量方向的变化情况

（3）改变切矢量 $\boldsymbol{R}_0$、$\boldsymbol{R}_1$ 的长度。在图 3.1.13 中 $\boldsymbol{R}_0$、$\boldsymbol{R}_1$ 的方向与 $\boldsymbol{P}_0$、$\boldsymbol{P}_1$ 的长度不变，曲线随 $\boldsymbol{R}_0$、$\boldsymbol{R}_1$ 的长度而改变。为便于调节切矢量，在切矢量上取两点 $\boldsymbol{Q}_0$、$\boldsymbol{Q}_1$，使得 $\boldsymbol{R}_0=\boldsymbol{Q}_0-\boldsymbol{P}_0$，$\boldsymbol{R}_1=\boldsymbol{Q}_1-\boldsymbol{P}_1$。这样只要改变 $\boldsymbol{P}_0$、$\boldsymbol{P}_1$、$\boldsymbol{Q}_0$、$\boldsymbol{Q}_1$ 四个点的位置就可随意调节 Hermite 曲线形状，如图 3.1.14 所示。

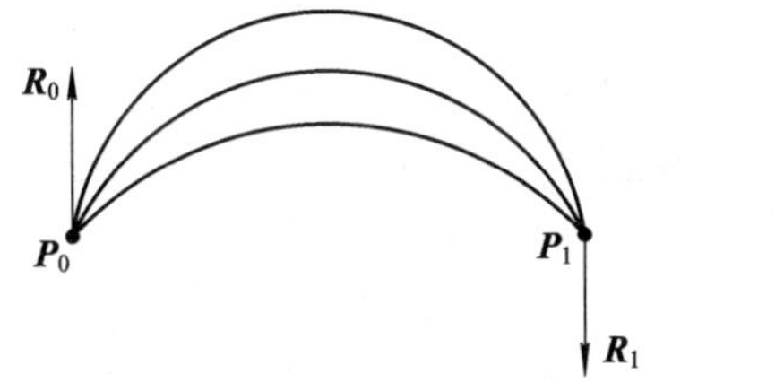

图 3.1.13 曲线随 $\boldsymbol{R}_0$、$\boldsymbol{R}_1$ 长度的变化情况

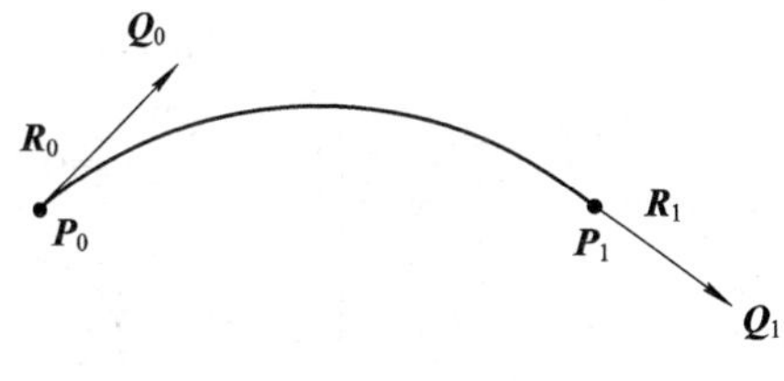

图 3.1.14 $\boldsymbol{P}_0$、$\boldsymbol{P}_1$、$\boldsymbol{Q}_0$、$\boldsymbol{Q}_1$ 四个点控制曲线的形状

☞ 3.2 代数插值

在生产实际和科学研究中遇到的函数 $f(x)$，很大一部分是通过测量或实验得到的。虽有函数 $f(x)$ 的对应关系，但通常不便于计算或处理，有时甚至没有明显的解析表达式，通常只能观测到一些离散数据。因此，希望对问题中的函数建立一个简单的便于计算和处理的近似函数 $g(x)$ 来近似地给出整体上的描述。插值法是寻求近似函数的方法之一。在使用插值法时，根据讨论问题的不同，对函数的类型选取也不同，有多项式、有理式、三角不等式等。其中多项式结构简单、性质良好且便于数值计算和理论分析，因此得到了广泛使用。

本节主要讨论代数插值中的多项式插值。

3.2.1 代数插值的定义

设函数 $y=f(x)$在区间$[a, b]$上有定义，y_0，y_1，…，y_n为已知函数在区间$[a, b]$上$n+1$个互异点 x_0，x_1，…，x_n上的函数值。若存在一个简单函数 $y=p(x)$，使其经过$y=f(x)$上的这 $n+1$ 个已知点(x_0, y_0)，(x_1, y_1)，…，(x_n, y_n)(见图 3.2.1)，即

$$p(x_i)=y_i, \quad i=0, 1, \cdots, n \tag{3-2-1}$$

那么，函数 $p(x)$称为插值函数，点(x_0, y_0)，(x_1, y_1)，…，(x_n, y_n)称为插值点，x_0，x_1，…，x_n称为插值节点，包含插值节点的区间$[a, b]$称为插值区间，求 $p(x)$的方法称为插值法，$f(x)$称为被插函数。若 $p(x)$是次数不超过 n 的多项式，用 $p_n(x)$表示，即

$$p_n(x)=a_0+a_1x+a_2x^2+\cdots+a_nx^n \tag{3-2-2}$$

则称 $p_n(x)$为 n 次插值多项式，相应的插值法称为多项式插值；若 $p(x)$为分段多项式，则称为分段插值。多项式插值和分段插值统称为代数插值，如图 3.2.2 所示。

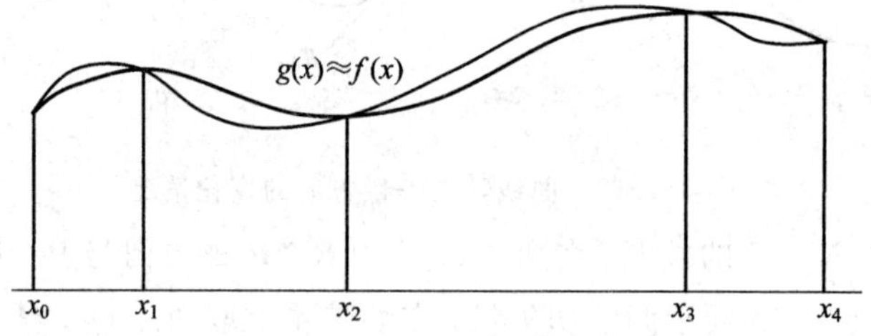

图 3.2.1 插值示意图

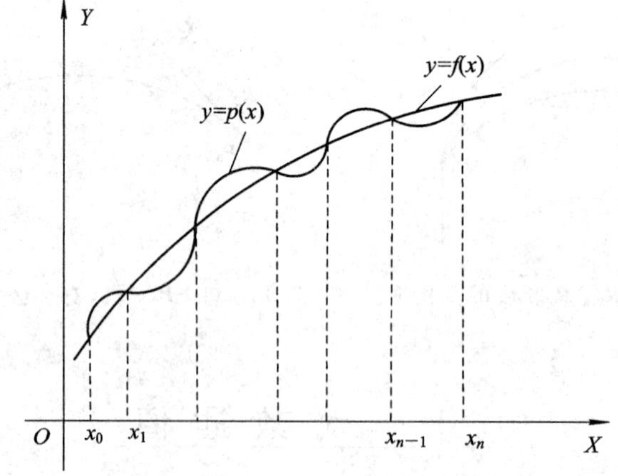

图 3.2.2 代数插值

3.2.2 插值多项式存在的唯一性定理

由于多项式 $p_n(x)$中的未定系数有 $n+1$ 个，而它所应满足的条件式(3-2-1)也有$n+1$ 个，因此系数 a_0，a_1，…，a_n满足的方程组为

$$\begin{cases} a_0 + a_1 x_0 + \cdots + a_n x_0^n = y_0 \\ a_0 + a_1 x_1 + \cdots + a_n x_1^n = y_1 \\ \quad\vdots \\ a_0 + a_1 x_n + \cdots + a_n x_n^n = y_n \end{cases} \tag{3-2-3}$$

这是一个关于 a_0，a_1，…，a_n的 $n+1$ 元线性方程组，其系数行列式

$$\mathbf{V}(x_0, x_1, \cdots, x_n) = \begin{vmatrix} 1 & x_0 & \cdots & x_0^n \\ 1 & x_1 & \cdots & x_1^n \\ \vdots & \vdots & & \vdots \\ 1 & x_n & \cdots & x_n^n \end{vmatrix} \tag{3-2-4}$$

是范得蒙(Vandermonde)行列式，故

$$\mathbf{V}(x_0, x_1, \cdots x_n) = \prod_{i=1}^{n} \prod_{j=0}^{i-1} (x_i - x_j) \tag{3-2-5}$$

由于 x_0，x_1，…，x_n互异，所以因子 $x_i - x_j \neq 0 (i \neq j)$，于是

$$\mathbf{V}(x_0, x_1, \cdots x_n) \neq 0 \tag{3-2-6}$$

再由克莱姆法则，方程组(3-2-3)存在唯一的一组解 a_0，a_1，…，a_n，即满足条件式(3-2-2)的插值多项式 $p_n(x)$存在且唯一。

定理描述为：若插值节点 x_0，x_1，…，x_n互异，则在次数不超过 n 的多项式集合 H_n 中，满足条件式(3-2-2)的插值多项式 $p_n(x)$存在且唯一。

3.2.3　Lagrange 插值多项式

1. Lagrange 插值多项式的基函数

前面介绍求插值多项式 $p_n(x)$，可以通过求方程组(3-2-3)的解 a_0，a_1，…，a_n得到。但这样不但计算复杂，而且很难得到 $p_n(x)$的简单表达式。下面介绍一种通过设置基函数不必求解线性方程组就能得到多项式的方法。

考虑简单的插值问题：设函数 $f(x)$在区间$[a, b]$上 $n+1$ 个互异节点 x_0，x_1，…，x_n 的函数值为

$$y_j = \delta_{ij} = \begin{cases} 1 & j = i \\ 0 & j \neq i \end{cases} \qquad j = 0, 1, \cdots, n \tag{3-2-7}$$

求插值多项式 $l_i(x)$，使其满足条件

$$l_i(x) = \delta_{ij} \qquad j = 0, 1, \cdots, n;\ i = 0, 1, \cdots, n \tag{3-2-8}$$

由上式知，x_0，x_1，…，x_{i-1}，x_{i+1}，…，x_n是 $l_i(x)$的根，且 $l_i(x) \in H_n$，可取

$$l_i(x) = A_i (x - x_0)(x - x_1) \cdots (x - x_{i-1})(x - x_{i+1}) \cdots (x - x_n)$$

再由 $l_i(x_i) = 1$ 得

$$A_i = \frac{1}{(x_i - x_0)(x_i - x_1) \cdots (x_i - x_{i-1})(x_i - x_{i+1}) \cdots (x_i - x_n)} \tag{3-2-9}$$

于是

$$l_i(x)=\frac{(x-x_0)(x-x_1)\cdots(x-x_{i-1})(x-x_{i+1})\cdots(x-x_n)}{(x_i-x_0)(x_i-x_1)\cdots(x_i-x_{i-1})(x_i-x_{i+1})\cdots(x_i-x_n)}$$

$$=\prod_{\substack{j=0\\ j\neq i}}^{n}\left(\frac{x-x_j}{x_i-x_j}\right) \qquad (3-2-10)$$

很明显，这样定义 $l_i(x)$满足关系式(3-2-1)，且 $l_i(x)$为 n 次多项式。$n+1$ 个 n 次多项式 $l_0(x)$，$l_1(x)$，…，$l_n(x)$称为以 x_0，x_1，…，x_n为节点的 n 次插值基函数。

$n=1$ 时的一次基函数为(见图 3.2.3)

$$l_0(x)=\frac{x-x_1}{x_0-x_1},\quad l_1(x)=\frac{x-x_0}{x_1-x_0} \qquad (3-2-11)$$

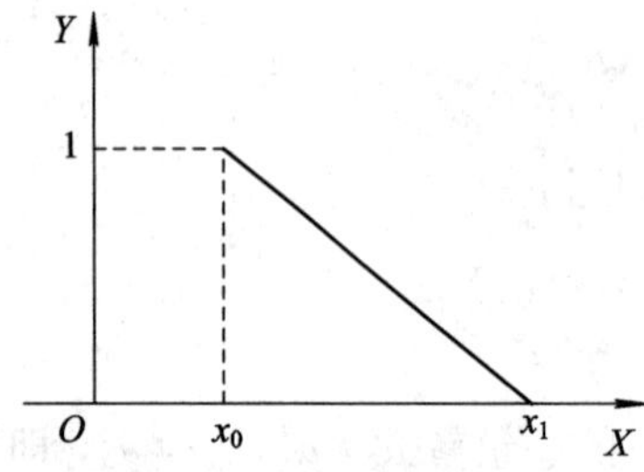

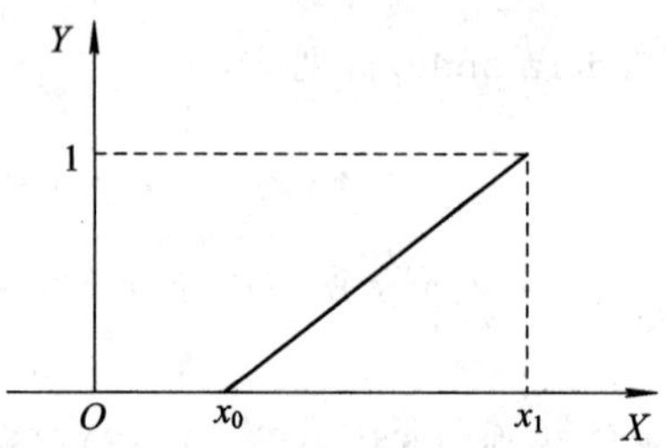

图 3.2.3　$n=1$ 时的一次基函数

$n=2$ 时的二次基函数为(见图 3.2.4)

$$l_0(x)=\frac{(x-x_1)(x-x_2)}{(x_0-x_1)(x_0-x_2)}$$

$$l_1(x)=\frac{(x-x_0)(x-x_2)}{(x_1-x_0)(x_1-x_2)} \qquad (3-2-12)$$

$$l_2(x)=\frac{(x-x_0)(x-x_1)}{(x_2-x_0)(x_2-x_1)}$$

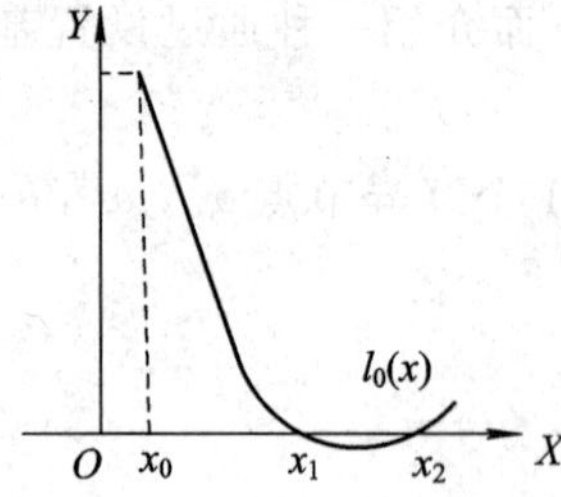

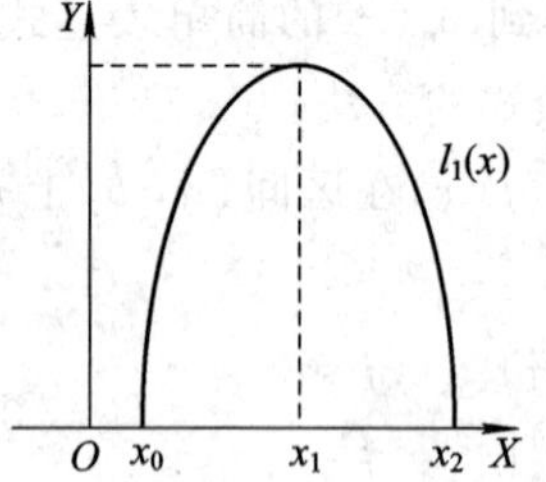

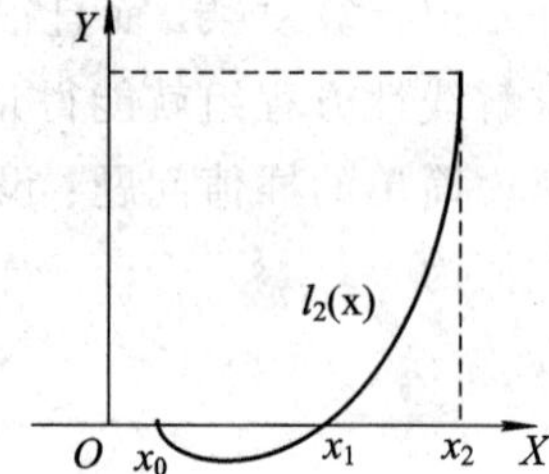

图 3.2.4　$n=2$ 时二次基函数

插值基函数具有以下性质：

(1) 仅由插值节点 x_0，x_1，…，x_n确定，与被插函数 $f(x)$无关；

(2) $\sum\limits_{i=0}^{n} l_i(x)\equiv 1$。

2. Lagrange 插值多项式

现在考虑一般的插值问题：设函数在区间[a，b]上 $n+1$ 个互异节点 x_0，x_1，…，x_n的函数值分别为 y_0，y_1，…y_n，求 n 次插值多项式 $p_n(x)$，要求满足条件 $p_n(x_j)=$

$y_j(j=0, 1, \cdots, n)$。令

$$L_n(x) = y_0 l_0(x) + y_1 l_1(x) + \cdots + y_n l_n(x) = \sum_{i=0}^{n} y_i l_i(x) \tag{3-2-13}$$

其中 $l_0(x)$，$l_1(x)$，…，$l_n(x)$是以 x_0，x_1，…，x_n为节点的 n 次插值基函数，则 $L_n(x)$是次数不超过 n 的多项式，且满足

$$L_n(x_j) = y_j, \quad j = 0, 1, \cdots, n \tag{3-2-14}$$

再由插值多项式的唯一性，得

$$p_n(x) = L_n(x) \tag{3-2-15}$$

式(3-2-13)表示的插值多项式称为 Lagrange 插值多项式。

特别地，当 $n=1$ 时称为线性插值(见图 3.2.5(a))，插值多项式为

$$L_1(x) = f(x_0) l_0(x) + f(x_1) l_1(x) \tag{3-2-16}$$

当 $n=2$ 时称为抛物插值或二次插值(图 3.2.5(b))，插值多项式为

$$L_2(x) = f(x_0) l_0(x) + f(x_1) l_1(x) + f(x_2) l_2(x) \tag{3-2-17}$$

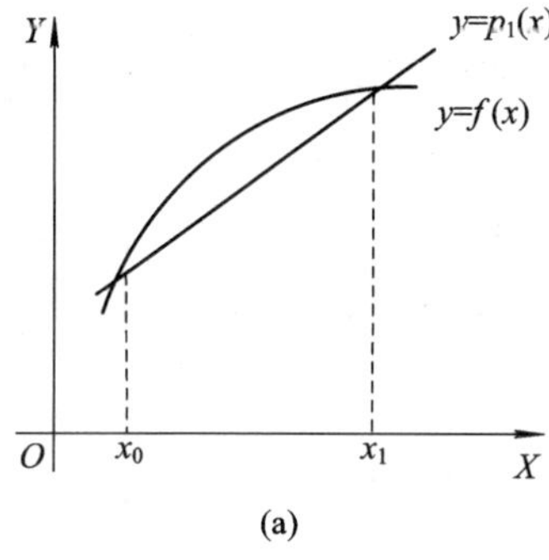

(a)

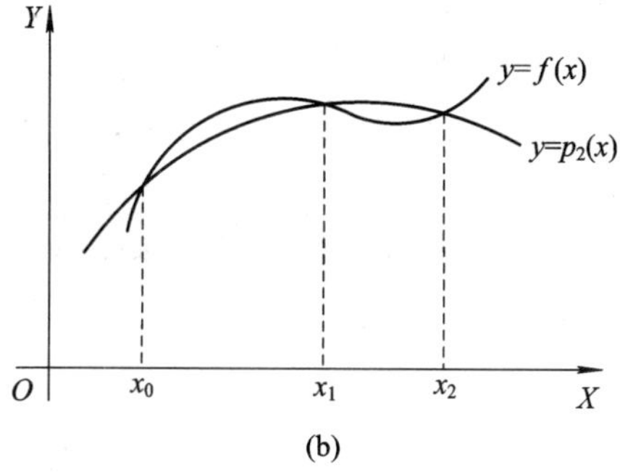

(b)

图 3.2.5　拉格朗日插值

例 3.1　已知 $y=\sqrt{x}$，$x_0=4$，$x_1=9$，用线性插值求$\sqrt{7}$的近似值。

解　$y_0=2$，$y_1=3$，基函数分别为

$$l_0(x) = \frac{x-9}{4-9} = -\frac{1}{5}(x-9), \quad l_1(x) = \frac{x-4}{9-4} = \frac{1}{5}(x-4)$$

插值多项式为

$$\begin{aligned} L_1(x) &= y_0 l_0(x) + y_1 l_1(x) \\ &= 2 \times \frac{-1}{5}(x-9) + 3 \times \frac{1}{5}(x-4) \\ &= \frac{1}{5}(x+6) \end{aligned}$$

所以

$$\sqrt{7} \approx L_1(7) = \frac{13}{5} = 2.6$$

例 3.2　求过点(−1，−2)，(1，0)，(3，−6)，(4，3)的三次插值多项式。

解　以 $x_0=-1$，$x_1=1$，$x_2=3$，$x_3=4$ 为节点的基函数分别为

$$l_0(x) = \frac{(x-1)(x-3)(x-4)}{(-1-1)(-1-3)(-1-4)} = -\frac{1}{40}(x-1)(x-3)(x-4)$$

$$l_1(x) = \frac{(x+1)(x-3)(x-4)}{(1+1)(1-3)(1-4)} = \frac{1}{12}(x+1)(x-3)(x-4)$$

$$l_2(x) = \frac{(x+1)(x-1)(x-4)}{(3+1)(3-1)(3-4)} = -\frac{1}{8}(x+1)(x-1)(x-4)$$

$$l_3(x) = \frac{(x+1)(x-1)(x-3)}{(4+1)(4-1)(4-3)} = \frac{1}{15}(x+1)(x-1)(x-3)$$

插值多项式为

$$\begin{aligned} L_3(x) &= \sum_{i=1}^{n} y_i l_i(x) \\ &= (-2)\times\frac{-1}{40}(x-1)(x-3)(x-4) + 0\times\frac{1}{12}(x+1)(x-3)(x-4) \\ &\quad + (-6)\times\frac{-1}{8}(x+1)(x-1)(x-4) + 3\times\frac{1}{15}(x+1)(x-1)(x-3) \\ &= x^3 - 4x^2 + 3 \end{aligned}$$

3. 插值余项

一般条件下，插值多项式不能在整个区间上都等于被逼近函数。插值多项式的余项也就是插值的截断误差或方法误差定义为

$$R_n(x) = f(x) - L_n(x) \tag{3-2-18}$$

定理 设被插函数 $f(x)$在闭区间$[a, b]$上 n 阶导数连续，$f^{n+1}(x)$在开区间(a, b)内存在，x_0，x_1，…，x_n是$[a, b]$上 $n+1$ 个互异节点，记

$$\omega_{n+1}(x) = \prod_{i=0}^{n}(x-x_i) = (x-x_0)(x-x_1)\cdots(x-x_n) \tag{3-2-19}$$

则插值多项式 $L_n(x)$的余项为

$$R_n(x) = f(x) - L_n(x) = \frac{f^{n+1}(\xi)}{(n+1)!}\omega_{n+1}(x), \quad \forall x \in [a, b] \tag{3-2-20}$$

其中，$\xi=\xi(x)\in(a, b)$。

由此可见，插值余项取决于多项式次数 n、插值节点和被逼近函数(表现为 $f^{(n+1)}(\xi)$)的特性。一般可通过选择插值多项式次数 n、插值节点 x_i来满足所需的插值精度。由于 $\xi=\xi(x)$一般无法确定，因此式(3-2-20)只能用作余项估计。

如果 $f^{n+1}(x)$在区间(a, b)上有界，即存在常数 $M_{n+1}>0$，使得

$$|f^{(n+1)}(x)| \leqslant M_{n+1} \qquad \forall x \in (a, b)$$

则有余项估计

$$|R_n(x)| \leqslant \frac{M_{n+1}}{(n+1)!}|\omega_{n+1}(x)| \tag{3-2-21}$$

当 $f^{n+1}(x)$在闭区间$[a, b]$上连续时，可取

$$M_{n+1} = \max_{x\in[a, b]}|f^{n+1}(x)| \tag{3-2-22}$$

下面讨论 $n=1$ 这种特殊情况下的余项。设节点 $x_0<x_1$，$f''(x)$在闭区间$[x_0, x_1]$上连续，记 $M_2=\max\limits_{x\in(a, b)}|f''(x)|$，则过点$(x_0, f(x_0))$、$(x_1, f(x_1))$的线性插值余项为

$$R_1(x) = \frac{f''(x)}{2}(x-x_0)(x-x_1), \quad \xi=\xi(x)\in(x_0, x_1) \tag{3-2-23}$$

由于在 $[x_0, x_1]$ 上，$|(x-x_0)(x-x_1)|$ 在 $x=\dfrac{(x_1+x_0)}{2}$ 达到最大值，即 $M_2=\dfrac{(x_1-x_0)^2}{4}$，可得余项的一个上界估计：

$$|R_1(x)| \leqslant \frac{M_2}{8}(x_1-x_0)^2, \quad \forall x \in [x_0, x_1] \tag{3-2-24}$$

例 3.3　已知 sin0.32=0.314 567，sin0.34=0.333 487 有六位有效数字。

(1) 用线性插值求 sin0.33 的近似值；

(2) 证明在区间[0.32，0.34]上用线性插值计算 $\sin x$ 时至少有 4 位有效数字。

解　(1) 用线性插值估计 sin0.33：

$$\begin{aligned}\sin 0.33 \approx L_1(0.33) &= 0.314\,567 \times \frac{0.33-0.34}{0.32-0.34} + 0.333\,487 \times \frac{0.33-0.32}{0.34-0.32} \\ &= \frac{1}{2}(0.314\,567 + 0.333\,487) \\ &= 0.324\,027\end{aligned}$$

(2) 由式(3-2-24)在区间[0.32，0.34]用线性插值计算 $\sin x$ 时的余项满足

$$|R_1(x)| \leqslant \frac{0.333\,487}{8}(0.34-0.32)^2 \leqslant 0.5 \times 10^{-4}, \quad \forall x \in [0.32, 0.34]$$

因此，结果至少有 4 位有效数字。

例 3.4　已知 $\sin\dfrac{\pi}{6}=\dfrac{1}{2}$，$\sin\dfrac{\pi}{4}=\dfrac{1}{\sqrt{2}}$，$\sin\dfrac{\pi}{3}=\dfrac{\sqrt{3}}{2}$，分别利用 $\sin x$ 的 1 次、2 次 Lagrange 插值多项式计算 sin 50°，并估计误差。

解　(1) $n=1$ 时，分别利用 x_0、x_1 和 x_1、x_2 计算。

① 利用

$$x_0=\frac{\pi}{6},\ x_1=\frac{\pi}{4} \Rightarrow L_1(x)=\frac{x-\pi/4}{\pi/6-\pi/4}\times\frac{1}{2}+\frac{x-\pi/6}{\pi/4-\pi/6}\times\frac{1}{\sqrt{2}}$$

这里

$$f(x)=\sin x,\ f^{(2)}(\xi_x)=-\sin\xi_x,\ \xi_x\in\left(\frac{\pi}{6}, \frac{\pi}{3}\right)$$

而

$$\frac{1}{2}<\sin\xi_x<\frac{\sqrt{3}}{2}, \quad R_1(x)=\frac{f^{(2)}(\xi_x)}{2!}\left(x-\frac{\pi}{6}\right)\left(x-\frac{\pi}{4}\right)$$

$$-0.01319<R_1\left(\frac{5\pi}{18}\right)<-0.00762 \quad \sin 50°=0.7660444\cdots$$

② 利用

$$x_1=\frac{\pi}{4},\ x_2=\frac{\pi}{3} \Rightarrow \sin 50° \approx 0.76008$$

$$0.00538<\tilde{R}_1\left(\frac{5\pi}{18}\right)<0.00660$$

由于 $\dfrac{\pi}{4}<50°<\dfrac{\pi}{3}$，外推(Extrapolation)的实际误差约等于 0.01001；$\dfrac{\pi}{6}<50°<\dfrac{\pi}{4}$，内插(Interpolation)的实际误差约等于 0.00596。因此，内插通常优于外推。选择要计算的 x

所在的区间的端点，插值效果较好。

(2) $n=2$ 时，

$$L_2(x)=\frac{\left(x-\frac{\pi}{4}\right)\left(x-\frac{\pi}{3}\right)}{\left(\frac{\pi}{6}-\frac{\pi}{4}\right)\left(\frac{\pi}{6}-\frac{\pi}{3}\right)}\times\frac{1}{2}+\frac{\left(x-\frac{\pi}{6}\right)\left(x-\frac{\pi}{3}\right)}{\left(\frac{\pi}{4}-\frac{\pi}{6}\right)\left(\frac{\pi}{4}-\frac{\pi}{3}\right)}$$

$$\times\frac{1}{\sqrt{2}}+\frac{\left(x-\frac{\pi}{6}\right)\left(x-\frac{\pi}{4}\right)}{\left(\frac{\pi}{3}-\frac{\pi}{6}\right)\left(\frac{\pi}{3}-\frac{\pi}{4}\right)}\times\frac{\sqrt{3}}{2}$$

$$\sin 50^\circ\approx L_2\left(\frac{5\pi}{18}\right)\approx 0.76543$$

$$R_2(x)=\frac{-\cos\xi_x}{3!}\left(x-\frac{\pi}{6}\right)\left(x-\frac{\pi}{4}\right)\left(x-\frac{\pi}{3}\right),\quad \frac{1}{2}<\sin\xi_x<\frac{\sqrt{3}}{2}$$

二次插值的实际误差约等于 0.00061。因此，高次插值通常优于低次插值。

然而插值的次数并不是越高越好。例如，在[−5，5]上考察 $f(x)=\frac{1}{1+x^2}$ 的 Lagrange 插值函数 $L_n(x)$，取 $x_i=-5+\frac{10}{n}i\,(i=0,1,\cdots,n)$，如图 3.2.6 所示为插值函数的图形。从图中可以看出，n 的取值越大，在端点附近的抖动越大，即在端点处插值函数 $L_n(x)$ 不一致收敛于 $f(x)$，这种现象叫做龙格(Runge)现象。这是因为对任意的插值节点，当 $n\to\infty$ 时，$g(x)$ 不一定收敛到 $f(x)$。由图 3.2.6 可看出，$g(x)$ 只在区间中部能较好地逼近函数 $f(x)$，在其他部位差别很大，而且越接近端点，逼近效果越差。

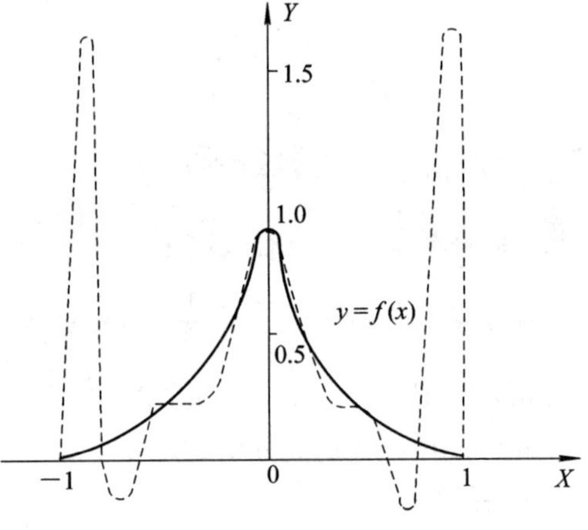

图 3.2.6　Runge 现象

☞ 3.3　Hermite 插值

Lagrange 插值多项式的插值条件只要求在插值节点上，插值函数与被插值函数的函数值相等，即 $L_n(x_i)=f(x_i)$。有时不仅要求插值多项式在插值节点上与被插值函数的函数值相等，还要求插值多项式的导数在这些点上与被插函数的导数值相等，这样构造出来的插值多项式具有更好的光滑性。满足这种要求的插值多项式称为 Hermite(埃尔米特)插值，相应的多项式称为 Hermite 插值多项式。

Hermite 插值描述如下：给定 $n+1$ 个不同的插值节点，设为 $a\leqslant x_0<x_1<\cdots<x_n\leqslant b$。设函数具有一阶连续导数，已知节点上的函数值和导数值即插值点 $(x_i, f(x_i))$，$(x_i, f'(x_i))$，$i=0, 1, \cdots, n$。若存在 $2n+1$ 次多项式 $H_{2n+1}(x)$，满足条件

$$H_{2n+1}(x_i) = f(x_i), \quad H'_{2n+1}(x_i) = f'(x_i), \ i = 0, 1, \cdots, n \tag{3-3-1}$$

则称 $H_{2n+1}(x)$为关于节点 x_0，x_1，…，x_n的 Hermite 插值多项式。

3.3.1 三次 Hermite 插值

考虑只有两个节点的三次 Hermite 插值。设插值点为(x_0, y_0)、(x_1, y_1)，要求一个次数不超过 3 的多项式 $H_3(x)$，满足下列条件：

$$H_3(x_i) = y_i, \ H'_3(x_i) = m_i, \ i = 0, 1 \tag{3-3-2}$$

式中，$m_i = f'(x_i)$，$i=0$，1。

类似于 Lagrange 插值多项式构造 $H_3(x)$的过程，仍采用基函数的方法来构造，将 $H_3(x)$ 表示为

$$H_3(x) = y_0\alpha_0(x) + y_1\alpha_1(x) + m_0\beta_0(x) + m_1\beta_1(x) \tag{3-3-3}$$

式中 $\alpha_0(x)$、$\alpha_1(x)$、$\beta_0(x)$、$\beta_1(x)$为基函数，为了满足插值条件，它们应满足表 3-3-1 中的条件，且 $\alpha_0(x)$、$\alpha_1(x)$、$\beta_0(x)$、$\beta_1(x)$均为次数不超过 3 的多项式。

表 3-3-1 基函数取值要求

函数条件	函数值		导数值	
	x_0	x_1	x_0	x_1
$\alpha_0(x)$	1	0	0	0
$\alpha_1(x)$	0	1	0	0
$\beta_0(x)$	0	0	1	0
$\beta_1(x)$	0	0	0	1

由表 3-3-1 可知，$\alpha_0(x_1) = \alpha_0'(x_1) = 0$，故 $\alpha_0(x)$应含有因子$(x-x_1)^2$，又因 $\alpha_0(x)$是次数不超过 3 的多项式，所以可将它写成：

$$\alpha_0(x) = [a + b(x - x_0)](x - x_1)^2 \tag{3-3-4}$$

式中，a、b 为待定常数。

由 $\alpha_0(x_0) = 1$，$\alpha'_0(x_0) = 0$，可得

$$a = \frac{1}{(x_0 - x_1)^2}, \ b = \frac{-2}{(x_0 - x_1)^3}$$

将 a、b 代入式(3-3-4)得

$$\alpha_0(x) = \left(1 + 2\,\frac{x - x_0}{x_1 - x_0}\right)\left(\frac{x - x_1}{x_0 - x_1}\right)^2$$

类似地，将 x_0与 x_1互换，可得到插值基函数 $\alpha_1(x)$为

$$\alpha_1(x) = \left(1 + 2\,\frac{x - x_1}{x_0 - x_1}\right)\left(\frac{x - x_0}{x_1 - x_0}\right)^2 \tag{3-3-5}$$

对于 $\beta_0(x_0)$，注意到 $\beta_0(x_0) = \beta_0(x_1) = \beta_0'(x_1) = 0$，含有$(x-x_0)(x-x_1)^2$因子，$\beta_0(x_0)$可表示为

$$\beta_0(x_0) = c(x - x_0)(x - x_1)^2 \tag{3-3-6}$$

式中，c 为待定常数。

由 $\beta_0'(x_0)=1$，可得 $c=\dfrac{1}{(x_0-x_1)^2}$，代入式(3-3-6)得

$$\beta_0(x)=(x-x_0)\left(\frac{x-x_1}{x_0-x_1}\right)^2$$

类似地，将 x_0 与 x_1 互换，可得到插值基函数 $\beta_1(x)$ 为

$$\beta_1(x)=(x-x_1)\left(\frac{x-x_0}{x_1-x_0}\right)^2 \tag{3-3-7}$$

显然，$\alpha_0(x)$、$\alpha_1(x)$、$\beta_0(x)$、$\beta_1(x)$ 可简单表示为

$$\begin{cases}\alpha_0(x)=[1+2l_1(x)]l_0{}^2(x)\\ \alpha_1(x)=[1+2l_0(x)]l_1{}^2(x)\\ \beta_0(x)=(x-x_0)l_0{}^2(x)\\ \beta_1(x)=(x-x_1)l_1{}^2(x)\end{cases} \tag{3-3-8}$$

其中，$l_0(x)$、$l_1(x)$ 为插值点 (x_0, y_0)、(x_1, y_1) 的 Lagrange 一次基函数。

将 $\alpha_0(x)$、$\alpha_1(x)$、$\beta_0(x)$、$\beta_1(x)$ 的表达式代入式(3-3-3)得到 $H_3(x)$ 的表达式为

$$\begin{aligned}H_3(x)=&y_0\left(1+2\,\frac{x-x_0}{x_1-x_0}\right)\left(\frac{x-x_1}{x_0-x_1}\right)^2+y_1\left(1+2\,\frac{x-x_1}{x_0-x_1}\right)\left(\frac{x-x_0}{x_1-x_0}\right)^2\\&+m_0(x-x_0)\left(\frac{x-x_1}{x_0-x_1}\right)^2+m_1(x-x_1)\left(\frac{x-x_0}{x_1-x_0}\right)^2\end{aligned} \tag{3-3-9}$$

同 Lagrange 插值类似，满足条件式(3-3-2)的三次 Hermite 插值多项式存在且唯一。

3.3.2 Hermite 插值余项

定理 设 x_0、x_1（不妨设 $x_0<x_1$）是 $[a, b]$ 上两个互异的节点，$H_3(x)$ 为满足插值条件的三次 Hermite 插值多项式。当 $f(x)$ 的四阶导数在 (x_0, x_1) 上存在时，则对任意给定的 $x\in[a, b]$，至少存在一点 $\xi\in(a, b)$，使得三次 Hermite 插值余项 $R_3(x)$ 表示为

$$R_3(x)=f(x)-H_3(x)=\frac{f^{(4)}(\xi)}{4!}(x-x_0)^2(x-x_1)^2,\quad \xi=\xi(x)\in(x_0, x_1) \tag{3-3-10}$$

记 $M_4=\max\limits_{x_0\leqslant x\leqslant x_1}|f^4(x)|$，则当 $x\in(x_0, x_1)$ 时，有如下余项估计式：

$$|R_3(x)|=|f(x)-H_3(x)|\leqslant\frac{M_4}{24}(x-x_0)^2(x-x_1)^2\leqslant\frac{M_4}{384}(x_1-x_0)^4 \tag{3-3-11}$$

例 3.5 已知 $f(x)=\sqrt{x}$，$x_0=121$，$x_1=144$，用 $f(x)$ 的三次 Hermite 插值多项式 $H_3(x)$ 求 $\sqrt{125}$ 的近似值，并估计其截断误差。

解 由 $f(x)=\sqrt{x}$ 得 $f'(x)=\dfrac{1}{2\sqrt{x}}$，将 $x_0=121$，$x_1=144$ 代入，得

$$f(x_0)=11,\ f(x_1)=12,\ f'(x_0)=1/22,\quad f'(x_1)=1/24,$$

$$l_0(x)=\frac{x-144}{121-144}=\frac{144-x}{23},\quad l_1(x)=\frac{x-121}{144-121}=\frac{x-121}{23}$$

代入式(3-3-8)得

$$\alpha_0(x)=[1+2l_1(x)]l_0^2(x)=\left(\frac{2x-219}{23}\right)\left(\frac{144-x}{23}\right)^2$$

$$\alpha_1(x)=[1+2l_0(x)]l_1^2(x)=\left(\frac{265-2x}{23}\right)\left(\frac{x-121}{23}\right)^2$$

$$\beta_0(x)=(x-x_0)l_0^2(x)=(x-121)\left(\frac{144-x}{23}\right)^2$$

$$\beta_1(x)=(x-x_1)l_1^2(x)=(x-144)\left(\frac{x-121}{23}\right)^2$$

再代入式(3-3-3)得

$$H_3(x)=11\times\left(\frac{2x-219}{23}\right)\left(\frac{144-x}{23}\right)^2+12\times\left(\frac{311-2x}{23}\right)\left(\frac{x-121}{23}\right)^2$$
$$+\frac{1}{22}\times(x-121)\left(\frac{144-x}{23}\right)^2+\frac{1}{24}\times(x-144)\left(\frac{x-121}{23}\right)^2$$

最后将 $x=125$ 代入上式得 $H_3(125)=11.19065978$。

又 $f^4(x)=\dfrac{-15}{16x^{\frac{7}{2}}}$，故 $M_4=\dfrac{15}{16\times121^3\times11}$，于是

$$R_3(125)\leqslant\frac{1}{24}\times\frac{15}{16\times121^3\times11}\times4^2\times19^2\approx0.000012$$

3.3.3　分段低次插值

由上节可知，增加插值节点可以减小插值误差。但当插值次数增大到一定程度时，会出现龙格(Runge)现象，导致数值不稳定。为了减小误差，既要增加插值节点，减小插值区间，又不能增加插值多项式的次数，因此可以采用分段插值的办法。

1. 分段线性插值

分段线性插值是插值点用折线段连接起来逼近 $f(x)$的方法。已知函数 $y=f(x)$给定节点 $a=x_0<x_1<\cdots<x_n=b$ 的函数值为 $y_i=f(x_i)(i=0, 1, \cdots, n)$，求一个分段函数 $P(x)$，使其满足：

(1) $p(x_i)=y_i(i=0, 1, \cdots, n)$；

(2) 在每个小区间$[x_i, x_{i+1}]$上，$P(x)$是一线性函数。

把满足上面两个条件的函数 $P(x)$称为分段线性插值函数。

易知 $P(x)$的图形是一条折线(如图 3.3.1 所示)，在区间$[a, b]$上是连续的，但其一阶导数是不连续的(即不光滑的)。在每个小区间$[x_i, x_{i+1}]$上，有

$$P(x)=y_i\frac{x-x_{i+1}}{x_i-x_{i+1}}+y_{i+1}\frac{x-x_i}{x_{i+1}-x_i}\quad(i=0, 1, \cdots, n-1)\qquad(3-3-12)$$

或

$$P(x)=y_i\frac{x_{i+1}-x}{h_i}+y_{i+1}\frac{x-x_i}{h_i}\quad(i=0, 1, \cdots, n-1)\qquad(3-3-13)$$

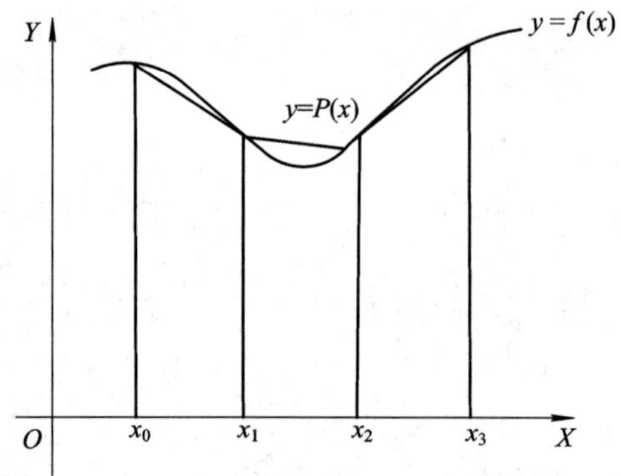

图 3.3.1　分段线性插值

例 3.6　已知函数 $y=f(x)=\dfrac{1}{1+x^2}$ 在区间[0，5]上取等距插值节点(如下表)，求区间[0，5]上分段线性插值函数，并利用它求出 $f(4.5)$ 的近似值。

x_i	0	1	2	3	4	5
y_i	1	0.5	0.2	0.1	0.05882	0.03846

解　在每个小区间 $[i, i+1]$ 上，有

$$p(x) = y_i \frac{x-i+1}{i-(i+1)} + y_{i+1} \frac{x-i}{(i+1)-i} = y_i(i+1-x) + y_{i+1}(x-i)$$

$$p(x) = \begin{cases} (1-x)+0.5x & x \in [0,\ 1] \\ 0.5(2-x)+0.2(x-1) & x \in [1,\ 2] \\ 0.2(3-x)+0.1(x-2) & x \in [2,\ 3] \\ 0.1(4-x)+0.05882(x-3) & x \in [3,\ 4] \\ 0.05882(5-x)+0.03846(x-41) & x \in [4,\ 5] \end{cases}$$

由于

$$x = 4.5 \in [4,\ 5]$$

所以

$$f(4.5) = p(4.5) = -1.37438$$

2. 分段三次 Hermite 插值

分段线性插值多项式在整个区间 $[a, b]$ 上是连续的，但其导数在插值节点上不连续。为使分段插值多项式的导数在整个区间 $[x_i, x_{i+1}]$ 上连续，在区间上利用三次 Hermite 插值多项式，从而得到区间 $[a, b]$ 上的 Hermite 插值多项式。

已知给定区间 $[a, b]$，函数 $y=f(x)$ 在给定节点 $a=x_0<x_1<\cdots<x_n=b$ 上的函数值及导数值分别为

$$H(x_i) = y_i, \quad H'(x_i) = m_i (i = 1, 2, \cdots, n)$$

求一个分段函数，使其满足：

(1) $y_i=f(x_i)$，$m_i=f'(x_i)(i=1, 2, \cdots, n)$

(2) 在每个小区间 $[x_i, x_{i+1}]$ 上，$H(x)$ 是次数不超过 3 的多项式。

则称满足上述条件的函数 $H(x)$为分段三次 Hermite 插值函数。

易知分段三次 Hermite 插值函数 $H(x)$及其导数 $H'(x)$都是区间$[a, b]$上的连续函数，因而是一种光滑的分段插值。在每个小区间$[x_i, x_{i+1}]$上，

$$H(x) = y_i\left(1+2\frac{x-x_i}{x_{i+1}-x_i}\right)\left(\frac{x-x_{i+1}}{x_i-x_{i+1}}\right)^2 + y_{i+1}\left(1+2\frac{x-x_{i+1}}{x_i-x_{i+1}}\right)\left(\frac{x-x_i}{x_{i+1}-x_i}\right)^2$$
$$+ m_i(x-x_i)\left(\frac{x-x_{i+1}}{x_i-x_{i+1}}\right)^2 + m_{i+1}(x-x_{i+1})\left(\frac{x-x_i}{x_{i+1}-x_i}\right)^2 \quad (i=0, 1, \cdots, n-1)$$

(3-3-14)

或

$$H(x) = \frac{y_i}{h_i^3}[h_i+2(x-x_i)](x-x_{i+1})^2 + \frac{y_{i+1}}{h_i^3}[h_i-2(x-x_{i+1})](x-x_i)^2$$
$$+ \frac{m_i}{h_i^2}(x-x_i)(x-x_{i+1})^2 + \frac{m_{i+1}}{h_i^2}(x-x_{i+1})(x-x_i)^2 \quad (i=0, 1, \cdots, n-1)$$

(3-3-15)

例 3.7　已知函数 $y=f(x)=\frac{1}{1+x^2}$在区间$[0, 2]$上取等距插值节点(如下表)，求区间$[0, 2]$上的分段线性插值函数，并利用它求出 $f(1.5)$的近似值。

x_i	0	1	2
y_i	1	0.5	0.2
m_i	0	0.5	0.16

解　$h_i=1$，由式(3-3-14)，在每个小区间$[i, i+1]$上，

$$H(x) = y_i[1+2(x-i)](x-i-1)^2 + y_{i+1}[1-2(x-i-1)](x-i)^2$$
$$+ m_i(x-i)(x-i-1)^2 + m_{i+1}(x-i-1)(x-i)^2$$

于是

$$H(x) = \begin{cases}(1+2x)(x-1)^2+0.5(4-3x)x^2 & x\in[0, 1]\\ 0.5x(x-2)^2-0.04(14x-33)(x-1)^2 & x\in[1, 2]\end{cases}$$

所以

$$\begin{aligned} f(1.5) &\approx H(1.5)\\ &= 0.5\times1.5\times(1.5-2)^2-0.04\times(14\times1.5-33)\times(1.5-1)^2\\ &= 0.3125\end{aligned}$$

3.3.4　分段插值的余项及其收敛性

1. 插值余项

根据 Lagrange 线性插值多项式的余项，可以得到分段线性插值函数的误差估计。

定理 1　设给定节点 $a=x_0<x_1<\cdots<x_n=b$，$f''(x)$在$[a, b]$上存在，则当$x\in[x_i, x_{i+1}]$时，

$$R(x) = f(x)-p(x) = \frac{1}{2!}f''(\xi)(x-x_i)(x-x_{i+1}) \quad \xi\in(x_i, x_{i+1})$$

从而，对 $x\in[a,b]$，有

$$|R(x)| = |f(x)-p(x)| \leqslant \frac{M_2}{8}h^2 \qquad (3-3-16)$$

其中

$$h = \max_{0\leqslant i\leqslant n-1}\{x_{i+1}-x_i\},\ M_2 = \max_{0\leqslant x\leqslant b}|f''(x)|$$

同理，根据三次 Hermite 插值多项式的余项，可以得到分段三次 Hermite 插值函数的误差估计。

定理 2 设给定节点 $a=x_0<x_1<\cdots<x_n=b$，$f^{(4)}(x)$在$[a,b]$上存在，则当 $x\in[x_i,x_{i+1}]$时，

$$\begin{aligned}R(x) &= f(x)-H(x)\\ &= \frac{1}{4!}f^{(4)}(\xi)(x-x_i)^2(x-x_{i+1})^2,\quad \xi\in[x_i,x_{i+1}]\end{aligned}$$

于是，对 $x\in[a,b]$，有

$$|R(x)| = |f(x)-p(x)| \leqslant \frac{M_4}{384}h^4 \qquad (3-3-17)$$

其中

$$h = \max_{0\leqslant i\leqslant n-1}\{x_{i+1}-x_i\},\quad M_4 = \max_{0\leqslant x\leqslant b}|f^{(4)}(x)|$$

2. 收敛性

由式(3-3-16)，若 $f(x)$的二阶导数在$[a,b]$上连续，则当 $h\to 0$ 时，

$$|R(x)| = |f(x)-p(x)| \leqslant \frac{M_2}{8}h^2 \to 0$$

所以在$[a,b]$上一致收敛于 $f(x)$。

再由式(3-3-17)，若 $f(x)$的四阶导数在$[a,b]$上连续，则当 $h\to 0$ 时，

$$|R(x)| = |f(x)-p(x)| \leqslant \frac{M_4}{384}h^4 \to 0$$

所以 $H(x)$在$[a,b]$上一致收敛于 $f(x)$。于是可以通过加密插值节点来缩小插值区间(使 h 减小)，从而减小插值误差。

☞ 3.4 二次曲线拟合

二次曲线是指能用方程 $x^2+Bxy+Cy^2+Dx+Ey+F=0$ 来表示的曲线，包括圆、椭圆、抛物线、双曲线等。产生二次曲线的基本技术是将曲线离散成直线段，通过连接各直线段来逼近所要的曲线。本节讨论二次曲线的参数方程及通过已知的控制点构造二次曲线的参数拟合法。二次曲线的拟合是用较为“光滑”的曲线近似地替代二次曲线的方法。

3.4.1 二次曲线的一般参数方程

理论上讲，对一个一般的二次多项式，总存在相应的参数方程。构造一个参数方程 $Q(t)$，

$$Q(t)=\frac{at^2+bt+c}{1+e_1t+e_2t^2}\qquad t\in[0,1]\tag{3-4-1}$$

其中 a、b、c 为常数向量，e_1、e_2 为常数，$Q(t)$ 表示二次曲线的轨迹。

对应的代数方程为

$$\begin{cases}x(t)=\dfrac{a_xt^2+b_xt+c_x}{1+e_1t+e_2t^2}\\[2ex] y(t)=\dfrac{a_yt^2+b_yt+c_y}{1+e_1t+e_2t^2}\end{cases}\qquad t\in[0,1]\tag{3-4-2}$$

这里 a_x、b_x、c_x、a_y、b_y 与 c_y 为参数方程的系数。可以利用这种形式的参数表示式来描述椭圆、抛物线、双曲线等二次曲线。

为讨论二次曲线的参数拟合法，给定二次曲线上的三个控制点 p_0、p_1、p_2，其坐标分别为 (x_0, y_0)、(x_1, y_1) 和 (x_2, y_2)，并规定曲线的边界条件为

(1) 当 $t=0$ 时，曲线过 p_0，且与 $\overline{p_0p_1}$ 相切；

(2) 当 $t=1$ 时，曲线过 p_2，且与 $\overline{p_1p_2}$ 相切。

将以上边界条件代入式(3-4-2)，有以下八个关系式：

$$t=0\Rightarrow\begin{cases}c_x=x_0\\ c_y=y_0\end{cases}$$

$$t=1\Rightarrow\begin{cases}\dfrac{a_x+b_x+c_x}{1+e_1+e_2}=x_2\\[2ex] \dfrac{a_y+b_y+c_y}{1+e_1+e_2}=y_2\end{cases}$$

$$\left.\begin{matrix}x'(t)\\ y'(t)\end{matrix}\right|_{t=0}\Rightarrow\begin{cases}b_x-e_1x_0=k(x_1-x_0)\\ b_y-e_1y_0=k(y_1-y_0)\end{cases}$$

$$\left.\begin{matrix}x'(t)\\ y'(t)\end{matrix}\right|_{t=1}\Rightarrow\begin{cases}\dfrac{(2a_x+b_x)(1+e_1+e_2)-(a_x+b_x+c_x)(e_1+2e_2)}{(1+e_1+e_2)^2}=l(x_2-x_1)\\[2ex] \dfrac{(2a_y+b_y)(1+e_1+e_2)-(a_y+b_y+c_y)(e_1+2e_2)}{(1+e_1+e_2)^2}=l(y_2-y_1)\end{cases}$$

可以解出八个未知量：

$$\begin{cases}k=2+e_1\\ l=\dfrac{2+e_1}{1+e_1-e_2}\\ c_x=x_0\\ c_y=y_0\\ b_x=-2x_0+(2+e_1)x_1\\ b_y=-2y_0+(2+e_1)y_1\\ a_x=x_0-(2+e_1)x_1+(1+e_1+e_2)x_2\\ a_y=y_0-(2+e_1)y_1+(1+e_1+e_2)y_2\end{cases}\tag{3-4-3}$$

所以只要给定曲线上的三个坐标点 p_0、p_1、p_2，就可以确定曲线的位置；若再知道 e_1、e_2，便可确定曲线的形状。通常用判别式 $d=e_1^2-4e_2$ 来确定曲线的类型。若想绘制二次曲线，还应给出步长 $\mathrm{d}t$，令 t 从 0 变化到 1，求出每点的 x、y 坐标，连接各点即可得出。

3.4.2 二次曲线的参数拟合

由二次曲线的参数方程和一般判别式知，$d=0$ 时，曲线为抛物线；$d>0$ 时，曲线为双曲线；$d<0$ 时，曲线为椭圆。

1. 抛物线的参数拟合

当 $e_1=e_2=0$ 时，式(3-4-1)变为 $Q(t)=at^2+bt+c(t\in[0,1])$，代数方程为

$$\begin{cases}x(t)=a_xt^2+b_xt+c_x\\ y(t)=a_yt^2+b_yt+c_y\end{cases}\tag{3-4-4}$$

若已知三个控制点 $P_0(x_0, y_0)$、$P_1(x_1, y_1)$、$P_2(x_2, y_2)$，此时 $d=e_1{}^2-4e_2=0$，可知 $Q(t)=at^2+bt+c$ 表示的曲线是一条抛物线。由其决定的抛物线参数方程的系数为

$$\begin{cases}c_x=x_0\\ c_y=y_0\\ b_x=2(x_1-x_0)\\ b_y=2(y_1-y_0)\\ a_x=x_2-2x_1+x_0\\ a_y=y_2-2y_1+y_0\end{cases}\tag{3-4-5}$$

令曲线上对应 $t=1/2$ 的点为 $P_m(x_m, y_m)$，P_0、P_2点连线的中点为 $C\left(\dfrac{x_0+x_2}{2}, \dfrac{y_0+y_2}{2}\right)$。由 P_1、P_2、P_3三点构成的抛物线有如下两个性质：

性质 1 曲线在 $t=1/2$ 处的切线平行于$\overline{P_0P_2}$。

证明

$$y'_x\Big|_{t=\frac{1}{2}}=\frac{y'_t}{x'_t}\Big|_{t=\frac{1}{2}}=\frac{2a_yt+b_y}{2a_xt+b_x}\Big|_{t=\frac{1}{2}}=\frac{a_y+b_y}{a_x+b_x}$$

由式(3-4-5)得

$$y'_x\Big|_{t=\frac{1}{2}}=\frac{y_2-y_0}{x_2-x_0}$$

故切线与$\overline{P_0P_2}$平行。

性质 2 曲线在 $t=1/2$ 的点 P_m是$\overline{P_1C}$的中点，其中 C 为$\overline{P_0P_2}$的中点(见图 3.4.1)，即

$$\overline{P_1P_m}=\overline{P_mC}$$

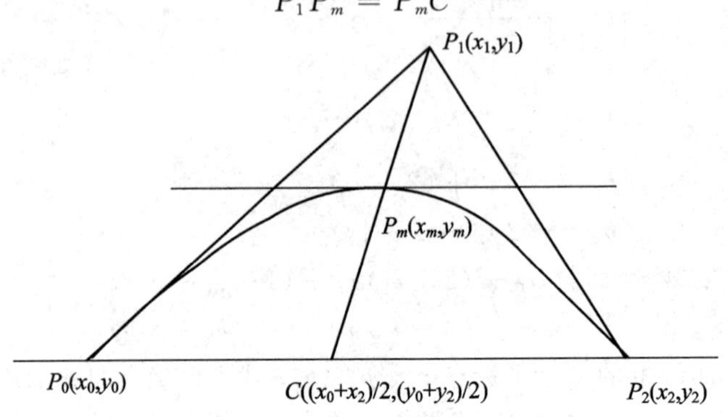

图 3.4.1 由 P_1、P_2、P_3三点构成的抛物线的性质

证明　当 $t=0$ 时，$x=x_0$，$y=y_0$；当 $t=1/2$ 时，$x=x_m$，$y=y_m$；当 $t=1$ 时，$x=x_2$，$y=y_2$。由式(3-4-5)得

$$\begin{cases} c_x = x_0 \\ c_y = y_0 \\ x_m = \dfrac{1}{4}a_x + \dfrac{1}{2}b_x + c_x \\ y_m = \dfrac{1}{4}a_y + \dfrac{1}{2}b_y + c_y \\ x_2 = a_x + b_x + c_x \\ y_2 = a_y + b_y + c_y \end{cases}$$

解出各系数：

$$\begin{cases} c_x = x_0 \\ c_y = y_0 \\ b_x = 4x_m - x_2 - 3x_0 \\ b_y = 4y_m - y_2 - 3y_0 \\ a_x = 2(x_2 - 2x_m + x_0) \\ a_y = 2(y_2 - 2y_m + y_0) \end{cases} \tag{3-4-6}$$

故曲线在 $t=0$ 处的斜率为

$$y'_x\big|_{t=0} = \frac{y'_t}{x'_t}\bigg|_{t=0} = \frac{b_y}{b_x} = \frac{4y_m - y_2 - 3y_0}{4x_m - x_2 - 3x_0}$$

又因为

$$y'_x\big|_{t=0} = \frac{y_1 - y_0}{x_1 - x_0}$$

得到

$$\frac{4y_m - y_2 - 3y_0}{4x_m - x_2 - 3x_0} = \frac{y_1 - y_0}{x_1 - x_0}$$

曲线在 p_2 处的斜率为

$$y'_x\big|_{t=1} = \frac{2a_y + b_y}{2a_x + b_x}$$

将式(3-4-6)代入，得

$$y'_x\big|_{t=1} = \frac{4(y_2 - 2y_m + y_0) + 4y_m - y_2 - 3y_0}{4(x_2 - 2x_m + x_0) + 4x_m - x_2 - 3x_0}$$

又由

$$y'_x\big|_{t=1} = \frac{y_2 - y_1}{x_2 - x_1}$$

因此

$$\frac{4(y_2 - 2y_m + y_0) + 4y_m - y_2 - 3y_0}{4(x_2 - 2x_m + x_0) + 4x_m - x_2 - 3x_0} = \frac{y_2 - y_1}{x_2 - x_1}$$

解出 P_m 点的坐标为

$$\begin{cases} x_m = \dfrac{x_1 + \dfrac{x_0 + x_2}{2}}{2} \\ y_m = \dfrac{y_1 + \dfrac{y_0 + y_2}{2}}{2} \end{cases}$$

故 P_m 是 $\overline{P_1C}$ 的中点，即 $\overline{P_1P_m} = \overline{P_mC}$。由此可知，由 P_0、P_1、P_2 三点与由 P_0、P_m、P_2 构成的抛物线是等价的，前者由式(3-4-5)确定系数，后者由式(3-4-6)确定系数。

已知三点坐标后，根据式(3-4-5)或式(3-4-6)求出相应的系数，便可绘制出相应的曲线。抛物线的离散化方程为

$$\begin{cases} x_i = a_x t_i^{\,2} + b_x t_i + c_x \\ y_i = a_y t_i^{\,2} + b_y t_i + c_y \end{cases}$$

其中，$t_i = i \cdot \mathrm{d}t$，$i=1, 2, \cdots, N$，$N$ 是离散化后取点的个数，$\mathrm{d}t$ 为步长。令 t 在[0，1]之间变化，假定 $\mathrm{d}t = 1/N$，便可画出抛物线的图形。

2. 双曲线的参数拟合

当 $e_1=1$，$e_2=0$ 时为双曲线，此时参数方程(3-4-1)变为

$$Q(t) = \frac{at^2 + bt + c}{1 + t} \qquad t \in [0, 1] \tag{3-4-7}$$

所以对应的代数方程为

$$\begin{cases} x(t) = \dfrac{a_x t^2 + b_x t + c_x}{1 + t} \\ y(t) = \dfrac{a_y t^2 + b_y t + c_y}{1 + t} \end{cases}$$

若给定三点坐标 P_0、P_1、P_2，则系数可由式(3-4-3)确定：

$$\begin{cases} C_x = x_0 \\ C_y = y_0 \\ b_x = -2x_0 + 3x_1 \\ b_y = -2y_0 + 3y_1 \\ a_x = x_0 - 3x_1 + 2x_2 \\ a_y = y_0 - 3y_1 + 2y_2 \end{cases}$$

再给定离散步数 N，令 $\mathrm{d}t = 1/N$，$t_i = i\mathrm{d}t$，$i=1, 2, \cdots, N$，就可求出各点坐标 x_i、y_i，依次连接各点得到直线集，即可逼近所要的双曲线。

3. 椭圆的参数拟合

当 $e_1=0$，$e_2=1$ 时，参数方程为

$$Q(t) = \frac{at^2 + bt + c}{1 + t^2} \qquad t \in [0, 1] \tag{3-4-8}$$

对应的代数方程为

$$\begin{cases} x(t) = \dfrac{a_x t^2 + b_x t + c_x}{1 + t^2} \\ y(t) = \dfrac{a_y t^2 + b_y t + c_y}{1 + t^2} \end{cases}$$

若给定了三点坐标 P_0、P_1、P_2，则由其决定的椭圆参数方程系数为

$$\begin{cases} C_x = x_0 \\ C_y = y_0 \\ b_x = -2x_0 + 2x_1 \\ b_y = -2y_0 + 2y_1 \\ a_x = x_0 - 2x_1 + 2x_2 \\ a_y = y_0 - 2y_1 + 2y_2 \end{cases}$$

抛物线和双曲线相同，根据离散步数找出相应的离散点，用折线连接起来即可逼近所要的椭圆曲线。

☞ 3.5 Bezier 曲线

Bezier 曲线是构造自由曲线最重要的方法之一，它能满足几何造型的要求，故得到了广泛使用。由于几何外形设计的要求越来越高，传统的曲线曲面表示方法已不能满足用户的需求。1962 年，法国雷诺汽车公司的 P. E. Bezier 构造了一种以逼近为基础的参数曲线和曲面的设计方法，并用这种方法完成了一种称为 UNISURF 的曲线和曲面设计系统。1972 年，该系统投入应用。Bezier 方法利用多边形折线(又叫控制多边形)的顶点和伯恩斯坦(Bernstein)基函数构造曲线，使得设计师在计算机上就像使用作图工具一样得心应手。

Bezier 曲线是通过一组多边折线的各顶点唯一地定义出来的。在多边折线的各顶点中，只有第一点和最后一点在曲线上，其余的顶点则用以定义曲线的阶次和形状。曲线的形状趋近于多边折线的形状，改变多边折线顶点的位置和改变曲线形状有密切联系。

3.5.1 平面曲线理论基础

在三维坐标系 $oxyz$ 中，曲线的参数方程是

$$\begin{cases} x = x(t) \\ y = y(t) \quad t \in [0, 1] \\ z = z(t) \end{cases} \tag{3-5-1}$$

写成矢量形式为 $\boldsymbol{P}=\boldsymbol{P}(t)(t\in[0, 1])$，则 $P(t)$的 k 阶导数表示为

$$\frac{\mathrm{d}^k\boldsymbol{P}(t)}{\mathrm{d}t^k} = \left[\frac{\mathrm{d}^k x(t)}{\mathrm{d}t^k}, \frac{\mathrm{d}^k y(t)}{\mathrm{d}t^k}, \frac{\mathrm{d}^k z(t)}{\mathrm{d}t^k}\right]^{\mathrm{T}} \qquad k = 0, 1, \cdots$$

对于 $t=t_0$，如果满足 $\boldsymbol{P}'(t_0)=[x'(t_0), y'(t_0), z'(t_0)]^{\mathrm{T}}\neq 0$(其中 $x'(t)$、$y'(t)$、$z'(t)$不同时为零)，则称 $\boldsymbol{P}(t_0)$为正则点。当曲线上的点都是正则点时，该曲线为正则曲线。下面介绍参数曲线的几个基本概念。

1. 切矢量

设曲线在 t 和 $t+\Delta t$ 处的位置矢量分别是 $\boldsymbol{P}(t)$和 $\boldsymbol{P}(t+\Delta t)$，用 $\Delta\boldsymbol{P}=\boldsymbol{P}(t+\Delta t)-\boldsymbol{P}(t)$表示这两点连线的弦长。如果 t 处的切线存在，那么曲线在 t 处的切矢量表示为

$$\boldsymbol{P}'(t)=\frac{\mathrm{d}\boldsymbol{P}(t)}{\mathrm{d}t}=\lim_{\Delta t\to 0}\frac{\boldsymbol{P}(t+\Delta t)-\boldsymbol{P}(t)}{\Delta t}=\begin{bmatrix}\lim\limits_{\Delta t\to 0}\dfrac{x(t+\Delta t)-x(t)}{\Delta t}\\ \lim\limits_{\Delta t\to 0}\dfrac{y(t+\Delta t)-y(t)}{\Delta t}\\ \lim\limits_{\Delta t\to 0}\dfrac{z(t+\Delta t)-z(t)}{\Delta t}\end{bmatrix}=\begin{bmatrix}x'(t)\\ y'(t)\\ z'(t)\end{bmatrix}\tag{3-5-2}$$

它的方向与曲线变化的方向一致。

2. 弧长

对于正则曲线 $\boldsymbol{P}=\boldsymbol{P}(t)$，定义 $s(t)=\int_0^t\left|\frac{\mathrm{d}\boldsymbol{P}(t)}{\mathrm{d}t}\right|\mathrm{d}t$ 为曲线从参数为 0 的点到参数为 t 的点的弧长，其中

$$\left|\frac{\mathrm{d}\boldsymbol{P}(t)}{\mathrm{d}t}\right|=\sqrt{\left(\frac{\mathrm{d}x(t)}{\mathrm{d}t}\right)^2+\left(\frac{\mathrm{d}y(t)}{\mathrm{d}t}\right)^2+\left(\frac{\mathrm{d}z(t)}{\mathrm{d}t}\right)^2}$$

为切矢量 $\boldsymbol{P}'(t)$的长度。

由于弧长 s 是 t 的可微函数，并且

$$\frac{\mathrm{d}s}{\mathrm{d}t}=\left|\frac{\mathrm{d}\boldsymbol{P}(t)}{\mathrm{d}t}\right|\tag{3-5-3}$$

由于 $\boldsymbol{P}=\boldsymbol{P}(t)$是正则曲线，所以$\frac{\mathrm{d}s}{\mathrm{d}t}>0$，即 $s(t)$是关于 t 的单调增函数，从而 $s=s(t)$存在反函数 $t=t(s)$。将其代入曲线的参数方程，得到同一曲线以其弧长为参数的方程

$$\boldsymbol{P}=\boldsymbol{P}(s)$$

从式(3-5-3)可以看出$\left|\frac{\mathrm{d}\boldsymbol{P}(t)}{\mathrm{d}t}\right|=1$，也就是以弧长为参数时，曲线的切矢量$\frac{\mathrm{d}\boldsymbol{P}(s)}{\mathrm{d}s}$为单位矢量，记为 $\boldsymbol{T}(s)$。

3. 法矢量

对空间参数曲线上任意一点，所有垂直于切矢量 $\boldsymbol{T}(s)$的，与切矢量位于同一平面的平面称为法平面。令曲线 $\boldsymbol{P}(s)$的切单位矢量为 $\boldsymbol{T}(s)$，则与$\frac{\mathrm{d}T}{\mathrm{d}s}$平行的法矢量称为曲线在该点处的主法矢，主法矢的单位矢量称为单位主法矢，记为 $\boldsymbol{N}(s)$。矢量积 $\boldsymbol{B}(s)=\boldsymbol{T}(s)\times\boldsymbol{N}(s)$是第三个单位矢量，它垂直于 $\boldsymbol{T}(s)$和 $\boldsymbol{N}(s)$，叫做副法矢量，如图 3.5.1 所示。

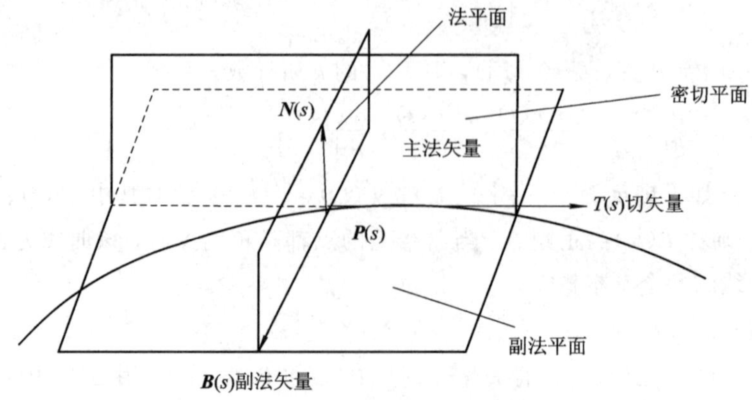

图 3.5.1　曲线的切矢量、法矢量以及切平面和法平面

$\boldsymbol{T}(s)$、$\boldsymbol{N}(s)$、$\boldsymbol{B}(s)$构成$\boldsymbol{P}(s)$处的活动坐标架(Frenet 标架)。通过$\boldsymbol{P}(s)$且由法矢量$\boldsymbol{N}(s)$与副法矢量$\boldsymbol{B}(s)$构成的平面称为法平面，通过$\boldsymbol{P}(s)$且由切矢量$\boldsymbol{T}(s)$与主法矢量$\boldsymbol{N}(s)$构成的平面称为密切平面，通过且由切矢量$\boldsymbol{T}(s)$与副法矢量$\boldsymbol{B}(s)$构成的平面称为副法平面。

4. 曲率

设曲线上$\boldsymbol{P}(s)$点处的单位切矢量为$\boldsymbol{T}(s)$，$\boldsymbol{P}(s+\Delta s)$处的单位切矢量为$\boldsymbol{T}(s+\Delta s)$，它们的夹角为$\Delta\varphi$，弧长为$\Delta s$。平均曲率定义为$\left|\frac{\Delta\varphi}{\Delta s}\right|$，它的几何意义是曲线$\boldsymbol{P}(s)$在区间$[s, s+\Delta s]$上的平均弯曲程度，如图 3.5.2 所示。

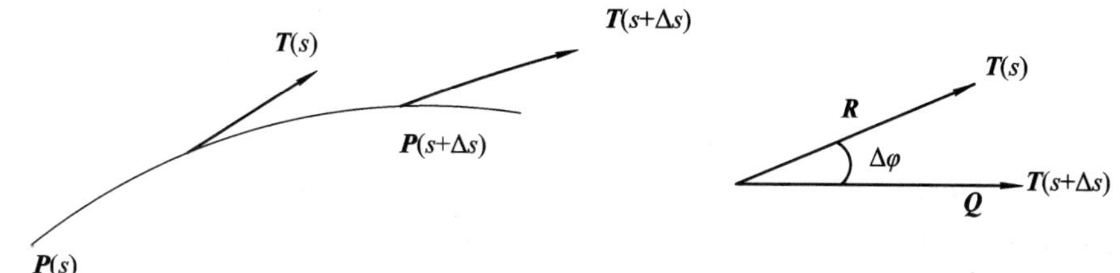

图 3.5.2　曲线的曲率

令$\Delta s\to 0$，$k(s)=\lim\limits_{\Delta s\to 0}\left|\frac{\Delta\varphi}{\Delta s}\right|$为$\boldsymbol{P}(s)$点的曲率。当$k(s)\neq 0$时，定义$\rho(s)=\frac{1}{k(s)}$为曲线在$\boldsymbol{P}(s)$点的曲率半径。

由于$\Delta\varphi=\overset{\frown}{QR}$($\Delta\varphi$较小时，认为角度等于弧长$\Delta\boldsymbol{T}=QR=\boldsymbol{T}(s+\Delta s)\cdot\boldsymbol{T}(s)$，所以

$$\left|\frac{\Delta\varphi}{\Delta s}\right|=\left|\frac{\Delta\varphi}{\Delta\boldsymbol{T}}\cdot\frac{\Delta\boldsymbol{T}}{\Delta s}\right|=\left|\frac{\overset{\frown}{QR}}{\Delta\boldsymbol{T}}\right|\cdot\left|\frac{\Delta\boldsymbol{T}}{\Delta s}\right|$$

又有

$$\lim_{\Delta s\to\infty}\left|\frac{\overset{\frown}{QR}}{\Delta\boldsymbol{T}}\right|=1$$

因此曲率

$$k(s)=\lim_{\Delta s\to\infty}\left|\frac{\Delta\varphi}{\Delta s}\right|=\lim_{\Delta s\to\infty}\left|\frac{\Delta\boldsymbol{T}}{\Delta s}\right|=\left|\frac{\mathrm{d}\boldsymbol{T}}{\mathrm{d}s}\right|=|\boldsymbol{P}''(s)| \tag{3-5-4}$$

由此可知，直线的曲率处处为零，圆的曲率为常数。

5. 挠率

设曲线$\boldsymbol{P}(s)$点处的单位副法矢量为$\boldsymbol{B}(s)$，$\boldsymbol{P}(s+\Delta s)$处的单位副法矢量为$\boldsymbol{B}(s+\Delta s)$。$\boldsymbol{B}(s)$与$\boldsymbol{B}(s+\Delta s)$的夹角为$\Delta\theta$，则$\left|\frac{\Delta\theta}{\Delta s}\right|$反映了曲线在法平面内的平均扭转程度，称为曲线在参数区间$[s, s+\Delta s]$中的平均挠率，如图 3.5.3 所示。当$\Delta s\to 0$时，得到曲线$\boldsymbol{P}(s)$上一点的挠率，即

$$\tau(s)=\lim_{\Delta s\to\infty}\left|\frac{\Delta\theta}{\Delta s}\right|$$

记$\Delta\boldsymbol{B}=\boldsymbol{B}(s+\Delta s)-\boldsymbol{B}(s)$，由于$\Delta\theta=\overset{\frown}{QR}$，所以

$$\left|\frac{\Delta\theta}{\Delta s}\right|=\left|\frac{\overset{\frown}{QR}}{\Delta\boldsymbol{B}}\cdot\frac{\Delta\boldsymbol{B}}{\Delta s}\right|=\left|\frac{\overset{\frown}{QR}}{\Delta\boldsymbol{B}}\right|\cdot\left|\frac{\Delta\boldsymbol{B}}{\Delta s}\right|$$

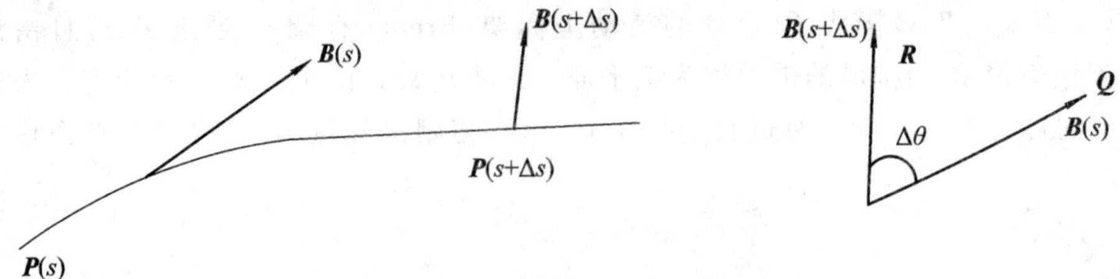

图 3.5.3　曲线的挠率

又有

$$\lim_{\Delta s\to 0}\left|\frac{\widehat{QR}}{\Delta \boldsymbol{B}}\right| = 1$$

因此

$$\tau(s) = \lim_{\Delta s\to\infty}\left|\frac{\Delta\theta}{\Delta s}\right| = \lim_{\Delta s\to\infty}\left|\frac{\Delta \boldsymbol{B}}{\Delta s}\right| = \left|\frac{\mathrm{d}\boldsymbol{B}}{\mathrm{d}s}\right| = |\boldsymbol{B}'(s)| \qquad (3-5-5)$$

对于平面曲线，副法矢量方向不变，挠率处处为零。因此，曲线是平面曲线的充要条件是曲线上任意一点处的挠率为零。

下面来讨论法矢量、曲率和挠率之间的关系，给出三者之间的计算公式。令 K、$\boldsymbol{N}$、τ 分别为曲线 $\boldsymbol{P}(t)$的曲率、单位主法矢量和挠率，$\boldsymbol{T}$ 为单位切矢量。

$$K = \frac{\left|\dfrac{\mathrm{d}\boldsymbol{P}}{\mathrm{d}t}\times\dfrac{\mathrm{d}^2\boldsymbol{P}}{\mathrm{d}t^2}\right|}{\left|\dfrac{\mathrm{d}\boldsymbol{P}}{\mathrm{d}t}\right|^3}, \quad \boldsymbol{N} = \frac{\dfrac{\mathrm{d}^2\boldsymbol{P}}{\mathrm{d}t^2} - \boldsymbol{T}\left(\boldsymbol{T}\cdot\dfrac{\mathrm{d}^2\boldsymbol{P}}{\mathrm{d}t^2}\right)}{K\cdot\left|\dfrac{\mathrm{d}\boldsymbol{P}}{\mathrm{d}t}\right|^2}$$

$$\tau = \frac{\left(\dfrac{\mathrm{d}\boldsymbol{P}}{\mathrm{d}t}, \dfrac{\mathrm{d}^2\boldsymbol{P}}{\mathrm{d}t^2}, \dfrac{\mathrm{d}^3\boldsymbol{P}}{\mathrm{d}t^3}\right)}{\left|\dfrac{\mathrm{d}\boldsymbol{P}}{\mathrm{d}t}\times\dfrac{\mathrm{d}^2\boldsymbol{P}}{\mathrm{d}t^2}\right|^2} = \frac{\left(\dfrac{\mathrm{d}\boldsymbol{P}}{\mathrm{d}t}\times\dfrac{\mathrm{d}^2\boldsymbol{P}}{\mathrm{d}t^2}\right)\cdot\dfrac{\mathrm{d}^3\boldsymbol{P}}{\mathrm{d}t^3}}{\left|\dfrac{\mathrm{d}\boldsymbol{P}}{\mathrm{d}t}\times\dfrac{\mathrm{d}^2\boldsymbol{P}}{\mathrm{d}t^2}\right|^2}$$

3.5.2　Bernstein 基函数的定义及性质

n 次 Bernstein 基函数定义如下：

$$\mathrm{BEZ}_{i,n}(t) = C_n^i t^i (1-t)^{n-i} \qquad t\in[0, 1] \qquad (3-5-6)$$

其中，

$$C_n^i = \frac{n!}{i!(n-i)!}$$

Bernstein 基函数的性质如下：

1. 正性

$$\mathrm{BEZ}_{i,n}(t) \geqslant 0 \qquad t\in[0, 1] \qquad (3-5-7)$$

当 $t=0$ 时，

$$\mathrm{BEZ}_{0,n}(0) = 1, \quad \mathrm{BEZ}_{i,n}(0) = 0 \qquad i = 1, 2, \cdots, n$$

当 $t=1$ 时，

$$\mathrm{BEZ}_{n,n}(1) = 1, \quad \mathrm{BEZ}_{i,n}(1) = 0 \qquad i = 0, 1, \cdots, n-1$$

当 $t\in(0, 1)$时，

$$0 < BEZ_{i,n}(t) < 1 \qquad i = 1, 2, \cdots, n$$

2. 权性

$$\sum_{i=0}^{n} BEZ_{i,n}(t) \equiv 1 \qquad t \in [0, 1] \tag{3-5-8}$$

证明　由二项式定理得到

$$\sum_{i=0}^{n} BEZ_{i,n}(t) = \sum_{i=0}^{n} C_n^i t^i (1-t)^{n-i} = [1 + (1-t)]^n \equiv 1$$

3. 对称性

$$BEZ_{i,n}(t) = BEZ_{n-i,n}(1-t) \qquad i = 0, 1, \cdots, n \tag{3-5-9}$$

证明

$$\begin{aligned} BEZ_{n-i,n}(1-t) &= C_n^{n-i}(1-t)^{n-i}[1-(1-t)]^{n-(n-i)} \\ &= C_n^i (1-t)^{n-i} t^i = BEZ_{i,n}(t) \end{aligned}$$

4. 降阶公式

$$BEZ_{i,n}(t) = (1-t)BEZ_{i,n-1}(t) + tBEZ_{i-1,n-1}(t) \tag{3-5-10}$$

即一个 n 次 Bernstein 基函数能表示成两个 $n-1$ 次基函数的线性和。

证明

$$\begin{aligned} BEZ_{i,n}(t) &= C_n^i t^i (1-t)^{n-i} = (C_{n-1}^i + C_{n-1}^{i-1}) t^i (1-t)^{n-i} \\ &= (1-t) C_{n-1}^i t^i (1-t)^{n-1-i} + t C_{n-1}^{i-1} t^{i-1} (1-t)^{n-1-(i-1)} \\ &= (1-t) BEZ_{i,n-1}(t) + t BEZ_{i-1,n-1}(t) \end{aligned}$$

5. 升阶公式

$$BEZ_{i,n}(t) = \frac{i+1}{n+1} BEZ_{i+1,n+1}(t) + \frac{n+1-i}{n+1} BEZ_{i,n+1}(t) \qquad i = 0, 1 \cdots, n \tag{3-5-11}$$

即 n 次 Bernstein 基函数能表示成两个 $n+1$ 次基函数的线性和。

证明

$$\begin{aligned} BEZ_{i,n}(t) &= C_n^i t^i (1-t)^{n-i} = C_n^i t^i (1-t)^{n-i} [t + (1-t)] \\ &= C_n^i t^{i+1} (1-t)^{(n+1)-(i+1)} + C_n^i t^i (1-t)^{n+1-i} \\ &= \frac{i+1}{n+1} C_{n+1}^{i+1} t^{i+1} (1-t)^{n+1-(i+1)} + \frac{n+1-i}{n+1} C_{n+1}^i t^i (1-t)^{n+1-i} \\ &= \frac{i+1}{n+1} BEZ_{i+1,n+1}(t) + \frac{n+1-i}{n+1} BEZ_{i,n+1}(t) \end{aligned}$$

6. 导数

对 $i=0, 1, \cdots, n$，有

$$\begin{aligned} BEZ'_{i,n} &= [C_n^i t^i (1-t)^{n-i}]' \\ &= C_n^i i t^{i-1} (1-t)^{n-i} - C_n^i (n-i) t^i (1-t)^{n-i-1} \\ &= n C_{n-1}^{i-1} t^{i-1} (1-t)^{n-1-(i-1)} - n C_{n-1}^i t^i (1-t)^{n-i-1} \\ &= n[BEZ_{i-1,n-1}(t) - BEZ_{i,n-1}(t)] \end{aligned} \tag{3-5-12}$$

7. 积分

$$\int_0^1 \mathrm{BEZ}_{i,n}(t)\mathrm{d}t = \frac{1}{n+1} \qquad i=0,1,\cdots,n \tag{3-5-13}$$

证明 当 $i=n$ 时，

$$\int_0^1 \mathrm{BEZ}_{n,n}(t)\mathrm{d}t = \int_0^1 t^n \mathrm{d}t = \frac{1}{n+1}\int_0^1 t\mathrm{d}t^{n+1} = \frac{1}{n+1}$$

当 $i<n$ 时，

$$\int_0^1 \mathrm{BEZ}_{i,n}(t)\mathrm{d}t = \int_0^1 C_n^i t^i (1-t)^{n-i}\mathrm{d}t = \frac{C_n^i}{i+1}\int_0^1 (1-t)^{n-i}\mathrm{d}t^{i+1}$$

根据定积分的分步积分公式

$$\begin{aligned}\int_a^b u\mathrm{d}v &= uv\Big|_a^b - \int_a^b v\mathrm{d}u \\ &= \frac{C_n^i}{i+1}\left[(1-t)^{n-i}t^{i+1}\Big|_0^1 - \int_0^1 t^{i+1}\mathrm{d}(1-t)^{n-i}\right] \\ &= \frac{n!}{(i+1)!(n-i)!}\int_0^1 t^{i+1}(1-t)^{(n-1)-i}\mathrm{d}t \\ &= \int_0^1 \mathrm{BEZ}_{i+1,n}(t)\mathrm{d}t \\ &\quad \vdots \\ &= \int_0^1 \mathrm{BEZ}_{n,n}(t) \\ &= \frac{1}{n+1}\end{aligned}$$

8. 最大值

在区间[0, 1]内，$\mathrm{BEZ}_{i,n}(t)$在 $t=\frac{i}{n}$ 处取得最大值，其中 $i=0, 1, \cdots, n$。

9. 线性无关性

$\{\mathrm{BEZ}_{i,n}(t)\}^n$是 n 次多项式空间的一组线性无关的基函数，任何一个 n 次多项式都可表示成它们的线性组合，如图 3.5.4 所示。

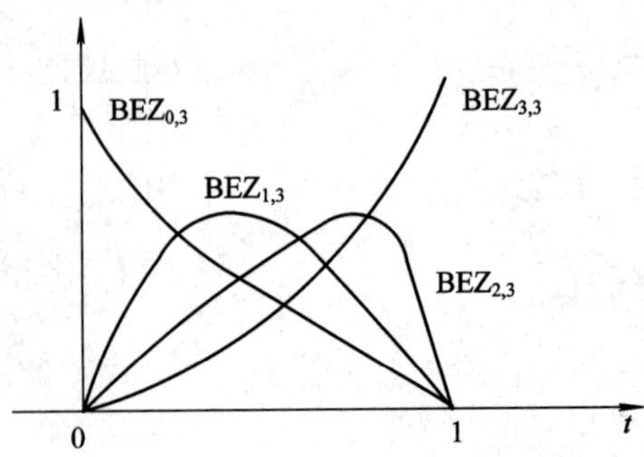

图 3.5.4 三次 Bezier 曲线的基函数

3.5.3 Bezier 曲线的定义及性质

1. Bezier 曲线的定义

给定 $n+1$ 个顶点的位置矢量 $\boldsymbol{P}_i(i=0, 1, \cdots, n)$，连接成的 n 次 Bezier 曲线的表达式为

$$\boldsymbol{P}(t) = \sum_{i=0}^{n} \boldsymbol{P}_i \cdot \mathrm{BEZ}_{i,n}(t) \qquad t \in [0, 1] \tag{3-5-14}$$

其中，$\boldsymbol{P}_i=[x_i, y_i, z_i]^t$为空间中的点，称为控制顶点，折线 $P_0P_1P_2\cdots P_n$称为控制多边形，$\mathrm{BEZ}_{i,n}(t)=\dfrac{n!}{i!\ (n-i)!}(1-t)^{n-i}(i=0, 1, \cdots, n)$为 Bernstein(伯恩斯坦)基函数。

由定义知，一条 n 次 Bezier 曲线被表示成 $n+1$ 个控制顶点的加权和，权即是 Bernstein 基函数。

2. Bezier 曲线的性质

1) 端点位置

由 Bernstein 基函数的端点性质可得到，当 $t=0$ 时，$P(0)=P_0$；当 $t=1$ 时，$P(1)=P_n$。由此可知，曲线 $P(t)$的起点和终点分别与特征多边形的起点和终点重合。

2) 端点切线

曲线 $P(t)$在起点 P_0 的一阶导数为 $P'(0)=n(P_1-P_0)$，在终点 P_1处的一阶导数为 $P'(1)=n(P_n-P_{n-1})$，说明曲线 $P(t)$在起点和终点的切线就是控制多边形的第一条边与最后一条边。

证明　因为

$$\begin{aligned} P'(t) &= \left[\sum_{i=0}^{n} P_i \mathrm{BEZ}_{i,n}(t)\right]' \\ &= \sum_{i=0}^{n} P_i \mathrm{BEZ}'_{i,n}(t) \\ &= n\sum_{i=0}^{n} P_i[\mathrm{BEZ}_{i-1,n-1}(t) - \mathrm{BEZ}_{i,n-1}(t)] \\ &= n\sum_{i=0}^{n-1} (P_{i+1} - P_i)\mathrm{BEZ}_{i,n-1}(t) \end{aligned}$$

N 次 Bezier 曲线 $P(t)$的导数曲线 $P'(t)$是 $n-1$ 次 Bezier 曲线，所以

$$P'(0) = n(P_1 - P_0), \quad P'(1) = n(P_n - P_{n-1})$$

3) 端点曲率

Bezier 曲线段在起点和终点处的二阶导数为

$$\begin{cases} P''(0) = n(n-1)[(P_2 - P_1) - (P_1 - P_0)] \\ P''(1) = n(n-1)[(P_n - P_{n-1}) - (P_{n-1} - P_{n-2})] \end{cases} \tag{3-5-15}$$

表明二阶导数只与相邻的三个顶点有关；r 阶导数只与 $r+1$ 个相邻点有关，与更远点无关。

由曲率公式 $k(t)=\frac{|(P'(t))\times(P''(t))|}{|P'(t)|^3}$得 Bezier 曲线在起点和终点的曲率为

$$k(0)=\frac{n-1}{n}\cdot\frac{(P_1-P_0)\times(P_2-P_1)}{|P_1-P_0|^3}$$

$$k(1)=\frac{n-1}{n}\cdot\frac{|(P_{n-1}-P_{n-2})\times(P_n-P_{n-1})|}{|P_n-P_{n-1}|^3}$$

4）对称性

如果保持控制顶点位置不变，但次序颠倒($P_i\to P_{n-i}$)，则 Bezier 曲线形状不变，但参数变化方向相反，说明 Bezier 曲线在起点和终点处的几何性质相同，即具有对称性。

证明　因为

$$\mathrm{BEZ}_{i,n}(t)=\mathrm{BEZ}_{n-i,n}(1-t)$$

所以

$$\sum_{i=0}^{n}P_{n-i}\mathrm{BEZ}_{i,n}(t)=\sum_{i=0}^{n}P_{n-i}\mathrm{BEZ}_{n-i,n}(1-t)=\sum_{i=0}^{n}P_i\mathrm{BEZ}_{i,n}(1-t)$$

5）仿射不变性

仿射不变性是指某些几何性质(如曲线的形状、曲率、挠率)不随坐标变化而变化的特性。Bezier 曲线的位置和形状与其特征多边形的顶点位置有关，与坐标系的选取无关。即对于任意仿射变换 A，曲线表示形式不变。

$$A[P(t)]=A\left\{\sum_{i=0}^{n}P_i\cdot\mathrm{BEZ}_{i,n}(t)\right\}=\sum_{i=0}^{n}(A[P])\cdot\mathrm{BEZ}_{i,n}(t)\quad(3-5-16)$$

6）凸包性

凸包就是包围一组点集的最小凸多边形或凸多面体。$\{P_i\}_{i=0}^{n}$的凸包为点集

$$\left\{P\,\middle|\,P=\sum_{i=0}^{n}a_iP_i,\ \sum_{i=0}^{n}a_i=1,\ a_i\geqslant 0\right\}$$

Bezier 曲线 $P(t)$位于控制顶点$\{P_i\}_{i=0}^{n}$组成的凸包内。

7）直线再生性

若控制顶点 P_0，P_1，…，P_n落在一条直线上，则由凸包性可知，该曲线必为一条直线段。如对一次 Bezier 曲线 $P(t)=P_0\mathrm{BEZ}_{0,1}(t)+P_1\mathrm{BEZ}_{1,1}(t)(t\in[0,1])$，因为 P_0、P_1共线，Bezier 曲线落于直线段 P_0P_1之内，再根据端点性质，$P(t)$为直线段 P_0P_1。

8）平面曲线的保型性

设$\{P_i\}_{i=0}^{n}$位于一个平面内，则 Bezier 曲线是平面曲线，且具有以下两条性质：

(1) 保凸性：如果控制多边形是凸的($P_0P_1P_2\cdots P_n$为凸区域)，则 Bezier 曲线也是凸的。

(2) 变差缩减性：平面内任一条直线与 Bezier 曲线的交点个数不多于该直线与其控制多边形的交点个数，说明 Bezier 曲线比其控制多边形的波动更小、更光滑。

9）拟局部性

局部性是指移动一个控制顶点，只影响曲线的某个局部。Bezier 曲线不具备这种性质，但具有拟局部性。拟局部性定义为当移动一个控制点 P_i时，对应参数 $t=i/n$ 的曲线上的点变动最大，远离 i/n 的曲线上的点变动越来越小。如图 3.5.5 中 P_1点移动到 P_1'后，靠近 P_1的部分曲线变动较大。

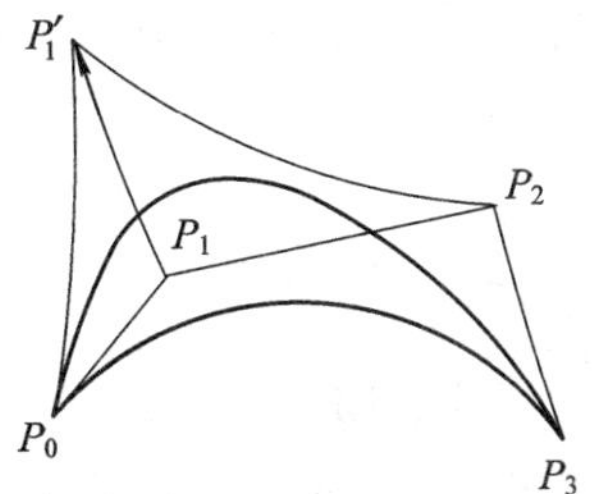

图 3.5.5　Bezier 的拟局部性

3. 三次 Bezier 曲线的矩阵表示及生成

三次 Bezier 曲线是非平面 Bezier 曲线中的最低次曲线，它的表示能力强，形状控制方便，因此较常使用。其表达式为

$$P(t)=\sum_{i=0}^{3}P_i\mathrm{BEZ}_{i,3}(t),\quad t\in[0,1]$$

用矩阵表示：

$$P(t)=[P_0\quad P_1\quad P_2\quad P_3]\cdot\begin{bmatrix}\mathrm{BEZ}_{0,3}(t)\\ \mathrm{BEZ}_{1,3}(t)\\ \mathrm{BEZ}_{2,3}(t)\\ \mathrm{BEZ}_{3,3}(t)\end{bmatrix}\tag{3-5-17}$$

取 $\boldsymbol{G}_{\mathrm{BEZ}}=[P_0, P_1, P_2, P_3]$定义为 Bezier 曲线的几何矩阵，式(3-5-17)变为如下形式：

$$\begin{aligned}P(t)&=\boldsymbol{G}_{\mathrm{BEZ}}\cdot\begin{bmatrix}C_3^0(1-t)^3\\ C_3^1t(1-t)^2\\ C_3^2t^2(1-t)\\ C_3^3t^3\end{bmatrix}=\boldsymbol{G}_{\mathrm{BEZ}}\cdot\begin{bmatrix}1-3t+3t^2-t^3\\ 3t-6t^2+3t^3\\ 3t^2-3t^3\\ t^3\end{bmatrix}\\ &=\boldsymbol{G}_{\mathrm{BEZ}}\cdot\begin{bmatrix}1&-3&3&-1\\0&3&-6&3\\0&0&3&-3\\0&0&0&1\end{bmatrix}\cdot\begin{bmatrix}1\\t\\t^2\\t^3\end{bmatrix}\\ &=\boldsymbol{G}_{\mathrm{BEZ}}\cdot\boldsymbol{M}_{\mathrm{BEZ}}\cdot\boldsymbol{T}\end{aligned}\tag{3-5-18}$$

其中，$\boldsymbol{T}=[1\quad t\quad t^2\quad t^3]^{\mathrm{T}}$，为 $n+1$ 个幂形式的基函数组成的向量。

将三次 Bezier 曲线的基矩阵定义为 $\boldsymbol{M}_{\mathrm{BEZ}}$，即

$$\boldsymbol{M}_{\mathrm{BEZ}}=\begin{bmatrix}1&-3&3&-1\\0&3&-6&3\\0&0&3&-3\\0&0&0&1\end{bmatrix}$$

4. Bezier 曲线的拼接

上面讨论的 Bezier 曲线仅指一段曲线，而在实际应用中往往要用 Bezier 曲线来表示复杂形状的曲线。用 Bezier 曲线来表示复杂的形状有两种方法：一是增加控制顶点，提高曲线的次数；二是将多段低次 Bezier 曲线拼接起来。前者计算量较大，因此大多数情况下采用后者。

假设有两段 Bezier 曲线 C_1 和 C_2，控制顶点为 P_{m-2}、P_{m-1}、P_m 和 Q_0、Q_1、Q_2。曲线的表达式分别为

$$C_1: P(t) = \sum_{i=0}^{m} P_i \mathrm{BEZ}_{i,m}(t) \qquad t \in [0, 1]$$

$$C_2: Q(s) = \sum_{j=0}^{n} Q_j \mathrm{BEZ}_{j,n}(t) \qquad s \in [0, 1]$$

假设要将 Bezier 曲线 C_2 与 C_1 首尾相连，在接触点处应满足如下条件：

(1) 0 阶几何连续(GC^0)，即 $P_m = Q_0$；

(2) 一阶几何连续(GC^1)，即达到 GC^0，且斜率连续，也就是存在常数 $\alpha > 0$，使得 $P_m - P_{m-1} = \alpha(Q_1 - Q_0)$，即矢量 $\overrightarrow{P_{m-1}P_m}$ 与 $\overrightarrow{Q_0Q_1}$ 同向。

(3) 二阶几何连续(GC^2)，即达到 GC^1，且曲率矢量连续，也就是满足

$$\left.\frac{(P'(t)) \times (P''(t))}{|P'(t)|^3}\right|_{t=1} = \left.\frac{(Q'(s)) \times (Q''(s))}{|Q'(s)|^3}\right|_{s=0}$$

$$\Leftrightarrow \frac{m-1}{m} \cdot \frac{(P_{m-1} - P_{m-2}) \times (P_m - P_{m-1})}{|P_m - P_{m-1}|^3} = \frac{n-1}{n} \cdot \frac{(Q_1 - Q_0) \times (Q_2 - Q_1)}{|Q_1 - Q_0|^3}$$

由前面讲到的 Bezier 曲线的性质可知 P_{m-2}、P_{m-1}、P_m 和 Q_0、Q_1、Q_2 六点共面，则上面的推导可以变为

$$\frac{m-1}{m} \cdot \frac{|P_{m-2}P_{m-1}| \cdot |P_{m-1}P_m| \cdot \sin\theta_1}{|P_mP_{m-1}|^2} = \frac{n-1}{n} \cdot \frac{|Q_1Q_0| \cdot |Q_2Q_1| \cdot \sin\theta_2}{|Q_1Q_0|^2}$$

$$\Leftrightarrow \frac{d(P_{m-2}, P_{m-1}Q_1)}{d(Q_2, P_{m-1}Q_1)} = \frac{m(n-1)}{n(m-1)} \cdot \frac{|P_{m-1}P_m|^2}{|Q_0Q_1|^2}$$

其中 $d(P_{m-2}, P_{m-1}Q_1)$、$d(Q_2, P_{m-1}Q_1)$ 分别为 P_{m-2} 点和 Q_2 点到直线 $P_{m-1}Q_1$ 的距离。根据以上条件，可以通过调整曲线 C_1 与 C_2 的控制顶点，实现它们的光滑拼接，如图 3.5.6 所示。

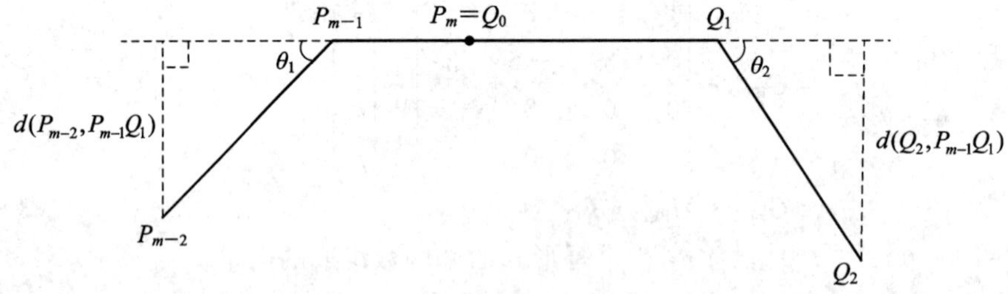

图 3.5.6　Bezier 曲线的拼接

5. 有理 Bezier 曲线

若 $f(t)$、$h(t)$ 都是多项式，则称 $f(t)/h(t)$ 是有理多项式，其次数定义为 $f(t)$ 与 $h(t)$ 中次数较大的一个。若 $e(t)$、$f(t)$、$g(t)$、$h(t)$ 是多项式，则称如下形式的参数曲线 $R(t)$ 为有理多项式曲线

$$R(t) = \begin{bmatrix} x(t) \\ y(t) \\ z(t) \end{bmatrix} = \begin{bmatrix} e(t)/h(t) \\ f(t)/h(t) \\ g(t)/h(t) \end{bmatrix}$$

当 $h(t) \equiv 1$ 时，$R(t)$ 退化为多项式曲线。

给定控制顶点集$\{P_i\}_{i=0}^n=[x_t, y_t, z_t]^T$，权因子为$\{h_i\}_{i=0}^n$，则如下形式的曲线称为有理 Bezier 曲线

$$R(t)=\begin{bmatrix}x(t)\\y(t)\\z(t)\end{bmatrix}=\frac{\sum_{i=0}^{n}h_iP_i\mathrm{BEZ}_{i,n}(t)}{\sum_{i=0}^{n}h_i\mathrm{BEZ}_{i,n}(t)}\qquad t\in[0,1]\tag{3-5-19}$$

其中$\mathrm{BEZ}_{i,n}(t)$为 Bernstein 基函数，折线$P_0P_1P_2\cdots P_n$称为控制多边形。

为了表述简便，记

$$R_{i,n}(t)=\frac{h_i\mathrm{BEZ}_{i,n}(t)}{\sum_{i=0}^{n}h_i\mathrm{BEZ}_{i,n}(t)}\qquad i=0, 1, \cdots, n$$

则$R(t)=\sum_{i=0}^{n}P_iR_{i,n}(t)$，$R_{i,n}(t)$称为有理基函数。$R_{i,n}(t)$满足

$$R_{i,n}(t)\geqslant 0\qquad t\in[0, 1], i=0, 1, \cdots, n$$

$$\sum_{i=0}^{n}R_{i,n}(t)=1\qquad t\in[0, 1], i=0, 1\cdots, n$$

特别地，当$h_0=h_1=\cdots=h_n$时，

$$R_{i,n}(t)=\mathrm{BEZ}_{i,n}(t)\qquad i=0, 1, \cdots, n$$

有理 Bezier 曲线的端点性质、端点切线、曲率、凸包性、直线再生性及仿射和透视不变性与 Bezier 曲线相同，这里不再赘述。

下面讨论权因子的作用。权因子h_i决定了控制顶点P_i对曲线影响的大小。如图 3.5.7 所示，当$h_i=0$时，曲线与P_i无关；当h_i增大时，曲线向P_i靠近；当$h_i\to\infty$时，$R_i\to P_i$。

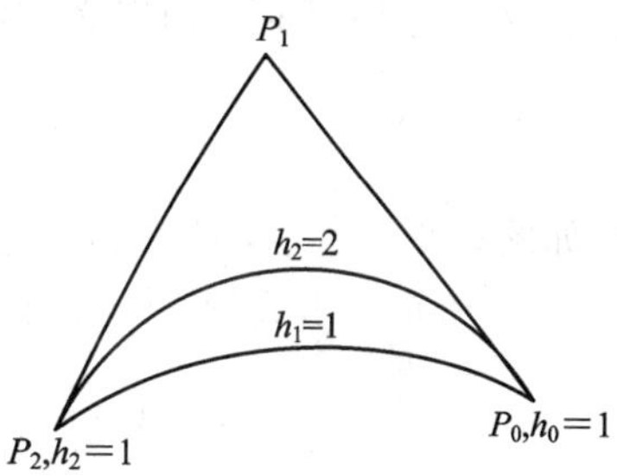

图 3.5.7　权因子对曲线的作用

3.6　B 样条曲线

上节介绍的 Bezier 曲线有许多优点，如直观、计算简单等，但也存在不足，如：缺少局部性，不便于整体修改；控制多边形与曲线逼近程度差(次数越高，逼近程度越差)；当表示复杂形状时，无论采用高次曲线还是多段拼接起来的低次曲线，都相当复杂。而在 B 样条曲线中，B 样条基函数代替了 Bernstein 基函数，使得 B 样条曲线不但保留了 Bezier 曲线的直观性、凸包性等优点，而且克服了 Bezier 曲线不能作局部修改、顶点数越多曲线阶次越高计算越复杂等缺点，因此 B 样条曲线比 Bezier 曲线得到更多的重视，使用更加广泛。

3.6.1　B 样条基函数

B 样条曲线先设定基函数的构造形式，然后根据连续等条件确定基函数的具体结构，并用待定系数法求出基函数中的各系数。

给定参数 t 轴上的节点分割$T_{n,k}=\{t_i\}_{i=0}^{n+k}$，称由下列递推关系所确定的$B_{i,k}(t)$为$T_{n,k}$

上的 k 阶($k-1$ 次)B 样条基函数。

$$
\begin{cases}
B_{i,1}(t)=\begin{cases}1 & t\in[t_i,\ t_{i+1}) \\ 0 & t\notin[t_i,\ t_{i+1})\end{cases} & (3-6-1) \\
B_{i,k}(t)=\dfrac{t-t_i}{t_{i+k-1}-t_i}B_{i,k-1}(t)+\dfrac{t_{i+k}-t}{t_{i+k}-t_{i+1}}B_{i+1,k-1}(t) \qquad i=0,1,\cdots,n & (3-6-2)
\end{cases}
$$

另外，当上式中遇到$\dfrac{0}{0}$这样的情况时，定义取值为 0。我们称 t_i 为节点，$\boldsymbol{T}_{n,k}$ 为节点向量。若 $t_j-1<t_j=t_j+1=\cdots=t_{j+l-1}<t_{j+1}$，则称从 t_j 到 t_{j+l-1} 的每个节点为 l 重节点，称递推式(3-6-2)为 deBoor-Cox 递推公式。

B 样条基函数的性质如下：

(1) 局部性。$B_{i,k}(t)$ 只在区间 $(t_i,\ t_{i+k})$ 中取正值，在其他地方为零，即当 $t\in(t_i,\ t_{i+k})$ 时，$B_{i,k}(t)>0$，其他情况 $B_{i,k}(t)=0$；反之，对于每一个长度非零的区间 $[t_i,\ t_{i+k})$ 至多只有 k 个基函数在其上非零，即 $B_{j-k+1,k}$，$B_{j-k+2,k}$，…，$B_{j,k}$ 非零。

(2) 分段性。$B_{i,k}(t)$ 在每个长度非零的区间 $[t_i,\ t_{i+k})$ 上都是次数不高于 $k-1$ 的多项式，从而它在整个参数轴上是分段多项式。

证明　当 $k=1$ 时，由定义式(3-6-1)可知，

$$
B_{i,1}(t)=\begin{cases}1 & t\in[t_i,\ t_{i+1}) \\ 0 & t\notin[t_i,\ t_{i+1})\end{cases} \tag{3-6-3}
$$

如图 3.6.1 所示，$B_{i,1}(t)$ 在区间 $[t_i,\ t_{i+1})$ 上取 1，其他地方取 0。

当 $k=2$ 时，由式(3-6-2)得

$$
\begin{aligned}
B_{i,2}(t)&=\frac{t-t_i}{t_{i+1}-t_i}B_{i,1}(t)+\frac{t_{i+2}-t}{t_{i+2}-t_{i+1}}B_{i+1,1}(t) \\
&=\begin{cases}0 & t<t_i \\ \dfrac{t-t_i}{t_{i+1}-t_i} & t\in[t_i,\ t_{i+1}) \\ \dfrac{t_{i+2}-t}{t_{i+2}-t_{i+1}} & t\in[t_{i+1},\ t_{i+2}) \\ 0 & t\geqslant t_{i+2}\end{cases}
\end{aligned} \tag{3-6-4}
$$

如图 3.6.2 所示，$B_{i,2}(t)$ 取正值的区间是 $(t_i,\ t_{i+2})$。

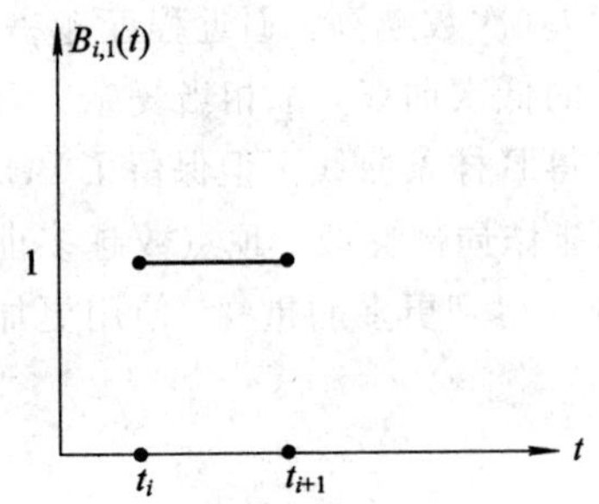

图 3.6.1　一阶 B 样条基函数

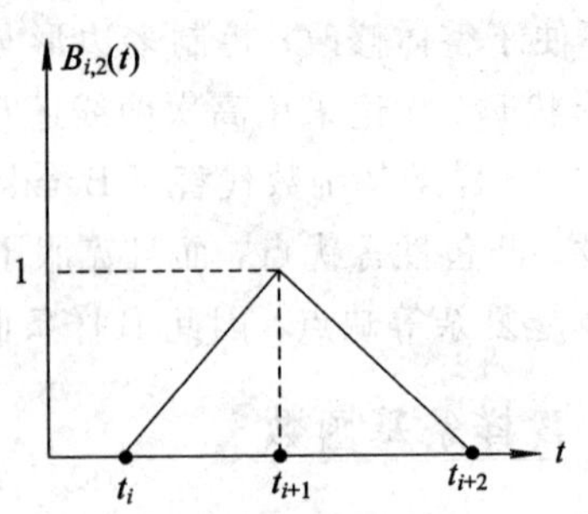

图 3.6.2　二阶 B 样条基函数

当 $k=3$ 时，由式(3-6-2)得

$$B_{i,3}(t)=\frac{t-t_i}{t_{i+2}-t_i}B_{i,2}(t)+\frac{t_{i+3}-t}{t_{i+3}-t_{i+1}}B_{i+1,2}(t)$$

$$=\begin{cases}0 & t<t_i\\ \dfrac{(t-t_i)^2}{(t_{i+2}-t_i)(t_{i+1}-t_i)} & t\in[t_i,\ t_{i+1})\\ \dfrac{(t-t_i)(t_{i+2}-t)}{(t_{i+2}-t_i)(t_{i+2}-t_{i+1})}+\dfrac{(t_{i+3}-t)(t-t_{i+1})}{(t_{i+3}-t_{i+1})(t_{i+2}-t_{i+1})} & t\in[t_{i+1},\ t_{i+2})\\ \dfrac{(t_{i+3}-t)^2}{(t_{i+3}-t_{i+1})(t_{i+3}-t_{i+2})} & t\in[t_{i+2},\ t_{i+3})\\ 0 & t\geqslant t_{i+3}\end{cases}$$

(3-6-5)

如图 3.6.3 所示，$B_{i,3}(t)$只在区间$(t_i,\ t_{i+3})$上取正值。

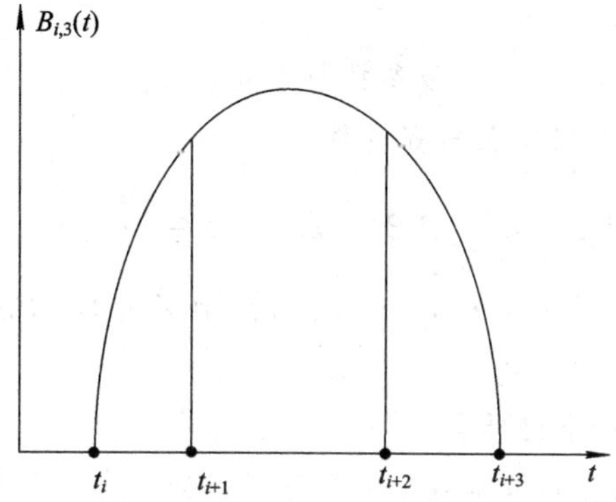

图 3.6.3　三阶 B 样条基函数

以此类推，可验证 B 样条曲线的局部性和分段性。

(3) 权性。

$$\sum_{i=0}^{n}B_{i,k}(t)\equiv 1\qquad t\in[t_{k-1},\ t_{n+1}]$$

证明　在任意参数区间$[t_j,\ t_{j+1})(\subseteq[t_{k-1},\ t_{n+1}])$中，由 $B_{i,k}(t)$的局部性知，

$$\sum_{i=0}^{n}B_{i,k}(t)=\sum_{i=j-k+1}^{j}B_{i,k}(t)$$

$$=\sum_{i=j-k+1}^{j}\left[\frac{t-t_i}{t_{i+k-1}-t_i}B_{i,k-1}(t)+\frac{t_{i+k}-t}{t_{i+k}-t_{i+1}}B_{i+1,k-1}(t)\right]$$

$$=\sum_{i=j-k+1}^{j}\frac{t-t_i}{t_{i+k-1}-t_i}B_{i,k-1}(t)+\sum_{i=j-k+1}^{j}\frac{t_{i+k}-t}{t_{i+k}-t_{i+1}}B_{i+1,k-1}(t)$$

在区间$[t_j,\ t_{j+k})$上，$B_{j-k+1,k-1}(t)\equiv 0$，$B_{j+1,k-1}(t)\equiv 0$，所以

$$\text{上式}=\sum_{i=j-k+2}^{j}\frac{t-t_i}{t_{i+k-1}-t_i}B_{i,k-1}(t)+\sum_{i=j-k+1}^{j-1}\frac{t_{i+k}-t}{t_{i+k}-t_{i+1}}B_{i+1,k-1}(t)$$

$$=\sum_{i=j-k+2}^{j}\left[\frac{t-t_i}{t_{i+k-1}-t_i}B_{i,k-1}(t)+\frac{t_{i+k-1}-t}{t_{i+k-1}-t_i}B_{i,k-1}(t)\right]$$

$$=\sum_{i=j-k+2}^{j}B_{i,k}(t)=\sum_{i=j-k+1}^{j}B_{i,k-1}(t)$$

类似的，按照 deBoor-Cox 公式展开可得

$$\sum_{i=0}^{n} B_{i,k}(t) = \cdots = B_{i,1}(t) \equiv 1$$

(4) 连续性。$B_{i,k}(t)$在 l 重节点处，至少 $k-1-l$ 次连续(C^{k-1-l})。

(5) 可微性。对 $B_{i,k}(t)$微分得

$$B'_{i,k}(t) = (k-1)\left[\frac{B_{i,k-1}(t)}{t_{i+k-1}-t_i} - \frac{B_{i+1,k-1}(t)}{t_{i+k}-t_{i+1}}\right]$$

(6) 线性无关性。

3.6.2 B 样条曲线的定义及性质

B 样条曲线定义的出发点是对给定的点进行局部逼近而非插值，相邻曲线段之间有一定的连续性要求。

给定空间中的 $n+1$ 个点$\{P_i\}_{i=0}^{n}$及参数节点向量 $\boldsymbol{T}_{n,k}=\{t_i\}_{i=0}^{n+k}(t_i \leqslant t_{i+1})$，称如下形式的参数曲线 $P(t)$为 k 阶($k-1$)次 B 样条曲线

$$P(t) = \sum_{i=0}^{n} P_i B_{i,k}(t) \qquad t \in [t_{k-1}, t_{n+1}]$$

其中，P_i称为控制顶点，折线 P_0，P_1，…，P_n为控制多边形，$B_{i,k}(t)$为基函数。本节主要介绍三次 B 样条曲线。

B 样条曲线 $P(t)$具备如下性质：

(1) 局部性。B 样条曲线的基函数是一个分段函数，其重要特征是在参数变化范围内，每个基函数在 t_i到 t_{i+i}的子区间内函数值不为零，在其余区间内均为零。即 B 样条 $P(t)$在参数区间($k-1 \leqslant i \leqslant n$)上的部分只与控制顶点 P_{i-k+1}，P_{i-k+2}，…，P_i有关，与其他控制点无关。修改控制顶点 P_i只影响曲线 $P(t)$在区间$[t_i, t_{i+k})$中的部分。

(2) 凸包性。曲线 $P(t)$在区间$[t_i, t_{i+1})$($k-1 \leqslant i \leqslant n$)上的部分位于 k 个控制顶点 P_{i-k+1}，P_{i-k+2}，…，P_i的凸包 Ch_i之内。B 样条曲线的凸包区域比同一组控制顶点定义的 Bezier 曲线的凸包要小，因此 B 样条曲线可以更好地逼近特征多边形。

(3) 直线再生性。若 k 个控制顶点 P_{i-k+1}，P_{i-k+2}，…，P_i落在一条直线上，则区间$[t_i, t_{i+1})$内的曲线是直线段。

(4) 分段参数多项式曲线。$P(t)$在$[t_i, t_{i+1})$上是关于参数 t_i的分段多项式曲线，在每个区间$[t_i, t_{i+1})$($k-1 \leqslant i \leqslant n$)上是次数不高于 $k-1$ 的多项式曲线。

(5) 连续性。$P(t)$在 l 重节点 t_i($k \leqslant i \leqslant n$)处至少是 C^{k-l-1}的，整条曲线的连续阶数不低于 $k-1-l_{\max}$，其中 $l_{\max}$是节点 t_i的重数的最大值。

如假定 $l_{\max}=1$，当 $k=1$ 时，曲线 $P(t)$为 C^{-1}即不连续的，退化成为离散的控制顶点；当 $k=2$ 时，$P(t)$为 C^0，$P(t)$为控制多边形本身；当 $k=3$ 时，$P(t)$为 C^1。

(6) 导数曲线方程。由 B 样条曲线的基函数的微分公式

$$B'_{i,k}(t) = (k-1)\left[\frac{B_{i,k-1}(t)}{t_{i+k-1}-t_i} - \frac{B_{i+1,k-1}(t)}{t_{i+k}-t_{i+1}}\right]$$

可得到 B 样条曲线的导数曲线方程为

$$P'(t)=(k-1)\sum_{i=1}^{n}\frac{P_i-P_{i-1}}{t_{i+k-1}-t_i}B_{i,k-1}(t)\qquad t\in[t_{k-1},t_{k+1}]$$

B 样条曲线的导数曲线是一条 $k-1$ 次的 B 样条曲线。

(7) 仿射不变性。B 样条曲线的形状和位置与其坐标系的选取无关，即对任一仿射变换 A，有

$$A[P(t)]=\sum_{i=0}^{n}A[P_i]B_{i,k}(t)\qquad t\in[t_{k-1},t_{k+1}]$$

即 $P(t)$的表达式形式不变，且某些几何性质不变。

3.6.3　三次 B 样条曲线及分类

三次 B 样条曲线按照节点向量中的节点分布情况不同可分为三次均匀 B 样条曲线和三次非均匀样条曲线两类。

1. 三次均匀 B 样条曲线

对于节点向量 $\boldsymbol{T}_{n,k}=\{t_i\}_{i=0}^{n+k}$，若节点间隔均匀，即存在 $\Delta>0$，使 $t_{i+1}-t_i=\Delta(i=0,1,\cdots,n+k-1)$，则称定义于该节点向量上的 B 样条曲线为均匀节点上的 B 样条曲线或均匀 B 样条曲线，其基函数称为均匀 B 样条基函数。

令 $\Delta=1$，$t_0=0$，节点向量 $\boldsymbol{T}_{n,k}=\{t_i|t_i=i\}_{i=0}^{n+k}$，若 $T_{n,k}$上的 B 样条基函数记做 $N_{i,k}(t)$，则递推公式为

$$\begin{cases}N_{i,1}(t)=\begin{cases}1 & t\in[t_i,t_{i+1})\\0 & t\notin[t_i,t_{i+1})\end{cases}\\N_{i,k}(t)=\dfrac{t-t_i}{t_{i+k-1}-t_i}B_{i,k-1}(t)+\dfrac{t_{i+k}-t}{t_{i+k}-t_{i+1}}B_{i+1,k-1}(t)\quad i=0,1,\cdots,n\end{cases}\tag{3-6-6}$$

可知，均匀 B 样条的基函数 $N_{i,k}(t)$呈周期性，即在定义域内各节点区间上都具有相同的形状。$N_{i,k}(t)$具有平移性质，只要将 $N_{0,k}(t)$的图像右移 i 个单位，便可得到 $N_{i,k}(t)$的图像。即 $N_{i,k}(t)=N_{0,k}(t-i)$。由这一性质可得到各阶基函数。如 B 样条曲线的各阶基函数为

$$N_{0,1}(t)=\begin{cases}1 & t\in[0,1)\\0 & t\notin[0,1)\end{cases}$$

$$\begin{aligned}N_{0,2}(t)&=tN_{0,1}(t)+(2-t)N_{1,1}(t)\\&=tN_{0,1}(t)+(2-t)N_{0,1}(t-1)\\&=\begin{cases}0 & t<0\\t & t\in[0,1)\\2-t & t\in[1,2)\\0 & t\geqslant 2\end{cases}\end{aligned}$$

$$N_{0,3}(t)=\frac{t}{2}N_{0,2}(t)+\frac{3-t}{2}N_{0,2}(t-1)$$

$$=\begin{cases}0 & t<0\\ \frac{1}{2}t^2 & t\in[0,1)\\ \frac{1}{2}[t(2-t)+(3-t)(t-1)] & t\in[1,2)\\ \frac{1}{2}(3-t)^2 & t\in[2,3)\\ 0 & t\geqslant 3\end{cases}$$

$$N_{0,4}(t)=\frac{t}{3}N_{0,3}(t)+\frac{4-t}{3}N_{0,3}(t-1)$$

$$=\begin{cases}0 & t<0\\ \frac{1}{6}t^3 & t\in[0,1)\\ \frac{1}{6}[t^2(2-t)+t(3-t)(t-1)+(4-t)(t-1)^2] & t\in[1,2)\\ \frac{1}{6}[t(3-t)^2+(4-t)(3-t)(t-1)+(4-t)^2(t-2)] & t\in[2,3)\\ \frac{1}{6}(4-t)^3 & t\in[3,4)\\ 0 & t\geqslant 4\end{cases}$$

对于三次($k=4$)均匀B样条曲线，在区间$[j, j+1]$($k-1\leqslant j\leqslant n\theta$)上表示成矩阵形式为

$$P(t)=\sum_{i=j-3}^{j}P_iN_{i,4}(t)=[P_{j-3}\quad P_{j-2}\quad P_{j-1}\quad P_j]\begin{bmatrix}N_{j-3,4}(t)\\ N_{j-2,4}(t)\\ N_{j-1,4}(t)\\ N_{j,4}(t)\end{bmatrix}$$

$$=[P_{j-3}\quad P_{j-2}\quad P_{j-1}\quad P_j]\begin{bmatrix}N_{0,4}(t-j+3)\\ N_{0,4}(t-j+2)\\ N_{0,4}(t-j+1)\\ N_{0,4}(t-j)\end{bmatrix}$$

取参数变换$s=t-j$，则$s\in[0, 1)$，曲线变为

$$P(s)=[P_{j-3}\quad P_{j-2}\quad P_{j-1}\quad P_j]\begin{bmatrix}N_{0,4}(s+3)\\ N_{0,4}(s+2)\\ N_{0,4}(s+1)\\ N_{0,4}(s)\end{bmatrix}$$

$$=\frac{1}{6}[P_{j-3}\quad P_{j-2}\quad P_{j-1}\quad P_j]\begin{bmatrix}1 & -3 & 3 & -1\\ 4 & 0 & -6 & 3\\ 1 & 3 & 3 & -3\\ 0 & 0 & 0 & 1\end{bmatrix}\begin{bmatrix}1\\ s\\ s^2\\ s^3\end{bmatrix}$$

得到区间$[j, j+1)$上的三次均匀B样条曲线矩阵表示：

$$\boldsymbol{P}(t)=\boldsymbol{G}_{\mathrm{BJ}}\cdot\boldsymbol{M}_{\mathrm{B}}\cdot\boldsymbol{T}_{\mathrm{j}} \tag{3-6-7}$$

其中，$\boldsymbol{G}_{BJ}=[P_{j-3},\ P_{j-2},\ P_{j-1},\ P_j]$为几何矩阵，$\boldsymbol{M}_{\mathrm{B}}$、$\boldsymbol{T}_{\mathrm{j}}$为基矩阵。

$$\boldsymbol{M}_{\mathrm{B}}=\frac{1}{6}\begin{bmatrix}1 & -3 & 3 & -1\\ 4 & 0 & -6 & 3\\ 1 & 3 & 3 & -3\\ 0 & 0 & 0 & 1\end{bmatrix},\quad \boldsymbol{T}_{\mathrm{j}}=\begin{bmatrix}1\\ (t-j)\\ (t-j)^2\\ (t-j)^3\end{bmatrix}$$

2. 三次非均匀*B*样条曲线

对于节点向量$\boldsymbol{T}_{n,k}=\{t_i\}_{i=0}^{n+k}$，若参数节点$t_i$分布不均匀，则称定义在该$T_{n,k}$上的B样条曲线为非均匀B样条曲线，相应的基函数为非均匀B样条基函数。由于节点的不均匀分布，基函数不再具有平移性质。

3.6.4　三次参数曲线的比较与转换

三次Hermite曲线、Bezier曲线和B样条曲线之间有相似之处。相似性体现在凸包性、顶点和连续性等方面，具体显示在表3-6-1中。表中√与×表示是否具有这种性质。

表3-6-1　三次参数曲线性质比较

	三次Hermite曲线	Bezier曲线	均匀B样条曲线	非均匀B样条曲线
凸包性	×	√	√	√
插值控制顶点	√	√	×	增加节点的重数可以使曲线差值控制顶点
连续性	C^1、GC^1	C^1、GC^1	C^2、GC^2	C^2、GC^2
控制形状的参量	端点位置，切矢量	控制顶点	控制顶点	控制顶点，节点

三次Hermite曲线、Bezier曲线和B样条曲线都是多项式曲线，是曲线的不同表示形式。三种不同形式分别应用于不同场合，因此它们之间可以相互转换。它们的矩阵表示如下：

(1) 三次Hermite曲线：

$$\boldsymbol{P}(t)=\boldsymbol{G}_{\mathrm{H}}\cdot\boldsymbol{M}_{\mathrm{H}}\cdot\boldsymbol{T}$$

$$=[P_0\quad P_1\quad R_0\quad R_1]\begin{bmatrix}1 & 0 & -3 & 2\\ 0 & 0 & 3 & -2\\ 0 & 1 & -2 & 1\\ 0 & 0 & -1 & 1\end{bmatrix}\begin{bmatrix}1\\ t\\ t^2\\ t^3\end{bmatrix}\quad t\in[0,1] \tag{3-6-8}$$

式中分别表示点的坐标和两点处的切线。

(2) 三次Bezier曲线：

$$\boldsymbol{P}(t)=\boldsymbol{G}_{\mathrm{BEZ}}\cdot\boldsymbol{M}_{\mathrm{BEZ}}\cdot\boldsymbol{T}$$

$$=[P_0\quad P_1\quad P_2\quad P_3]\begin{bmatrix}1 & -3 & -3 & -1\\ 0 & 3 & -6 & 3\\ 0 & 0 & 3 & 3\\ 0 & 0 & 0 & 1\end{bmatrix}\begin{bmatrix}1\\ t\\ t^2\\ t^3\end{bmatrix}\quad t\in[0,1] \tag{3-6-9}$$

(3) 三次均匀 B 样条曲线：

$$\boldsymbol{P}(t)=\boldsymbol{G}_{\mathrm{BJ}}\cdot\boldsymbol{M}_{\mathrm{B}}\cdot\boldsymbol{T}_{\mathrm{j}}$$

$$=\left[P_{j-3}\quad P_{j-2}\quad P_{j-1}\quad P_{j}\right]\cdot\frac{1}{6}\begin{bmatrix}1 & -3 & -3 & -1\\ 4 & 0 & -6 & 3\\ 1 & 3 & 3 & -3\\ 0 & 0 & 0 & 1\end{bmatrix}\begin{bmatrix}1\\ t-j\\ (t-j)^2\\ (t-j)^3\end{bmatrix}\quad (t-j)\in[0,1] \tag{3-6-10}$$

可以看出，它们都可以用一个矩阵公式来定义：

$$\boldsymbol{P}(t)=[\boldsymbol{G}]_{\mathrm{j}}[\boldsymbol{M}]_{\mathrm{j}}\begin{bmatrix}1\\ t\\ t^2\\ t^3\end{bmatrix}\qquad 0\leqslant t\leqslant 1,\ j=0,1,2,3 \tag{3-6-11}$$

根据上式，三种曲线之间可以相互转换。任何一种曲线都可以经过转换，变成另一种曲线的形式。

从 Hermite 形式转换为另外两种形式：

$$\boldsymbol{G}_{\mathrm{H}}\cdot\boldsymbol{M}_{\mathrm{H}}=\boldsymbol{G}_{\mathrm{BEZ}}\cdot\boldsymbol{M}_{\mathrm{BEZ}}\Rightarrow\boldsymbol{G}_{\mathrm{BEZ}}=\boldsymbol{G}_{\mathrm{H}}\cdot\boldsymbol{M}_{\mathrm{H}}\cdot\boldsymbol{M}_{\mathrm{BEZ}}^{-1}$$

$$\boldsymbol{G}_{\mathrm{H}}\cdot\boldsymbol{M}_{\mathrm{H}}=\boldsymbol{G}_{\mathrm{BJ}}\cdot\boldsymbol{M}_{\mathrm{B}}\Rightarrow\boldsymbol{G}_{\mathrm{BJ}}=\boldsymbol{G}_{\mathrm{H}}\cdot\boldsymbol{M}_{\mathrm{H}}\cdot\boldsymbol{M}_{\mathrm{B}}^{-1}$$

同理，从 Bezier 形式转换为另外两种形式：

$$\boldsymbol{G}_{\mathrm{BEZ}}\cdot\boldsymbol{M}_{\mathrm{BEZ}}=\boldsymbol{G}_{\mathrm{H}}\cdot\boldsymbol{M}_{\mathrm{H}}\Rightarrow\boldsymbol{G}_{\mathrm{H}}=\boldsymbol{G}_{\mathrm{BEZ}}\cdot\boldsymbol{M}_{\mathrm{BEZ}}\cdot\boldsymbol{M}_{\mathrm{H}}^{-1}$$

$$\boldsymbol{G}_{\mathrm{BEZ}}\cdot\boldsymbol{M}_{\mathrm{BEZ}}=\boldsymbol{G}_{\mathrm{BJ}}\cdot\boldsymbol{M}_{\mathrm{B}}\Rightarrow\boldsymbol{G}_{\mathrm{BJ}}=\boldsymbol{G}_{\mathrm{BEZ}}\cdot\boldsymbol{M}_{\mathrm{BEZ}}\cdot\boldsymbol{M}_{\mathrm{B}}^{-1}$$

从 B 样条形式转换为另外两种形式：

$$\boldsymbol{G}_{\mathrm{BJ}}\cdot\boldsymbol{M}_{\mathrm{B}}=\boldsymbol{G}_{\mathrm{H}}\cdot\boldsymbol{M}_{\mathrm{H}}\Rightarrow\boldsymbol{G}_{H}=\boldsymbol{G}_{\mathrm{BJ}}\cdot\boldsymbol{M}_{\mathrm{B}}\cdot\boldsymbol{M}_{\mathrm{H}}^{-1}$$

$$\boldsymbol{G}_{\mathrm{BJ}}\cdot\boldsymbol{M}_{\mathrm{B}}=\boldsymbol{G}_{\mathrm{BEZ}}\cdot\boldsymbol{M}_{\mathrm{BEZ}}\Rightarrow\boldsymbol{G}_{\mathrm{BEZ}}=\boldsymbol{G}_{\mathrm{BJ}}\cdot\boldsymbol{M}_{\mathrm{B}}\cdot\boldsymbol{M}_{\mathrm{BEZ}}^{-1}$$

这三种曲线相互转换的前提条件是 $\boldsymbol{M}_{\mathrm{H}}$、$\boldsymbol{M}_{\mathrm{BEZ}}$、$\boldsymbol{M}_{\mathrm{B}}$(基矩阵)都为非奇异矩阵，即它们的逆矩阵存在。

☞ 3.7 曲面拟合与显示

曲面的表示可以看做曲线表示的延伸和扩展。在工程实际中应用的自由曲面如飞机、汽车等几何外形的描述，使用作图方法需要大量试画和反复修正来保证曲面的光顺性，效率十分低下。而计算机图形学中的样条方法可以很好地解决此问题，极大地提高效率。本节介绍三种常用的曲面：Coons 曲面、Bezier 曲面和 B 样条曲面。

3.7.1 Coons 曲面

1964 年，Coons 等人提出一种曲面构造的方法，用拟合方法来表示弯曲的曲面。这种方法的基本思路是：首先用给定的边界曲线定义小的曲面片，然后由小的曲面片按照在边界上要满足一定连续性的要求拼接成曲面。Coons 的特点是用插值的方法来给定边界条件。

1. 双线性 Coons 曲面

已知曲面的四条边界线为 $P(0, v)$、$P(1, v)$、$P(u, 0)$、$P(u, 1)$，构造 1×1 的 Coons 曲面 $P(u, v)((u, v)\in[0, 1]\times[0, 1])$，使其由这四条边界确定曲面。具体的构造过程如下：

(1) 对 $P(0,v)$、$P(1,v)$进行 u 向线性插值(如图 3.7.1 所示)，得到曲面片 $P_1(u,v)$。其表达式为

$$\begin{aligned}P_1(u, v) &= (1-u)P(0, v) + uP(1, v)\\ &= [1-u, u]\begin{bmatrix}P(0, v)\\ P(1, v)\end{bmatrix} \quad (u, v)\in[0, 1]\times[0, 1]\end{aligned} \tag{3-7-1}$$

可以验证，它满足插值条件，即为所求的双线性 Coons 曲面。

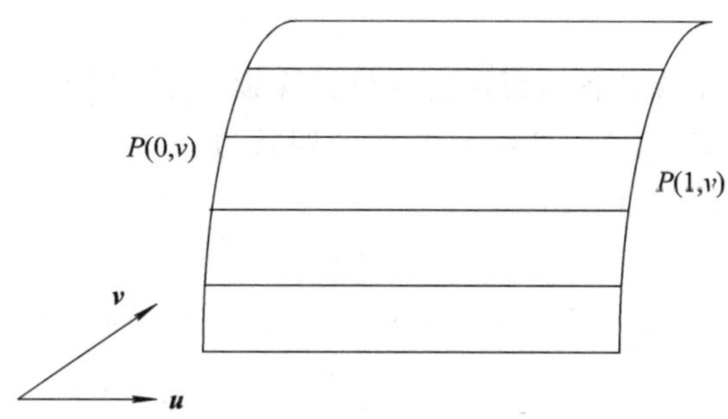

图 3.7.1　对 $P(0, v)$、$P(1, v)$进行 u 向线性插值

(2) 对 $P(u, 0)$、$P(u, 1)$进行 v 向线性插值(如图 3.7.2 所示)，得到曲面片 $P_2(u, v)$。其表达式为

$$\begin{aligned}P_2(u, v) &= (1-v)P(u, 0) + vP(u, 1)\\ &= [P(u, 0), P(u, 1)]\begin{bmatrix}1-v\\ v\end{bmatrix} \quad (u, v)\in[0, 1]\times[0, 1]\end{aligned} \tag{3-7-2}$$

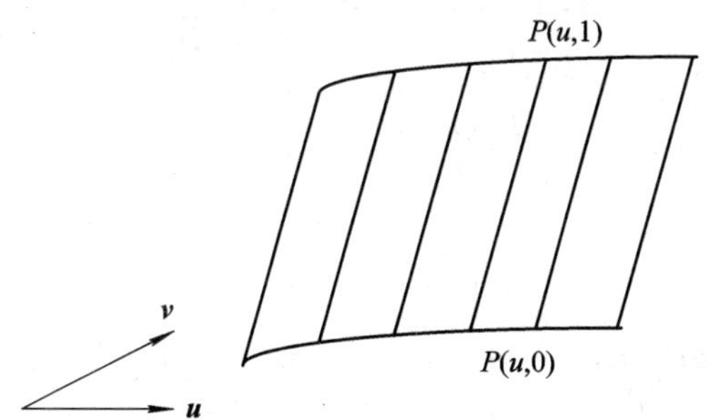

图 3.7.2　对 $P(u, 0)$、$P(u, 1)$进行 v 向线性插值

(3) 对 $P_1(u, 0)$、$P_1(u, 1)$进行 v 向线性插值，得到曲面片 $P_3(u, v)$，其表达式为

$$\begin{aligned}P_3(u, v) &= [P_1(u, 0), P_1(u, 1)]\begin{bmatrix}1-v\\ v\end{bmatrix}\\ &= [(1-u), u]\begin{bmatrix}P(0, 0) & P(0, 1)\\ P(1, 0) & P(1, 1)\end{bmatrix}\begin{bmatrix}1-v\\ v\end{bmatrix}\end{aligned}$$

取

$$P(u,v)=P_1(u,v)+P_2(u,v)-P_3(u,v)$$
$$=-[-1,(1-u),u]\begin{bmatrix}0 & P(u,0) & P(u,1)\\ P(0,v) & P(0,0) & P(0,1)\\ P(1,v) & P(1,0) & P(1,1)\end{bmatrix}\begin{bmatrix}-1\\ 1-v\\ v\end{bmatrix} \tag{3-7-3}$$

可以验证，它满足插值条件，即为所求的双线性 Coons 曲面。

双线性 Coons 曲面方便地插值了四条边界曲线。两相邻曲面在公共边界两端点处是 C^1 连续的；而在其他连接处，因仅达到位置连续而跨界，所以切矢不连续，即是 C^0 连续的，不能用来构造复杂曲面。

2. 双三次 Coons 曲面

双线性 Coons 曲面能保证各曲面片边界位置连续。为了使两曲面沿公共边界达到 C^1 连续，提出双三次 sCoons 曲面。即给定曲面的四条边界 $P(0,v)$、$P(1,v)$、$P(u,0)$、$P(u,1)$及切矢量 $\boldsymbol{P}_u(0,v)$、$\boldsymbol{P}_u(1,v)$、$\boldsymbol{P}_v(u,0)$、$\boldsymbol{P}_v(u,1)$，为保证边界连续且偏导数连续，采用 Hermite 插值构造。

(1) 对 $P(0,v)$、$P(1,v)$、$\boldsymbol{P}_u(0,v)$、$\boldsymbol{P}_u(1,v)$进行 u 向 Hermite 插值，得到曲面片 $P_1(u,v)$：

$$P_1(u,v)=P(0,v)G_0(u)+P(1,v)G_1(u)+\boldsymbol{P}_u(0,v)H_0(u)+\boldsymbol{P}_u(1,v)H_1(u)$$
$$=[G_0(u),G_1(u),H_0(u),H_1(u)][P(0,v),P(1,v),\boldsymbol{P}_u(0,v),\boldsymbol{P}_u(1,v)]^{\mathrm{T}}$$
$$(u,v)\in[0,1]\times[0,1] \tag{3-7-4}$$

其中 $G_0(u)$、$G_1(u)$、$H_0(u)$、$H_1(u)$是 Hermite 基函数。

(2) 对 $P(u,0)$、$P(u,1)$、$\boldsymbol{P}_v(u,0)$、$\boldsymbol{P}_v(u,1)$进行 v 向 Hermite 插值，得到曲面片 $P_2(u,v)$：

$$P_2(u,v)=P(u,0)G_0(v)+P(u,1)G_1(v)+\boldsymbol{P}_v(u,0)H_0(v)+\boldsymbol{P}_v(u,1)H_1(v)$$
$$=[P(u,0),P(u,1),\boldsymbol{P}_v(u,0),\boldsymbol{P}_v(u,1)][G_0(v),G_1(v),H_0(v),H_1(v)]^{\mathrm{T}}$$
$$(u,v)\in[0,1]\times[0,1] \tag{3-7-5}$$

(3) 对 $P_1(u,0)$，$P_1(u,1)$，$\left.\dfrac{\mathrm{d}P_1(u,v)}{\mathrm{d}v}\right|_{v=0}$，$\left.\dfrac{\mathrm{d}P_1(u,v)}{\mathrm{d}v}\right|_{v=1}$进行 v 向 Hermite 插值，得到曲面片 $P_3(u,v)$：

$$P_3(u,v)=P_1(u,0)G_0(v)+P_1(u,1)G_1(v)+\left.\frac{\mathrm{d}P_1(u,v)}{\mathrm{d}v}\right|_{v=0}H_0(v)+\left.\frac{\mathrm{d}P_1(u,v)}{\mathrm{d}v}\right|_{v=1}H_1(v)$$
$$=[G_0(u),G_1(u),H_0(u),H_1(u)]\times\begin{bmatrix}P(0,0) & P(0,1) & P_v(0,0) & P_v(0,1)\\ P(1,0) & P(1,1) & P_v(1,0) & P_v(1,1)\\ P_u(0,0) & P_u(0,1) & P_{uv}(0,0) & P_{uv}(0,1)\\ P_u(1,0) & P_u(1,1) & P_{uv}(1,0) & P_{uv}(1,1)\end{bmatrix}\begin{bmatrix}G_0(v)\\ G_1(v)\\ H_0(v)\\ H_1(v)\end{bmatrix}$$
$$(u,v)\in[0,1]\times[0,1] \tag{3-7-6}$$

可以验证，$P(u, v)=P_1(u, v)+P_2(u, v)-P_3(u, v)(u, v\in[0, 1])$的边界及偏导数就是已知的四条边界曲线和四条边界曲线的偏切矢量，因此称之为双三次 Coons 曲面。

将 $P(u, v)$写成矩阵形式：

$$
\begin{aligned}
P(u, v) &= P_1(u, v)+P_2(u, v)-P_3(u, v)\\
&=[-1, G_0(u), G_1(u), H_0(u), H_1(u)]\\
&\times\begin{bmatrix}
0 & P(u,0) & P(u,1) & P_v(u,0) & P_v(u,1)\\
P(0,v) & P(0,0) & P(0,1) & P_v(0,0) & P_v(0,1)\\
P(1,v) & P(1,0) & P(1,1) & P_v(1,0) & P_v(1,1)\\
P_u(0,v) & P_u(0,0) & P_u(0,1) & P_{uv}(0,0) & P_{uv}(0,1)\\
P_u(1,v) & P_u(1,0) & P_u(1,1) & P_{uv}(1,0) & P_{uv}(1,1)
\end{bmatrix}
\begin{bmatrix}-1\\G_0(v)\\G_1(v)\\H_0(v)\\H_1(v)\end{bmatrix}
\end{aligned}
\tag{3-7-7}
$$

容易验证 $P(u, v)$满足插值条件，即为 3×3 次 Coons 曲面。令上式中间的 5×5 矩阵为 $\boldsymbol{C}_5$，它的各个元素的几何意义为

$$
\boldsymbol{C}_5=\begin{bmatrix}
0 & u\text{ 向边界线} & u\text{ 向边界线上的 }v\text{ 向切矢量}\\
v\text{ 向边界线} & \text{角点位置矢量} & \text{角点 }v\text{ 向切矢量}\\
v\text{ 向边界线上的 }u\text{ 向切矢量} & \text{角点 }u\text{ 向切矢量} & \text{角点的扭矢量}
\end{bmatrix}
$$

由式(3-7-3)和式(3-7-7)可以看出，对曲面片满足的边界条件提高一阶，曲面方程中的边界信息矩阵就要扩大二阶，并且要多用一对调和函数；边界信息矩阵的第一行与第一列包含着全部给定边界信息；余下的子方阵则包含角点信息。

Coons 技术与其他曲面形式相结合的应用，是 Coons 方法最有意义的应用。它可大大降低计算量，是一种快速拟合曲线构成曲面的方法。

3.7.2 Bezier 曲面

1. Bezier 曲面的定义

Coons 曲面建立在一些复杂的数学概念上，例如切向量、位置向量等，不太好理解。Bezier 曲面较好地克服了这一缺点，因此得到了更为广泛的应用。

给定空间中的$(m+1)\times(n+1)$个点$\{P_{i,j}\}_{i=0,j=0}^{m,n}$，所有的 $P_{i,j}$构成空间的一张网称控制网络，则 $m\times n$ 次 Bezier 曲面的数学表示式为

$$
P(u, v)=\sum_{i=0}^{m}\sum_{j=0}^{n}P_{i,j}\mathrm{BEZ}_{i,m}(u)\mathrm{BEZ}_{j,n}(v)\qquad (u, v)\in[0, 1]\times[0, 1]
\tag{3-7-8}
$$

其中，$i=0, 1, 2\cdots, m$；$j=0, 1, 2, \cdots, n$；$\mathrm{BEZ}_{i,m}(u)$、$\mathrm{BEZ}_{j,n}(v)$分别为 m 及 n 次 Bernstein 基函数，即 $\mathrm{BEZ}_{i,m}(u)=C_m^i\cdot u^i\cdot(1-u)^{m-1}$；$P_{i,j}$称为控制顶点，这些点构成空间的一张网(称为控制网格)，如图 3.7.3 所示。在应用时，m 和 n 均不宜超过 5，否则网格对于曲面的控制力将会减弱。

特别地，当 $m=n=1$ 时，得到双线性 Bezier 曲面，表达式为

$$P(u, v) = \sum_{i, j=0}^{1} P_{i, j} \mathrm{BEZ}_{i, 1}(u) \mathrm{BEZ}_{j, 1}(v)$$
$$= (1-u)(1-v)P_{0, 0} + u(1-v)P_{1, 0} + (1-u)vP_{0, 1} + uvP_{1, 1}$$
$$(u, v) \in [0, 1] \times [0, 1] \qquad (3-7-9)$$

当 $m=n=2$ 时，定义一张双二次 Bezier 曲面，其边界曲线和参数坐标均为抛物线。表达式为

$$P(u, v) = \sum_{i, j=0}^{2} P_{i, j} \mathrm{BEZ}_{i, 2}(u) \mathrm{BEZ}_{j, 2}(v) \qquad (u, v) \in [0, 1] \times [0, 1] \qquad (3-7-10)$$

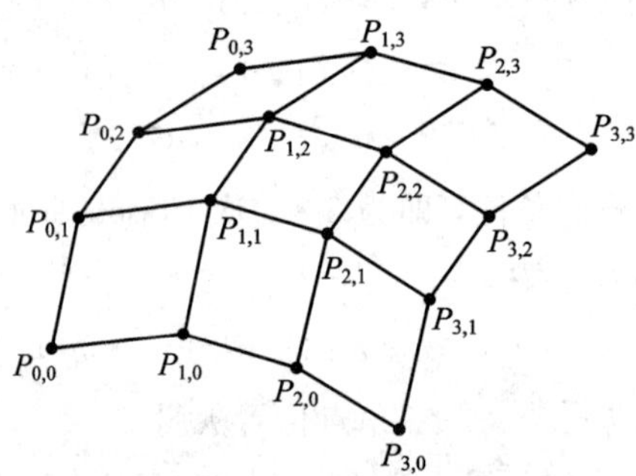

图 3.7.3 双三次 Bezier 曲面

最常用的是 $m=n=3$ 时，构成的双三次 Bezier 曲面，表达式为

$$P(u, v) = \sum_{i, j=0}^{3} P_{i, j} \mathrm{BEZ}_{i, 3}(u) \mathrm{BEZ}_{j, 3}(v)$$
$$= [\mathrm{BEZ}_{0, 3}(u), \mathrm{BEZ}_{1, 3}(u), \mathrm{BEZ}_{2, 3}(u), \mathrm{BEZ}_{3, 3}(u)]$$
$$\times \begin{bmatrix} P_{0,0} & P_{0,1} & P_{0,2} & P_{0,3} \\ P_{1,0} & P_{1,1} & P_{1,2} & P_{1,3} \\ P_{2,0} & P_{2,1} & P_{2,2} & P_{2,3} \\ P_{3,0} & P_{3,1} & P_{3,2} & P_{3,3} \end{bmatrix} \cdot \begin{bmatrix} \mathrm{BEZ}_{0,3}(v) \\ \mathrm{BEZ}_{1,3}(v) \\ \mathrm{BEZ}_{2,3}(v) \\ \mathrm{BEZ}_{3,3}(v) \end{bmatrix} \qquad (u, v) \in [0, 1] \times [0, 1] \qquad (3-7-11)$$

即

$$\boldsymbol{P}(u, v) = \boldsymbol{U}^{\mathrm{T}} \cdot \boldsymbol{M}_{\mathrm{BEZ}}^{\mathrm{T}} \cdot \boldsymbol{G} \cdot \boldsymbol{M}_{\mathrm{BEZ}} \cdot \boldsymbol{V}$$

其中，$\boldsymbol{U} = [u^3 \quad u^2 \quad u \quad 1]$，$\boldsymbol{V} = [v^3 \quad v^2 \quad v \quad 1]$，$\boldsymbol{M}_{\mathrm{BEZ}}$为 Bezier 基矩阵。

对公式的理解如下：其中 $P(u, v)$是曲面的控制网格 16 个控制顶点的几何位置矩阵。$P(u, v)$矩阵四周的 12 个控制点定义了四条三次 Bezier 曲线，这四条曲线就是曲面片的边界曲线；角点 $P_{0,0}$、$P_{0,3}$、$P_{3,0}$、$P_{3,3}$与邻近的点分别定义了四条边界曲线在角点处的八个切矢量；而中间四个信息 $P_{1,1}$、$P_{1,2}$、$P_{2,1}$、$P_{2,2}$则决定了曲面片的凹凸。

2. Bezier 曲面的性质

Bezier 曲面的性质与 Bezier 曲线类似，主要性质如下：

(1) 角点性质。Bezier 曲面控制网格 $P(u, v)$的四个角点正好是 Bezier 曲面的四个角点，即

$$P(0, 0) = P_{0,0}, P(1, 0) = P_{m,0}, P(0, 1) = P_{0,n}, P(1, 1) = P_{m,n}$$

(2) 边界线。$P(u, v)$的四条边界线是 Bezier 曲线，其表达式为

$$P(u, 0) = \sum_{i=0}^{m} P_{i,0} \mathrm{BEZ}_{i,m}(u) \quad u \in [0, 1]$$

$$P(0, v) = \sum_{j=0}^{n} P_{0,j} \mathrm{BEZ}_{j,n}(v) \quad v \in [0, 1]$$

$$P(u, 1) = \sum_{i=0}^{m} P_{i,n} \mathrm{BEZ}_{i,m}(u) \quad u \in [0, 1]$$

$$P(1, v) = \sum_{j=0}^{n} P_{m,j} \mathrm{BEZ}_{j,n}(v) \quad v \in [0, 1]$$

(3) 拟局部性。修改某一控制顶点时，曲面上距离它近的点受影响大，距离远的点受影响小。

(4) 仿射不变性。曲面的某些几何性质不随坐标变换而变化，并且对任一仿射变换，对曲面的变换等价于对控制顶点的变换。

(5) 凸包性。曲面包含于其控制顶点$\{P_{i,j}\}_{i=0, j=0}^{m, n}$的凸包内。

3. Bezier 曲面的拼接

实际应用中，一个复杂的曲面往往不能由单一的 Bezier 曲面实现。于是，要将几块 Bezier 曲面拼接起来，这时就要注意一定的连续性。由上述可知，相邻两块 Bezier 曲面用公共的控制顶点就能保证边界的连续衔接。已知两张双三次 Bezier 曲面片，它们要实现拼接，具体应满足：

(1) 共用一条边界曲线，即共同使用公共边界曲线的四个控制点。

(2) 将公共边界两侧八个控制顶点和定义公共边界的四个控制顶点分为四组，每组三个点，证明可知：每组中的三点共线，且定义公共边界的四个控制顶点分别把共线线段等比例分段，即

$$\frac{P_{0,2}P_{0,3}}{P_{0,3}P_{0,4}} = \frac{P_{1,2}P_{1,3}}{P_{1,3}P_{1,4}} = \frac{P_{2,2}P_{2,3}}{P_{2,3}P_{2,4}} = \frac{P_{3,2}P_{3,3}}{P_{3,3}P_{3,4}}$$

3.7.3 B 样条曲面

1. B 样条曲面的定义

由前几节可知，Bezier 曲面是 Bezier 曲线的推广，类似地，B 样条曲面也是 B 样条曲线的推广。基于 B 样条曲线的定义和性质，可得到 B 样条曲面的定义。给出一块 $m \times n$ 次 B 样条曲面片的数学表达式为

$$P(u, v) = \sum_{i=0}^{m} \sum_{j=0}^{n} P_{ij} B_{i,k}(u) B_{j,h}(v) \quad (u, v) \in [u_{k-1}, u_{m+1}] \times [v_{h-1}, v_{n+1}] \tag{3-7-12}$$

节点向量为 $\boldsymbol{U}_{m,k} = \{u_i\}_{i=0}^{m+k}$，$\boldsymbol{V}_{n,h} = \{v_j\}_{j=0}^{n+h}$，$\boldsymbol{B}_{i,k}(u)$，$B_{j,h}(v)$是 B 样条基函数，$P_{ij}$ 是$(m+1) \times (n+1)$个点组成的控制顶点，所有 P_{ij} 组成的空间网络称为控制网络，又称特征网络，如图 3.7.4 所示。B 样条曲面有局部性、凸包性、仿射不变性等特点，也可以与 Bezier 曲面相互转换。

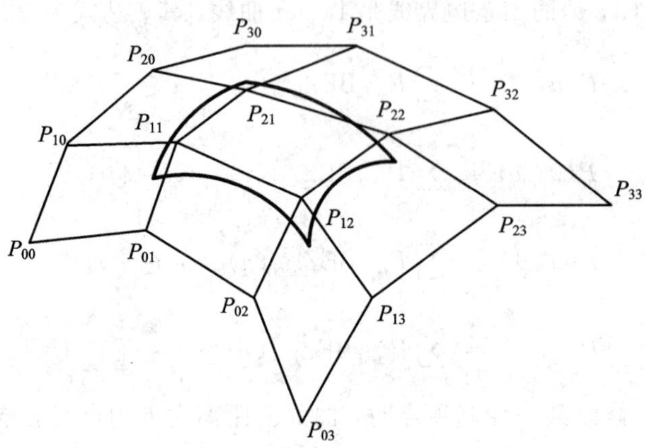

图 3.7.4　B样条曲面特征网络

与B样条曲线分类一样，B样条曲面沿任意参数方向所取节点矢量不同可以分为均匀、非均匀、有理和非有理B样条曲面。

当 $\boldsymbol{U}_{m,k}$、$\boldsymbol{V}_{n,h}$ 为均匀节点向量时，$P(u, v)$ 为均匀B样条曲面，否则为非均匀B样条曲面。

2. 非均匀有理B样条曲面

给定控制顶点 $\{P_{i,j}\}_{i=0,j=0}^{m,n}$，权因子 $\{h_{i,j} | h_{i,j} \geqslant 0\}_{i=0,j=0}^{m,n}$，节点向量 $\boldsymbol{U}_{m,k}$、$\boldsymbol{V}_{n,h}$，称

$$R(u, v) = \frac{\sum_{i=0}^{m}\sum_{j=0}^{n} h_{ij} P_{i,j} B_{i,k}(u) B_{j,h}(v)}{\sum_{i=0}^{m}\sum_{j=0}^{n} h_{ij} B_{i,k}(u) B_{j,h}(v)} \quad (u, v) \in [u_{k-1}, u_{m+1}] \times [V_{h-1}, V_{n+1}] \tag{3-7-13}$$

为 $k \times h$ 阶有理B样条曲面。

如果节点间隔非均匀，称 $R(u, v)$ 为非均匀有理B样条(NURBS)曲面，

$$R_{i,j}(u, v) = \frac{h_{i,j} B_{i,k}(u) B_{j,h}(v)}{\sum_{i=0}^{m}\sum_{j=0}^{n} h_{i,j} B_{i,k}(u) B_{j,h}(v)} \tag{3-7-14}$$

则

$$R(u, v) = \sum_{i=0}^{m}\sum_{j=0}^{n} P_{i,j} R_{i,j}(u, v)$$

当所有 h_{ij} 相等时，曲面退化为非有理B样条曲面，即

$$R(u, v) = \sum_{i=0}^{m}\sum_{j=0}^{n} P_{i,j} B_{i,k}(u) B_{j,h}(v) \tag{3-7-15}$$

NURBS曲面具有局部性、凸包性、仿射不变性等。NURBS曲面与非有理B样条曲面也有相似的几何性质，权因子的几何意义及修改、控制顶点的修改也与NURBS曲面类似。

3. B样条曲面的特点

B样条曲面的特点有：多个B样条曲面连接时，无需考虑连接条件。计算完第一个曲面后即可计算第二个曲面片，只有控制顶点矩阵 $\boldsymbol{P}$ 中的元素有很小的变化；在双三次参数

曲面上处处一阶和二阶连续；控制网格的顶点数量不受限制；具有局部控制性。

☞ 3.8 本章小结

几何造型技术是构造曲线和曲面的重要方法。现实世界中的曲线包括规则曲线和不规则曲线，一般需要通过一组离散数据点来构造一条光滑的曲线。本章在已有的基本图形生成和处理的基础上，首先介绍了曲线的基本概念以及插值与拟合的方法，然后介绍了自由曲线拟合算法和自由曲面拟合算法，包括 Hermite 曲线、Bezier 曲线和 B 样条曲线以及 Coons 曲面、Bezier 曲面和 B 样条曲面。在实践中多多运用这些算法，才能更好地理解和掌握它们。

☞ 习　题

3.1　用参数方程形式描述曲线曲面的优点。

3.2　编程分别画出渐开线、平摆线、外摆线和内摆线。

3.3　说明插值的分类，并简要说明每种插值的方法。

3.4　写出由五个控制点决定的 Bezier 曲线的方程。

3.5　推导三次 Bezier 曲线的 Bernstein 基。已知 $B_{j,n}(t)=C_n^j t^j(1-t)^{n-j}(j=0,1,2,3)$，$C_k^l=k!/l!(k-l)!$。

3.6　简述对 B 样条曲线局部控制的方法。

3.7　编程实现三次 Bezier 曲线和三次 B 样条曲线。

3.8　试比较 Hermite 曲线、Bezier 曲线与 B 样条曲线的性质，说明它们的优劣。

第四章 三维图形显示

三维图形一般需要经过三维观察坐标到二维观察坐标的变换、裁剪以及投影之后，在二维显示器坐标的视图区内显示和输出。其输出过程如图 4.0.1 所示。

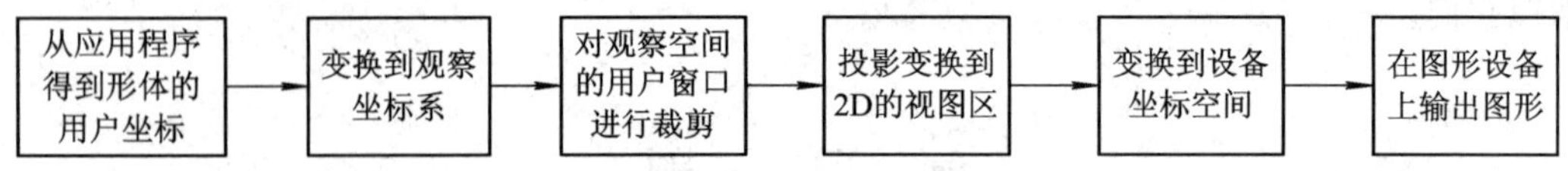

图 4.0.1 图形输出流程

本章主要介绍三维图形的几何变换、坐标以及投影变换的基本原理和方法，同时介绍三维裁剪以及消隐算法的基本原理。

4.1 三维空间的几何变换

三维空间的几何变换以二维空间几何变换为基础，拓展了 Z 轴代表的第三维空间变换，具有以下特点：

(1) 在平移、旋转、缩放等变换中增加了第三维分量。

(2) 旋转变换的参考对象由二维变换中以绕某个点坐标变化为绕某个旋转轴进行变换，从而使该过程变得更复杂。采用齐次坐标来描述空间点，则三维空间中一点 $(x, y, z)^{\mathrm{T}}$ 可表示为 $[x \quad y \quad z \quad 1]^{\mathrm{T}}$。齐次坐标为 4 元列向量，变换矩阵相应为 4×4 矩阵。

描述三维空间中各种几何变换的变换矩阵 $\boldsymbol{T}$ 是一个四阶方阵，其形式如下

$$\boldsymbol{T}=\left[\begin{array}{ccc:c} a_{11} & a_{12} & a_{13} & a_{14} \\ a_{21} & a_{22} & a_{23} & a_{24} \\ a_{31} & a_{32} & a_{33} & a_{34} \\ \hdashline a_{41} & a_{42} & a_{43} & a_{44} \end{array}\right]$$

从功能上看，该矩阵可分为四个子块。其中，$\begin{bmatrix} a_{11} & a_{12} & a_{13} \\ a_{21} & a_{22} & a_{23} \\ a_{31} & a_{32} & a_{33} \end{bmatrix}$ 产生缩放、旋转和错切等几何变换，$\begin{bmatrix} a_{14} \\ a_{24} \\ a_{34} \end{bmatrix}$ 产生平移变换，$[a_{41} \quad a_{42} \quad a_{43}]$ 产生投影变换，$[a_{44}]$ 产生整体的缩放变换。

4.1.1 平移变换

三维平移变换是一种使得图形对象沿 X、Y、Z 方向移动一个位置的刚体几何变换。如图 4.1.1 所示，对象移动一个平移量 $\boldsymbol{T}(t_x, t_y, t_z)$，其计算公式如下：

$$\begin{cases} x' = x + t_x \\ y' = y + t_y \\ z' = z + t_z \end{cases} \tag{4-1-1}$$

三维平移变换矩阵表示形式为

$$\boldsymbol{P}' = \boldsymbol{T} \cdot \boldsymbol{P}$$

$$\begin{bmatrix} x' \\ y' \\ z' \\ 1 \end{bmatrix} = \begin{bmatrix} 1 & 0 & 0 & t_x \\ 0 & 1 & 0 & t_y \\ 0 & 0 & 1 & t_z \\ 0 & 0 & 0 & 1 \end{bmatrix} \begin{bmatrix} x \\ y \\ z \\ 1 \end{bmatrix} = \begin{bmatrix} x + t_x \\ y + t_y \\ z + t_z \\ 1 \end{bmatrix} = \boldsymbol{T}(t_x, t_y, t_z) \begin{bmatrix} x \\ y \\ z \\ 1 \end{bmatrix} \tag{4-1-2}$$

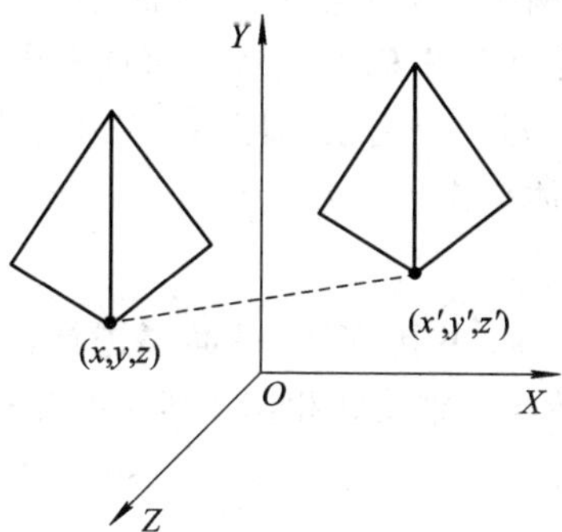

图 4.1.1　三维平移

4.1.2 缩放变换

三维缩放变换可以分为以坐标原点为参考点的简单变换和以任意点为参考点的复杂变换。三维缩放是一种非刚体变换，会引起图形对象大小和位置的改变。

直接考虑相对于参考点 $F(x_f, y_f, z_f)$ 的缩放变换，见图 4.1.2，其步骤如下：

(1) 将参考点平移到坐标原点处。

(2) 进行缩放变换。

(3) 将参考点 $F(x_f, y_f, z_f)$ 移回原来的位置。

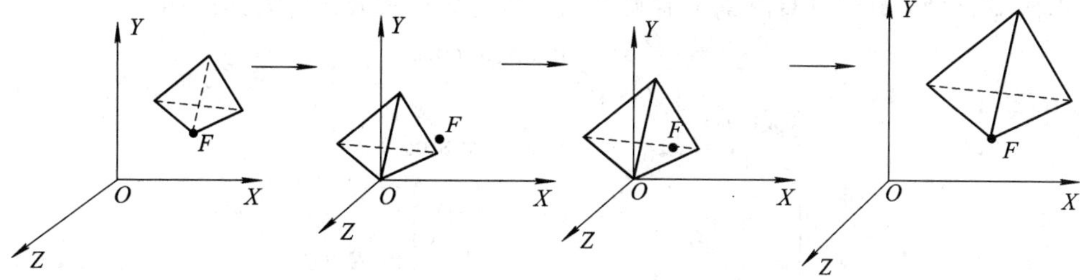

图 4.1.2　三维缩放变换

缩放变换的计算公式为

$$x' = x \cdot S_x,\ y' = y \cdot S_y,\ z' = z \cdot S_z \tag{4-1-3}$$

其中，S_x、S_y、S_z为三维缩放分量。上式写成矩阵形式为

$$\begin{bmatrix} x' \\ y' \\ z' \\ 1 \end{bmatrix} = \begin{bmatrix} S_x & 0 & 0 & 0 \\ 0 & S_y & 0 & 0 \\ 0 & 0 & S_z & 0 \\ 0 & 0 & 0 & 1 \end{bmatrix} \cdot \begin{bmatrix} x \\ y \\ z \\ 1 \end{bmatrix} \tag{4-1-4}$$

可简写为

$$\boldsymbol{P}' = \boldsymbol{S} \cdot \boldsymbol{P}$$

4.1.3 三维旋转变换

三维旋转的参考对象为一条直线(称为旋转轴)，该旋转轴最简单的情况是恰好为坐标轴，而较复杂的情况是绕任意轴的旋转。本节先讨论绕三个坐标轴旋转的问题。绕每个旋转轴的三维旋转可看成在另外两个坐标轴组成的平面内的二维旋转变换，而旋转轴坐标值不变。旋转角度的确定方法是：当沿坐标轴往坐标原点方向看过去时，沿逆时针方向旋转的角度为正值，否则为负值，形成一个右手参照系。三维旋转变换也是只改变对象的位置和方向而不改变对象大小的刚体变换。

1. 绕 *Z* 轴旋转

绕 Z 轴旋转是以 Z 为旋转轴，并在 XOY 平面上进行 θ 角旋转。因此，在变换中 Z 坐标不变，在 XOY 平面上的旋转与二维旋转相同。其三维旋转公式如下：

$$\begin{cases} x' = x\cos\theta - y\sin\theta \\ y' = x\sin\theta + y\cos\theta \\ z' = z \end{cases} \tag{4-1-5}$$

其矩阵变换表达式如下：

$$\begin{bmatrix} x' \\ y' \\ z' \\ 1 \end{bmatrix} = \begin{bmatrix} \cos\theta & -\sin\theta & 0 & 0 \\ \sin\theta & \cos\theta & 0 & 0 \\ 0 & 0 & 1 & 0 \\ 0 & 0 & 0 & 1 \end{bmatrix} \cdot \begin{bmatrix} x \\ y \\ z \\ 1 \end{bmatrix} = \boldsymbol{R}_z(\theta) \begin{bmatrix} x \\ y \\ z \\ 1 \end{bmatrix} \tag{4-1-6}$$

可简写为

$$\boldsymbol{P}' = \boldsymbol{R}_z(\theta) \cdot \boldsymbol{P}$$

2. 绕 *Y* 轴旋转

类似绕 Z 轴旋转，可写出绕 Y 轴旋转的三维旋转公式及矩阵表达式如下：

$$\begin{cases} x' = z\sin\theta + x\cos\theta \\ y' = y \\ z' = z\cos\theta - x\sin\theta \end{cases} \tag{4-1-7}$$

$$\begin{bmatrix} x' \\ y' \\ z' \\ 1 \end{bmatrix} = \begin{bmatrix} \cos\theta & 0 & \sin\theta & 0 \\ 0 & 1 & 0 & 0 \\ -\sin\theta & 0 & \cos\theta & 0 \\ 0 & 0 & 0 & 1 \end{bmatrix} \begin{bmatrix} x \\ y \\ z \\ 1 \end{bmatrix} = \boldsymbol{R}_y(\theta) \begin{bmatrix} x \\ y \\ z \\ 1 \end{bmatrix} \tag{4-1-8}$$

可简写为

$$\boldsymbol{P}' = \boldsymbol{R}_y(\theta) \cdot \boldsymbol{P}$$

3. 绕 *X* 轴旋转

绕 X 轴旋转时，X 坐标不变，在 YOZ 平面上的旋转与二维旋转相同。其三维旋转公式及矩阵表达式如下：

$$\begin{cases} z' = y\,\sin\theta + z\,\cos\theta \\ y' = x\,\cos\theta - z\,\sin\theta \\ x' = x \end{cases} \tag{4-1-9}$$

$$\begin{bmatrix} x' \\ y' \\ z' \\ 1 \end{bmatrix} = \begin{bmatrix} 1 & 0 & 0 & 0 \\ 0 & \cos\theta & -\sin\theta & 0 \\ 0 & \sin\theta & \cos\theta & 0 \\ 0 & 0 & 0 & 1 \end{bmatrix} \begin{bmatrix} x \\ y \\ z \\ 1 \end{bmatrix} = \boldsymbol{R}_x(\theta) \begin{bmatrix} x \\ y \\ z \\ 1 \end{bmatrix} \tag{4-1-10}$$

可简写为

$$\boldsymbol{P}' = \boldsymbol{R}_x(\theta) \cdot \boldsymbol{P}$$

4.1.4　对称变换

三维对称变换是三维比例变换中令比例因子为−1 得到的结果。具体的对应关系如下：

(1) 以坐标原点为对称中心的对称变换：

$$S_x = S_y = S_z = -1$$

(2) 以坐标轴为对称轴的对称变换：

X 轴：$S_x = 1$，$S_y = S_z = -1$

Y 轴：$S_y = 1$，$S_x = S_z = -1$

Z 轴：$S_z = 1$，$S_x = S_y = -1$

(3) 以坐标平面为对称平面的对称变换：

XOY 平面：$S_x = S_y = 1$，$S_z = -1$

YOZ 平面：$S_x = S_z = 1$，$S_y = -1$

XOZ 平面：$S_y = S_z = 1$，$S_x = -1$

4.1.5　错切变换

三维错切变换可用来修改对象形状，也可用于透视投影的三维观察中。其结果是 X 坐标产生了一个依赖于 Y 和 Z 坐标的线性变换(线性系数为 H_{xy} 和 H_{xz})；Y 坐标产生了一个依赖于 X 和 Z 坐标的线性变换(线性系数为 H_{yx} 和 H_{yz})；Z 坐标产生了一个依赖于 X 和 Y 坐标的线性变换(线性系数为 H_{zx} 和 H_{zy})。于是变换公式为

$$x' = x + H_{xy}y + H_{xz}z$$

$$y' = H_{yx}x + y + H_{yz}z$$

$$z' = H_{zx}x + H_{zy}y + z$$

该变换的矩阵表示为

$$[x' \quad y' \quad z' \quad 1] = [x \quad y \quad z \quad 1]\begin{bmatrix} 1 & H_{yx} & H_{zx} & 0 \\ H_{xy} & 1 & H_{zy} & 0 \\ H_{xz} & H_{yz} & 1 & 0 \\ 0 & 0 & 0 & 1 \end{bmatrix} \tag{4-1-11}$$

4.1.6 三维复合变换

类似于平面图形的情形，对于复杂的立体图形变换，可以通过逐步分解的方法把它表示为多个简单的三维变换的复合变换。下面就其主要的两种情况进行讨论。

1. 相对于任一参考点的三维复合变换

在进行三维旋转、缩放、错切变换过程中，均存在以某坐标点 $F(x_f, y_f, z_f)$ 为参考点进行变换的情况。此类变换遵循如下过程：

(1) 采用平移方式将参考点 F 移至与坐标原点重合。

(2) 采用经典的以坐标原点为参考点的三维几何变换对图形对象进行几何变换。

(3) 进行逆平移变换，将参考点 F 移回原来的位置。

如相对于 F 点进行的三维复合变换的矩阵如下：

$$\boldsymbol{T}(x_f, y_f, z_f)\cdot \boldsymbol{S}(S_x, S_y, S_z)\cdot \boldsymbol{T}(-x_f, -y_f, -z_f) = \begin{bmatrix} S_x & 0 & 0 & (1-S_x)x_f \\ 0 & S_y & 0 & (1-S_y)y_f \\ 0 & 0 & S_z & (1-S_z)z_f \\ 0 & 0 & 0 & 1 \end{bmatrix} \tag{4-1-12}$$

2. 绕任意轴的三维旋转变换

绕任意轴的三维旋转变换是较为复杂的一类变换。解决该类变换的一般思路仍然是将非经典转换过程经过简单的几何变换，变成经典转换过程的组合的方法。如图 4.1.3(a)所示，设旋转所绕的任意轴为 $P_1(x_1, y_1, z_1)$、$P_2(x_2, y_2, z_2)$ 两点所定义的线段，并绕 P_1P_2 线段旋转角度 θ，则该几何变换的一种可能方式如下：

(1) 如图 4.1.3(a)所示，对任意轴 P_1P_2 进行三维平移变换(即 $T(-x_1, -y_1, -z_1)$)，使 P_1 点与原点重合。

(2) 如图 4.1.3(b)所示将任意轴 P_1P_2 绕 X 轴旋转 α 角度(即 $R_x(\alpha)$)，P_1P_2 落入平面 XOZ 内，如图 4.1.3(c)所示。

(3) 将任意轴 P_1P_2 绕 Y 轴旋转 β 角度(即 $R_y(\beta)$)，与 Z 轴重合，如图 4.1.3(d)所示。

(4) 将旋转变换为经典的绕某个坐标轴的旋转变换。将图形对象绕 Z 轴旋转 θ 角度(即 $R_z(\theta)$)，即执行绕 P_1P_2 轴的 θ 角度旋转，如图 4.1.3(e)所示。

(5) 进行前三步的逆变换。将对象绕 Y 轴旋转 $-\beta$ 角度(即 $R_y(-\beta)$)，作上述(3)变换的逆变换。

(6) 将对象绕 X 轴旋转 $-\alpha$ 角度(即 $R_x(-\alpha)$)，作上述(2)变换的逆变换。

(7) 将对象进行平移变换，(即 $T(x_1, y_1, z_1)$)，作上述(1)变换的逆变换。

至此，将任意旋转轴 P_1P_2 移回原来的位置，从而完成了绕任意轴的旋转变换。当然以上只是其中的一种变换顺序，还可以有其他的变换顺序。以上绕任意轴 $P_1(x_1, y_1, z_1)$，$P_2(x_2, y_2, z_2)$旋转 θ 角度的级联变换公式如下：

$$R(\theta)=\boldsymbol{T}(-x_1, -y_1, -z_1)\cdot \boldsymbol{R}_x(\alpha)\cdot \boldsymbol{R}_y(\beta)\cdot \boldsymbol{R}_z(\theta)\cdot \boldsymbol{R}_y(-\beta)\cdot \boldsymbol{R}_x(-\alpha)\cdot \boldsymbol{T}(x_1, y_1, z_1) \tag{4-1-13}$$

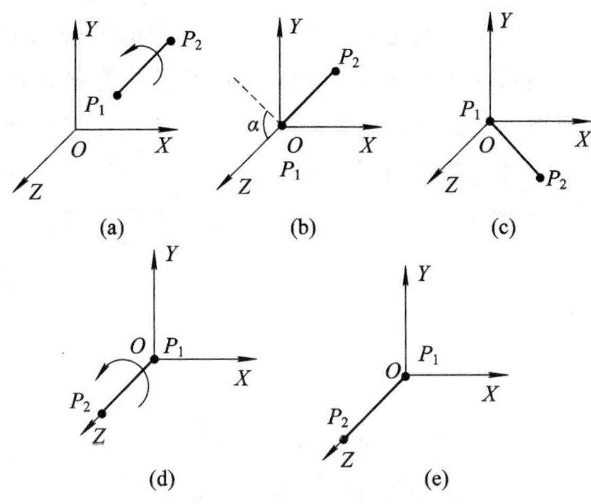

图 4.1.3　绕任意轴的旋转变换过程

在实际应用中，对于绕任意轴进行旋转变换的计算采用四元参数旋转矩阵结合平移变换来实现。如图 4.1.4 所示，绕任意指定轴旋转的变换，只需在绕经过坐标原点的指定轴旋转 θ 角度的四元参数变换的基础上加上平移变换即可，其中 u_x、u_y、u_z是单位轴向量 $\boldsymbol{u}$ 的分量，表示如下：

$$\boldsymbol{M}_R(\theta)=\begin{bmatrix} u_x^2(1-\cos\theta)+\cos\theta & u_xu_y(1-\cos\theta)-u_z\sin\theta & u_xu_z(1-\cos\theta)+u_y\sin\theta \\ u_yu_x(1-\cos\theta)+u_z\sin\theta & u_y^2(1-\cos\theta)+\cos\theta & u_yu_z(1-\cos\theta)-u_x\sin\theta \\ u_zu_x(1-\cos\theta)-u_y\sin\theta & u_zu_y(1-\cos\theta)+u_x\sin\theta & u_z^2(1-\cos\theta)+\cos\theta \end{bmatrix} \tag{4-1-14}$$

$$\boldsymbol{R}(\theta)=\boldsymbol{T}(x_1, y_1, z_1)\cdot \boldsymbol{M}_R(\theta)\cdot \boldsymbol{T}(-x_1, -y_1, -z_1) \tag{4-1-15}$$

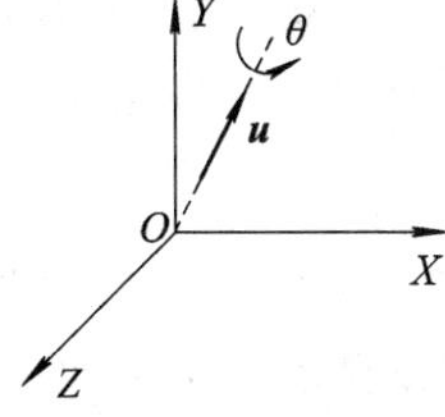

图 4.1.4　绕指定轴旋转的单位四元参数

☞ 4.2　坐标系统及其变换

组成图形的最基本元素是点，而点的位置定义在坐标系中。计算机图形学中使用的坐标系通常是人们熟悉的直角坐标系，也称笛卡尔坐标系。在不同的空间中，计算机图形学使用不同的坐标系。

4.2.1 图形表示中的坐标系统

1. 世界坐标系(World Coordinates, WC)

在计算机图形学中，世界坐标系是用户处理自己的图形时采用的坐标系，因此也称为户坐标系。现实物体的几何形状本身没有坐标，坐标是用户为描述物体的几何形状而附加的。用户在用计算机处理物体几何形状时，需要首先定义其几何形状的坐标表示。坐标系的位置、尺寸比例及范围均可由用户根据使用方便等来定义。在二维空间中，世界坐标系常用 $O_W-X_WY_WZ_W$ 表示，如图 4.2.1 所示。世界坐标系理论上是无限大且连续的，即它的定义域为实数域。

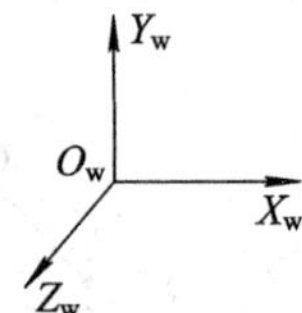

图 4.2.1 世界坐标系

2. 设备坐标系(Device Coordinates, DC)

与一个图形设备相关的坐标系叫设备坐标系。例如显示屏是以分辨率为坐标单位，以左上角为坐标原点的坐标系；绘图仪的坐标系是以某一角点为坐标原点，以精度为单位。因为目前的输出设备大多数是二维介质(纸或屏幕)，所以设备坐标系是二维的，其度量单位是像素或步长，坐标值为整数，且范围由输出设备的尺寸决定。例如，显示器的分辨率在 1024×768 的情况下，其定义域为 DC∈[0, 1023]×[0, 767]。

3. 规格化设备坐标系(Normal Device Coordinates, NDC)

不同的图形输入设备具有不同的设备坐标系，如原点位置和定义域。即使是同一设备其坐标系也不相同。为了将用户在世界坐标系定义的图形输出在图形输出设备，需要引入一个与设备无关的规格化设备坐标系。该坐标系的 X、Y 坐标的取值范围(定义域)均为 0～1，无量纲。用规格化设备坐标替代设备坐标，输出图形时，再转换成具体的设备坐标，使应用程序与具体的图形设备无关，增加了可移植性。

4. 观察坐标系

对于在用户坐标系中定义的物体，从不同的位置沿不同的方向去观察物体，会得到不同的图形，这个图形就是要在绘图机或显示屏上输出的图形。这就是说，输出图形上的点的坐标是在确定了视点和观察方向之后观察所得到的坐标。为此，要建立一个观察坐标系(Viewing Coordinate system, VC)，这个坐标系的原点就是观察点，它在用户坐标系中定义。观察坐标系是左手笛卡尔坐标系，它的 Z 轴正向指向观察方向。通常定义观察方向指向世界坐标系的原点。

为了在三维空间中创建并显示一个或多个几何物体，必须首先建立用户坐标系，接着指定视点的方向。在各种坐标系之间实现变换之后再进行投影变换，才能得到物体的成像。输出图形通常要经过三种坐标系的转换，如图 4.2.2 所示。

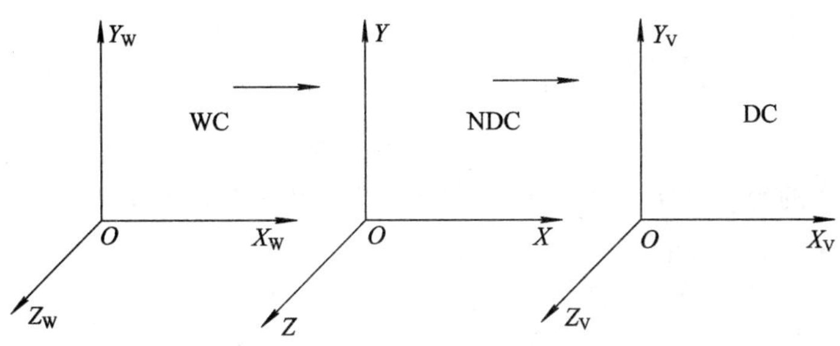

图 4.2.2　三种坐标系的转换

4.2.2　世界坐标系到观察坐标系的变换

在三维观察流程中，首先要将对象描述变换到观察坐标系中。对象描述的转换等价于将观察坐标系叠加到世界坐标系的一连串变换。令世界坐标系中的点为 $P(x_w, y_w, z_w)$，观察坐标系中的点为 $P'(x_v, y_v, z_v)$。规定观察坐标系是左手笛卡尔坐标系，且 Z_V 轴指向观察方向。规定观察坐标系的 X_V 轴向右，Y_V 轴向上，以使 X_V 轴和 Y_V 轴与图形输出设备上的 X 轴和 Y 轴相对应，如图 4.2.3 所示。设变换矩阵为 $\boldsymbol{T}$，即

$$(x_v, y_v, z_v, 1) = (x_w, y_w, z_w, 1) \cdot \boldsymbol{T} \tag{4-2-1}$$

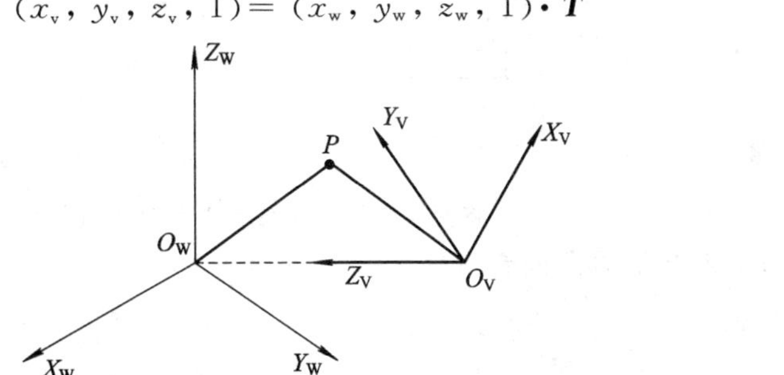

图 4.2.3　从世界坐标到观察坐标的变换

$\boldsymbol{T}$ 的推导步骤如下：

(1) 观察坐标系的原点应位于观察点上，故应将世界坐标系原点平移到观察坐标系的原点，如图 4.2.4 所示，其变换矩阵 $\boldsymbol{T}_1$ 为

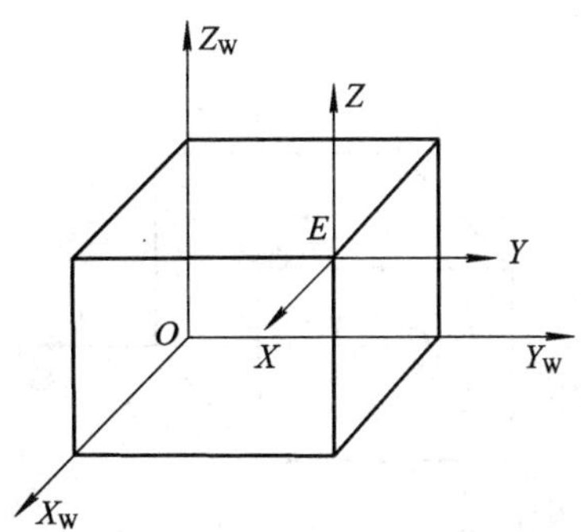

图 4.2.4　将用户坐标系原点平移到观察点 E

$$\boldsymbol{T}_1=\begin{bmatrix}1&0&0&0\\0&1&0&0\\0&0&1&0\\-x_v&-y_v&-z_v&1\end{bmatrix}\tag{4-2-2}$$

(2) 将变换后的坐标系绕 X 轴逆时针旋转 90°，改变 Y 轴和 Z 轴的指向，如图 4.2.5 所示，变换矩阵 $\boldsymbol{T}_2$ 为

$$\boldsymbol{T}_2=\begin{bmatrix}1&0&0&0\\0&0&-1&0\\0&1&0&0\\0&0&0&1\end{bmatrix}\tag{4-2-3}$$

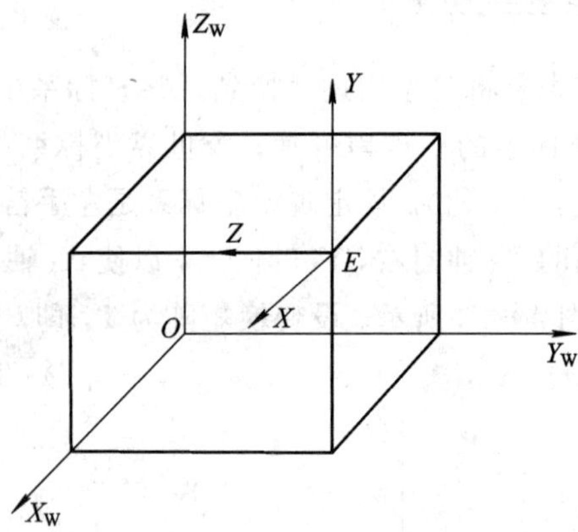

图 4.2.5　将变换后的坐标系绕 X 轴逆时针旋转 90°

(3) 将坐标系绕 Y 轴顺时针旋转 ϕ 角，如图 4.2.6 所示。变换矩阵 $\boldsymbol{T}_3$ 为

$$\boldsymbol{T}_3=\begin{bmatrix}\cos\phi&0&-\sin\phi&0\\0&1&0&0\\\sin\phi&1&\cos\phi&0\\0&0&0&1\end{bmatrix}\tag{4-2-4}$$

$$\sin\phi=\frac{x_v}{\sqrt{x_v{}^2+y_v{}^2}},\qquad\cos\phi=\frac{y_v}{\sqrt{x_v{}^2+y_v{}^2}}$$

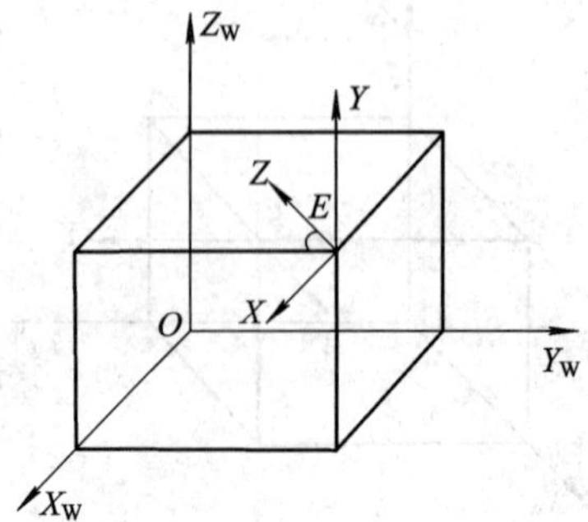

图 4.2.6　坐标系统绕 Y 轴顺时针旋转 ϕ 角

(4) 将坐标系再次绕 X 轴逆时针旋转 θ 角，如图 4.2.7 所示。变换矩阵 $\boldsymbol{T}_4$ 为

$$\boldsymbol{T}_4=\begin{bmatrix}1&0&0&0\\0&\cos\theta&-\sin\theta&0\\0&\sin\theta&\cos\theta&0\\0&0&0&1\end{bmatrix}\tag{4-2-5}$$

$$\sin\theta=\frac{z_v}{\sqrt{{x_v}^2+{y_v}^2+{z_v}^2}}$$

$$\cos\theta=\frac{\sqrt{{x_v}^2+{y_v}^2}}{\sqrt{{x_v}^2+{y_v}^2+{z_v}^2}}$$

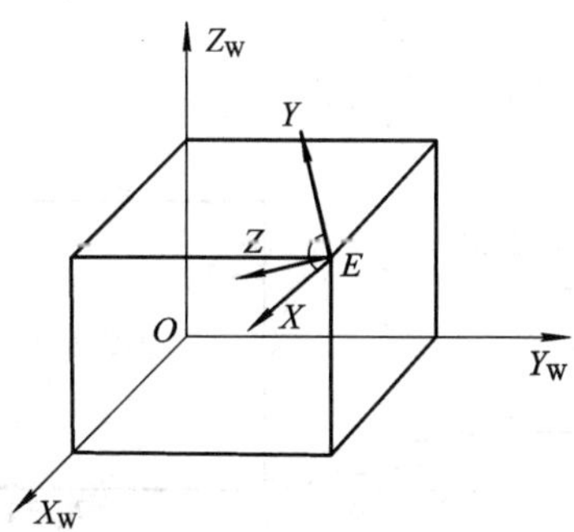

图 4.2.7 坐标系再次绕 X 轴逆时针旋转 θ 角

(5) 将坐标系由右手系改为左手系，这是通过调换 X 轴的指向来完成的。变换矩阵 $\boldsymbol{T}_5$ 为

$$\boldsymbol{T}_5=\begin{bmatrix}-1&0&0&0\\0&1&0&0\\0&0&1&0\\0&0&0&1\end{bmatrix}\tag{4-2-6}$$

因此，从世界坐标系向观察坐标系变换的变换矩阵是以上五个变换矩阵的级联得到的，即

$$\boldsymbol{T}=\boldsymbol{T}_1\boldsymbol{T}_2\boldsymbol{T}_3\boldsymbol{T}_4\boldsymbol{T}_5=\begin{bmatrix}-\dfrac{y_v}{a}&-\dfrac{x_v z_v}{ab}&-\dfrac{x_v}{b}&0\\\dfrac{x_v}{a}&-\dfrac{y_v z_v}{ab}&-\dfrac{y_v}{b}&0\\0&\dfrac{a}{b}&-\dfrac{z_v}{b}&0\\0&0&b&1\end{bmatrix}\tag{4-2-7}$$

其中，

$$a=\sqrt{x_v^2+y_v^2}$$
$$b=\sqrt{x_v^2+y_v^2+z_v^2}$$

4.2.3 规格化坐标系到设备坐标系的变换

将规格化坐标系 NDC 中的点(x_n，y_n)经过平移(d_x，d_y)和比例变换(s_x，s_y)后，就可以得到设备坐标系 DC 中的点(x_d，y_d)，通常采用的公式为

$$\begin{cases} x_d = s_x \cdot x_n + d_x \\ y_d = s_y \cdot y_n + d_y \end{cases} \tag{4-2-8}$$

该变换关系如图 4.2.8 所示。对于大多数 PC，$a=1$，$N_x=1024$，$N_y=768$。用上式对点从 NDC 到 DC 的变换隐含以下问题：

(1) 要考虑方向上的实际像素数。

(2) NDC 空间具有的几何一致性在 DC 空间中不一定成立，因为 NDC 中的像素为正方形，而 DC 不一定是正方形。

(3) 在实际应用中 NDC 与 DC 的方向相反。

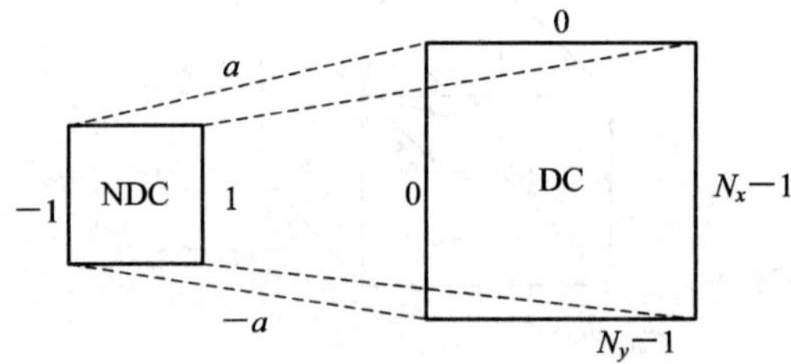

图 4.2.8　从规格化坐标系到设备坐标系的变换

为解决以上问题，结合图 4.2.8 可知：

(1) 在 X 方向，−1 变成 0，1 变成 N_x-1，所以

$$s_x = \frac{N_y - 1}{2}, \quad d_x = \frac{N_x - 1}{2}$$

(2) 在 Y 方向上，a 变成 0，$-a$ 变成 N_y-1。所以

$$s_y = \frac{N_y - 1}{-2a}, \quad d_y = \frac{N_y - 1}{2}$$

当 $a=1$，$N_x=1024$，$N_y=768$ 时，

$$s_x = 511.5, \; d_x = 511.5, \; s_y = -383.5, \; d_y = 383.5$$

4.2.4 窗口视图变换

用户若想随意地在屏幕上任意地方全部或局部显示所画图形，可在观察坐标系中指定一个矩形来确定需要显示的部分，这个矩形域称为窗口区(Window Port)，如图 4.2.9(a)所示。窗口用四条边界确定。在屏幕上可任选一个矩形域以显示窗口内的图形，这个矩形与叫做视图区(View Port)，如图 4.2.9(b)所示。视图区也由四条边界确定。用户在窗口区中的图形要在视图区中显示，也必须转换成设备坐标。

为了如实、完整地在视图区中显示出窗口区定义的图形，必须求出图形的窗口区和视图区的映像关系，即建立一个窗口和视图的坐标对应关系。因为窗口区对应用户坐标，视图区对应设备坐标，因此要在窗口区和视图区之间做坐标变换。

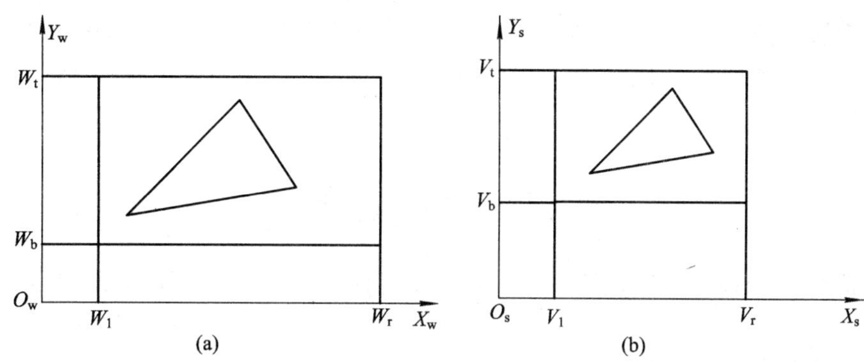

图 4.2.9　窗口区与视图区

首先，将窗口平移，使其左下角与原点重合，该过程的变换矩阵为

$$\boldsymbol{T}_1 = \begin{bmatrix} 1 & 0 & 0 \\ 0 & 1 & 0 \\ -W_t & -W_b & 1 \end{bmatrix} \tag{4-2-9}$$

第二步，对平移后的窗口按比例系数$(V_r - V_l)/(W_r - W_l)$、$(V_t - V_b)/(W_t - W_b)$做比例变换，于是窗口变得与视图同样大。该过程的变换矩阵为

$$\boldsymbol{T}_2 = \begin{bmatrix} a & 0 & 0 \\ 0 & c & 0 \\ 0 & 0 & 1 \end{bmatrix} \tag{4-2-10}$$

其中，

$$a = \frac{V_r - V_l}{W_r - W_l}$$

$$c = \frac{V_t - V_b}{W_t - W_b}$$

第三步，将比例变换后的窗口平移到视图区位置，使它们重合。该过程的变换矩阵为

$$\boldsymbol{T}_3 = \begin{bmatrix} 1 & 0 & 0 \\ 0 & 1 & 0 \\ V_l & V_b & 1 \end{bmatrix} \tag{4-2-11}$$

将以上三个矩阵级联便得到从窗口区到视图变换的变换矩阵 $\boldsymbol{T}$:

$$\boldsymbol{T} = \boldsymbol{T}_1 \cdot \boldsymbol{T}_2 \cdot \boldsymbol{T}_3 = \begin{bmatrix} a & 0 & 0 \\ 0 & c & 0 \\ b & d & 1 \end{bmatrix} \tag{4-2-12}$$

其中，

$$b = V_l - W_l \cdot \frac{V_r - V_l}{W_r - W_l}$$

$$d = V_b - W_b \cdot \frac{V_t - V_b}{W_t - W_b}$$

三维视图的显示相比二维的显示过程要复杂，除了维度的增加外，显示设备只能显示二维图形所导致的不匹配问题是考虑的重点。通过投影可以解决三维物体和二维显示之间的匹配问题，投影就是把三维物体变换到二维的投影平面上的过程。

在三维视图中需要制定视体(裁剪盒)、投影类型和视口。理论上，三维物体需要先经过三维裁剪盒的裁剪才能进行投影，而投影面上裁剪盒的投影内容称为窗口，它被映射到视口中显示。

☞ 4.3 投　　影

通常把 N 维坐标系下的点变换成小于 N 维坐标系中的点的过程称为投影，本节主要讨论三维到二维的投影。一个三维物体的投影是利用从投影中心发射出去的许多投影射线来定义的。这些投影射线通过物体的每个点，并和投影平面相交形成投影。图 4.3.1 所示为同一线段在三维空间中的两种投影。由于线段投影后还是一条线段，故只需对其端点进行投影。

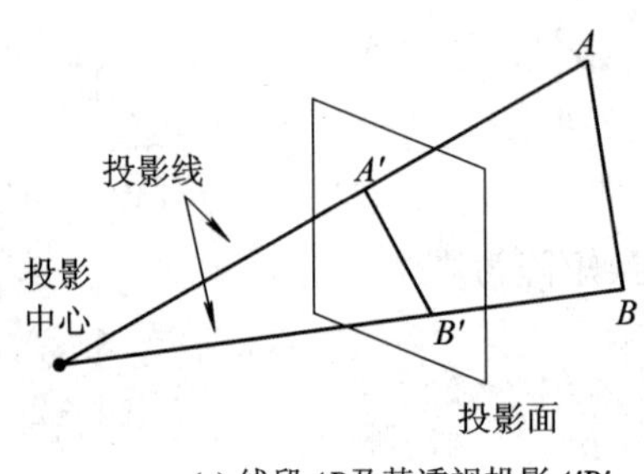

(a) 线段AB及其透视投影A′B′

(b) 线段AB及其平行投影A′B′(投影AA′与BB′平行)

图 4.3.1　同一线段的两种投影

这里讨论的投影都称为平面几何投影，因为这类投影是投影在平面而不是曲面上的，并且投影线是直线而不是曲线。但制图学中的很多投影可能是非平面或非几何的。

平面几何投影(后文简称投影)可分为两类：透视投影和平行投影，两者的区别在于投影中心和投影平面不同的关系。如果投影中心到平面距离有限即为透视投影；如果距离无限则为平行投影。平行投影因其投影中心无穷远，所有投影线相互平行而得名。当定义透视投影时，必须明确给定投影中心；而平行投影只需定义投影方向即可。投影中心作为空间中的一点，有形如$(X, Y, Z, 1)$的坐标形式。而投影方向作为矢量，可以通过两点坐标相减计算：

$$\boldsymbol{d} = (X, Y, Z, 1) - (X', Y', Z', 1) = (a, b, c, 0) \qquad (4-3-1)$$

由此可以看出，在透射投影中，投影线经过投影后将汇聚于投影中心，而当投影中心趋于无穷远时，透视投影就变成了平行投影。

透视投影产生的视觉效果类似照相系统和人的视觉系统，因此真实感更强。但这类投影有透视缩小效应：物体透视投影的大小与投影中心至物体的距离成反比，即距离越近投影越大。物体透视投影的大小与投影中心距离投影面的长度成正比。这意味着尽管物体的投影效果逼真，但无法反映物体的真实形状和尺寸，也不能从投影中得到距离，而且只有物体表面与投影平面平行时才能保证投影不变形。同时，平行线在投影后一般不再平行。

由平行投影产生的真实感较差，因为缺乏透视缩小效应。但是平行投影能够记录图形的实际尺寸。另外，和透视投影一样，平行投影仍然保持那些与投影面平行的物体表面的角度不变。

4.3.1　透视投影

任何一组不平行于投影平面的平行线的透视投影在投影面上将汇聚于一点，该点称为灭点。在三维空间中，平行线只会在无穷远处才会看上去是相聚的，因此灭点就是无穷远点在投影面上的投影。由于灭点是一组平行线在无穷远处的投影，所以它确定了一组平行线方向。

若一组直线平行于三个坐标轴之一，则此时的投影聚点称为主灭点。由于投影平面最多只能同时切割三个坐标轴，所以最多只能有三个主灭点。如果投影平面只切割 Z 轴(即 Z 轴为平面的法线)，则只有 Z 轴才有灭点。因为平行于 X 轴和 Y 轴的直线同时也一定平行于投影平面，故没有灭点。

透视投影是按照主灭点的数目分类的，也就是按照投影平面切割的坐标轴数量来分类的，故可分为单点投影、两点投影和三点投影三种透视投影。图 4.3.2～图 4.3.5 所示为这几种透视类型的投影。

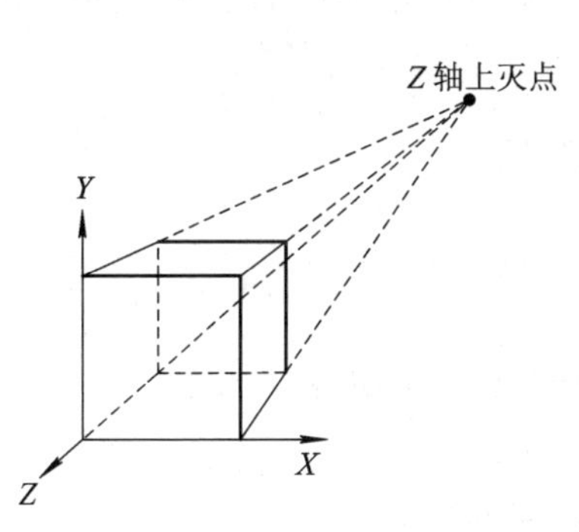

图 4.3.2　单点投影

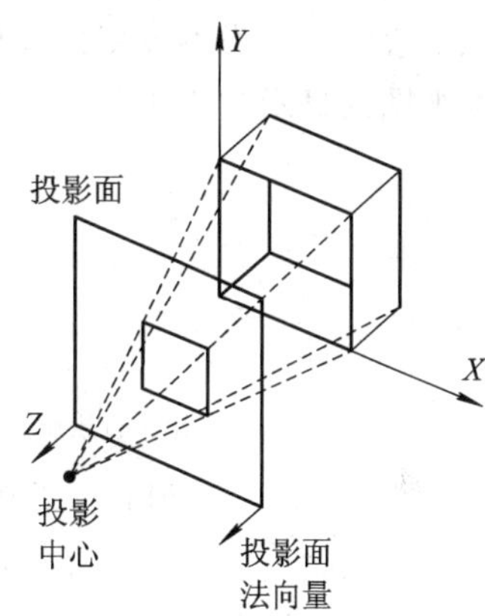

图 4.3.3　立方体在切割 Z 轴的平面上的一点透视投影

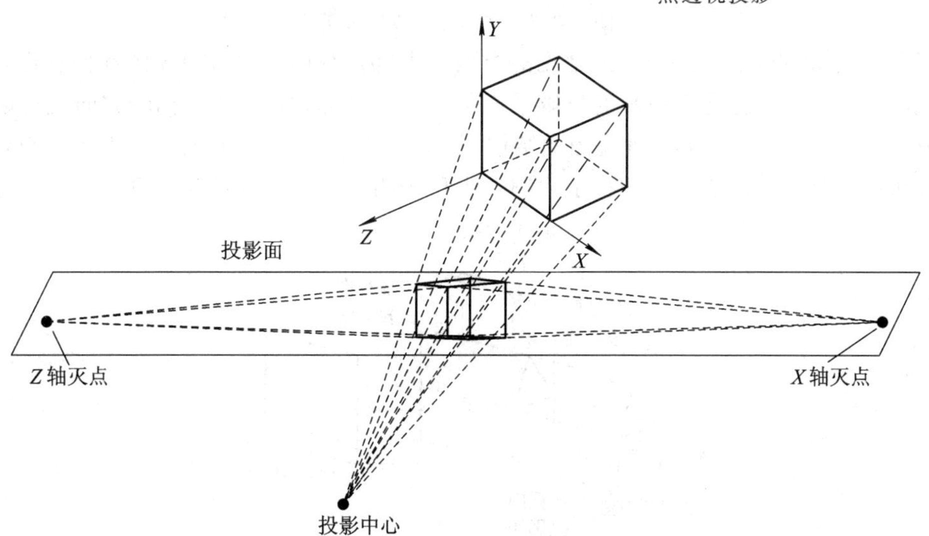

图 4.3.4　立方体的两点透视投影(投影平面切割 X 轴和 Z 轴)

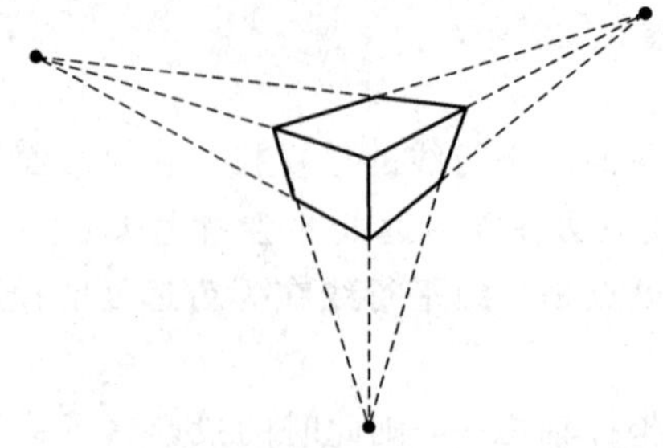

图 4.3.5　三点透视投影

4.3.2　平行投影

按照投影方向与投影平面法线方向的关系，可将平行投影分为正平行投影和斜平行投影两类。对于正平行投影，投影方向与投影平面法线方向平行，所以投影方向可以作为投影平面的法向量，而对于斜平行投影，两者的方向不同。

图 4.3.6 表示不同类型投影之间的逻辑关系，后面会讨论如何把这些不同类型的投影应用到三维视图的显示过程中。

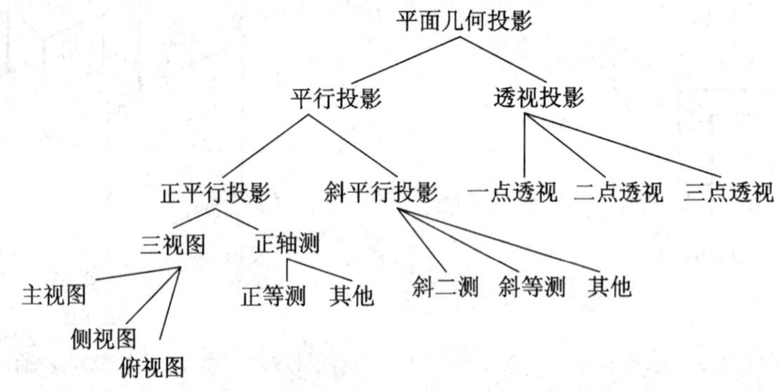

图 4.3.6　平面几何投影分类

正平行投影(也称正投影)中最常见的类型有主(前)视图、俯(顶)视图和侧视图，即通常所说的三视图。所有这些投影的投影平面都垂直于坐标轴，因此坐标轴方向就可以作为投影方向。图 4.3.7 所示为三种视图的结构图。因为从这些视图中既可以得到距离，又可以得到角度，所以三视图方式常在工程制造中用于描绘机械部件的组合和安装。但是每一

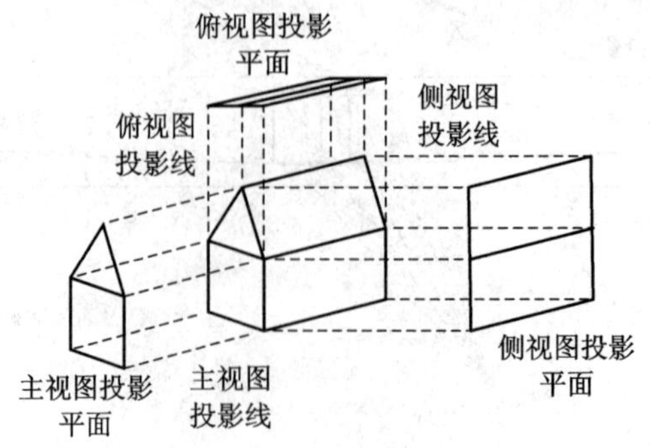

图 4.3.7　三视图的结构

视图只描绘出物体的一个面，因此即使同时研究同一物体的多个投影，也很难推导出物体的三维状态。

正轴测投影所用的投影平面通常不垂直于某一坐标轴，因此一个物体的几个面可以同时显示出来，就好像透视投影一样，正轴测投影的透视缩小系数是统一的，并不随着投影中心距离的改变而改变。这种投影虽然保持线的平行性不变，但角度却可能发生变化，而且沿着坐标轴的方向，其距离(即物体在这个方向上的长度)是可以度量的，正轴测投影与三视图的关系参见图 4.3.8。正轴测投影有正等轴测投影、正二测投影和正三测投影三种。当投影平面的法线与三个坐标轴之间的夹角都相等时，为正等轴测投影；当投影平面的法线与两个坐标轴之间的夹角相等，而与第三个坐标轴之间的夹角不等时，为正二测投影；当投影平面的法线与三个坐标轴之间的夹角都不相等时，为正三测投影。正轴测投影的三种分类之间的关系如图 4.3.9 所示。

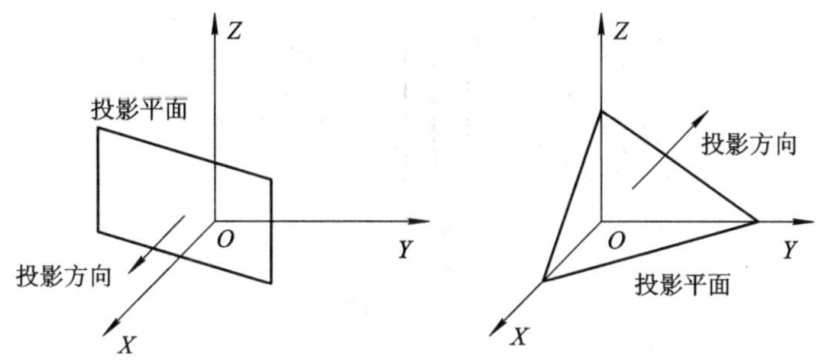

图 4.3.8　三视图(左)与正轴测投影(右)的关系

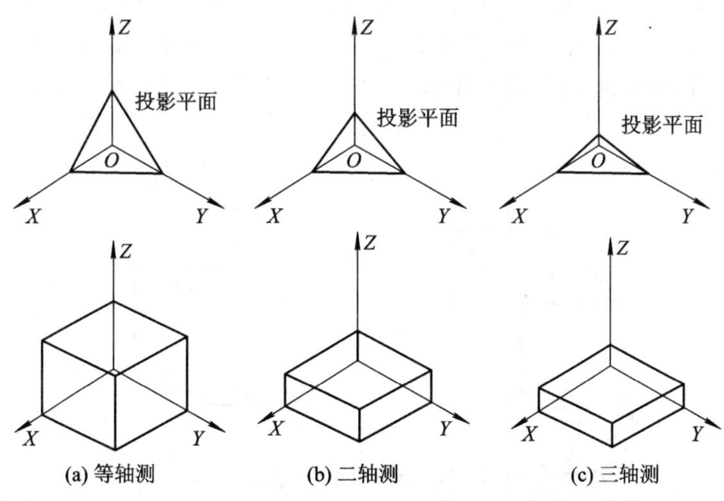

图 4.3.9　正轴测投影三种方式之间的关系

正等轴测(等轴测)投影是一种特殊的正轴测投影，经常会用到，其投影平面的法线(也是投影方向)和每根坐标轴的夹角都相等。如果投影平面的法向量是($\boldsymbol{d}_x$，$\boldsymbol{d}_y$，$\boldsymbol{d}_z$)，则要求 $|\boldsymbol{d}_x|=|\boldsymbol{d}_y|=|\boldsymbol{d}_z|$ 或 $\pm\boldsymbol{d}_x=\pm\boldsymbol{d}_y=\pm\boldsymbol{d}_z$。这样就有八个方向满足这个条件(每 1/8 区域有一个方向)。

正等轴测投影有一个十分重要的性质：沿三个坐标轴方向具有相等的变形系数，即沿着轴向的量度具有相同的比例系数。此外，坐标轴的投影之间具有相等的角度。

第二类平行投影是斜平行投影(也称斜投影)，是一种投影平面不垂直于投影方向的平行投影。它具有主视图、俯视图、侧视图及正轴测投影的性质，即它不但能像三视图那样在主平面上进行距离和角度测量，还能像正轴测投影那样同时反映物体的多个面，具有立体效果。图 4.3.10 所示为一个斜投影的结构图。请注意，在这里投影平面的法线方向和投影方向是不一致的。

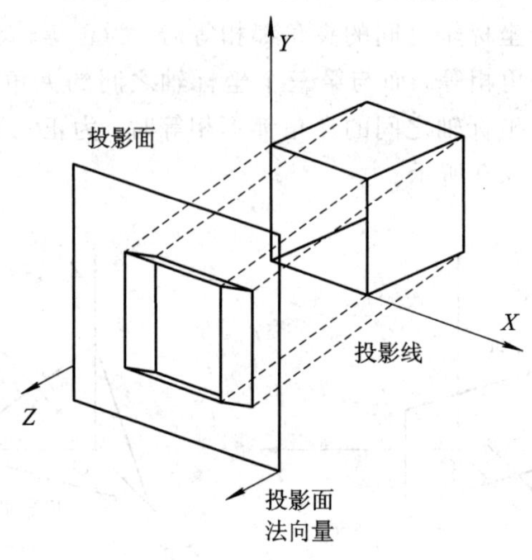

图 4.3.10　斜投影结构图

常见的斜投影有两种，斜等测投影和斜二测投影。当投影方向和投影平面成 45°角时，得到斜等测投影。此时与投影平面垂直的直线段的投影与该直线段本身的长度相等，即不存在透视变形。图 4.3.11 所示为一个单位立方体在 (z, y) 平面上的几种斜等测投影，其中斜线是与 (z, y) 平面相垂直的立方体棱边的投影，它们与水平轴夹角为 α，一般取 30°或 45°。

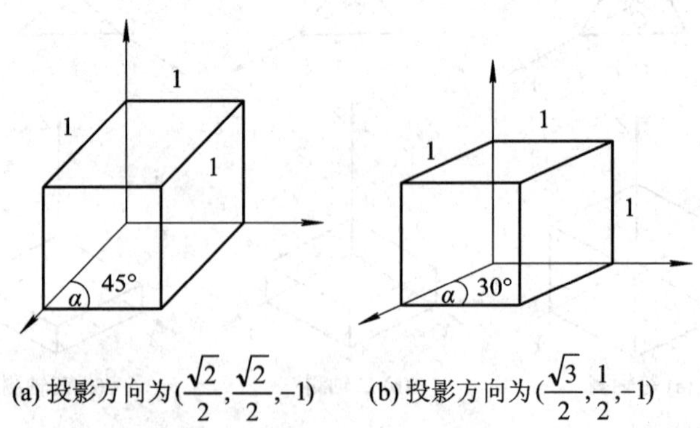

(a) 投影方向为 $(\frac{\sqrt{2}}{2}, \frac{\sqrt{2}}{2}, -1)$　　(b) 投影方向为 $(\frac{\sqrt{3}}{2}, \frac{1}{2}, -1)$

图 4.3.11　立方体在 $z=0$ 平面上的斜等测投影(所有边投影为单位长度)

如图 4.3.12 所示，斜二测投影方向和投影平面的夹角为 arctan2＝63.4°，因此，和投影平面垂直的那些直线的投影是实际长度的 1/2。斜二测投影比斜等测投影更为真实一些，因为其轴向变形系数为 1/2，比较符合人们的视觉习惯。

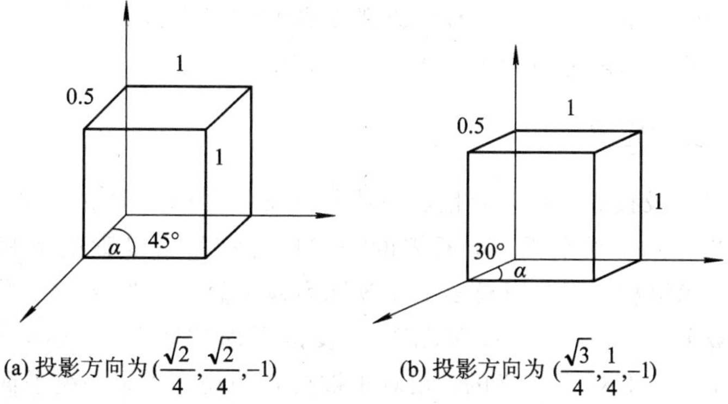

图 4.3.12 立方体在 $z=0$ 平面上的斜二测投影(平行于 X、Y 两轴的边长为单位长度)

图 4.3.13 解释了斜等测投影和斜二测投影中投影线与投影平面的夹角问题。其中，(z, y)平面是投影平面，点 P'是点 $P(0, 0, 1)$在投影平面上的投影，投影方向为 $P'-P=(L\cos\alpha, L\sin\alpha, -1)$，投影方向 PP'与 XOY 平面的夹角为 β。角 α 和长度 L 的含义与图 4.3.11 和图 4.3.12 中的一样，可以通过改变投影方向来控制它们的大小(L 是 Z 轴上的单位向量在(X, Y)平面上投影的长度，α 是该投影与 X 轴的夹角)。若用$(d_z, d_y, -1)$表示投影方向，那么从该图中便可得到：$d_x=L\cos\alpha$，$d_y=L\sin\alpha$。于是，当给定 L 和 α 时，投影方向就可以表示为$(L\cos\alpha, L\sin\alpha, -1)$。

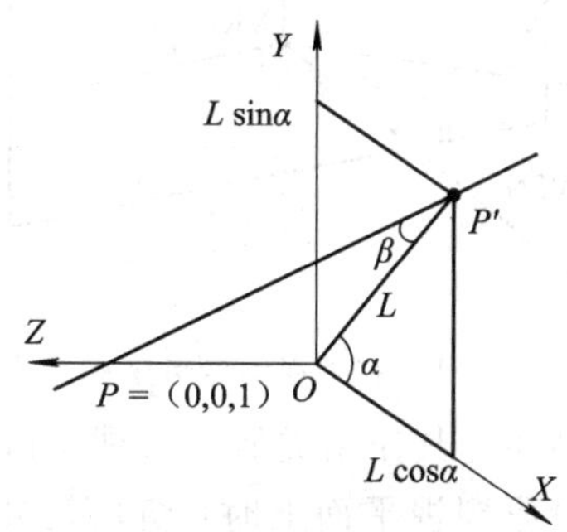

图 4.3.13 点 P 到 $P'=(L\cos\alpha, L\sin\alpha, 0)$上的斜平行投影

☞ 4.4 三维裁剪

在二维图形裁剪中，图形的可视区称为窗口，一般为一平面矩形，窗口内的图形均可在屏幕视图区中显示；而在三维裁剪中，物体的可视区是立体的。三维裁剪算法就是以投影观察体的边界平面为区域范围通过一定的算法将图形对象区分为内部和外部两部分，处于内部区域的图形对象将会在输出设备上显示，而处于区域外部的图形对象将被消除掉。很多二维裁剪算法，如 Cohen-Sutherland 算法、中点分割算法、Liang-Barskey 算法等，都可以很方便地推广到三维，成为三维裁剪算法。三维裁剪涉及左右、上下和前后六个方向，处理的复杂度比二维裁剪高很多。

进行三维裁剪时，首先要在三维窗口的六个面裁剪物体，并保留落在裁剪窗口内的部分，然后将留在窗口内的部分组建成新的立体模型。三维裁剪的裁剪窗口与物体的投影方式有关：平行投影的三维窗口是立方体，透视投影的三维窗口为四棱台。本节将简单讲解裁剪的基本思想，并介绍两种投影方式下的编码裁剪。

4.4.1　三维视图的定义

三维视图不仅涉及投影变换，而且还与裁剪三维世界的裁剪盒有关。要将三维坐标系中的物体裁剪并投影到二维平面上，所需的一切信息都是由投影变换和裁剪盒一起提供的。为了与图形学术语相一致，把投影平面改称为视平面。视平面是用平面上的一点(称为视图参考点(View Reference Point，VRP))以及该平面的法向量(称为视平面的法向量，(View-Plan Normal，VPN)来定义的。相对于被投影的物体来说，视平面可以放在任何位置，它既可以穿过该物体，也可以放在物体的前面或后面。视图参考坐标 VRC(Viewing-Reference Coordinate)系统的原点是 VRP，它的一根坐标轴是 VPN(称为 n 轴)，另一根坐标轴(v 轴)的方向是由视图向上矢量(View Up Vector，VUP)沿着平行于 VPN 的投影方向在视平面上的投影方向决定的。n 轴、v 轴确定后，VRC 的第三根坐标轴(u 轴)的方向也就确定了，即 u、v、n 三轴要按照此次序构成一个右手坐标系，如图 4.4.1 所示。

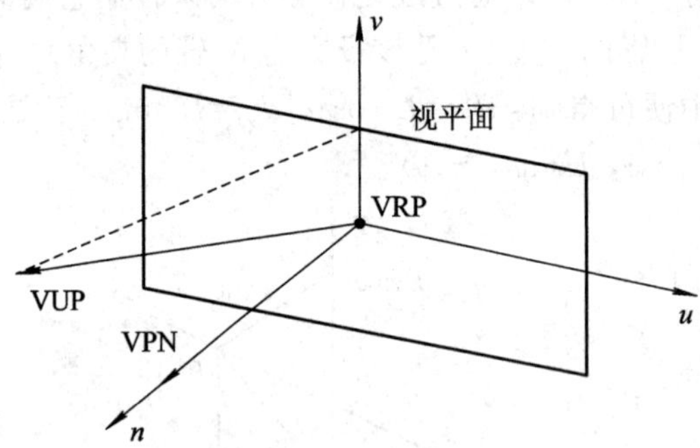

图 4.4.1　右手视图参考坐标系统

视平面上的窗口是必不可少的，其作用类似于二维窗口：窗口中的图形被映射到视口中，并且当三维世界中的物体投影到视平面上时，窗口之外的投影部分将不被显示出来。为了在视平面上定义一个窗口，需要指定沿两正交轴的窗口的最大、最小坐标，这些坐标轴是三维视图参考坐标(VRC)系统的一部分。

利用 VRC 系统，便可以定义窗口的最大和最小 U、V 值，如图 4.4.2 所示。从该图中可以看到，窗口并不需要关于 VRP 对称，并且图中还明确指出了窗口的中心 CW(Central of Window)。

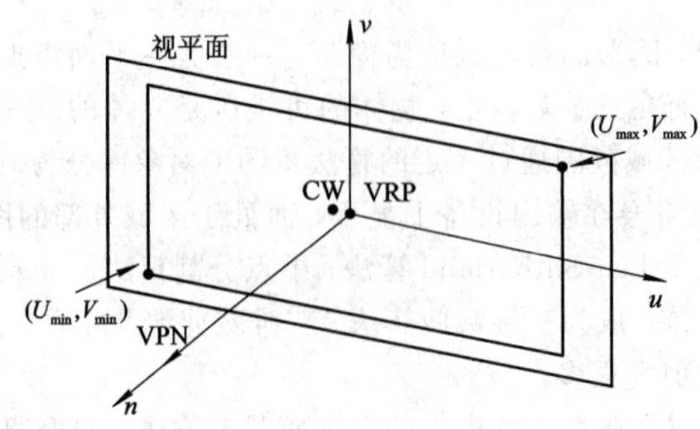

图 4.4.2　视图参考坐标系(VRC)

投影中心和投影方向(Direction Of Projection，DOP)都可以由投影参考点(Projection Reference Point，PRP)和隐含的投影类型来确定。如果是透视投影，那么PRP就是投影中心；如果是平行投影，则投影方向就是从PRP到CW连线的方向。CW通常不与VRP重合，VRP甚至可以在窗口范围之外。

PRP是在VRC系统而不是在世界坐标系统中定义的，因此，PRP与VRP的相对位置不随VUP或VRP的改变而变化。这样程序员就可以方便地定义所需要的投影方向。例如，对于一个斜等测投影，只要修改VPN和VUP(即修改了VRC)就可以了，而不必重新计算PRP的位置以得到所希望的投影。从另一方面来说，通过移动PRP来得到物体的不同视图可能会更困难些。

裁剪盒确定了经剪裁投影到视平面的空间大小。在透视投影中，裁剪盒是以PRP为顶点的准无穷远的四棱锥，其棱边穿过窗口的边角。图4.4.3展示了透视投影的裁剪盒，投影中心后面的部分不包含在裁剪盒中，因此也就不会被投影出来。这里之所以采用四棱锥型的裁剪盒是由于它在数学上比较规则，易于描述和计算，而且又与矩形视口的概念相一致。

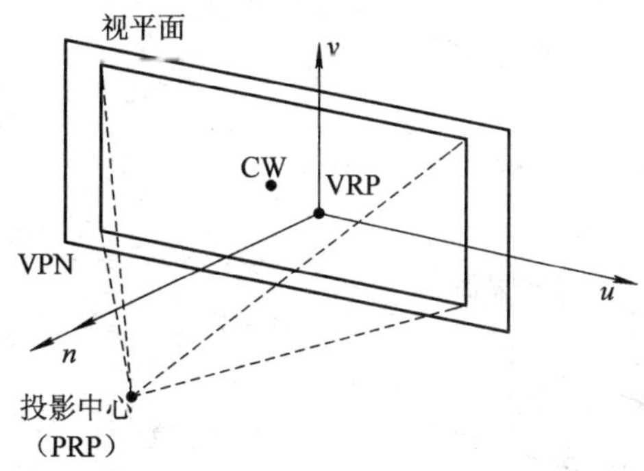

图4.4.3　透视投影的半无穷锥形视体

对于平行投影，裁剪盒相当于一个无限长的平行管道，它的各边都平行于投影方向(从PRP到CW的连线方向)。图4.4.4示出了平行投影的裁剪盒以及与视平面、窗口和PRP的关系。在正平行投影中，裁剪盒的边垂直于视平面，但在斜平行投影中却不是这样。在图4.4.4(a)中，VPN与投影方向(DOP)平行，DOP是从PRP到CW的向量，并且与VPN平行；在图4.4.4(b)中，投影方向(DOP)与VPN不平行。

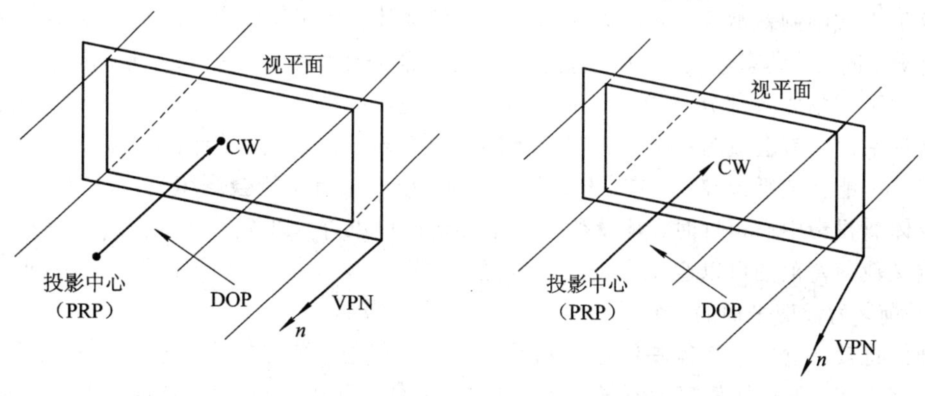

(a) 正平行投影，DOP与VPN平行　　(b) 斜平行投影，DOP与VPN不平行

图4.4.4　平行投影的无限平行管道视体

在某种情况下，要求裁剪盒是有限的，这是为了限制投影到视平面上的输出图元的数量。图 4.4.5、图 4.4.6 和图 4.4.7 分别说明了如何用一个前裁剪平面(Front Clipping Plane)和后裁剪平面(Back Clipping Plane)使裁剪盒成为有限的。这些平面有时也称为前截面和后截面，它们都平行于视平面，其法线都是 VPN，并且是由前距离(F)和后距离(B)来定义的。这两种距离是沿 VPN 方向相对于 VRP 的距离，当其方向与 VPN 的方向一致时取值为正。为保证裁剪盒为正值，F 在数值上应大于 B。

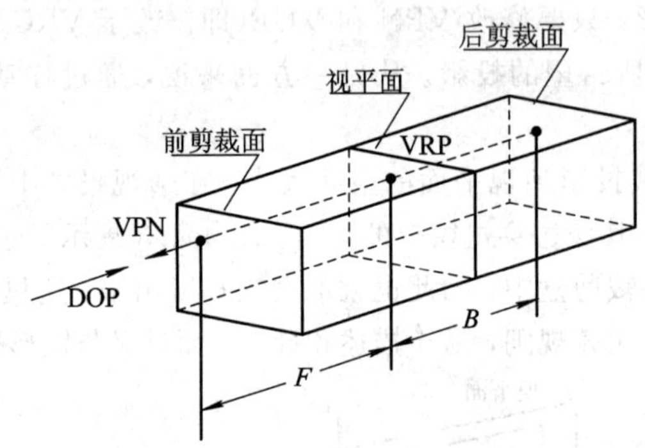

图 4.4.5　正平行投影的裁剪盒

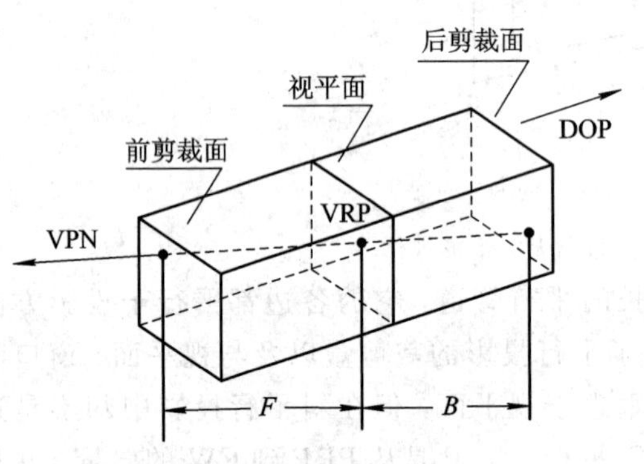

图 4.4.6　斜平行投影的剪裁视体

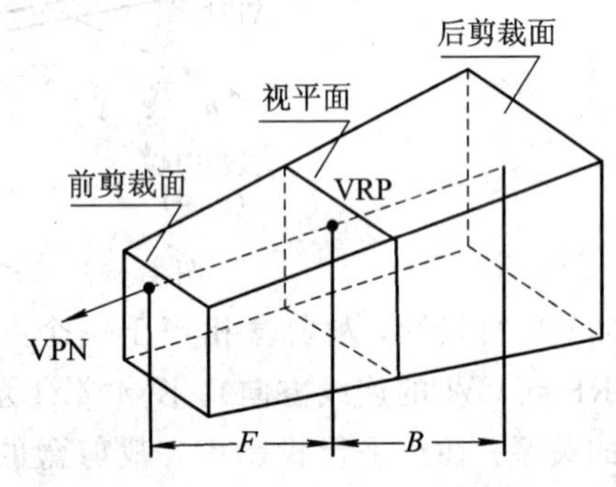

图 4.4.7　剪裁视体

这种方式限制裁剪盒，便可以滤掉不需要的物体，从而使用户能将精力集中在所要研究的部分。同时，动态修改 F、B 还能使物体的各部分在视平面上或隐或现，因此用户就可以更好地了解物体各部分结构之间的关系。在透视投影中，由于一个远离投影中心的物体投影到视平面上就会成为一个"斑点"，所以难以分辨，并且当在绘图仪上画出该物体时，绘图笔有可能会把纸画破；当在 CRT 上显示时，电子束有可能会烧坏荧光材料；另外，当一个物体离投影中心很近时，其投影就会伸展到窗口以外，以至于其结构难以辨别。而合理地定义裁剪盒范围可以避免发生上述问题。在图 4.4.6 中，VPN 不垂直于 DOP，并且 VPN 是前、后裁剪平面的法线。

如何将裁剪盒中的物体映射到显示平面上呢？首先，考虑规格化投影坐标系 NPC 中的单位立方体。现在将裁剪盒看做 NPC 中的立方体，其边长在 X 轴方向上从 x_{min} 延伸到 x_{max}，在 Y 轴方向上从 y_{min} 延伸到 y_{max}，在 Z 轴方向上从 z_{min} 延伸到 z_{max}。因此其前裁剪平面就是 z_{max} 平面，后裁剪平面就是 z_{min} 平面；同样，裁剪盒的 U_{min} 面就成了 x_{min} 平面，U_{max} 面

成了 x_{max} 平面；最后，裁剪盒的 V_{min} 面成了 y_{min} 平面，V_{max} 面成了 y_{max} 平面。这个 NPC 中的矩形空间区域称为三维视区，就限定在该单位立方体中。

单位立方体中的 $z=1$ 平面，以所允许的最大面积投影到显示面上。为了以线框图的形式显示三维视区(包含在裁剪盒中)内的物体，只需简单地去掉 Z 坐标就可以使输出图元显示出来。

4.4.2　Cohen-Sutherland 编码算法

三维图形的六个面将三维空间划分为 27 个区域，对线段的每个端点赋予一个 6 位二进制编码，约定第一位是最右端位。如图 4.4.8 所示是立方体窗口和四棱台窗口两种三维窗口，下面分别考虑各自的编码规则。

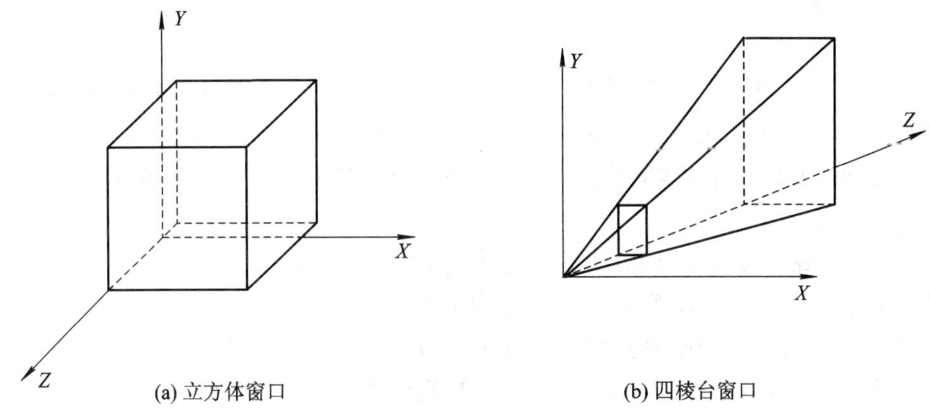

图 4.4.8　三维窗口

1. 立方体窗口

设立方体裁剪窗口的左侧面 $x=x_L$，右侧面 $x=x_R$，顶面 $y=y_T$，底面 $y=y_B$，前面 $z=z_H$，后面 $z=z_Y$，于是，对于端点(x, y, z)，其编码规则如下：

若 $x<x_L$，则第一位编码为 1，否则为 0；

若 $x>x_R$，则第二位编码为 1，否则为 0；

若 $y<y_T$，则第三位编码为 1，否则为 0；

若 $y>y_B$，则第四位编码为 1，否则为 0；

若 $z>z_H$，则第五位编码为 1，否则为 0；

若 $z<z_Y$，则第六位编码为 1，否则为 0。

2. 四棱台窗口

对于四棱台窗口，取右手坐标系，连接投影中心和透视裁剪体中心，并使该连线与 Z 轴重合。对于图 4.4.9 所示的线段，其四棱台的俯视图见图 4.4.10。

需要求出裁剪体各表面的方程，以决定空间一个点 p 相对于裁剪体的位置。图 4.4.9 中，裁剪体右侧面方程为

$$\frac{x}{x_R}=\frac{z-z_{cp}}{z_Y-z_{cp}} \tag{4-4-1}$$

于是

$$x = \frac{z - z_{cp}}{z_Y - z_{cp}} \cdot x_R = z\alpha_1 + \alpha_2 \tag{4-4-2}$$

其中

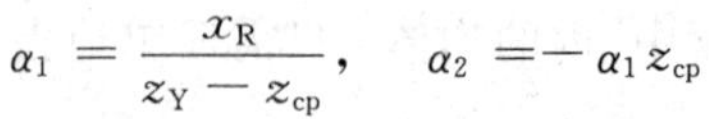

$$\alpha_1 = \frac{x_R}{z_Y - z_{cp}}, \quad \alpha_2 = -\alpha_1 z_{cp}$$

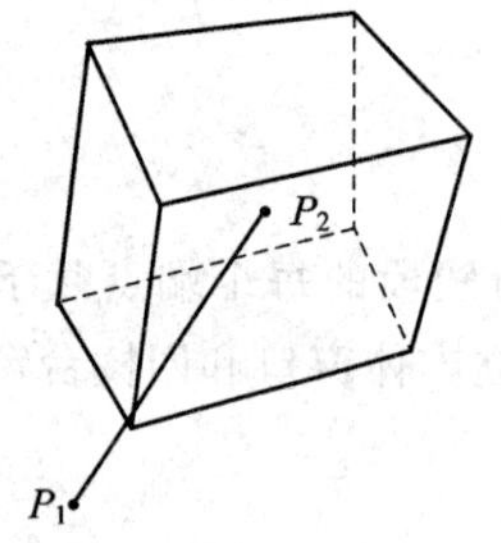

图 4.4.9 对线段 P_1P_2 的裁剪

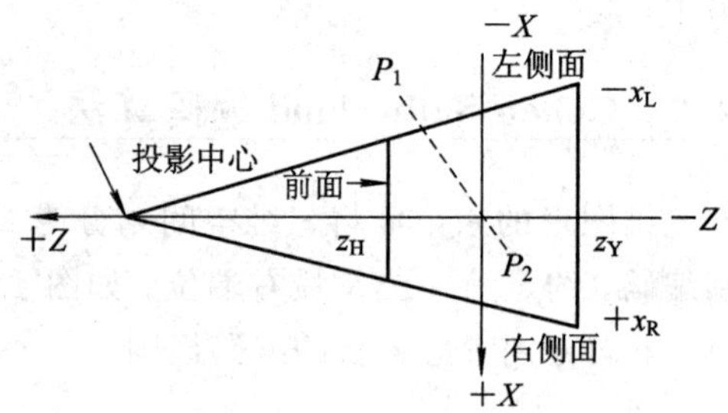

图 4.4.10 四棱台裁剪体的俯视图

方程(4-4-2)可用来决定空间一点 $p(x, y, z)$ 位于该平面的右方、左方或右侧面上，亦即位于裁剪体右侧、内侧或右侧面上。将点 p 的 X、Z 坐标代入判别函数 $f_R = z\alpha_1 - \alpha_2$，可知：

若 $f_R = x - z\alpha_1 - \alpha_2 > 0$，则点 P 位于平面右方；

若 $f_R = x - z\alpha_1 - \alpha_2 = 0$，则点 P 位于平面上；

若 $f_R = x - z\alpha_1 - \alpha_2 < 0$，则点 P 位于平面左方。

类似地，可以得到左侧面、底面和顶面的判别函数。对于左侧面，

若 $f_L = x - z\beta_1 - \beta_2 > 0$，则点 P 位于平面左方；

若 $f_L = x - z\beta_1 - \beta_2 = 0$，则点 P 位于平面上；

若 $f_L = x - z\beta_1 - \beta_2 < 0$，则点 P 位于平面右方。

其中，

$$\beta_1 = \frac{x_L}{z_Y - z_{cp}}$$

$$\beta_2 = -\beta_1 z_{cp}$$

对于底面，

若 $f_B = y - z\gamma_1 - \gamma_2 > 0$，则点 P 位于平面下方；

若 $f_B = y - z\gamma_1 - \gamma_2 = 0$，则点 P 位于平面上；

若 $f_B = y - z\gamma_1 - \gamma_2 < 0$，则点 P 位于平面上方。

其中，

$$\gamma_1 = \frac{y_B}{z_Y - z_{cp}}$$

$$\gamma_2 = -\gamma_1 z_{cp}$$

对于顶面，

若 $f_T = y - z\delta_1 - \delta_2 > 0$，则点 P 位于平面下方；

若 $f_T = y - z\delta_1 - \delta_2 = 0$，则点 P 位于平面上；

若 $f_T = y - z\delta_1 - \delta_2 < 0$，则点 P 位于平面上方。

其中，

$$\delta_1 = \frac{y_T}{z_Y - z_{cp}}$$

$$\delta_2 = -\delta_1 z_{cp}$$

前面和后面因平行于 XOY 平面，其判别函数更加简单。

对于前面，

若 $f_H = z - z_H > 0$，则点 P 位于平面前方；

若 $f_H = z - z_H = 0$，则点 P 位于平面上；

若 $f_H = z - z_H < 0$，则点 P 位于平面后方。

对于后面，

若 $f_Y = z - z_Y > 0$，则点 P 位于平面后方；

若 $f_Y = z - z_Y = 0$，则点 P 位于平面上；

若 $f_Y = z - z_Y < 0$，则点 P 位于平面前方。

当 z_{cp} 趋向于无穷时，四棱柱裁剪体趋向于长方体，相应的判别函数变成长方体的判别函数。

点的可见性检查与二维 Cohen-Sutherland 算法相同。若一条线段的两端点编码为 0，则线段完全可见；若两端点编码按位逻辑“与”不为 0，则该线段完全不可见；若按位逻辑“与”为 0，则线段可能部分可见，也可能部分不可见，需对线段与裁剪体求交，做进一步检查后确定。

当端点位于投影中心后，上述方法可能产生错误的编码。这是因为透视裁剪体的左侧面、右侧面、顶面和底面交于投影中心，此时端点可能同时位于左侧面和右侧面的右面以及顶面之上和底面之下。

4.4.3　三维中点分割

把二维中点分割算法推广到三维中，首先将线段的二端点用三维编码进行判断，显示两个端点编码全是 0 的线段，舍弃两个端点编码逐位逻辑“与”不为 0 的线段，对至少有一个端点在裁剪体外的线段不断取终点。

如图 4.4.9 所示的线段的两个端点为 $P_1(-600, -600, 600)$、$P_2(100, 100, -100)$，P_1 的端点编码为(010101)，P_2 的端点编码为(000000)。令 P_1、P_2 的中点坐标为 $P_m(x_m, y_m, z_m)$，则

$$x_m = \frac{x_2 + x_1}{2} = \frac{100 + (-600)}{2} = -250$$

$$y_m = \frac{y_2 + y_1}{2} = \frac{100 + (-600)}{2} = -250$$

$$z_m = \frac{z_2 + z_1}{2} = \frac{-100 + (-600)}{2} = 250$$

中点编码为(000000)，故 P_mP_2 是完全可见线段，P_1P_m 是部分可见线段，继续求 P_1P_m 的中点，如表 4-4-1 所示。

表 4-4-1　中点分割步骤

P_1	P_2	P_m	说　明
(−600，−600，600)	(100，100，−100)	(−250，−250，250)	继续处理 P_1P_m
(−600，−600，600)	(−250，−250，250)	(−425，−425，425)	继续处理 P_mP_2
(−425，−425，425)	(−250，−250，250)	(−338，−338，337)	继续处理 P_1P_m
(−425，−425，425)	(−338，−338，337)	(−382，−338，337)	继续处理 P_1P_m
(−382，−338，337)	(−338，−338，337)	(−360，−360，359)	继续处理 P_mP_2
(−360，−360，359)	(−338，−338，337)	(−349，−349，348)	继续处理 P_1P_m
(−360，−360，359)	(−349，−349，348)	(−355，−355，353)	继续处理 P_1P_m
(−360，−360，359)	(−355，−355，353)	(−358，−358，356)	继续处理 P_mP_2
(−358，−358，356)	(−355，−355，353)	(−357，−357，354)	继续处理 P_1P_m
(−358，−358，356)	(−357，−357，354)	(−358，−358，355)	继续处理 P_mP_2
(−358，−358，355)	(−357，−357，354)	(−358，−357，354)	成　功

☞ 4.5 消隐算法

三维图形中位于物体的后面且观察不到的棱线和表面称为隐藏线和隐藏面，它们在三维图形中应当被删去，特别是对于线段，如果不删去隐藏线往往会产生错觉和误解。消隐问题在于确定哪些棱线和表面应该全部或部分被删去，又称为可见性测试。这涉及大量的求交点、交线的运算，包含运算、深度测试以及排序等。

消隐是生成三维图形的关键，在真实感图形和三维技术中有重要作用。因此对消隐算法的研究是计算机图形学中的重要课题。常用的消隐算法有外法线法、扫描线算法、Z-buffer 算法、画家算法和 BSP 算法等。为了提高图形绘制效率，也提出了一些新的或改进的算法，如改进的扫描线算法、BSP 树法加入层次遮挡图(HOM)算法、BSP 树法结合 Image Cache 算法等。根据处理的对象，消隐算法可分为线消隐和面消隐；根据消隐所在空间的不同，可分为物体空间消隐算法和图像空间消隐算法。目前所用的消隐算法常将物体空间方法与图像空间方法结合使用，首先利用物体空间方法删去消隐对象中一部分肯定不可见的面，然后再对其余面利用图像空间具体分析。下面介绍几种常用的消隐算法。

4.5.1 外法线法

外法线法是一种简单实用的消隐算法，但只适用于凸多面体。具体步骤如下：

1. 判断凸体表面的可见性

组成凸多面体的表面都是平面，每个平面都有一个法线，法线方向指向立体外部的叫外法线。设外法线为 $\boldsymbol{n}$，视线的反方向为 $\boldsymbol{t}$，它们的夹角为 α(见图 4.5.1)，则

当 $-90°<\alpha<90°$ 时，表面可见；

当 $90°<\alpha<270°$ 时，表面不可见；

当 $\alpha=\pm 90°$ 时，表面积聚为一直线。

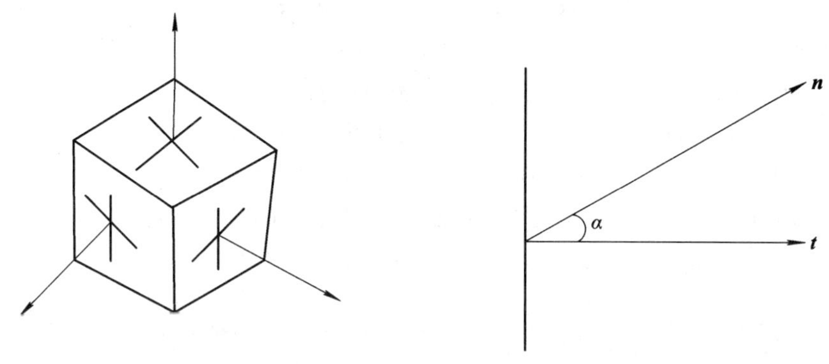

图 4.5.1　凸体法线

因此，可用夹角的大小来判断表面是否可见。对凸多面体来说，如果表面可见，则表面上所有点、线都可见；若表面不可见，则表面上所有点、线都不可见。不存在部分可见部分不可见的情况。

2. 外法线方向的确定

凸多面体是以顶点的坐标来表示其几何信息的。外法线用顶点坐标来表示比较方便。每个表面至少有三个顶点，从物体外侧，面对平面，按逆时针方向(右手定则)依次取三点，用 $D_1(x_1, y_1, z_1)$、$D_2(x_2, y_2, z_2)$、$D_3(x_3, y_3, z_3)$来表示。而向量$\overrightarrow{D_1D_2}$、$\overrightarrow{D_2D_3}$用坐标表示如下：

$$\overrightarrow{D_1D_2}=\{x_2-x_1 \quad y_2-y_1 \quad z_2-z_1\}=\{a_1 \quad b_1 \quad c_1\}$$

$$\overrightarrow{D_2D_3}=\{x_3-x_2 \quad y_3-y_2 \quad z_3-z_2\}=\{a_2 \quad b_2 \quad c_2\}$$

外法线就是$\overrightarrow{D_1D_2}$和$\overrightarrow{D_2D_3}$的叉积，即

$$\boldsymbol{n}=\overrightarrow{D_1D_2}\times\overrightarrow{D_2D_3}=\begin{vmatrix}\boldsymbol{i} & \boldsymbol{j} & \boldsymbol{k}\\ a_1 & b_1 & c_1\\ a_2 & b_2 & c_2\end{vmatrix}=\{a \quad b \quad c\} \tag{4-5-1}$$

其中，$\boldsymbol{i}$、$\boldsymbol{j}$、$\boldsymbol{k}$ 为 X、Y、Z 三坐标轴方向的单位矢量。

$$a=\begin{vmatrix}b_1 & c_1\\ b_2 & c_2\end{vmatrix}=b_1c_2-c_1b_2$$

$$b=\begin{vmatrix}c_1 & a_1\\ c_2 & a_2\end{vmatrix}=c_1a_2-c_2a_1$$

$$c=\begin{vmatrix}a_1 & b_1\\ a_2 & b_2\end{vmatrix}=a_1b_2-a_2b_1$$

3. 可见性判定公式

设视线的反方向为 $\boldsymbol{t}=\{d \quad e \quad f\}$，由两矢量 $\boldsymbol{n}$ 和 $\boldsymbol{t}$ 的数量积 $\boldsymbol{t}\cdot\boldsymbol{n}=|\boldsymbol{n}|\,|\boldsymbol{t}|\cos\alpha$，可得其夹角余弦

$$\cos\alpha=\frac{\boldsymbol{t}\cdot\boldsymbol{n}}{|\boldsymbol{n}|\,|\boldsymbol{t}|}=\frac{a\cdot d+b\cdot e+c\cdot f}{\sqrt{a^2+b^2+c^2}\cdot\sqrt{d^2+e^2+f^2}} \tag{4-5-2}$$

式中分母总是大于零，令分子为 G，则

$$G=a\cdot d+b\cdot e+c\cdot f \tag{4-5-3}$$

即

当 $G>0$ 时，$\cos\alpha>0$，则 $-90°<\alpha<90°$，表面可见；

当 $G<0$ 时，$\cos\alpha<0$，则 $90°<\alpha<270°$，表面不可见；

当 $G=0$ 时，$\cos\alpha=0$，则 $\alpha=\pm90°$，表面积聚为一直线。

三维物体在向 XOZ 坐标面投影时，Y 轴方向就是 $\boldsymbol{t}$ 方向，可以在 Y 轴上取一单位长度代替，即 $\boldsymbol{t}=\{0 \quad 1 \quad 0\}$，亦即 $d=0$，$e=1$，$f=0$。代入式(4-5-3)后得

$$G=a\cdot d+b\cdot e+c\cdot f=b \tag{4-5-4}$$

而

$$b=c_1a_2-c_2a_1=(z_2-z_1)(x_3-x_2)-(z_3-z_2)(x_2-x_1)$$

这就是用三个点的坐标表示的可见性的判别式。

根据判决式的值可知，当 $b>0$ 时，表面可见；当 $b<0$ 时，表面不可见；当 $b=0$ 时，表面积聚为一直线。

4.5.2 Z-buffer 算法

Z-buffer 算法简称深度缓冲器算法，是一种最简单的隐藏面消隐算法。这一算法由 Catmull 于 1974 年提出，是典型的图像空间消隐算法。

Z-buffer 算法的基本思想是将投影平面上每个像素所对应的所有平面片的深度进行比较，取离视线最近的面片的属性值作为该像素的属性值。Z-buffer 算法需要两个缓冲器：深度缓冲器和帧缓冲器。对应两个数组：深度数组 ZB 和属性数组 FB。前者用来存放图像空间每个可见像素的 Z 坐标(即深度)，后者用来存放图像空间每个可见像素的属性值。

Z 缓冲器中每个单元的值对应像素点所反映对象的深度值，初始化为 1.0(最大深度)；帧缓冲器每个单元初值存放对应背景颜色的值。消隐的过程是给帧缓冲器和 Z 缓冲器中填入相应值的过程。逐个处理多边形表中的每个表面，计算各像素点的深度值，将计算出的深度与深度缓存中对应的值进行比较。若计算深度小于存储值，则更新存储值，并将该点的表面颜色也存入帧缓存的相应单元(如图 4.5.2 所示)。

Z-buffer 算法的关键是判断出哪些点落在多边形内，并尽快计算出多边形内各点的深度值。若已知多边形的方程，可用增量法计算每个像素的深度。

设平面方程为 $Ax+By+Cz+D=0$，则多边形上一点 (x, y) 对应的深度值为

$$z=-\frac{Ax+By+D}{C} \qquad C\neq0 \tag{4-5-5}$$

由于所有扫描线上相邻点间的水平距离为 1，扫描线行与行之间的垂直间距也为 1，可利用这一关系来简化计算。

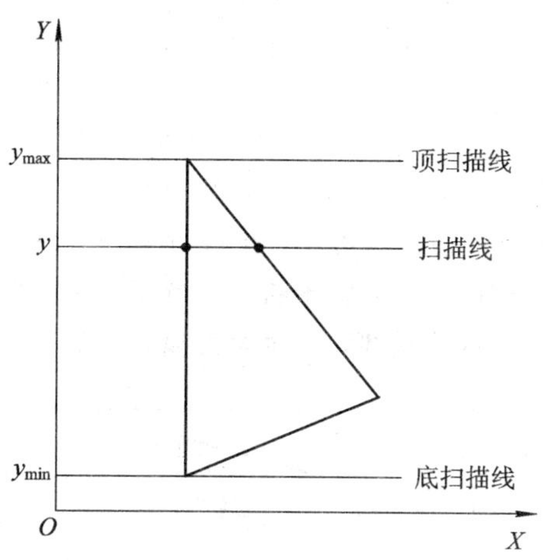

图 4.5.2　多边形深度计算

若计算出点(x, y)的深度值为z，则沿X方向相邻点$(x+1, y)$的深度值z_{i+1}由下式计算：

$$z_{i+1}=-\frac{A(x+1)+By+D}{C}=z_i-\frac{A}{C} \tag{4-5-6}$$

沿Y方向的计算应先计算坐标的范围，从上到下逐一处理各面片。由最上面的顶行扫描线出发，沿多边形一条边界递归计算边界上各点坐标：

$$x_{i+1}=x_i-\frac{1}{m}$$

其中，m为该边界的斜率。沿该边的深度也可以递归计算出：

$$z_{i+1}=-\frac{A\left(x_i-\frac{1}{m}\right)+B(y_i-1)+D}{C}=z_i+\frac{\frac{A}{m}+B}{C} \tag{4-5-7}$$

如果该边为垂直边界，则公式简化为

$$z_{i+1}=z_i+\frac{B}{C} \tag{4-5-8}$$

Z-buffer 算法的优点是计算简单，可以很容易地处理隐藏面以及显示复杂曲面之间的交线。画面可以很复杂，由于图像空间的大小固定，因此计算量随画面复杂度线性增长。该方法的缺点是需要深度缓冲器和帧缓冲器两个数组，占用内存大。目前对该问题的改进方法是每次只对场景的一部分进行处理，这样只需要一个较小的深度数组，处理完一部分后，再处理下一场景。

4.5.3　扫描线算法

上面介绍的 Z-buffer 算法虽然简单，但所需的 Z 缓冲器容量太大。为了克服这一缺点，可以将整个绘图区域分割成若干个小区域，然后将小区域依次显示，所需的 Z 缓冲器容量只需等于一个区域内的像素个数即可。如果将小区域换成屏幕上的扫描线，就得到扫描线算法。其思想是：先将物体投影到显示器上，通过计算每行扫描线与物体之间的投影关系确定该行的显示信息。下面介绍一种典型的扫描线算法——分段扫描算法。

在分段扫描算法中，每条扫描线被多边形边界在XOY上的投影分割成若干段，每段只有一个多边形可以被显示。只要在段内任取一点找出最大的 Z 值所属的多边形，这段的像素就都用这个多边形来填充。

如图 4.5.3 所示，假设多边形在 XOY 平面上的投影和扫描线交点的横坐标是 $x_i(i=1, 2, \cdots)$，这些交点将扫描线分成若干段。在段内任取一点，利用多边形的方程计算各个深度值，则深度最大的多边形在该段内可见。在进行上述处理时，可采用多种方法提高效率。如预先按 Y 坐标最大(或最小)对多边形排序，当某一多边形的最大(小) Y 值小(大)于该扫描线的 Y 坐标时，即可不计算交线，从而大大提高了效率。

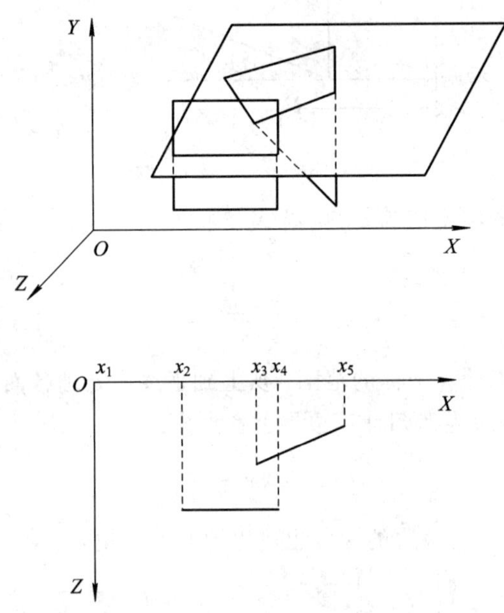

图 4.5.3　分段扫描算法

4.5.4　画家算法

画家算法是由 Newell 等人在 1972 年提出的。处理消隐问题的方法类似于画家作画的方式：先画远端的景物，再画中间的物体，最后画近端物体，按这种顺序正确地处理画中物体相互遮挡的关系。

画家算法的基本思想是：先把屏幕设置为背景色，再把场景中物体的各个面按其距观察点的远近排序，离视点远的在表头，近的在表尾，排序结果存在一张深度优先级表中，然后按照从表头到表尾(从远到近)的顺序逐个绘制各个面。用后显示的图形取代先显示的画面，由于后显示的图形代表的面离视点更近，因此由远及近地绘制各面，就相当于消除隐藏面。

画家算法的关键在于对多边形按深度进行排序，建立深度优先级表。先根据每个多边形顶点坐标 z 的极小值大小把多边形作初步排序。设 $z_{\min}$ 最小的多边形为 P，把多边形序列中其他多边形记为 Q。先确定 P 和其他多边形 Q 的关系。因为 $z_{\min}(P)<z_{\min}(Q)$，若 $z_{\max}(P)<z_{\min}(Q)$，则 P 肯定不能遮挡 Q。如果对某个多边形有 $z_{\max}(P)>z_{\min}(Q)$，则必须做进一步检查。这种检查包括五项：

(1) P 和 Q 在 xy 平面上投影的包围盒(坐标范围)在 x 方向上不相交，如图 4.5.4(a)

所示；

(2) P 和 Q 在 xy 平面上投影的包围盒在 y 方向上不相交，如图 4.5.4(b)所示；

(3) P 和 Q 在 xy 平面上投影不相交，如图 4.5.4(c)所示；

(4) P 的各顶点均在 Q 的远离视点的一侧，如图 4.5.4(d)所示；

(5) Q 的各顶点均在 P 的靠近视点的一侧，如图 4.5.4(e)所示。

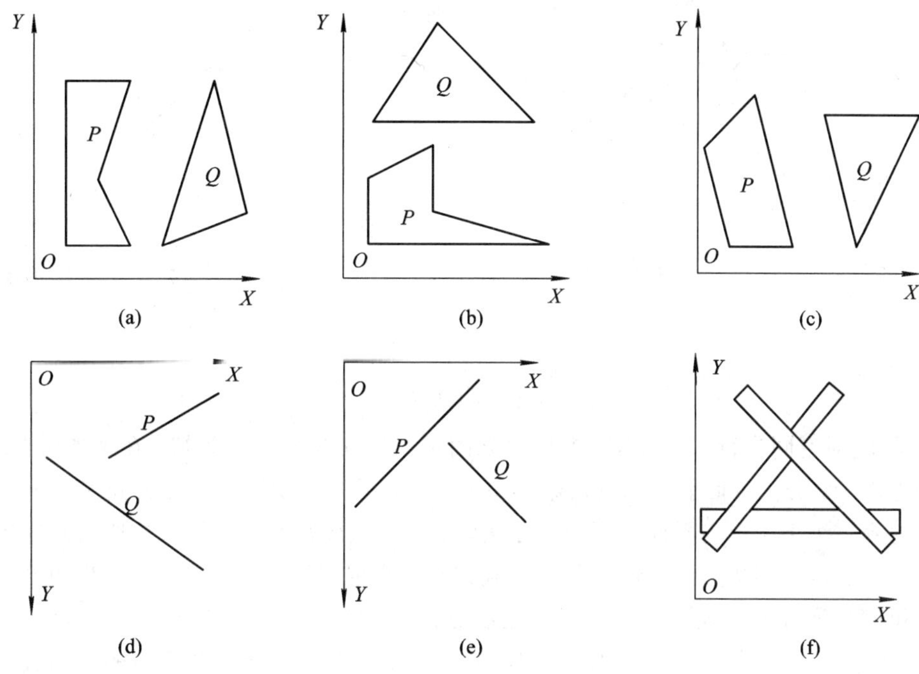

图 4.5.4　P 与 Q 之间相互遮挡的情况

上述条件只要成立一项，P 和 Q 就不会相互遮挡。当所有测试条件都不成立时，必须对两个多边形 P 和 Q 在 XOY 平面上的投影作求交运算。计算时不必具体求出重叠部分，只需要在交点处进行深度比较时判断出前后顺序即可。如果遇到多边形相交或循环重叠，则需要在相交处分割多边形，然后再判断。

画家算法的原理简单，关键是如何对场景中的物体按深度排序。其缺点是：深度算法本身计算量大；排序后需要检查相邻的面来确保深度优先级表的正确性；只能处理互不相交的面，而且深度优先级表中面的顺序可能会出错。对应几个面相交重叠的情况如图 4.5.4(f)所示，需要对面进行分割后排序。

4.5.5　BSP 树算法

BSP(Binary Space Partition)是一种空间分割技术，该算法在计算机图形学中得到了广泛应用，它是由 Fuchs 在 1980 年首先提出的，并应用于平面对平面的剖分，从而建立起空间二叉树的结构。八叉树算法是它的特例。这种方法基于一个事实，即空间中的任何平面都将整个空间分割成两个半空间，所有位于该平面某一侧的点定义了一个半空间，位于另一侧的点定义了另一个半空间。将这种空间剖分的方式延续下去，子空间越来越小，直到不可分为止。

BSP算法的步骤为：首先平面P_1将空间分割为两个部分(如图4.5.5(a)所示)，一组物体位于P_1的后面(相对于视点)，而另一组则在P_1之前。若有某物体与P_1相交，则它立即被一分为二并分别标识为A和B。此时，图中A与C位于P_1之前，而B和D在P_1之后。

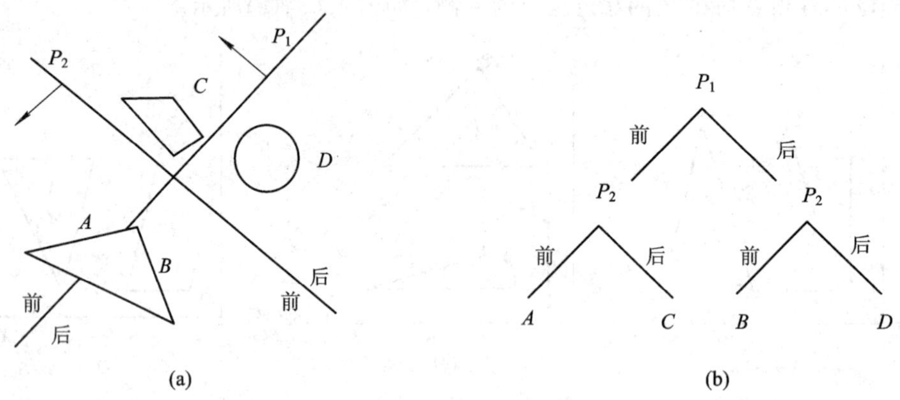

图4.5.5　BSP树算法思想

平面P_2对空间进行二次分割，并生成如图4.5.5(b)所示的二叉树。在这棵树上，物体用叶节点表示，分割平面前方的物体组为左分支，而后方的物体组作为右分支。

当遇到一个多边形与平面有一定的距离时，它应该放在哪一个子集中呢？这时就把这个多边形分成两个多边形。建立一个BSP树时要判断它是否是一个平衡树，即每个节点的左右子树的深度有没有太大差别，或者控制分割次数，因为每次分割会产生更多的多边形。如果产生太多的多边形，绘图时会很费时，这样不平衡树会花费更多的时间去遍历这棵树。为此规定分割次数为一定的阈值，但有效的方法还是尽量减少产生更多的新多边形。

由于Z-buffer算法的运算速度太慢，因此提出了BSP树这种数据结构，它将空间分成小部分，只存储多边形面片在空间的相对位置，使多边形在场景中排序后，一直从后向前绘制，意味着z值最小的多边形最后画。在BSP算法中，多边形排序预先处理，不需花费运行时间，计算快。

☞ 4.6 本章小结

在三维图形的显示和处理中，尽管只是在二维的基础上添加了z坐标方向的第三维空间，但其复杂度却大大增加。在将三维对象显示在二维平面坐标系的观察过程中，为了选取映射到设备坐标系中的对象，必须建立三维观察坐标系，并指定一个平行于XOY平面的二维观察平面和裁剪窗口，根据所指定的投影变换方式建立投影观察体，经过坐标变换，变成与设备无关的图形，这里包含对三维图形的几何变换、坐标变换以及三维裁剪。图形经过窗口到视区的映射之前，还要进行消隐处理。图形的变换、裁剪和消隐是一个图形系统必须具备的功能，也是计算机图形学的基础内容。

☞ 习　题

4.1　三维变换的基本思想是什么？每种变换类型的异同点是什么？

4.2　两种三维裁剪的算法各自具有什么特点？

4.3　试编程实现线段和多边形的矩形窗口裁剪。

4.4　什么是平面几何投影，如何将其分类？

4.5　透视投影依照什么来分类？分为哪几类？

4.6　尝试使用消隐算法编程，绘制两个具有遮挡关系的简单图形。

4.7　简要说明本书介绍的几种消隐算法，并进行比较。

第五章　真实感图形学

真实感图形学是计算机图形学发展到一定阶段后的产物，目标是利用计算机模拟出越来越逼真的场景并加以利用，基本要求是利用计算机来生成三维的、具有真实感的图形，随着计算机图形学的发展和计算机硬件水平的提高，真实感图形学在人们日常的工作、学习和生活中已经有了非常广泛的应用，如在科学计算可视化、模拟训练操作、多媒体教学、影视娱乐等领域都能见到大量的真实感图形学应用范例。

真实感图形技术包括光源的计算以及作用在可见面上的光照效果处理、隐藏面消隐、透视投影、反走样处理、特效技术和显示渲染等。经过处理，图形在外观、颜色、明暗、纹理等方面都更加接近自然场景中的真实目标，从而形成具有真实感表现力的计算机图形。

本章将首先介绍颜色模型，然后介绍一些光照明模型，并结合不同的光照明效果，介绍光透射模型和纹理知识，最后讨论一些实时真实感图形学技术和常见的真实感特效应用。

5.1　颜色的属性与合成

颜色是真实感图形学中最为重要的成分之一，为了生成高度真实感的图像，对颜色的计算需要十分精确。本节讲述颜色形成原理和颜色模型知识。

计算机图形学中的颜色采用三基色系统。目前绝大多数的显示器都采用了光栅扫描技术，显示器上缤纷的颜色是通过红(R)、绿(G)、蓝(B)三基色光源以不同的分量值合成得到的。虽然可以通过R、G、B三个参数来确定颜色，但现实场景中呈现给人眼的颜色信息也会随着光照的不同而产生巨大差别，例如同一个场景在白天和夜晚、晴天和阴天的颜色便会给人完全不同的印象。为了深刻地理解真实感图形学的内容，首先对人眼感受颜色的特性进行介绍。

5.1.1　颜色的属性

颜色是人眼对外界光线的刺激而产生的主观感觉，不同的颜色感觉是由进入人眼的光线的波长决定的，因此物体颜色与物体的固有色、外界的环境色、光源的颜色以及观察者的视觉系统均有关联。

根据视觉和心理学分析，颜色有如下三个特性：色调、饱和度和亮度。色调是颜色中占有主要波长的成分所呈现的整体的颜色效果或趋势，也就是平时所说的红、黄等颜色；饱和度是指颜色的浓度，相对高饱和度的大红色，粉红的饱和度较低；亮度就是光的强度，是光线对视觉刺激的强度，一般来说，在亮度足够大的情况下，物体最终会呈现白色，相反，在零亮度时则是黑色。从光学物理学的角度，颜色与上述属性相对应的三个特性分别为主波长、纯度和明度。主波长是产生颜色视觉的光的波长，对应色调；光的纯度对应饱和度；光的强度对应亮度。

为了直观地描述以上三种特性，可以在三维空间中用一个“颜色纺锤体”来表示颜色的三种基本特性，如图 5.1.1 所示。颜色纺锤体的垂直轴表示亮度的变化，顶端亮度最高，为白色，向下逐渐降低至黑色。色调由水平面上的一个圆周来表示，圆周上不同角度的点代表了不同的色调，如红、橙、黄、绿、青、蓝、紫等。颜色的饱和度随着从圆心向圆周的延伸而提高。在颜色纺锤体任一横截面的圆面上，每一点都拥有相同的亮度，而色调和饱和度不同。

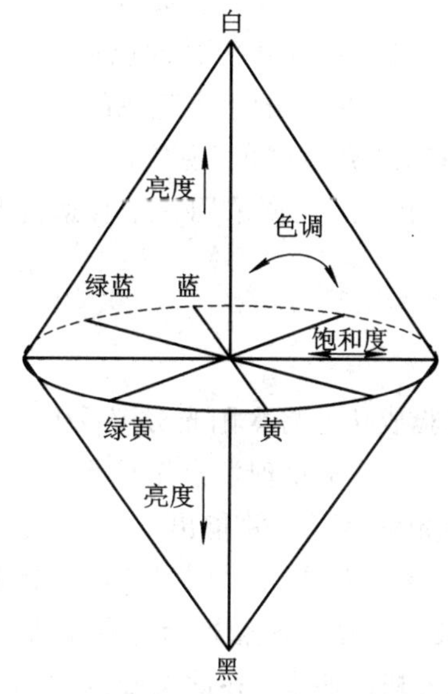

图 5.1.1　颜色纺锤体

颜色是因可见光刺激人眼而使人产生的视觉效应。从本质上讲，可见光是在一定频率范围内的电磁波，它们能被人的视觉系统所感知，其波长在 400～700 nm。光可以由它的光谱能量分布函数 $P(\lambda)$来表示，其中 λ 表示波长。当一束光的各种波长的能量相等时，表现为白光；若其中各波长的能量分布不均匀，则表现为彩色光；一束光只包含一种波长的能量，而其他波长都为 0 时，即为单色光。它们的光谱能量分布分别如图 5.1.2、图 5.1.3 和图 5.1.4 所示。

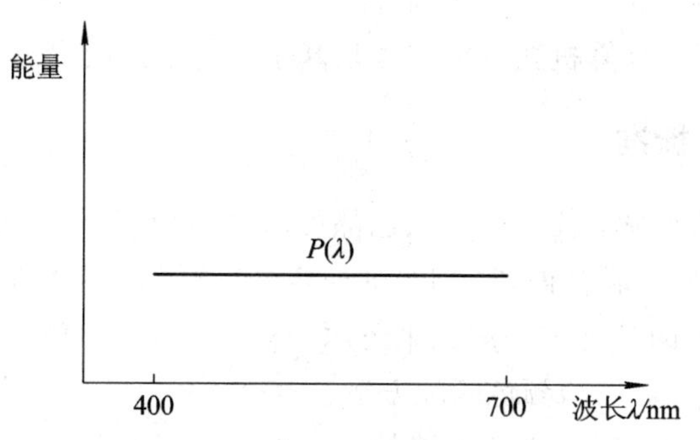

图 5.1.2　白光能量谱分布

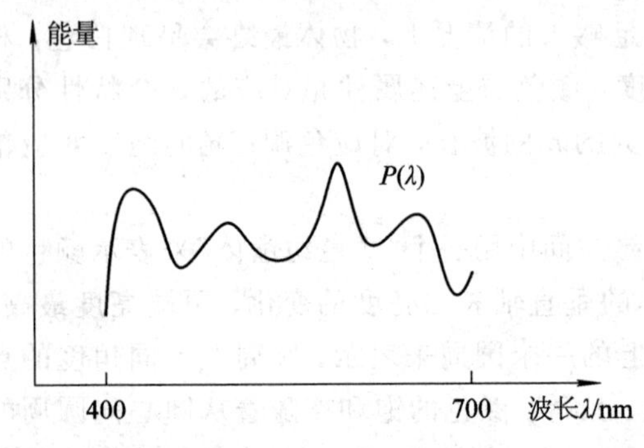

图 5.1.3 彩色光能量谱分布

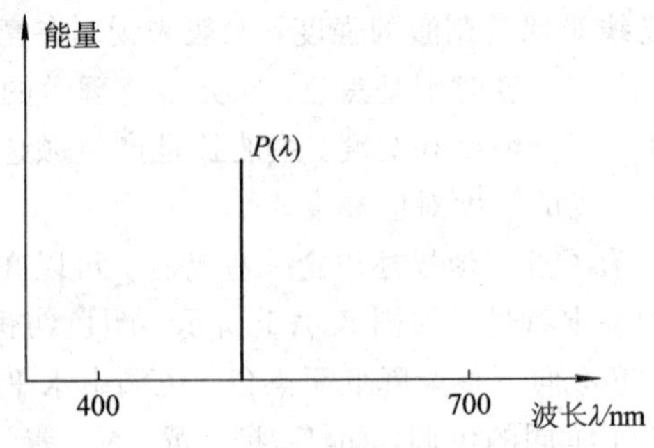

图 5.1.4 单色光能量谱分布

色调与光波的波长有关，饱和度与光波的组成成分有关，亮度与光波的幅度有关。虽然用色调、饱和度和亮度可以表述各种光线组合的视觉效果，但是光谱能量的分布并不能很好地用于颜色的定义，因为人眼所看到的感官颜色的关系与光谱的分布情况并非是一一对应的。从感官角度讲，颜色存在"异谱同色"现象，也就是说，不同的光谱分布可能会令人眼产生相同的颜色视觉效果。因此，需要采用一个合适的颜色定义方法，令光的成分和颜色能够一一对应。

5.1.2 三色学说

17 世纪，牛顿用三棱镜实验成功地将太阳光分解成七色光，由此证明了白光其实是由多种颜色混合而成的。19 世纪初，英国物理学家托马斯·杨在对牛顿著名的三棱镜色散实验进行深入研究后测量了七色光的波长，并指出：任何色彩都可以由红(R)、绿(G)、蓝(B)三种颜色按一定比例混合得到，如果等比例混合，就能生成白光。而这三种单色光不可分解，称为"原色"。后来，英国物理学家詹姆斯·麦克斯韦在 1849 年用旋转圆盘所做的颜色混合实验也验证了托马斯·杨的假设。在此基础上，德国物理学家亥姆霍兹在 1862 年进一步提出颜色视觉机制学说，即三色学说，或称三刺激理论。

医学研究表明，人的视神经具有三种锥体细胞，它们分别对红光、绿光、蓝光的响应有着显著差别。人眼对光的反应通过这三种细胞所受的刺激而合成产生。当高纯度的黄光进入人眼时，感受红光和绿光的锥体细胞将会产生近乎同等水平的刺激，感受蓝光的锥体细胞则反应较小，大脑接收到三种细胞不同水平的刺激并加以合成之后便会反馈出"物体是黄色"的信息。

人眼的生理学特性，建立了计算机学科中的三色学说，这是颜色视觉的最根本的理论。下文将要介绍的其他计算机颜色模型也是基于三色学说而提出的。

5.1.3 三原色混合标准

根据以上两节内容可知，任何一种颜色都可以由多种 $P(\lambda)$的分布得到，或是使用 R、G、B 三原色按照一定比例混合得到。但是如何定义三原色的标准值，并且对于某个给定的颜色都能够使用三原色的某种唯一配比来还原，是需要进一步解决的问题，即如何建立一套 RGB 配比和颜色一一对应的颜色匹配方案。

CIE(国际照明委员会)所定义的等能标准三原色波长分别为红光 R：$\lambda_1 = 700$ nm；绿

光 G：λ_2＝546 nm；蓝光 B：λ_3＝435.8 nm。而光颜色的匹配可以用公式表示为

$$c = rR + gG + bB \tag{5-2-1}$$

其中 r、g、b 对应颜色匹配中所需要的 R、G、B 三原色光的分量，即三刺激值。CIE 在 1931 年给出了用于匹配任一颜色的 CIE－RGB 系统，其三刺激值曲线如图 5.1.5 所示。从曲线中可以发现，三刺激值有可能是负值，这说明不可能仅仅使用红、绿、蓝三种光的混合来匹配对应的光，某些色光必须使用抽象的“负原色”和其他的原色进行混合。因为现实中的光强不能为负，而且这样的计算抽象难懂，故人们希望找出另外一组原色，用于代替 CIE－RGB 系统。同年，CIE 又提出了三种假想原色 X(红)、Y(绿)、Z(蓝)的改进方案，并称其为 CIE－XYZ 系统。在这种方案下，颜色匹配函数的三刺激值总是非负的。类似地，将匹配公式定义如下：

$$c = xX + yY + zZ \tag{5-2-2}$$

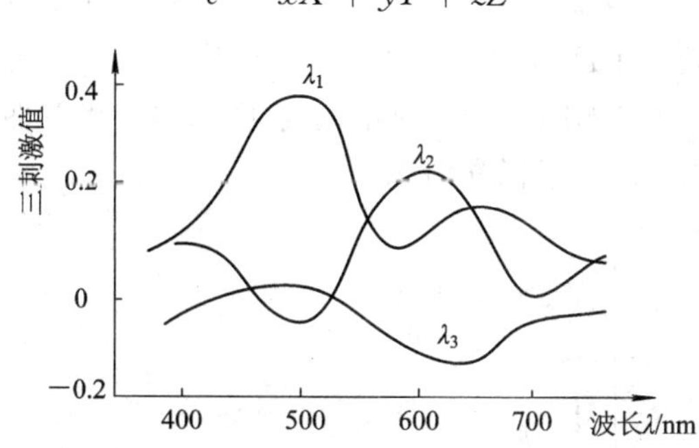

图 5.1.5　标准三原色匹配任意颜色的光谱三刺激值曲线

在这个系统中，任何一种颜色都可以通过 X、Y、Z 三种假想原色的混合(三刺激值都是非负的)来匹配。接下来分析以上结果是否能够实现颜色的一一对应。

使用 X、Y、Z 三种标准原色的单位向量可以构建一个三维颜色空间(如图 5.1.6 所示)，某种颜色刺激 Q 就可以用一个从原点出发的三维向量来表示，称这个三维向量空间为(R，G，B)三刺激空间。在这个空间中，向量的方向决定了三刺激的值，故可以代表对应的颜色。为了将颜色放在二维坐标下表示，在三个坐标轴上对称的取一个截面，该截面通过(R)、(G)、(B)三个坐标轴上的单位向量，而可知截面的方程为(R)＋(G)＋(B)＝1。

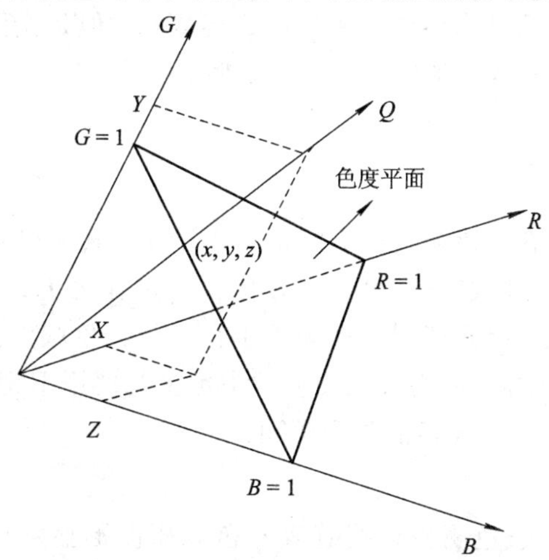

图 5.1.6　三刺激空间和色度图

上述单位长度的截面与三个坐标轴相交，构成一个等边三角形平面，这个平面被称为色度图。每个颜色刺激向量 Q 都会与色度图平面相交，故所有的颜色值都能在三刺激空间中找到，且只有唯一交点，这说明色度图上的每一个点代表不同的颜色，所以任一颜色在标准原色下的三刺激值可以用唯一的空间坐标来表示。对坐标为(x, y, z)的颜色刺激向量 Q，它与色度图平面的交点坐标(x, y, z)即三刺激值被称为色度值，即

$$\begin{cases} x = \dfrac{X}{X+Y+Z} \\ y = \dfrac{Y}{X+Y+Z} \\ z = \dfrac{Z}{X+Y+Z} \end{cases} \tag{5-2-3}$$

因为 $x+y+z=1$，所以只需要知道 x、y 的值就可确定色度值，故将色度图的三角面投影到 XY 平面上后得到一个区域后，其边界和内部代表了所有可见光的色度值，这个马蹄形的区域称为 CIE 色度图(如图 5.1.7 所示)。色度图的边界弯曲部分代表了光谱上饱和度为 100%的色光，图中点 C 表示标准白光。

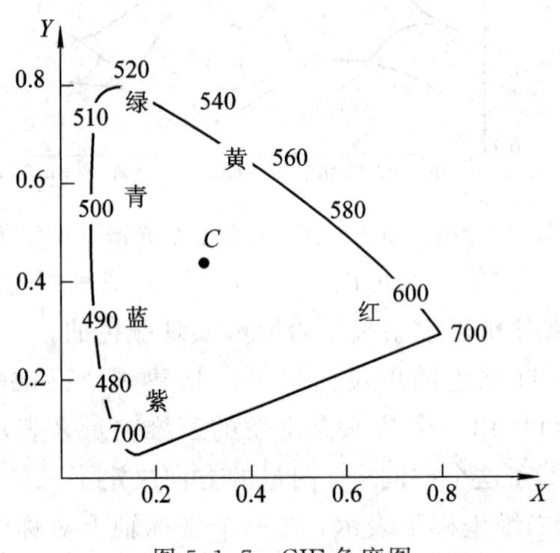

图 5.1.7　CIE 色度图

色度图和三刺激曲线的结合能够较精确地描述颜色，但是实际应用起来难度较大。因此，在计算机图形学中又发展了其他一些颜色模型。

5.1.4　常用的颜色模型

颜色模型就是可见光在三维颜色空间中的一个子集，其中包含了某个颜色域中的所有颜色。在三维直角坐标系中构建一个单位正方体就可以作为 RGB 颜色模型。颜色模型无法涵盖所有颜色的可见光，但它能很方便地用于在一个颜色域内指定颜色。当今的显示器通常采用 RGB 三色显像技术，而真实感图形学中也主要使用 RGB 模型。本章中除了讨论 RGB 模型之外，还将介绍一些其他的常用模型。

1. RGB 颜色模型

RGB 颜色模型通常在彩色阴极射线管等彩色光栅图形显示设备中使用，它采用三维直角坐标系，是使用最多，也是最熟悉的颜色模型。红、绿、蓝原色是加性原色，各个原色

混合在一起可以产生复合色，如图 5.1.8 所示。

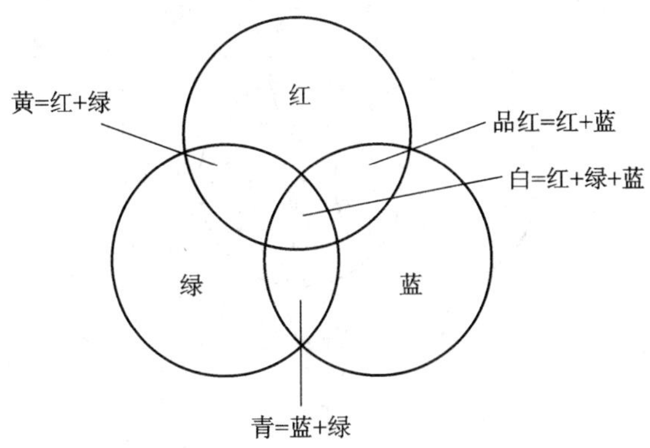

图 5.1.8　RGB 三原色混合效果

RGB 颜色模型通常采用图 5.1.9 所示的单位立方体来表示：在正方体的主对角线上，各原色有相等的强度，产生由暗到明的白色，也就是不同的灰度值(对显示设备而言是亮度)，点(0，0，0)为黑色，点(1，1，1)为白色；立方体的其他六个角点分别为红和青、绿和品红、蓝和黄。

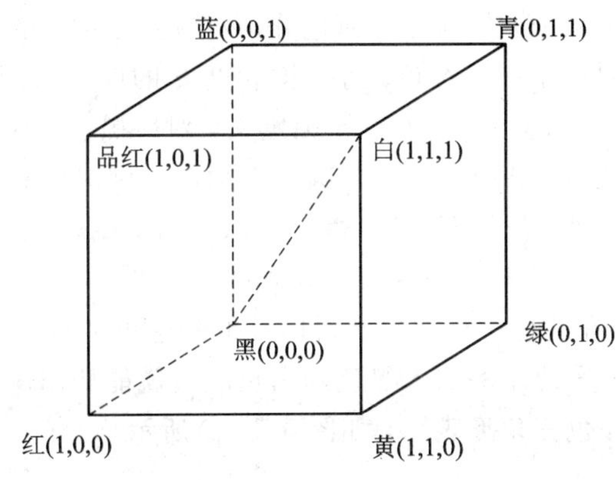

图 5.1.9　RGB 立方体

2. CMY 颜色模型

以 R、G、B 三原色所对应的补色青(Cyan)、品红(Magenta)、黄(Yellow)为原色构成的 CMY 颜色模型，其原理是从白光中减去一种或多种颜色来获得某种颜色，又被称为减性原色系统。CMY 与 RGB 之间是补色的关系，两者的颜色模型均为立方体，但 CMY 的原点为白色，两个模型相同位置的点对应的颜色相加将会获得白色。

CMY 颜色模型常用于打印(如铜版印刷等)的颜色处理。在印刷行业中，通常采用的纸张都是以白色为底，故打印白色时 CMY 均为 0，分量最轻；当在纸面上涂抹青色时，相当于从白光中“减去”了红光；当在纸面上同时涂抹品红和黄色时，相当于从白光中“减去”了蓝光和绿光，因此该位置呈现红色。如果在纸面上涂了黄色、品红色和青色，那么三原色的所有光波将被吸收，该位置呈黑色。由此可见，印刷技术与 CMY 模型的概念更加吻合，便于使用。CMY 原色的减色效果如图 5.1.10 所示。

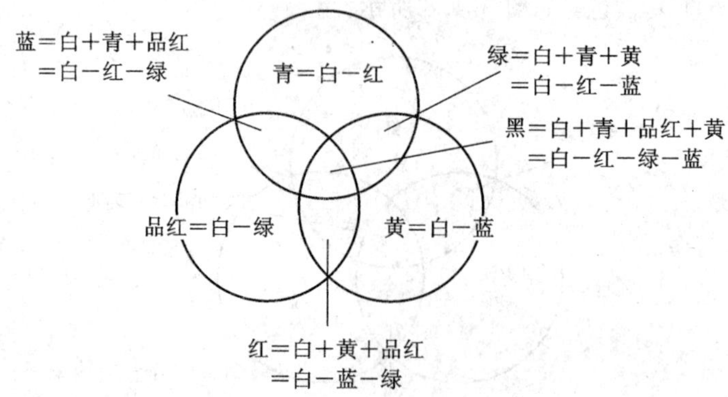

图 5.1.10 CMY 减色效果

3. HSV 颜色模型

RGB 和 CMY 颜色模型都是面向硬件的，而相比之下 HSV 颜色模型则是面向用户的，HSV(Hue, Saturation, Value)是根据颜色的直观特性由 A. R. Smith 在 1978 年创建的一种颜色空间，这个模型是圆柱坐标系下颜色空间中的一个圆锥子集(如图 5.1.11 所示)，其顶面包含了 RGB 模型中 $R=1$、$G=1$、$B=1$ 的三个平面，对应亮度最大值 $V=1$。圆周绕 V 轴旋转的角度用于确定色调 H，红绿蓝三原色分别对应圆形截面的 0°、120°、240°，同一圆截面上相差 180°的两点对应了一组补色关系。饱和度 S 的取值由圆心向圆周沿半径增大，范围由 0 到 1。圆锥尖端处的 $V=0$，H 和 S 无定义，对应黑色；顶层圆形面圆心的 $S=0$，$V=1$，H 无定义，对应纯白，从原点出发沿圆锥中轴向上则对应亮度逐渐提高的灰色，也可以理解为不同灰度的白色。任何 $V=1$、$S=1$ 的点所对应的颜色都是纯色。

HSV 颜色模型对应于绘画时的配色方法。画师为了取色，会使用不同的颜色对饱和度和深度进行调和。例如，在纯色中混合白颜料以降低颜色的浓度，加入黑颜料以增加颜色的深度，对一种颜色按合适的比例加入黑色和白色颜料就能调出所需的颜色。一种固定颜色的色浓和色深可以用颜色三角形表示，如图 5.1.12 所示。

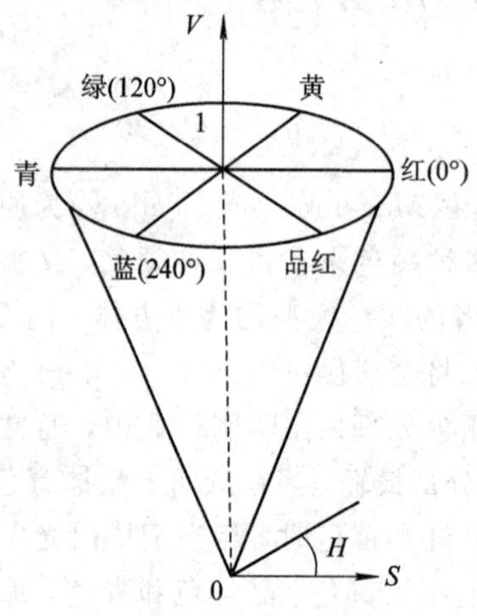

图 5.1.11 HSV 颜色模型

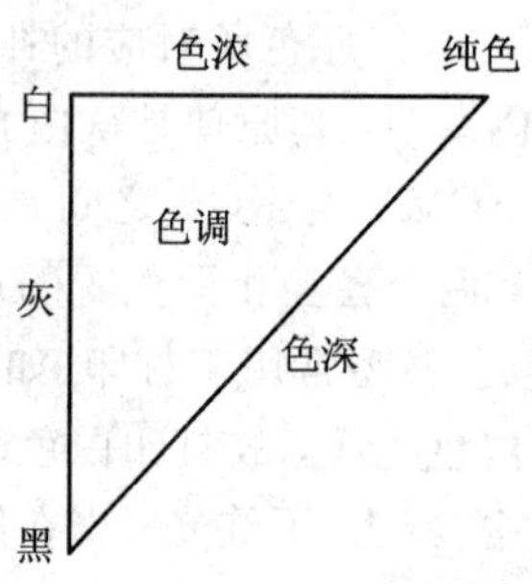

图 5.1.12 颜色三角形

☞ 5.2 简单光照明模型

光照模型包括光的照射、反射、透射等光学物理现象。如何为这些物理现象建立一个可计算的模型并作用于物体表面的颜色处理上，是真实感图形学重点讨论的问题。从 20 世纪 60 年代开始，科研人员就开始了对光照模型的研究。

1967 年，Wylie 等人第一次在显示物体时加进光照效果，并假设物体表面上一点的光强与该点到光源的距离成反比。

1970 年，Bouknight 在 Comm. ACM 上发表论文，提出第一个光反射模型，指出物体表面朝向是确定物体表面上一点光强的主要因素，并用 Lambert 漫反射定律计算物体表面上各多边形的光强，对于光源照射不到的地方用环境光代替。

1971 年，Gourand 在 IEEE Trans. Computers 上发表论文，提出了漫反射模型插值理论。对于一个多面体，可以先用漫反射对顶点的光亮度进行计算，然后使用增量插值对平面上的点计算亮度。

1975 年，Phong 在 Comm. ACM 上发表论文，建立了对真实感图形学后续研究有着极大影响意义的 Phong 光照明模型。虽然这个模型基于经验且原理简单，但能够实现非常可观的真实度表现力。

本节主要讨论光的反射模型，折射和透射模型放在下节讨论。

5.2.1 简单漫反射

漫反射是表面粗糙的物体对光线向各个方向均匀反射的一种物理现象，理想情况下反射光强与视点无关。记入射光强为 I_p，物体表面上点 P 的法向为 $\boldsymbol{N}$，从点 P 指向光源的向量为 $\boldsymbol{L}$，两者间的夹角为 θ，如图 5.2.1 所示，则漫反射光强为

$$I_d = I_p \cdot K_d \cdot \cos(\theta) \qquad \theta \in \left(0,\ \frac{\pi}{2}\right) \tag{5-2-1}$$

其中，K_d是与物体有关的漫反射系数，$0<K_d<1$ 。当 $\boldsymbol{L}$、$\boldsymbol{N}$ 为单位向量时，

$$I_d = I_p \cdot K_d \cdot (\boldsymbol{L} \cdot \boldsymbol{N}) \tag{5-2-2}$$

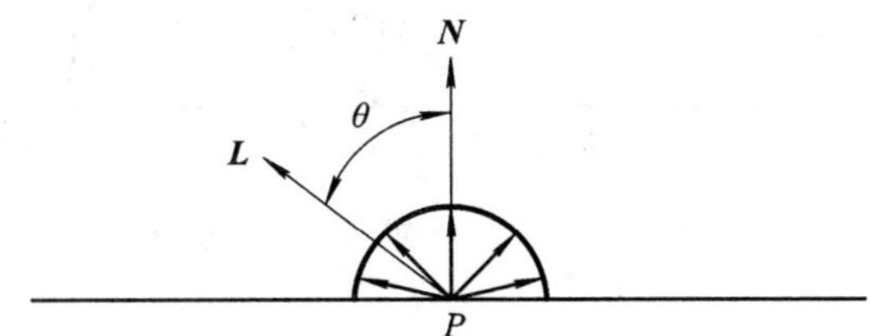

图 5.2.1　简单漫反射示意图

在有多个光源的情况下，可直接将光源效果叠加，此时，

$$I_d = K_d \sum_{i=1}^{n} I_{pi} \cdot (\boldsymbol{L}_i \cdot \boldsymbol{N}) \tag{5-2-3}$$

在 RGB 颜色模型下，漫反射系数 K_d 可以拆解为 K_{dr}、K_{dg}、K_{db}，它们分别代表物体对 RGB 三原色光各自的漫反射系数，三个分量的合成决定了反射后的颜色。同理，入射光光强 I 也可以被分解为 I_r、I_g、I_b，实际计算时只需要控制这些分量的值就能够改变光源的颜色属性。

5.2.2 镜面反射

对于理想镜面，反射光完全遵循反射定律，即反射角等于入射角，且集中在一点反射。如图 5.2.2 所示为一镜面反射示意图。实际情况下的镜面无法满足反射角不变，其反射光的角度具有一定范围，通常反射角等于入射角的位置具有最大强度。所以当视点变化时，观察同一点将会接收到不同的光强，公式如下：

$$I_s = I_p \cdot K_s \cdot \cos^n(\alpha) \qquad \alpha \in \left(0, \frac{\pi}{2}\right) \tag{5-2-4}$$

式中，K_s 为镜面反射系数，与物体表面固有的属性有关，n 为镜面高光系数，代表物体表面的光泽程度，数值越大则表面光泽度越强，通常取值为 1～2000。α 为视线方向 $\boldsymbol{V}$ 与反射方向 $\boldsymbol{R}$ 的夹角，反射光在服从反射定律的角度范围内亮度明显提高，并可能形成光斑，这称为高光现象。

若将 $\boldsymbol{V}$ 和 $\boldsymbol{R}$ 定义为单位向量，则上式可改写为

$$I_s = I_p \cdot K_s \cdot (\boldsymbol{R} \cdot \boldsymbol{V})^n \tag{5-2-5}$$

当有多个光源投射时，镜面反射光强可表示为

$$I_s = K_s \sum_{i} [I_{pi} (\boldsymbol{R}_i \cdot \boldsymbol{V})^n] \tag{5-2-6}$$

镜面反射光产生的高光区域只反映光源的颜色，镜面反射系数 K_s 与颜色无关，它仅仅取决于表面本身的光泽度。结合上节所述可知，想要改变物体颜色，只能控制物体漫反射系数的三个分量。

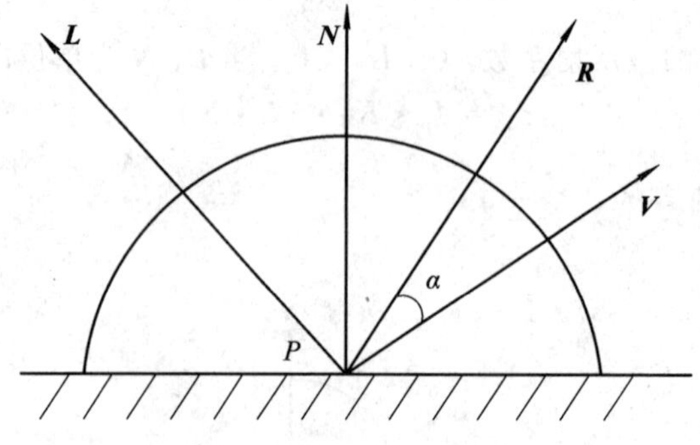

图 5.2.2 镜面反射示意图

5.2.3 环境光

光源在一个环境下与物体之间进行反复反射，最终趋于平衡，这种光线被称为环境光，它间接地影响了物体最终的颜色。可以忽略光速的传播，并近似地认为同一个环境下，

环境光的光强均匀分布，且与空间位置无关。多云天气下，白天室外的光线分布就可以认为是环境光的一种。在简单光照明模型中，环境光可以表示为一个常数：

$$I_e = I_a \times K_a \tag{5-2-7}$$

其中，I_a为环境光的光强，K_a为物体对环境光的反射系数。

5.2.4　Phong 光照明模型

通常所说的 Phong 光照明模型其实就是上述几种光强的线性加和，即物体表面上一点 P 反射到视点的光强 I 等于环境光 I_a、理想漫反射光强 I_d和镜面反射光 I_s的总和，即

$$I = I_a \cdot K_a + I_e = I_p \cdot K_d(\boldsymbol{L} \cdot \boldsymbol{N}) + I_p \cdot K_s(\boldsymbol{R} \cdot \boldsymbol{V})^n \tag{5-2-8}$$

在用 Phong 模型进行真实感图形计算时，对物体表面上的每个点 P，均需计算光线的反射方向 $\boldsymbol{R}$，再由 $\boldsymbol{V}$ 计算$(\boldsymbol{R} \cdot \boldsymbol{V})$。为减少计算量，可作如下假设：

(1) 光源在无穷远处，即光线方向 $\boldsymbol{L}$ 为常数。

(2) 视点在无穷远处，即视线方向 $\boldsymbol{V}$ 为常数。

(3) 用$(\boldsymbol{H} \cdot \boldsymbol{V})$近似$(\boldsymbol{R} \cdot \boldsymbol{N})$。这里 $\boldsymbol{H}$ 为 $\boldsymbol{L}$ 和 $\boldsymbol{V}$ 的平分向量，$\boldsymbol{H} = (\boldsymbol{L}+\boldsymbol{V})/|\boldsymbol{L}+\boldsymbol{V}|$，如图 5.2.3 所示。

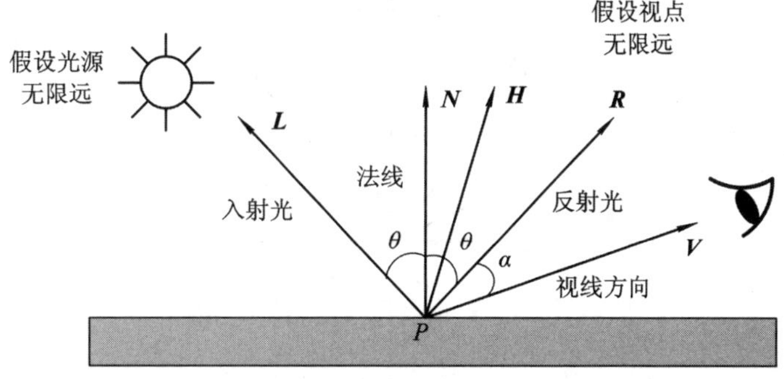

图 5.2.3　理想环境光

在这种简化下，由于对所有的点总共只计算一次 $\boldsymbol{H}$ 的值($\boldsymbol{N}$ 总是需要计算的)，因此节省了计算时间。

5.3　光透射模型

对于透明或半透明的物体，光投射到物体上通常会同时反射与折射，折射光因折射率影响改变角度后从物体另一侧射出，形成透射光。如果视点在折射光射出的方向上，就能观察到透射光。

5.3.1　颜色调和法

常用颜色调和法来简单地模拟物体的透明效果。该方法不考虑透明体对光的折射以及透明物体本身的厚度，光通过物体表面是不会改变方向的，故可以模拟平面玻璃。

设 t 是物体的透明度，$t=0$ 表示物体是不透明体；$t=1$ 表示物体是完全透体。所看到的颜色，是物体表面的颜色和透过物体的背景颜色的叠加。设过像素点(x, y)的视线与物体相交处的颜色(或光强)为 I_a，视线穿过物体与另一物体相交处的颜色(或光强)为 I_b，则像素点(x, y)的颜色(或光强)可由如下颜色调和公式计算：

$$I = t\times I_b + (1-t)\times I_a \tag{5-3-1}$$

其中，I_a和 I_b可由简单光照明模型计算。因为没有考虑透明物的厚度和透射过程中的折射现象，故颜色调和法只能用于模拟半透明或透明效果。

5.3.2 Whitted 光透射模型

在简单光照明模型的基础上加上透射光一项，就能得到 Whitted 光透射模型(见图 5.3.1)：

$$\begin{aligned} I &= I_a \cdot K_a + I_e \\ &= I_p \cdot K_d \cdot (\boldsymbol{L}\cdot\boldsymbol{N}) + I_p \cdot K_s(\boldsymbol{R}\cdot\boldsymbol{V})^n + I_t K'_t \end{aligned} \tag{5-3-2}$$

其中：I_t为折射方向上的入射光强度；K'_t为透射系数，取值为 0～1，由物体材料的属性决定。

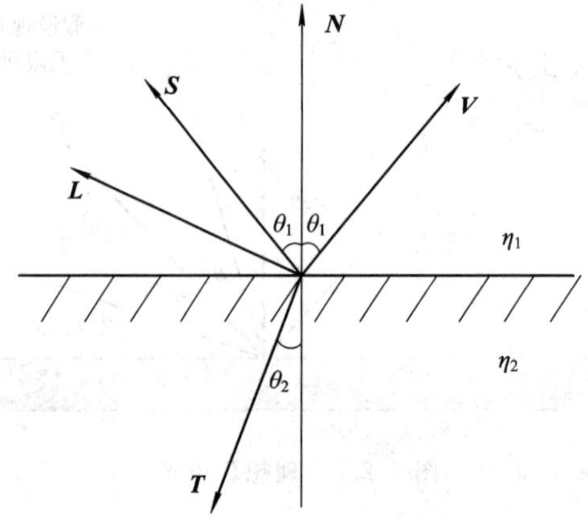

图 5.3.1 Whitted 光透射模型

5.3.3 Hall 透射模型

在理想情况下，透明介质的透射光仅在光线的折射角方向可见。然而，光线经过粗糙的透明体(例如毛玻璃)时将会形成漫透射，这种情况下从另一侧射出的光线将会散射到各个方向。理想漫透射的光强对各方向呈均匀分布。

由 Lambert 余弦定律可以得到点 P 的漫透射光强

$$I_{dt} = I_p \cdot K_{dt} \cdot (-\boldsymbol{N}\cdot\boldsymbol{L}) \tag{5-3-3}$$

其中：I_p为入射光(点光源)，K_{dt}为温透射系数，$\boldsymbol{L}$ 为光源方向，$\boldsymbol{N}$ 为 P 处的法向量方向，如图 5.3.2 所示。

对于半透明物体，当视点在透射方向附近的一定角度内时都能观察到透射光，其光强会随着视线方向 $\boldsymbol{V}$ 与光线的折射方向 $\boldsymbol{T}$ 之间夹角的增大而急剧减小。相比漫透射光强，通常情况下规则的透射光强度将会大上数倍，并在折射方向附近产生一个高光区域，在高光区域内，光强比外部强很多。

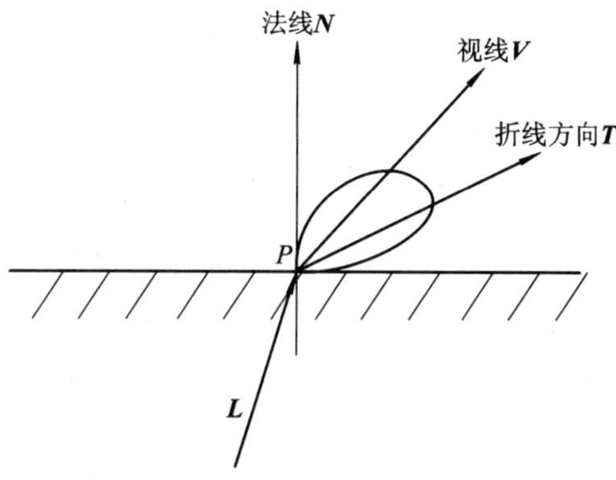

图 5.3.2　Hall 光透射模型

Hall 用下面的式子模拟透射高光现象：

$$I_t = I_p \cdot K_t \cdot (\boldsymbol{T} \cdot \boldsymbol{V})^n \qquad (5-3-4)$$

其中：I_t 是视线方向规则透射光的强度；I_p 为点光源光强；K_t 为物体的透明系数；n 为镜面高光系数。

5.4　整体光照明模型

简单光照明模型只体现了反射现象，加上光透射模型，就构成了整体光照明模型。目前的整体光照明模型主要采用两种算法，即光线跟踪算法和辐射度算法。这两种方法是如今真实感图形学中最重要的图形绘制技术，在 CAD 及图形学领域得到了广泛的应用。

5.4.1　光线跟踪算法

光线跟踪算法是真实感图形学中的主要算法之一，该算法具有原理简单、实现方便和能够生成各种逼真的视觉效果等突出的优点，综合考虑了光的反射、折射透射、阴影等。

光线跟踪的基本原理为：模拟理想表面的光的传播，跟踪镜面反射和折射。光线从光源发出后经过大量的反射与折射，最终能够直接进入人眼的只有很少一部分。所以光线跟踪算法反其道而行之，从视点出发跟踪光线，即由视点与像素(x, y)发出一根射线，到达首个物体之后，跟踪光线的反射与折射路径，如图 5.4.1 和图 5.4.2 所示。

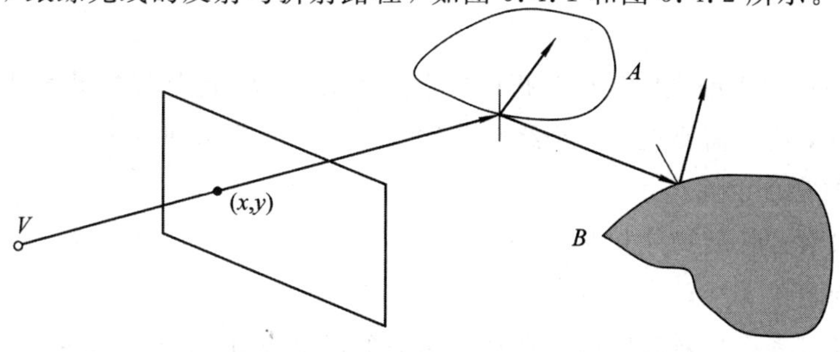

图 5.4.1　光线跟踪算法示意图

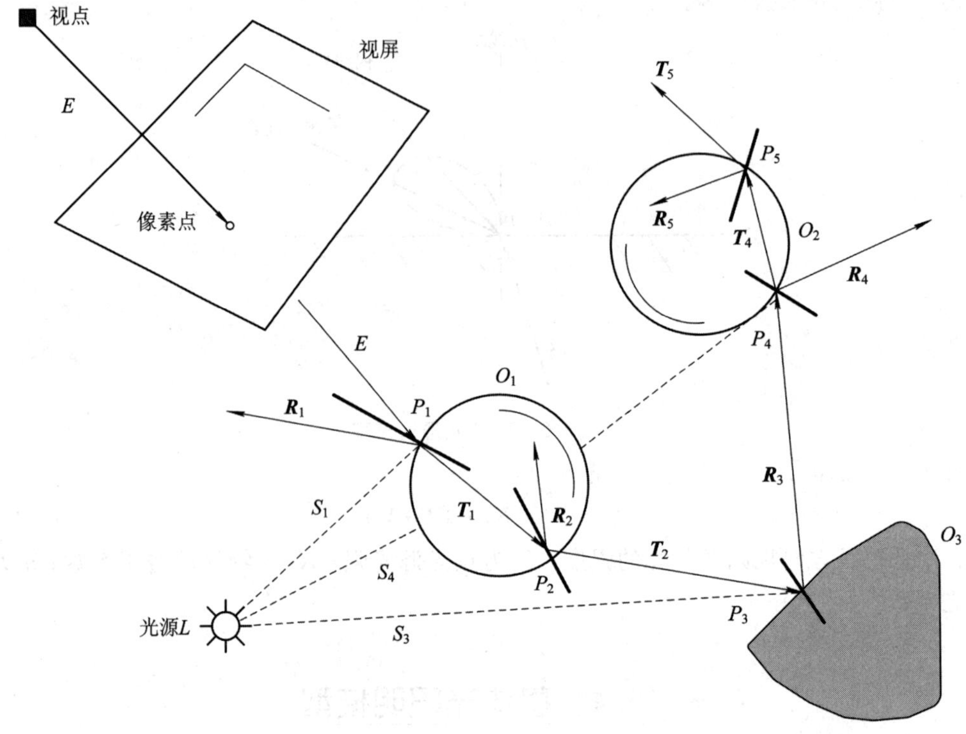

图 5.4.2 两个透明球和一个非透明物体组成场景的光线跟踪

当视线 **V** 与物体表面相交于点 P 时，光源在 P 点对于视线 **V** 方向的贡献分为三部分：

(1) 由光源产生的直接的光线照射光强，是交点处的局部光强，可以由简单光照模型计算(要考虑遮挡)。

$$I = I_a K_a + \sum_i I_{p,i} [K_{ds}(L_\xi \cdot N) + K_s (H_{s,i} \cdot N)^{n_s}]$$
$$+ \sum_j I_{p,i} [K_{dt}(-N \cdot L_j) + K_s (N \cdot H_{i,j})^{n_t}] \quad (5-4-1)$$

(2) 反射方向上由其他物体引起的间接光照光强，由 $I_s K_s$ 计算，I_s 通过对反射光线的递归跟踪得到。

(3) 折射方向上由其他物体引起的间接光照光强，由 $I_t K_t$ 计算，I_t 通过对折射光线的递归跟踪得到。

实际在理想情况下的光线反射与折射次数是无穷大的，但是根据计算所需，不可能进行无穷次的计算，所以需要设定一个终止条件，在光线跟踪达到一定程度时停止跟踪。以下是几种常用的终止条件：

(1) 光线没有和任何物体相交；

(2) 光线与背景相交；

(3) 光线经过多次反射折射后光强衰减至某个较小的值(需事先设定)；

(4) 光线反射与折射次数大于设定好的最大值。

5.4.2　辐射度方法

1. 辐射度方法定义

辐射度方法的出现晚于光线跟踪算法，但其也是一个具有时代意义的真实感图形绘制技术。光线跟踪算法对镜面反射、阴影等整体光照明问题给出了较好的计算思路，但是限于其采样特性以及局部光照模型的不完善，故光线跟踪算法不能用于表现距离较近的物体之间的色彩渗透现象。

1984 年，美国康奈尔大学和日本广岛大学的研究人员将广泛用于热辐射工程中的辐射度方法推广到了到计算机图形学中，并成功模拟了理想漫反射表面之间的多重漫反射效果。辐射度方法经过多年发展，图形仿真的效果不断地提高，对于复杂场景的表现力也令人十分满意。

辐射度方法的理论依据来自热辐射工程中的守恒理论和能量传递理论，即在一个封闭环境下，能量经过多次反射之后，最终趋于均衡。由于这种能量平衡态可以用一个系统方程来定量表达，因而与以往的光照明模型算法不同，辐射度方法需要进行整体求解。事实上，当计算出辐射度系统的解之后，就可以获得所有景物的表面辐射度分布信息，这样就可以在任意位置以任一方向对场景进行准确的绘制。

2. 辐射度中的概念及其关系

(1) 立体角：三维空间中的立体锥角，见图 5.4.3(a)，记为 $d\omega$。以立体角的顶点为球心，作一半径为 r 的球面，立体角的边界在球面上所截的面积 ds 除以半径平方表示立体角的大小，即

$$d\omega = \frac{ds}{r^2}$$

(2) 光亮度：发光面积微元在单位时间、单位投影面积(沿视线方向)和单位立体角向某方向辐射的光能，见图 5.4.3(b)，记为 I。

(3) 辐射度：发光面积微元在单位时间、单位面积向其四周半空间辐射的总能量，见图 5.4.3(c)，记为 B。

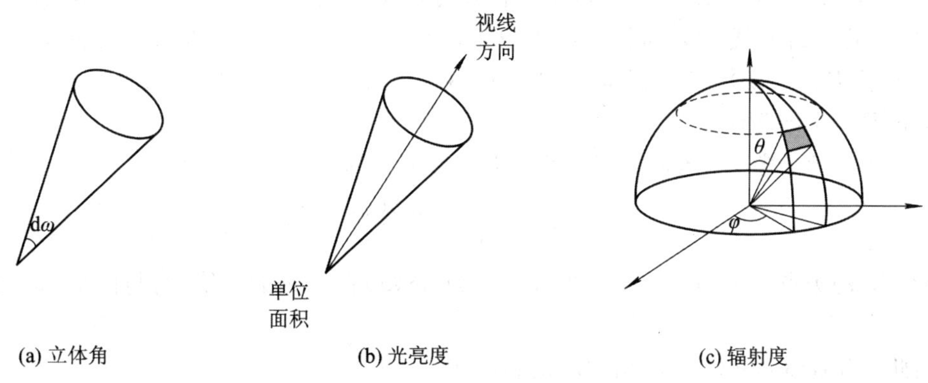

图 5.4.3　辐射度的三个概念

设 dP 为表面某点处单位面积上朝某辐射方向发出的光能，则 dP 与该点处的光亮度 I 的关系为

$$dP = I\cos\theta d\omega \tag{5-4-2}$$

其中，θ 为该点处的表面法线与辐射方向之间的夹角，见图 5.4.4。该点的辐射度

$$
\begin{aligned}
B &= \int_{\Omega} \mathrm{d}P = \int_{\Omega} I\cos\theta\, \mathrm{d}\omega \\
&= I\int_{0}^{2\pi}\int_{0}^{\frac{\pi}{2}} \cos\theta\, \sin\theta\, \mathrm{d}\theta\, \mathrm{d}\varphi \\
&= I\pi
\end{aligned}
\tag{5-4-3}
$$

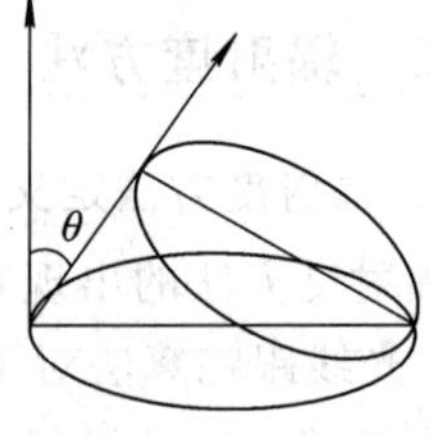

图 5.4.4 视点方向和法线方向

因此，对于理想的漫反射表面，每点的辐射值和光强的比值与角度无关，等于常数 π。表面各点处的光亮度计算可以通过求解整个场景的辐射度方程而得到。假设周围环境是一个封闭的系统，则物体表面上每一点 x 的微面元 $\mathrm{d}S(x)$ 向四周辐射能量的值可分为两部分：该点本身具有的辐射能和环境中的物体贡献给该点并反射出的光能。设环境中的物体贡献给 $\mathrm{d}S(x)$ 的光能为 $H(x)$，而 $\rho(x)$ 为 x 点的反射率，则 $\mathrm{d}S(x)$ 反射出的光能为 $\rho(x)H(x)$。所以 x 点处的辐射度 $B(x)$ 满足：

$$B(x)\mathrm{d}A(x) = E(x)\mathrm{d}A(x) + \rho(x)H(x) \tag{5-4-4}$$

其中，$\mathrm{d}A(x)$ 为微面元 $\mathrm{d}S(x)$ 的面积，$E(x)$ 为该表面在 x 点处的自身辐射度。若该表面为漫射光源，$E(x)>0$；否则，$E(x)=0$。

下面来考虑如何计算 $H(x)$。由 $H(x)$ 的定义知，$H(x)$ 是周围环境表面各点辐射度 $B(x')$ 的函数，其中 $x'\neq x$。一般来说，x' 点处的微面元 $\mathrm{d}S(x')$ 向四周发射的能量中只有一部分到达 x 点处。如果用 $F(x', x)$ 来表示微面元 $\mathrm{d}S(x')$ 辐射并达到面元 $\mathrm{d}S(x)$ 的光能占它向四周辐射的总能量的比例，则 $\mathrm{d}S(x')$ 对 x 的入射光能为

$$B(x')F(x', x)\mathrm{d}A(x') \tag{5-4-5}$$

其中，$\mathrm{d}A(x')$ 为微面元 $\mathrm{d}S(x')$ 的面积。由 $H(x)$ 的定义知，

$$H(x) = \int_{S} B(x')F(x', x)\mathrm{d}A(x') \tag{5-4-6}$$

其中 S 为环境中的所有表面。通常称 $F(x', x)$ 为微面元 $\mathrm{d}S(x')$ 对微面元 $\mathrm{d}S(x)$ 的形状因子。

由式(5-4-5)、式(5-4-6)两个方程知道，形状因子的表达与计算是建立辐射度方程的关键。由于理想漫射表面接收到来自空间任一方向的光能后向各个方向均匀反射，故形状因子 $F(x', x)$〗只与微面元 $\mathrm{d}S(x')$ 和 $\mathrm{d}S(x)$ 的相对位置、几何大小有关，即 $F(x', x)$ 是一个纯几何量。

根据立体角的定义，当从 x' 处观察 $\mathrm{d}S(x)$ 时所张的立体角为

$$\mathrm{d}\omega = \frac{\cos\theta_x \cdot \mathrm{d}A(x)}{r^2(x', x)} \tag{5-4-7}$$

其中 $r(x', x)$ 为点 x' 到点 x 之间的距离，θ_x 为 $\mathrm{d}S(x)$ 在 x 处的法线 N_x 与向量 xx' 之间的交角。

由此，由微面元 $\mathrm{d}S(x')$ 发出的能量到达 $\mathrm{d}S(x)$ 的能量为

$$\mathrm{d}P(x')\mathrm{d}A(x') = I(x')\cos\theta_{x'}\, \mathrm{d}\omega \mathrm{d}A(x') = \frac{B(x')}{\pi}\cos\theta_{x'}\, \mathrm{d}\omega \mathrm{d}A(x') \tag{5-4-8}$$

其中 $\mathrm{d}P(x')$ 为 x' 处单位面积朝立体角 $\mathrm{d}\omega$ 发出的光能（光通量），$I(x')$ 为 x' 点处的光亮度（各向相同），$\theta_{x'}$ 为 $\mathrm{d}S(x')$ 在 x' 处的法向量 $\boldsymbol{N}_{x'}$ 与向量 $\boldsymbol{xx}'$ 之间的夹角。

由辐射度的定义可知，微面元 $dS(x')$ 向四周发出的总能量为 $B(x')dA(x')$，故面元 $dS(x')$ 到面元 $dS(x)$ 的形状因子为

$$F(x',\ x)=\frac{dP(x')dA(x')}{B(x')dA(x')}=\frac{\cos\theta_{x'}d\omega}{\pi}=\frac{\cos\theta_x\cos\theta_{x'}}{\pi r^2(x,\ x')}dA(x) \tag{5-4-9}$$

以上推导隐含了一个假设，即微面元 $dS(x)$ 与 $dS(x')$ 之间是完全可见的，如图 5.4.5 所示。

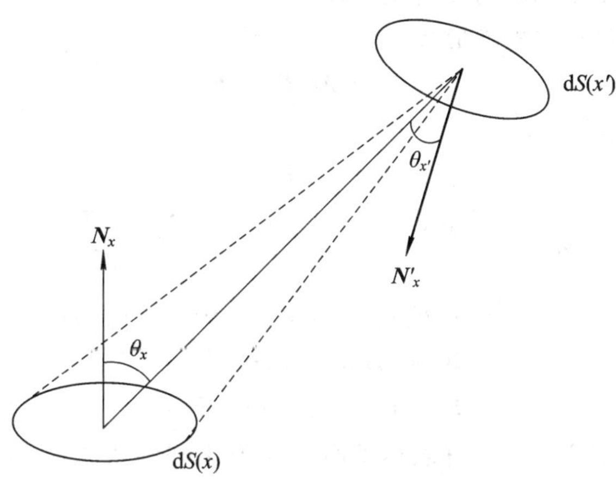

图 5.4.5　辐射度算法示意

若 $dS(x)$ 与 $dS(x')$ 之间存在遮挡物，则由几何光学原理知，$dS(x')$ 入射到 $dS(x)$ 上的能量为零。引进遮挡函数 $\mathrm{HID}(dS(x),\ dS(x'))$，若遮挡，其值为 0，否则为 1，则形状因子的一般形式为

$$F(x',\ x)=\mathrm{HID}(dS(x),\ dS(x'))\frac{\cos\theta_x\cos\theta_{x'}}{\pi r^2(x,\ x')}dA(x) \tag{5-4-10}$$

由式(5-4-1)、式(5-4-7)、式(5-4-9)可得

$$B(x)=E(x)+\rho(x)\int_S B(x')\frac{\cos\theta_x\cos\theta_{x'}}{\pi r^2(x,\ x')}\mathrm{HID}(dS(x),\ dS(x'))dA(x') \tag{5-4-11}$$

上式即一般理想漫射环境的辐射度方程。该式对封闭环境下达到平衡态的物体光能分布做了系统地描述。

虽然式(5-4-11)可以广泛表述环境的辐射度，但是在实际应用时，想要准确计算所有景物表面上众多点的辐射度 $B(x)$ 是近乎不可能的，所以需要对式子作合理的简化。

假设将场景表面切分为 N 个平面片，它们互不重叠，且每个平面片上的漫反射系数和辐射度都是常数；第 i 个面片 S_i 的辐射度为 B_i，其自身拥有的辐射度为 E_i，漫反射系数为 ρ_i，其面积为 A_i，则将式(5-4-11)应用在面片 A_i 上，并在方程两边对 S_i 求积分可得

$$\begin{aligned}B_iA_i=&E_iA_i+\rho_i\sum_{j=1}^{N}B_j\int_{S_i}\int_{S_j}\frac{\cos\theta_x\cos\theta_{x'}}{\pi r^2(x,\ x')}\\&\times\mathrm{HID}(dS(x),\ dS(x'))dA(x')dA(x)\end{aligned} \tag{5-4-12}$$

若记：

$$F_{ij}=\frac{1}{A_i}\int_{S_i}\int_{S_j}\frac{\cos\theta_x\cos\theta_{x'}}{\pi r^2(x, x')}\mathrm{HID}(\mathrm{d}S(x), \mathrm{d}S(x'))\mathrm{d}A(x')\mathrm{d}A(x)$$

则上式可写为

$$B_i=E_i+\rho_i\sum_{j=1}^{N}B_jF_{ij}\qquad i=1, 2, \cdots, N \tag{5-4-13}$$

此即为简化后漫射环境下的辐射度系统方程。

可将式(5-4-13)写成矩阵形式：

$$(\boldsymbol{I}+\boldsymbol{M})\boldsymbol{B}=\boldsymbol{E} \tag{5-4-14}$$

其中，$\boldsymbol{I}$ 为 $N\times N$ 的单位阵，

$$\boldsymbol{M}=\begin{bmatrix}-\rho_1F_{11} & -\rho_1F_{12} & \cdots & -\rho_1F_{1N}\\ -\rho_2F_{21} & -\rho_2F_{22} & \cdots & -\rho_2F_{2N}\\ \cdots & \cdots & \ddots & \cdots\\ -\rho_NF_{N1} & -\rho_NF_{N2} & \cdots & -\rho_NF_{NN}\end{bmatrix}$$

$$\boldsymbol{B}=(B_1, B_2, \cdots, B_N)^{\mathrm{T}}$$

$$\boldsymbol{E}=(E_1, E_2, \cdots, E_N)^{\mathrm{T}}$$

由前述推导容易知道，F_{ij} 恰好表达了面片 S_j 发出并到达面片 S_i 的辐射能占 S_j 向四周辐射的总能量的比例，被称为面片 S_j 到面片 S_i 的形状因子。

形状因子计算完毕后，就能够求解式(5-4-14)并计算出每个面片的辐射度。这样的便利之处在于，辐射度与视点无关，所以形状因子不会因为光源或视点的变化而改变，减少了重复计算的复杂过程。只要确定了视点和视线方向，就可以直接采用消隐算法绘制场景。

总的来说，漫射环境下的辐射度方法可归结为图 5.4.6 所示。

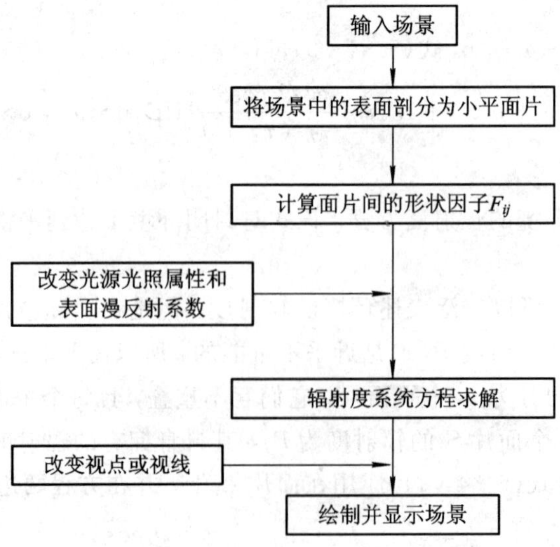

图 5.4.6　漫射环境下辐射度算法框图

3. 辐射度的绘图原则

在辐射度的计算与绘制中，为了提高计算效率，往往遵循一定的原则。

表面剖分处理原则：剖分所生成面片的数量和形状不仅严重影响辐射度方法的效率，而且也会影响面片间形状因子的计算精度。在算法实现时，应尽量避免将景物表面分割成狭长的面片形状。在面片数一定的情况下，一个好的剖分算法应使这些面片均匀地分布在各景物表面上。在辐射度面片剖分算法中，一般采用正方率来衡量各面片形状的优劣。一面片的正方率定义为其内接圆半径与其外接圆半径之比。显然，面片的正方率越大(接近于 1)，该面片的形状越方正；若其正方率接近于零，则面片呈狭长的形状，如图 5.4.7 所示。

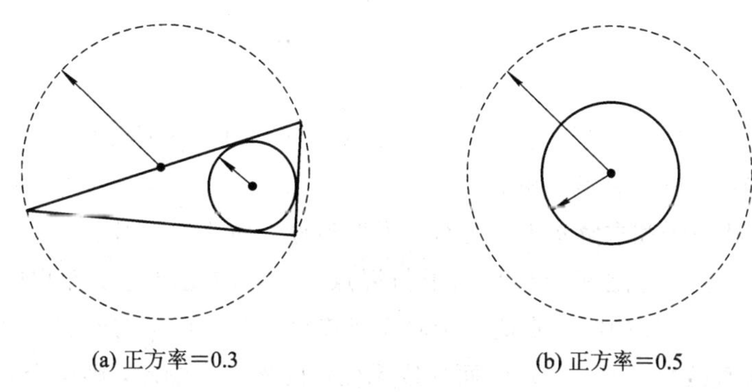

图 5.4.7　表面剖分处理原则在两种正方率下的示意图

由于事先并不知道各景物表面上辐射度函数的变化规律，因而无法准确预测应在景物表面的哪些区域分得粗一些，在哪些区域分得细一些。一个折中的方案是先对表面作均匀剖分来生成初始面片，并尽可能使各面片的正方率大一些。当然，这可能与后面计算得到的表面辐射度分布不相吻合，但经对初始面片继续作递归细分，可生成所需的非均匀网格。

4. 形状因子 F_{ij} 的计算

(1) F_{ij} 和 F_{ji} 满足下列交换关系：

$$A_iF_{ij} = A_jF_{ji}$$

(2) 对封闭环境有：

$$\sum_{i=1}^{N} F_{ij} = 1$$

(3) 若面片 S_i 为一平面片或凸曲面片，则有

$$F_{ij} = 0$$

(4) 计算：除几种简单情形外，形状因子 F_{ij} 的计算公式没有精确的解析解，因而图形学中均采用数值求解技术来计算形状因子。

5. 辐射度方程求解

方程：

$$(\boldsymbol{I} + \boldsymbol{M})\boldsymbol{B} = \boldsymbol{E}$$

其中，$\boldsymbol{I}$ 为 $N\times N$ 的单位阵，

$$\boldsymbol{M}=\begin{bmatrix}-\rho_1F_{11} & -\rho_1F_{12} & \cdots & -\rho_1F_{1N}\\ -\rho_2F_{21} & -\rho_2F_{22} & \cdots & -\rho_2F_{2N}\\ \cdots & \cdots & \vdots & \cdots\\ -\rho_NF_{N1} & -\rho_NF_{N2} & \cdots & -\rho_NF_{NN}\end{bmatrix}$$

$$\boldsymbol{B}=(B_1,B_2,\cdots,B_N)^{\mathrm{T}}$$

$$\boldsymbol{E}=(E_1,E_2,\cdots,E_N)^{\mathrm{T}}$$

方程组的系数矩阵为

$$\boldsymbol{M}'=\begin{bmatrix}1-\rho_1F_{11} & -\rho_1F_{12} & \cdots & -\rho_1F_{1N}\\ -\rho_2F_{21} & 1-\rho_2F_{22} & \cdots & -\rho_2F_{2N}\\ \cdots & \cdots & \vdots & \cdots\\ -\rho_NF_{N1} & -\rho_NF_{N2} & \cdots & 1-\rho_NF_{NN}\end{bmatrix}$$

$\boldsymbol{M}'$为对角占优矩阵，方程有唯一解。

通过计算形状因子和求解辐射度方程，可得到每一面片的辐射度 B_i，它们可用于绘制场景中的面片。由于面片之间的形状因子与视点无关，因此辐射度方程的解也与视点无关。这一性质使得辐射度的解特别适合于对视点连续变化的场景的绘制，即所谓的漫游。

如果用 B_i 去直接绘制面片，每一面片按无变化的光亮度绘制，则整个景物表面的光亮度将不连续。解决的方法是：将所得的面片辐射度的值外推到周围的顶点，再用 Gouraud 方法显示多边形，Gouraud 方法将在下一节介绍。

辐射度方法要求有一个封闭的环境，在这个封闭环境中能量是守恒的。这个封闭环境被简化为由 N 个表面组成。它们可以是发光表面(如光源)、反射面或虚拟的表面(如窗户)。表面被假定为理想漫反射体、理想漫射发光体、理想漫反射体和漫射发光体的组合。将光源看作具有指定照明强度的表面。对于有向光源，首先独立地计算它对场景中表面的有向辐射，然后将受到有向辐射的各表面视作发光表面进行辐射度求解。

☞ 5.5 多边形的绘制

通常采用多边形来构建 3D 真实感模型。仅含有多边形框架的模型称为线框图，而为了体现 3D 模型的真实感，需要对线框图的表面做着色处理。

多边形的绘制通常分为均匀着色及光滑着色。

(1) 均匀着色。任取多边形上一点，利用光照明方程计算出它的颜色，用这个颜色填充整个多边形即获得了均匀着色的模型。这种方法适用于光源或视点在无穷远处，或者多边形是物体表面的精确表示的情况，其产生的图像色彩过渡不平滑，视觉效果较差。

(2) 光滑着色。光滑着色又称为插值着色，是通过在颜色之间增加插值来使多边形表面颜色平滑过渡的真实感图形生成方法。常见的光滑着色手段有 Gouraud 着色方法(高洛德着色法)和 Phong 着色方法(冯氏着色法)。

5.5.1 Gouraud 着色方法

Gouraud 明暗处理又称为强度插值明暗处理，是 Gouraud 在 1971 年提出的。顾名思义，它是先根据三角形三个顶点的法矢量和任意的光线模型得出这三点的光强，然后沿三角形的边和水平扫描线分别进行插值计算，得出这个三角形上的各点的光强。值得注意的是，Gouraud 着色方法并不是孤立地处理单个多边形，而是将构成一个物体表面的所有多边形(多边形网格)作为一个整体来处理。

对多边形网格中的每一个多边形，Gourand 着色处理分为如下四个步骤：

(1) 计算多边形的单位法矢量。

(2) 计算多边形顶点的单位法矢量，如图 5.5.1 所示。对于一个顶点，将与它相邻的所有多边形的法向平均值近似作为该顶点的近似法向量，其数值可由以下公式计算：

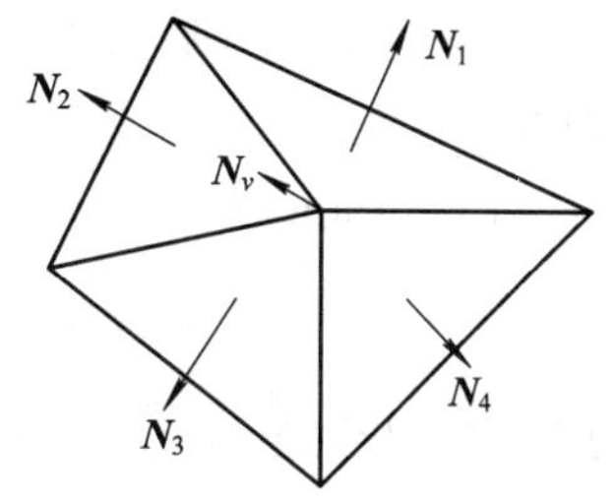

图 5.5.1　Gouraud 算法在多面体上法向量的确定

$$N_v = \frac{\sum_{i=1}^{n} N_i}{\left|\sum_{i=1}^{n} N_i\right|} \qquad (5-5-1)$$

这样计算出的平均法向一般与该多边形物体近似曲面的切平面比较接近。

(3) 利用光照明方程计算顶点光强(颜色)。

(4) 对多边形顶点光强(颜色)进行双线性插值，获得多边形内部各点的光强(颜色)。

在 Gouraud 方法中，首先要利用定点的亮度做线性插值处理以得到各边的亮度，再将亮度在扫描线上做线性插值，最终获得平面上每一点的亮度。

如图 5.5.2 所示，假设待绘制的三角形投影为 $P_1P_2P_3$，P_i的坐标为$(x_i, y_i)i=1, 2, 3$；一条扫描线与三角形的两条边分别交于 $A(x_A, y_A)$、$B(x_B, y_B)$两点。$P(x, y)$是 AB 上的一点。

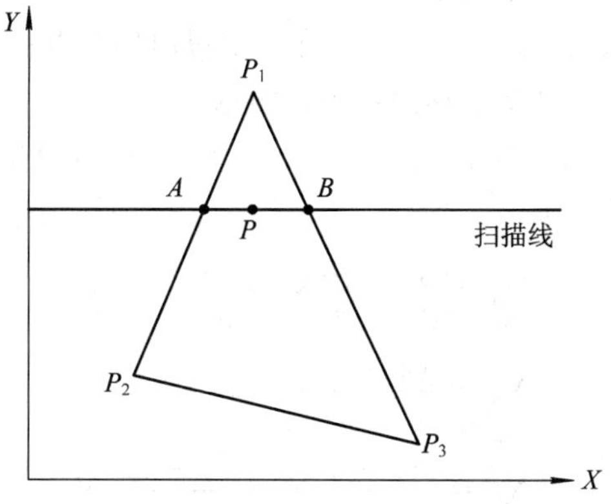

图 5.5.2　Gouraud 算法的扫描线

A 点的颜色 I_A由 P_1、P_2点的颜色 I_1、I_2线性插值得到：

$$\begin{cases} I_A = \dfrac{y_A - y_2}{y_1 - y_2} I_1 + \dfrac{y_1 - y_A}{y_1 - y_2} I_2 \\ I_B = \dfrac{y_B - y_3}{y_1 - y_3} I_1 + \dfrac{y_1 - y_B}{y_1 - y_3} I_3 \\ I_P = \dfrac{x_B - x}{x_B - x_A} I_A + \dfrac{x - x_A}{x_B - x_A} I_B \end{cases} \tag{5-5-2}$$

Gouraud 方法的优点在于能够有效地显示漫反射曲面，且计算量较小。但这种方法在高光下有时会出现异常，另外当对曲面采用不同的多边形进行分割时，此算法会产生不同的效果。Gouraud 明暗处理会造成表面上出现过亮或过暗的条纹，称为马赫带（Mach-band）效应。

针对 Gouraud 方法的一些不足，Phong 提出了双线性法向插值，以时间为代价，解决高光问题。

5.5.2 Phong 着色方法

1973 年美国越南裔学者裴祥风（Bùi Tuòng Phong）在他的博士论文中首次提出了 Phong 着色方法。与 Gouraud 着色法比较，Phong 着色法的效果比前者更逼真，但运算程序也比前者更为复杂。

Phong 着色模型是将物体表面的光反射看成是环境光的反射之和与光源直接有关的漫反射及镜面反射的组合。从数学上讲就是将反射的总能量看做是光环境的强度、点光源的强度乘以三个不同的系数后相加的和。这三个系数分别代表物体表面反射环境光、产生漫反射和产生镜面反射的能力。

为每一个点计算颜色通常需要很高的代价，这在有些应用中是没必要的。因此，Phong 着色法有选择地在某些表面点上使用模型公式，然后依靠颜色差值和表面法向量差值等技术来为其余表面点着色。

Phong 着色法的大致步骤如下：

(1) 计算多边形单位法矢量。

(2) 计算多边形顶点单位法矢量。

(3) 对多边形顶点法矢量进行双线性插值，获得内部各点的法矢量。

(4) 利用光照明方程计算多边形内部各点颜色。

对于如图 5.5.3 所示的三角形，插值向量 $\boldsymbol{N}_A$ 和 $\boldsymbol{N}_B$ 可以分别由 $\boldsymbol{N}_1$、$\boldsymbol{N}_2$ 以及 $\boldsymbol{N}_1$、$\boldsymbol{N}_3$ 线性插值得到：

$$\begin{aligned} \boldsymbol{N}_A &= \frac{y_A - y_2}{y_1 - y_2} \boldsymbol{N}_1 + \frac{y_1 - y_A}{y_1 - y_2} \boldsymbol{N}_2 \\ \boldsymbol{N}_B &= \frac{y_B - y_3}{y_1 - y_3} \boldsymbol{N}_1 + \frac{y_1 - y_B}{y_1 - y_3} \boldsymbol{N}_3 \\ \boldsymbol{N}_P &= \frac{x_B - x}{x_B - x_A} \boldsymbol{N}_A + \frac{x - x_A}{x_B - x_A} \boldsymbol{N}_B \end{aligned} \tag{5-5-3}$$

对于 Phong 着色方法同样可以采用增量算法。当扫描线 y 递增一个单位变为 $y+1$ 时，$\boldsymbol{N}_A$、$\boldsymbol{N}_B$ 的增量分别为 $\Delta\boldsymbol{N}_A$，$\Delta\boldsymbol{N}_B$，即

$$\boldsymbol{N}_{A,\ y+1} = \boldsymbol{N}_{A,\ y} + \Delta\boldsymbol{N}_A, \quad \boldsymbol{N}_{B,\ y+1} = \boldsymbol{N}_{B,\ y} + \Delta N_B$$
$$\Delta\boldsymbol{N}_A = \frac{\boldsymbol{N}_1 - \boldsymbol{N}_2}{y_1 - y_2}, \quad \Delta\boldsymbol{N}_B = \frac{\boldsymbol{N}_1 - \boldsymbol{N}_3}{y_1 - y_3} \tag{5-5-4}$$

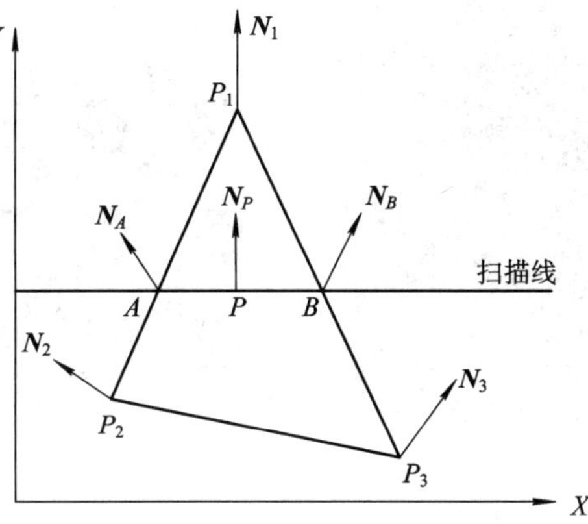

图 5.5.3 Phong 算法的扫描线与法向量

当 x 递增一个单位时，I_P的增量为 ΔI_P，即

$$\boldsymbol{N}_{P,\ x+1} = \boldsymbol{N}_{P,\ x} + \Delta\boldsymbol{N}_P \tag{5-5-5}$$

其中

$$\Delta\boldsymbol{N}_P = \frac{\boldsymbol{N}_B - \boldsymbol{N}_A}{x_B - x_A}$$

Phong 着色方法绘制的图形比 Gouraud 方法更真实，体现在两个方面：高光区域的扩散和高光区域正确的产生。当然，此方法也存在缺点：首先，Phong 着色方法计算量远大于 Gouraud 着色方法；其次，在处理某些多边形分割的曲面时，Phong 算法还不如 Gouraud 算法好。

☞ 5.6 纹理及纹理映射

物体的表面细节称为纹理(Texture)，纹理分为两类：

(1) 颜色纹理：颜色或明暗度变化体现出来的表面细节，如刨光木材表面上的木纹。

(2) 几何纹理：由不规则的细小凹凸体现出来的表面细节，如桔子皮表面的皱纹。

在真实感图形学中，可以用下列两种方法来定义纹理：

(1) 图像纹理：将二维纹理图案映射到三维物体表面，绘制物体表面上一点时，采用相应的纹理图案中相应点的颜色值，见图 5.6.1(a)。

(2) 函数纹理：用数学函数定义简单的二维纹理图案，如方格地毯；或用数学函数定义随机高度场，生成表面粗糙纹理即几何纹理，见图 5.6.1(b)。

图 5.6.1 中函数纹理的表达式为

$$g(u,\ v) = \begin{cases} 0 & \lfloor u \times 8 \rfloor + \lfloor v \times 8 \rfloor \text{ 为奇数} \\ 1 & \lfloor u \times 8 \rfloor + \lfloor v \times 8 \rfloor \text{ 为偶数} \end{cases}$$

其中，$\lfloor x \rfloor$表示小于 x 的最大整数。

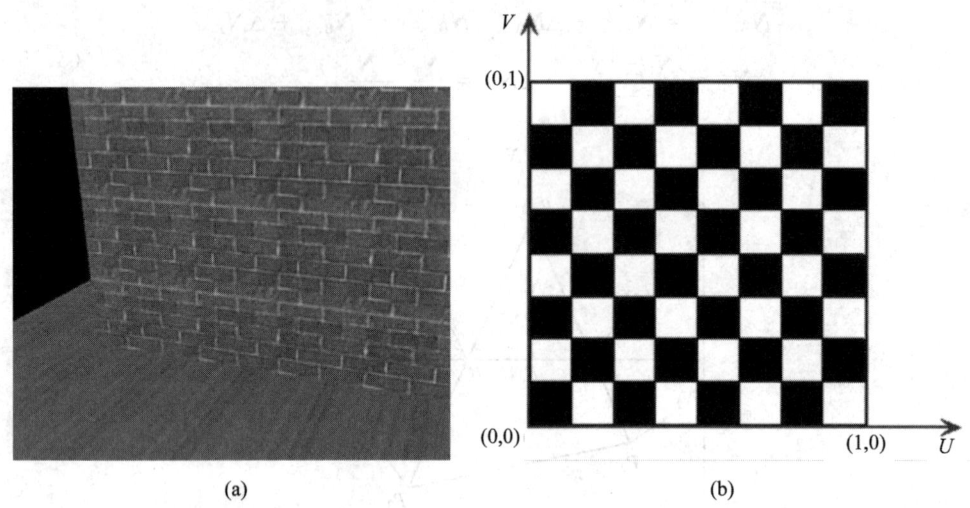

图 5.6.1 图像纹理和函数纹理

5.6.1 纹理映射

为了定义一个纹理，通常在一个单位正方形域($0\leqslant u\leqslant 1$，$0\leqslant v\leqslant 1$)内进行，这个正方形域被称为纹理空间。为了表示物体的表面细节，需要进行物体坐标(x，y，z)到纹理坐标(u，v)的变换，在确定点(x，y，z)的色彩时，用纹理坐标(u，v)对应的纹理色彩代替。

纹理数据通常是离散的(例如一幅纹理图像)，在计算(u，v)点的色彩时，通常需要使用该点周围已知的纹理色彩进行插值(例如线性插值或取最近点)。

物体坐标到纹理坐标的转换通常使用下列两种方法：

(1) 在绘制一个三角形时，为每个顶点指定纹理坐标，三角形内部点的纹理坐标由纹理三角形的对应点确定，即指定：

$$(x_0, y_0, z_0)\rightarrow(u_0, v_0)$$
$$(x_1, y_1, z_1)\rightarrow(u_1, v_1)$$
$$(x_2, y_2, z_2)\rightarrow(u_2, v_2)$$

(2) 指定映射关系：

$$u = a_0x + a_1y + a_2z + a_3$$
$$v = b_0x + b_1y + b_2z + b_3$$

实际上，(2)是使用映射关系为三角形的顶点定义纹理坐标，然后使用(1)中的方法显示三角形。

5.6.2 几何纹理的生成

颜色纹理可以使用图像纹理和函数纹理直接生成，而几何纹理则使用一个称为扰动函数的数学函数进行定义。

扰动函数通过对景物表面各采样点的位置作微小扰动来改变表面的微观几何形状。设景物表面由下述参数方程定义：

$$\boldsymbol{Q} = \boldsymbol{Q}(u, v)$$

则表面任一点(u, v)处的法线为

$$\boldsymbol{N}=\boldsymbol{N}(u, v)=\frac{\boldsymbol{Q}_u(u, v)\times\boldsymbol{Q}_v(u, v)}{|\boldsymbol{Q}_u(u, v)\times\boldsymbol{Q}_v(u, v)|} \tag{5-6-1}$$

又设扰动函数为$P(u, v)$，则扰动后的表面为

$$\boldsymbol{Q}'=\boldsymbol{Q}(u, v)+P(u, v)\boldsymbol{N} \tag{5-6-2}$$

且

$$\boldsymbol{Q}'_u=\boldsymbol{Q}_u+P_u\boldsymbol{N}+P\boldsymbol{N}_u$$
$$\boldsymbol{Q}'_v=\boldsymbol{Q}_v+P_v\boldsymbol{N}+P\boldsymbol{N}_v$$

由于扰动函数$P(u, v)$非常小，故上面两式的最后一项可略去。这样扰动后的法向可以近似表示为

$$\begin{aligned}\boldsymbol{N}'&=\boldsymbol{Q}'_u\times\boldsymbol{Q}'_v\\&=\boldsymbol{Q}_u\times\boldsymbol{Q}_v+P_u(\boldsymbol{N}\times\boldsymbol{Q}_v)+P_v(\boldsymbol{Q}_u\times\boldsymbol{N})\\&=\boldsymbol{N}+\boldsymbol{D}\end{aligned} \tag{5-6-3}$$

其中：

$$\boldsymbol{D}=P_u(\boldsymbol{N}\times\boldsymbol{Q}_v)+P_v(\boldsymbol{Q}_u\times\boldsymbol{N})$$

$(\boldsymbol{N}\times\boldsymbol{Q}_v)$、$(\boldsymbol{Q}_u\times\boldsymbol{N})$及$(P_u(\boldsymbol{N}\times\boldsymbol{Q}_v)-P_v(\boldsymbol{Q}_u\times\boldsymbol{N}))$都位于表面在$(u, v)$点的切平面上，扰动的意义明显。

扰动函数是一标量函数，能够任意选择。可以是简单的网格图案、字符位图、Z缓冲图案，也可以是交互式绘图系统绘制的各种图案。当使用离散的扰动函数时，要使用差分代替微分。

景物表面几何形状的微小扰动会引起表面法向的较大变化。由于表面光亮度是景物表面法向的函数，这种法向变化会引起表面光亮度的突变，从而产生表面凹凸不平的真实感效果。

通常情况下，并不需要将扰动函数加入最后显示的表面，而只是借助扰动函数扰动表面的法线，这时在景物的轮廓线上表现不出凸凹不平的效果；如果将扰动函数直接加入表面的法线方向，则可以产生真实的凸凹模型。两者在表现景物表面的几何纹理时效果相差不大，但在轮廓区域则完全不同。

以上计算方法适合模拟参数曲面的几何纹理，对多边形网格表面的凸凹纹理模拟较为困难。

☞ 5.7　图形反走样技术

计算机生成的图形是由离散点组成的数字化图像，因而生成的图形必然与真实景物之间存在误差。这种误差表现为图形上的直线或光滑的曲线呈锯齿状、彩色花纹失去原有的形态和色彩、细小物体在画面上得不到反映，等等。这种现象在计算机图形学中称为图形走样(Aliasing)。

从信号理论来看这是由于生成图像时对真实画面的采样频率过低造成的。解决这个问题的最根本方法是用面积采样代替点采样，或者在景物的细节部分增加采样点，并使用适

当的滤波器对采样信号进行处理(例如加权平均)。

5.7.1 面积采样反走样

面积采样反走样是根据走样区域(即原始图像不能布满整个采样点的区域)下原始图像在该像素覆盖的比例来调整该像素的透明度来使生成图像边缘平滑化的方法,原始图像在该采样点的覆盖范围(称为“权值”)越大,生成图像的采样点颜色越接近原图像,如图5.7.1所示。

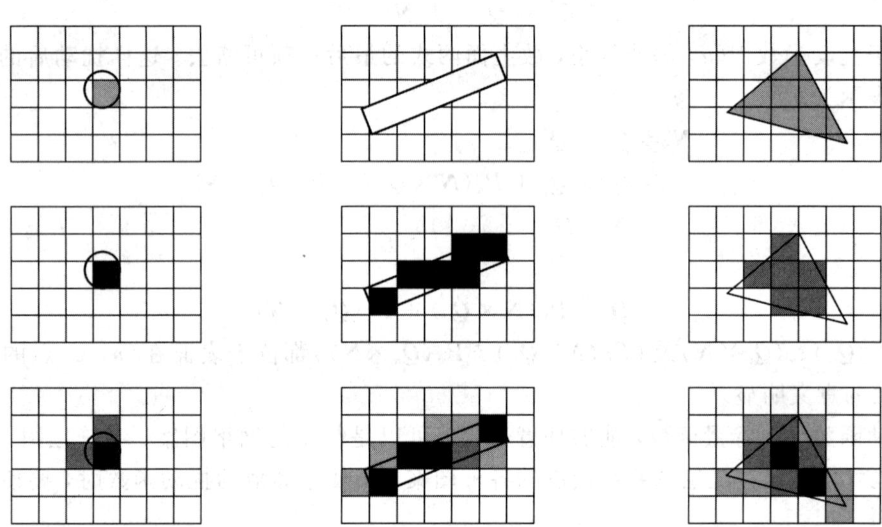

图 5.7.1 面积采样反走样

5.7.2 增加采样点反走样

在使用光线跟踪方法绘制图形时,可采用像素细分技术增加采样点进行反走样。其基本思想是将发生图形走样的像素细分为四个像素,分别对子像素进行光线跟踪,若子像素仍有图形走样,则继续细分子像素直到每一子像素的光亮度都大致正确为止。最后取各子像素光亮度的加权平均即可得到整个像素的光亮度,如图5.7.2所示。

该方法的伪代码如下:

```
Procedure antialiasing(I1, I2, I3, I4, I)
    //I1、I2、I3、I4为当前像素或子像素
    //四个角点的光亮度值,I为所求的当前
    //像素或子像素的光亮度。
Begin
    If(I1、I2、I3、I4大致相等)then
        I=(I1+I2+I3+I4)/4
    Else
    Begin
    //在像素四条边界的中点及像素中心
```

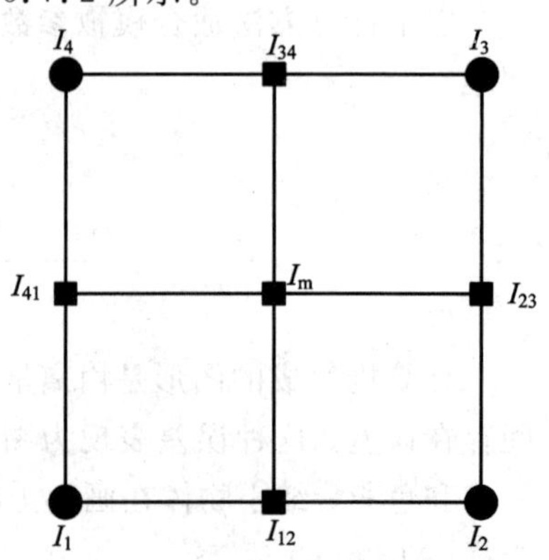

图 5.7.2 增加采样点反走样
(方形为插值采样)

```
    //点发出光线，得到五个采样点处的
    //光亮度 I12，I23，I34，I41和 Im
    Antialiasing(I1，I12，Im，I41，Ia)；
    Antialiasing(I12，I2，I23，Im，Ib)；
    Antialiasing(Im，I23，I3，I34，Ic)；
    Antialiasing(I41，Im，I34，I4，Id)；
    I=(Ia+Ib+Ic+Id)/4
    End
End
```

5.7.3　Mip-Map 纹理反走样

纹理映射经常涉及将一纹理图案映射到不同大小的景物表面上。当各屏幕像素中的可见曲面与纹理像素的大小相匹配时，它们之间形成一对一的映射。而当景物表面在屏幕上的投影区域较小时，位于一个屏幕像素内的曲面区域映射到纹理平面上后可能覆盖多个纹理像素，这时，若仍基于屏幕像素中心在纹理平面上作采样，由于采样点在纹理空间的变化很大，则会产生严重的走样现象。实际上应当取这一区域上纹理像素颜色的平均值作为当前像素内可见区域的平均纹理属性。Williams 在 1983 年提出的 Mip-Map 纹理反走样技术即基于这种思想，因为其较好的反走样效果，至今仍被广泛使用。

Mip 是拉丁文"multum in parvo"的缩写，意为"聚集在一小块区域内的许多东西"。Mip-Map 技术的基本思想是设定一个适当大小的正方形，并用其近似表达每一个像素在纹理平面上的映射区域。这个技术要保留一幅图像的多个分辨率版本，最高版本是原始图像，低级版本的分辨率是其上级版本的 1/2，其中低分辨率的图像由比它高一级的图像平均得到，且每个像素是上级图像四个像素的平均值，所有版本构成了一个图像金字塔，如图 5.7.3 所示。

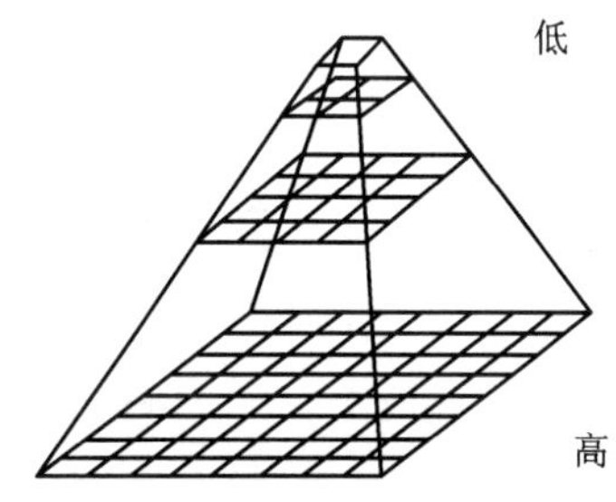

图 5.7.3　图像金字塔

Mip-Map 方法在确定一个屏幕像素的纹理颜色时需要计算三个参数，即屏幕像素中心在纹理平面上映射点的坐标(u, v)和屏幕像素内可见平面区域在纹理平面上所映射区域的边长 d。d 决定了应在哪一级分辨率的纹理图像上进行纹理采样。通常情况下，可以根据像素的四个角点在纹理平面上的对应坐标对 d 进行估计，如图 5.7.4 所示。其中，d 是一个实数，通常介于两个分辨率图像的像素边长之间，这时，首先通过横向插值确定像素中心在这两幅图像上的纹理颜色，再使用这两个纹理颜色在两幅图像之间作纵向线性插值，这个纹理颜色即是对应像素的纹理颜色。

Mip-Map 技术通过三角形三个顶点的对应坐标建立了屏幕坐标到纹理坐标的映射，由于纹理映射需要计算各像素在纹理空间中对应函数的均值，而 Mip-Map 实现会将纹理平面上不同的纹理函数平均值计算好并存储在映射表中，因此对于不同的分辨率中某区域的纹理函数平均值，只需要查找映射表中对应数组的元素即可，如图 5.7.5 所示。

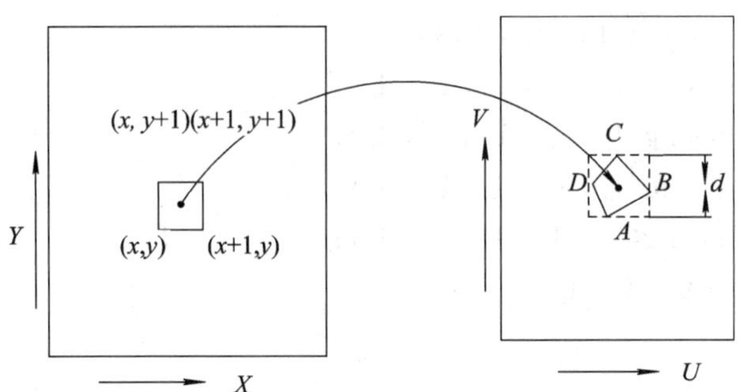

图 5.7.4　Mip-Map 方法的坐标映射

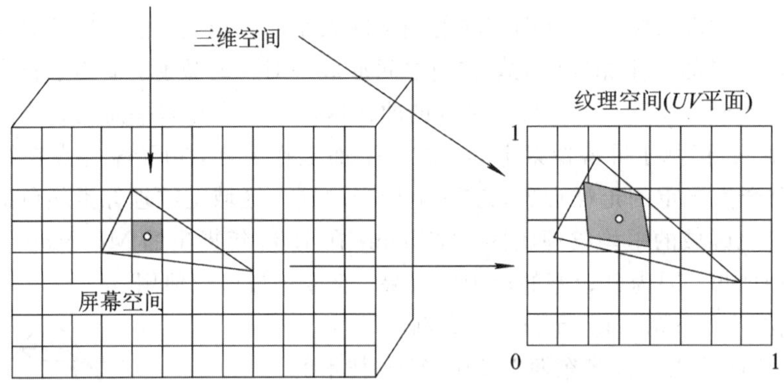

(a) 像素投影在纹理空间后发生形变

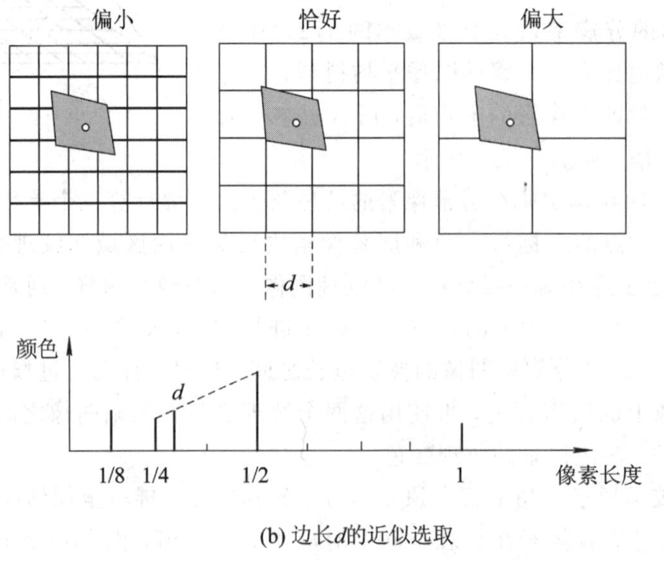

(b) 边长d的近似选取

图 5.7.5　Mip-Map 的映射和采样

☞ 5.8　真实感图形常用特效

为了渲染出真实感更强的图像，在构建出场景模型和贴图的同时，需要加入一些模拟现实世界物理化学反应的特效来加强感官上的真实性。

5.8.1　雾化

雾化是一种可以添加到最终图像中的简单效果，可用于很多目的：

(1) 可以提高户外场景的真实度。

(2) 可以帮助场景中的观察者确定物体所在位置的远近。

(3) 可以实现远平面的光滑剪裁。

假设物体表面的颜色为 C_s，雾的颜色为 C_f，雾化因子为 f，最终像素的颜色为 C_p，则

$$C_p = f \cdot C_s + (1 - f) \cdot C_f \tag{5-8-1}$$

雾化系数 $f \in [0, 1]$，它随视点距离的增加而减少，有各种计算方法，例如：

线性雾化：

$$f = \frac{Z_{end} - Z_p}{Z_{end} - Z_{start}} \tag{5-8-2}$$

指数雾化：

$$f = e^{-d_f \cdot Z_p} \tag{5-8-3}$$

平方指数雾化：

$$f = e^{-(d_f \cdot Z_p)^2} \tag{5-8-4}$$

其中，Z_p 为像素点的 Z 深度，d_f 为控制雾化浓度的参数。

5.8.2　阴影

当观察方向和光源相同时是无法观测到这个光源产生的阴影的，仅当两者方向不一致时才能看到阴影。阴影的存在可以更准确的反应物体与光源的相对位置以及景物之间的布局情况，对于真实感的提高有巨大贡献。

阴影按照区域可以分为本影与半影。位于中间的全黑的轮廓分明的部分称为本影。本影周围半明半暗的区域称为半影。点光源只产生本影，位于有限距离内的分布光源则同时形成本影和半影。本影是任何光线都照不到的区域，而半影区域则可接收到从分布光源来的部分光线。

阴影按照发生源可分为自身阴影和投射阴影。自身阴影是由于物体自身的遮挡而使光线照射不到它上面的某些面；投射阴影是由于物体遮挡光线，使场景中位于它后面的物体或区域受不到光照射而形成的。

由于阴影与观察者的位置无关，阴影信息可以反复利用。然而除了光线跟踪算法以外，基于物体空间的图形显示方法对阴影的绘制并非易事。

下面介绍两种方法——阴影体法和阴影图法。

1. 阴影体法

由一个点光源和一个三角形可以生成一个无限大的阴影体，落在这个阴影体中的物体就处于阴影中。假设正在对场景进行观察，同时跟踪一条通过某个像素点的光线，直到这条光线碰到屏幕上显示的某个物体。

在对光线进行跟踪的过程中，如果这条射线穿过了阴影体的一个正面(朝向视点的一个面)，则计数器加1；如果这条射线穿过了阴影体的一个背面(背向视点的一个面)，则计数器减1。如果最终计数器的数值大于0，则说明这个像素处于阴影中，否则处于阴影之外。

需要注意的是，三角形本身是不用考虑的，因为这里它只能是不透明的，它后面的物体会被它遮住，如图5.8.1所示。

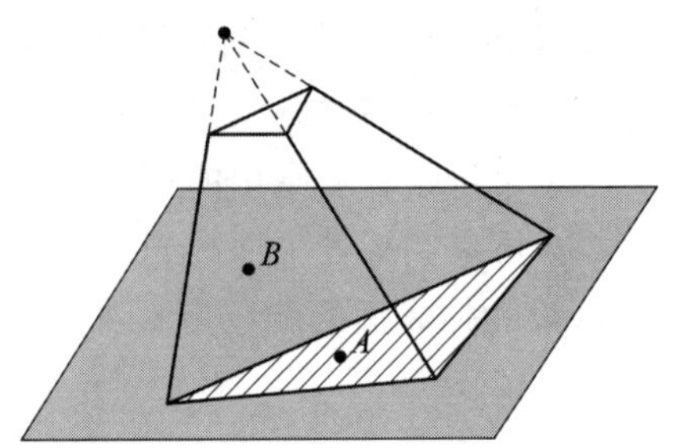

图5.8.1 阴影的投影线

通过巧妙使用模板缓冲器，可以将阴影投射到任意形状的物体上。操作步骤如下：

(1) 将模板缓冲器清空。

(2) 只使用环境光和自发光，对场景进行绘制，得到帧缓冲器中的图像和深度缓冲器中的深度。

(3) 关闭帧缓冲器和深度缓冲器，但启用深度比较，打开模板缓冲器。在模板缓冲器中绘制出所有阴影体的正向多边形。每绘制一个多边形，就使模板缓冲器的数值加1。

(4) 在模板缓冲器中绘制出所有阴影体的背向多边形。每绘制一个多边形，就使模板缓冲器的数值减1(模板不能用颜色绘图)。

(5) 关闭模板缓冲器，但启用模板，打开帧缓冲器。打开并清空深度缓冲，启用深度比较，在帧缓冲器中对整个场景再次进行绘制，但只绘制模板缓冲器中数值为0的像素。

2. 阴影图法

阴影图法方法的主要思想是使用Z缓冲器算法，从投射阴影的光源位置对整个场景进行绘制。这时，对于Z缓冲器的每一个像素，它的z深度值包括了这个像素到距离光源最近点的物体的距离。一般将Z缓冲器中的整个内容称为阴影图，有时候也称为阴影深度图。

为了使用阴影图，需要对场景进行二次绘制，不过这次是从视点的角度来进行的。在对每个图元进行绘制的时候，将它们的位置与阴影图进行比较，如果绘制点距离光源比阴影图中的数值还要远，那么这个点就在阴影中，否则就不在阴影中。

可以使用下面的过程实现这一方法：

(1) 从光源角度生成阴影图。

(2) 从观察者角度，仅使用环境光的自发光绘制整个场景。

(3) 将(2)中Z缓冲器中的z值(已经从观察者坐标系变换到了光源坐标系)和阴影图中的z值进行比较。根据比较结果，在帧缓冲器中为每个像素p设定一个附加值α。如果这两个z值(几乎)相等，那么$\alpha=1$，说明这个像素不在阴影中；否则$\alpha=0$，说明这个像素在阴影中。

(4) 使用反射光对整个场景进行绘制，每个像素的最终颜色是(4)中颜色值与α的乘积与(1)中颜色值之和。

这种方法的优点是可以使用一般用途的图形硬件(纹理贴图硬件)对任意的阴影进行绘制(但软件版本要高)；缺点是阴影质量与阴影图的像素分辨率有很大关系，同时也依赖于 Z 缓冲器的数值精度。

5.8.3　各向异性过滤

各向异性过滤(Anisotropic Filtering)是一种特殊的过滤技术，它可以有效地减少纹理混叠，提供更精确的贴图方式和更清爽的材质表现，可以较好地改善显示质量，从而提高画质(更逼真、清晰)。它一般配合双线性过滤或三线性过滤来使用，该功能对速度的影响要明显小于全屏抗锯齿，5700LE 可以设置到 2× 或 4×。其用途就是提高纹理质量的，它可以极大地改善与视线有较大角度的表面材质的显示质量。简单来说，用户将能在倾斜和视角变化时看到更加平滑、有质感的物体。

各向异性过滤是用来过滤、处理当视角变化造成 3D 物体表面倾斜时做成的纹理错误。传统的双线性和三线性过滤技术都是指各向同性的，其各方向上矢量值是一致的，就像正方形和正方体。三线性过滤原理同双线性过滤一样，都是将相邻像素及彼此之间的相对关系记忆下来，然后在视角改变的时候绘制出来。只不过三线性过滤的采集范围更大，计算更精确，画面更细腻，当然占用资源也更多。各向异性过滤技术的过滤单元并不是“四四方方”的，其典型单元是矩形，还可以变形为梯形和平行四边形。画面上的一个像素，在一个方向上可以包含不同纹理单元的信息。这就需要一个“非正多边形”的过滤单元，来保证准确的透视关系和透明度。不然，如果在某个轴上的纹理部分有大量信息，或是某个方向上的图像和纹理有个倾角，那么得到的最终纹理就会变得很滑稽，比例也会失调。当视角为 90°，或是处理物体边缘纹理时，情况会更糟。如图 5.8.2 所示是在视角相对倾斜的情况下使用各向异性过滤对地板纹理的影响。从图中可以明显看出，使用各向异性过滤进行处理后，纹理更清晰，图像更逼真。

(a) 未开启各向异性过滤

(b) 各向异性过滤×4

(c) 各向异性过滤×16

图 5.8.2　各向异性过滤画面对比

各向异性过滤需要对映射点像素周围一圈的 8 个或更大范围的像素进行取样，计算出平均值后映射到像素点上。对于许多 3D 加速卡来说，采用 8 个以上像素取样的各向异性过滤几乎是不可能的，因为它比三线性过滤需要更多的像素填充率。目前的大型 3D 应用(如 3D 游戏)中，各向异性过滤几乎是必备的选项之一，开启之后的贴图效果会更加逼真，但同时也大大增加了运算量。

5.8.4　粒子系统

粒子系统表示三维计算机图形学中模拟一些特定的模糊现象的技术，而这些现象用其他传统的渲染技术难以实现。经常使用粒子系统模拟的物理现象有火焰、烟雾、云、光线轨迹等等抽象的视觉效果。

粒子系统是一组分散的微小物体集合，其中的微小物体按照某种算法运动，实际应用包括模拟火焰、烟、爆炸、流水、树木、旋转星系和其他自然现象。这种方法的思想是在粒子的生命周期内控制它的产生、运动、变化和消失。

粒子的运动属性主要由粒子发射器来控制，发射器具有多个参数来制约粒子的行为和位置。粒子的行为参数可以包括粒子生成密度(即单位时间粒子生成的数目)、粒子初始速度向量、粒子寿命(经过多长时间粒子湮灭)、颜色、在粒子生命周期中的变化以及其他参数等。鉴于通常实现真实感效果时对粒子的运动行为随机性有一定的要求，故很多情况下要使用范围值而不是绝对值来定义粒子的参数，令不断生成的粒子按照某种概率分布行动。

典型的粒子系统更新循环可以划分为两个不同的阶段：参数更新/模拟阶段和渲染阶段。

在模拟阶段，根据生成速度以及更新间隔计算新粒子的数目，每个粒子根据发射器的位置及给定的生成区域在特定的三维空间位置生成，并且根据发射器的参数初始化每个粒子的速度、颜色、生命周期等参数。然后检查每个粒子是否已经超出了生命周期，一旦超出就将这些粒子剔出模拟过程，否则就根据物理模拟更改粒子的位置与特性，这些物理模拟可能像将速度加到当前位置或者调整速度抵消摩擦这样简单，也可能像将外力考虑进去计算正确的物理抛射轨迹那样复杂。另外，经常需要检查与特殊三维物体的碰撞以使粒子从障碍物弹回。由于粒子之间的碰撞计算量很大并且对于大多数模拟来说没有必要，所以很少使用粒子之间的碰撞。

每个粒子系统都有用于其中每个粒子的特定规则，通常这些规则涉及粒子生命周期的插值过程。例如，许多系统在粒子生命周期中对离子的阿尔法值即透明性进行插值直到粒子湮灭。

在更新完成之后，通常每个粒子都是用经过纹理映射的四边形进行渲染，也就是说四边形总是面向观察者。但是，这个过程不是必需的，在分辨率较低或者处理能力有限的场合，粒子可能仅仅渲染成一个像素或者一个元球，用粒子元球计算出的等值面可以得到相当好的液体表面。另外，也可以用三维网格渲染粒子。每个粒子可以是屏幕上的一个单独点，也可以用一个布告板来表示。布告板就是一个方向始终朝向视点的多边形，在绘制这个多边形时可以使用透明纹理技术。目前，粒子系统技术被广泛用于大型 3D 游戏的制作，能够实现以假乱真的视觉效果。

☞ 5.9 本章小结

在计算机中重现真实世界场景叫做真实感绘制。真实感绘制的主要任务是模拟真实物体的物理属性，如形状、光学性质、表面纹理、粗糙程度、物体间的相对位置和遮挡关系等。通常，真实感图形涉及的技术有消隐处理、光照效果处理、透明效果、阴影和纹理的处理技术等。一个三维物体图形经过一系列真实感技术加工在计算机屏幕上显示时，便有了与实物相似的外观。

本章先从人类视觉的基础上分析了真实感图形的生成要素，并介绍了真实感图形的生成、着色以及一些增强图形真实感的处理方法，包括光照明模型、光透射模型、多边形绘制、纹理映射、反走样等。最后对目前实时3D真实感处理常用的一些特效作了介绍，合理运用这些特效，能使真实感图形的效果更加明显。结合对物体物理属性的理解和对算法的优化，可以不断改善真实感图形绘制的流程，使其效率更高、效果更好。

☞ 习　题

5.1　真实感图形显示的基本流程是什么？在每一步里用到的坐标系是什么坐标系？

5.2　常见光照模型有哪些？试着比较几种常见的光照模型的优缺点。

5.3　简述光线跟踪算法的基本思想。

5.4　什么是几何纹理、图像纹理、三维纹理？

5.5　试着说明反走样技术对图形真实感效果的影响及使用意义。

5.6　在处理实时的三维真实感场景时，图形特效是否越高越好？为什么？

第六章　虚拟现实技术与可视化

计算机图形学中的三维显示技术使得人们能够在计算机系统中表示和重现现实世界中的三维物体，也能够虚拟显示现实世界中难以表达的复杂信息，这种技术称为虚拟现实与可视化技术。利用这种技术，再加上计算机辅助系统，人们不仅可以快捷直观地体验现实世界，也可以创建属于自己的虚拟世界。本章介绍虚拟现实技术与科学计算可视化的概念、方法以及部分应用实例。

6.1　虚拟现实技术简介

6.1.1　虚拟现实技术的概念

虚拟现实技术(Virtual Reality，VR)是一种综合应用计算机图形学、人机接口、传感器以及人工智能等技术，创建逼真的人工模拟环境，并能有效地模拟人在自然环境中感知的各种事物的高级人机交互技术。虚拟现实技术的实质在于提供了一种高级的人机接口。虚拟现实技术改变了人与计算机之间枯燥、生硬和被动交互的现状，给用户提供了一个趋于人性化的虚拟信息空间。

虚拟现实系统包含操作者、机器、软件及人机交互设备四个基本要素，其中机器是指安装了适当的软件程序，用来生成用户能与之交互的虚拟环境的计算机，内含存有大量图像和声音的数据库。人机交互设备则是指将用户的动作行为响应到虚拟现实环境中的传感器组与控制设备。

6.1.2　虚拟现实技术的特点

正如字面含义所示，虚拟现实技术的终极目标是通过计算机模拟出一个让用户感到以假乱真的真实化世界，这种方法主要通过给用户多方面的感官刺激来实现。通常来说，虚拟现实具有以下特征：

(1) 多感知性：指除了一般计算机技术所具有的视觉感知之外，还有听觉、力觉、触觉、运动感知，甚至包括味觉、嗅觉感知等。

(2) 沉浸感：又称临场感，指用户感到作为主角存在于模拟环境中的真实程度。

(3) 交互性：指参与者对虚拟环境内物体的可操作程度和从环境中得到反馈的自然程度。

(4) 构想性：指用户沉浸在多维信息空间中，依靠自己的感知和认知能力全方位获取知识，发挥主观能动性，寻求解答或形成新的概念的特性。

提高虚拟现实中以上四个因素的技术含量，用户便能体会到更加真实的虚拟现实环境。虚拟现实的出现，使人们从纷繁复杂的数据中解放出来，它给人们提供了一个崭新的信息交流平台。

6.1.3 虚拟现实技术的实现指标

1. 相关技术

虚拟现实是一门综合性的技术，它要求多个技术领域之间的融合协作，主要的相关学科和技术如下：

(1) 计算机图形学：真实的场景显示是虚拟现实中十分重要的一个元素，故虚拟现实技术对真实感图形显示的能力要求很高。

(2) 人机交互技术：通过计算机输入、输出设备，以有效的方式实现人与计算机之间的对话。在虚拟现实技术中，人机交互可以通过现实世界中无法实现的方式进行，具有丰富的形式。

(3) 传感器技术：从自然信源获取信息，并对其进行处理和识别的一门多学科交叉的现代科学与工程技术。在虚拟现实中的各种感官刺激可以通过用户身上丰富的传感器信息进行传达和响应。

(4) 人工智能：研究、开发用于模拟、延伸和扩展人的智能的理论、方法、技术及应用系统的一门新的技术科学，在虚拟现实技术中主要用于实现虚拟场景内的对象互动、操作辅助等功能。

2. 软件要求

虚拟现实技术要实现一个高度仿真化的环境，对软件环境有较高的要求。首先，这个系统要有复杂的逻辑控制能力以确保环境各项物理属性的真实性；其次，系统要能够模拟实时的相互作用、人脑所有的智能行为和复杂的时空关系（主要涉及时间与空间的同步等问题）；再次，系统要能实现感觉的表达，包括人的听觉、视觉、触觉、味觉和嗅觉的计算机表达，同时对实时数据采集、压缩、分析、解压缩能力的要求也较高；最后，系统需要支持与虚拟环境交互的定位、操纵、导航等。

3. 硬件要求

庞大的信息量决定了虚拟现实技术硬件上的高指标，一个完备的虚拟现实系统组成部分较多，常见的有以下几部分：

(1) 跟踪系统，用于确定参与者的头、手和身躯的位置。准确定位用户在虚拟空间中的位置才能充分发挥互动感与沉浸感。

(2) 触觉系统，提供参与者感知力与压力的反馈。

(3) 音频系统，提供立体声源和判定空间位置，根据不同场合可以采用耳机或环绕立体声音响系统。

(4) 高性能计算机处理系统，要求具有高处理速度、大存储量及强联网特性。

(5) 图像生成和显示系统，负责产生视觉图像和立体显示。

6.1.4 虚拟现实技术的分类

根据实现内容的不同可以把虚拟现实分为仿真型虚拟现实、超越型虚拟现实和幻想型虚拟现实三种类型。

1. 仿真型虚拟现实

仿真型虚拟现实用计算机模拟现实世界的真实存在，被广泛用于培训中。“虚拟飞机座舱”便是一例。学员坐在座舱里便可获得和真实飞行中一样的感受，根据感受做出各种操作，根据操作后出现的效果判断操作是否正确。旅游业同样可以利用仿真虚拟现实招揽游客，让公众通过虚拟现实领略祖国大好河山。2004 年，GvitechCityMaker 虚拟可视化及数字城市技术被 2010 年上海世博会筹备机构采用，同时应用于多项筹备工作，如图 6.1.1 所示。

图 6.1.1　利用 VR 还原的上海世博会外景

2. 超越型虚拟现实

超越型虚拟现实同仿真虚拟现实一样根据真实存在的场景进行模拟，但它所模拟的对象用人的五官无法感觉到，或者在日常生活中无法接触到。例如，可以模拟宇宙太空和原子世界发生的情况，把人带入浩瀚无比的宇宙中或纤细入微的微观世界里。美国宇航局把火星探测器发回的大量数据经过整理制成火星模型，可以使人从感性上了解火星上的各种情况，如图 6.1.2 所示。

图 6.1.2　用 VR 模拟火星表面景象

3. 幻想型虚拟现实

幻想型虚拟现实可随心所欲地营造出现实世界不可能出现的情景，神话、童话、科学幻想在这个世界中可以轻而易举地化作“现实”。例如，模拟海底龙宫世界，可以置人于虾兵蟹将之中，赏悦各种奇珍异宝。逼真的感受，宛如真正置身于龙宫。其中最重要的一点在于它是交互式的，也就是说随着人的反应不同，将出现不同的情景。这一点是目前现实生活中其他娱乐手段所达不到的。

专门为 VR 制造的硬件设备造价高、复杂、效果有限，远不能达到人们的要求，更不能达到 VR 所定义的环境。由于硬件的诸多局限性，使得软件的开发费用惊人，且软件所能实现的效果受到时间和空间的影响很大，算法和许多相关理论也很不完善。所以，VR 技术在未来的研究方向主要包括感知研究领域、人机交互界面、高效的软件和算法、廉价的虚拟现实硬件系统和智能虚拟环境。

☞ 6.2 立体显示

6.2.1 立体显示的基本概念

立体显示是通过一定的显示技术，创造出在观察者周围的模拟立体影像，它的目标是使立体影像超出二维屏幕限制，多角度地观看超级清晰真实的立体图像。顾名思义，具有立体显示能力的显示工具，才被称为立体显示设备。

立体显示不仅涉及电视机与显示器这些实现立体显示效果的终端设备，还涉及立体摄像机、数据压缩与解压缩、数据传输以及后期制作软件等方面的技术。

立体显示技术的关键是解决怎样让一幅图像生成两个略有差别的图像，并把这略有差别的两幅图像分别投送到左右两只眼睛的问题。这个问题看起来简单，但是解决起来并非易事。解决的方案有红蓝式、偏光式、快门式等，用户需要佩戴对应类型的眼镜，使左右两只眼睛接收到不同的图像画面，来产生立体感。目前研究人员正在研究裸眼 3D 技术，让 3D 显示设备发送的左右图像对观察者的两只眼睛自动产生对应的过滤效果，达到直接用眼睛就能看到立体效果的目的，以便消除佩戴眼镜给用户带来的不适感。

6.2.2 立体视觉基本原理

1. 视差

人类从各种各样的线索中获取三维信息，其中最重要的两种是双目视差和运动视差。双目视差始于 Charles Wheatstone 1838 年的研究工作，指的是双眼看到同一物体的不同映像。运动视差始于 Helmholtz 1866 年的研究工作，指的是头部运动时看到同一物体的不同映像。1833 年 Wheatstone 用世界上第一台三维显示装置科学地验证了视差和立体感之间的联系。要想创造出良好的立体感视觉，就必须深刻理解视差的作用，即“视差创造立体”。

2. 立体感原理与立体成像系统的任务

人的两只眼睛从不同的角度观看世界，即左眼看到的物体与右眼看到的同一物体之间有细微的差别，两者平均相差约6.5 cm，因而描述场景轮廓的方式也不尽相同。大脑根据这两个有细微差别的场景进行综合处理，产生精确的三维物体以及该物体在场景中的定位，这就是具有深度的立体感。例如，大脑根据左右眼不同角度观察的立方体影像得到具有真实感的立方体，如图6.2.1所示。立体成像系统的工作就是对每个场景至少产生两张图像，一张代表左眼所看到的，另一张代表右眼所看到的，这两张图像称为立体图像对，而立体显示系统必须使左眼只能看到左视图，右眼只能看到右视图。

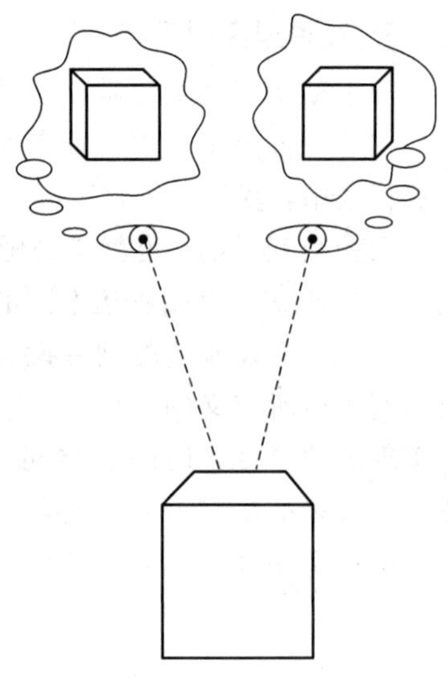

图6.2.1　视差示意图

6.2.3　立体显示技术

1. 立体显示技术的分类

立体显示按图像对的显示方式来分大体有两种，即时间复用方式和同步方式；而从观看的角度可将立体显示划分为另外两种方式，一种是需要用户佩戴辅助设备才能看出立体效果的，另一种无需辅助设备就可直接看出立体效果。这两种方式也被分别称做体视显示方式与自体视显示方式。

1）时间复用显示方式

时间复用指左右透视图像对以某一频率交替显示在同一显示屏上。在时间复用的显示方式中大多要用到观看器(立体镜等)、传感器、由时间驱动的电子转换器等辅助设备。观看器的左右镜片由具有不同极性的透镜组成，两个镜片由传感器连到一个由时间驱动的电子转换器上。左右透视图像对在屏幕上快速切换时电子转换器以相同频率同步开关左右镜片，以确保左眼只看到左图，右眼只看到右图。这种方式的优点在于使用普通的CRT显示器即可实现立体显示，但它须借助辅助设备，且存在如何实现左右透视图像对的快速转换并消除双眼间干扰等问题。

2）同步显示方式

同步显示方式就是同时显示左右透视图像对。不需使用观看器即可获得立体效果的自体式显示系统也属于同步方式，但是自体式显示系统须使用特殊显示屏。Dimension Technologies公司的DT I2100M自体式显示系统的液晶显示器就是这种方式的典型产品。它的显示装置主要由一个液晶显示屏(LCD)和位于其后几毫米的一个可发出许多很细的垂直光束的照明板组成。LCD上的每一像素都可在传递光与阻塞光两种状态间转换，只要合理设置垂直光束的间距并使观察者位于屏幕前适当位置，即可使左眼在奇数列中看到图像，在偶数列中只看到黑色背景；同理，右眼在偶数列中看到图像，在奇数列中看到黑色的背景，即相应的奇偶数列中的两个像素构成立体透视图中的一个虚拟像素。DT I2100M对观察者的位置有一定的限制，这是它的不足之处，但它可实现多个观察者同时观看，只要每个观察者都位于允许的视区即可。

3）体视显示方式

体视显示方式是借助眼镜等观看立体影像的方法，利用偏振光原理获得立体显示效果。最常用的系统如图 6.2.2 所示，它由两台液晶投影仪构成，它们分别通过垂直偏振片与水平偏振片投影到屏幕上，观察者通过偏振光眼镜，将保证左右眼分别看到投影机 A、B 所投的影像。偏振片允许特定极化方向上的偏振光通过，将这种滤光片按照偏振光极化方向相互垂直的原则安装到左右眼镜框上，就构成了偏振光眼镜。因屏幕上左右图像重叠，所以不戴眼镜时所看到的图像是相叠加而模糊的。液晶投影仪所透射出的光是偏振光，因此把这两台投影仪透射出的光预置为正交偏振光，则左右眼能分别看到不同投影仪的图像。另外，偏振光除了水平极化和垂直极化的偏振光外，还可用互为正交的斜极化偏振光和互为旋转的圆极化偏振光。

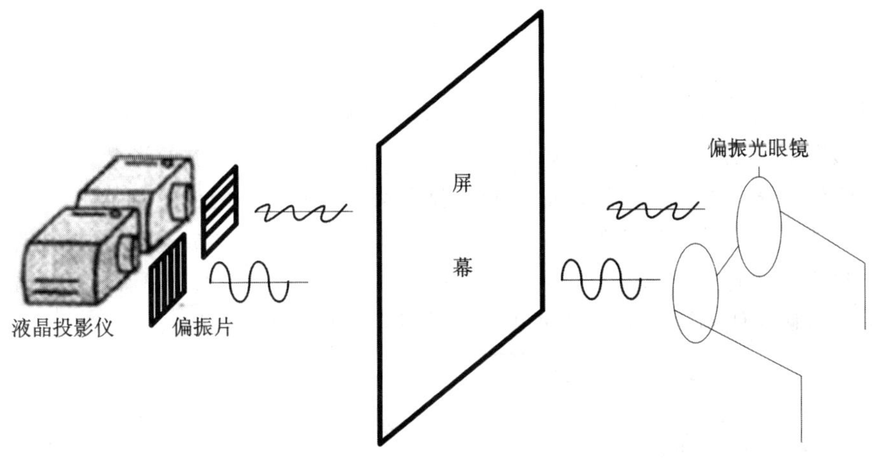

图 6.2.2 利用偏振生成立体视觉

4）自体视显示方式

自体视显示系统不需要借助特殊工具，用肉眼就可以看到立体效果，所以比体视显示方式有更大的市场需求与科研价值。自体视显示方式根据所能提供视点的数目，分为双视点和多视点两类。目前实用的自体视成像系统大多采用多视图法(多视点)，因为多视图法基于当前的平板显示技术，比其他方法都要相对容易一些。

(1) 透明柱面方式(双视点)。透镜柱面由一排垂直排列的半圆形柱面透镜组成，利用每个柱面镜头把两幅不同的平面图像导向双眼分别对应的视域，使左眼图像聚焦于左眼，右眼图像聚焦于右眼，由此产生立体视觉。其特点是产生的图像丰富真实，适合大屏幕显示，运用精密的成形手段使每个透镜的截面达到微米级，从而支持更高的分辨率。同时，借助先进的数字处理技术，使色度、亮度干扰大为减少，有效提高立体图像的质量。

(2) 视差照明原理(双视点)。视差照明法的立体显示器在 LCD 的像素层后使用一系列并排的线状光源给像素列提供背光照明，线光源宽度极小并与液晶屏的列像素平行。密集的光源照明使奇、偶列像素点的传输路径分离，使左右眼看到对应的画面。其缺点是在立体显示时会形成阻挡区，降低了显示器的整体亮度，如图 6.2.3 所示。其中，b 表示光线倾斜度，g 表示光线与像素之间的间隙，z 表示距观察区域的距离，e 表示可视区域。

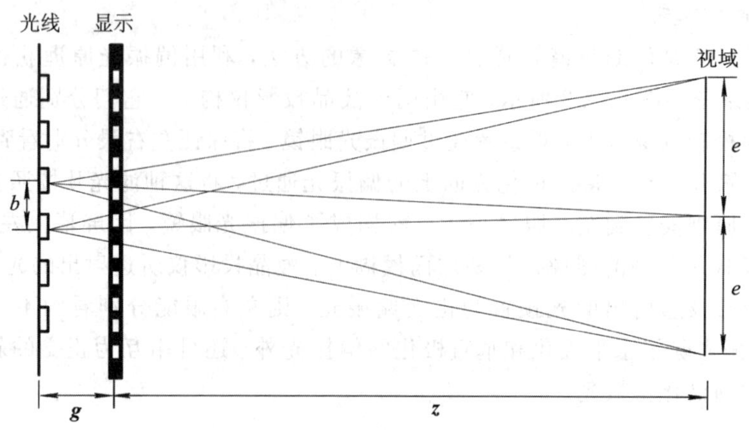

图 6.2.3 视差照明原理

(3) 平板立体显示(多视点)。平板立体显示系统由平面显示面板和视差栅板组成，利用视差栅板的分光作用进行立体显示。多视图视差栅板自体视显示原理如图 6.2.4 所示，首先将各帧视图分别分成子数列，然后通过图像转换器将四幅视图的子数列依次交替排列组成一幅多体视图。多体视图经液晶显示器显示后，原来视图的像素列通过显示器前方视差栅板的遮挡，将分别成像于视差栅板右方不同的方向上，即形成多视图的视域。只要人的双眼同时位于不同的子视域中，就会产生立体视觉。同样地，由于视差栅板的周期排列，视图在视差栅板右侧同样会形成许多并列的视域，扩大了观察范围。

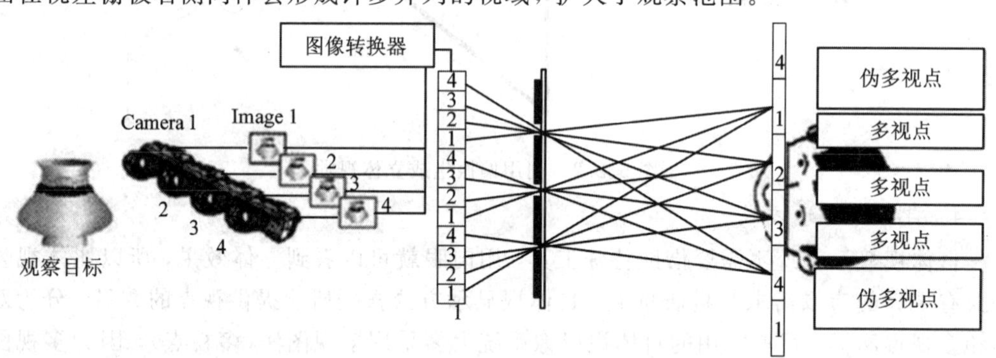

图 6.2.4 多视图自视体显示系统

这种采用垂直视差栅的显示方式以牺牲水平分辨率为代价来增加视点数目，成像时水平分辨率将大幅度下降，而垂直分辨率却没有变化。水平分辨率的巨大损失是目前垂直视差栅的一个巨大缺陷。为了克服这一缺陷，可采用步屏障(Step Barrier)技术。与垂直视差栅相比，步屏障技术的视差遮挡方式不是使用垂直的条状遮挡而是采用了水平和垂直同时遮挡的视差栅方法，如图 6.2.5 所示。

图 6.2.5 垂直视差栅(左)和步屏障视差栅(右)

(4) 容积扫描立体显示(多视点)。容积方式与平板显示不同，该方式不是利用人眼的双目视差，通过视觉欺骗来形成立体视觉，而是模仿人眼自然感知物体的情况，在真实的立体空间中显示图像，表达出物体在 X、Y、Z 三轴的信息。根据其工作原理不同，容积立体显示方式主要包括两种基本类型：球形立体显示和多平面立体显示。

一个 Perspecta 球形立体显示器，其直径为 10 英寸，可显示 1 亿个立体像素点，在 360°的任何方向均可看到高分辨率的图像。它由高速发光阵列、计算机控制系统和旋转投影屏三部分组成。当需要显示一个 3D 物体时，将首先通过软件生成这个物体的 198 张剖面图(沿 Z 轴旋转，平均每旋转 2°截取一张垂直于 $Z-Y$ 平面的纵向剖面)，每张剖面分辨率为 798×798 像素，故此设备的分辨率为 768×768×198，投影屏平均每旋转 2°便换一张剖面图投影在屏上，当投影屏高速旋转、多个剖面被轮流高速投影到屏上时，由于人的视觉暂留，从而在观察者眼中形成一个可以全方位观察的自然的 3D 物体。

多平面立体显示器本质上是一种背投式立体显示器，其中传统投影仪被一个由一系列电控光学元件组成的三维投影仪所代替，将一系列图像快速按时分顺序投影到一个多平面显示器上。多平面立体显示器由多个显示平面组成，这些显示平面为液晶屏，每个时刻投影到其中一个显示平面上，其他显示平面被控制为透明。由于多个图像平面前后位置不同，每一幅图像都处于一个适当的深度，能够模拟实际立体空间中显示的图像，表达出物体 X、Y、Z 三轴的信息，获得真实的立体感。也就是说，能得到有序的、正交的三维体素组，而且每个体素可以有任意的 7 位亮度和色度。

2. 立体显示系统

一般的立体显示系统主要由三部分组成：图像输入模块、三维视频处理模块和图像输出显示模块，如图 6.2.6 所示。图像输入模块主要完成图像采集功能，通过外部的同步触发信号与摄像机同步，并将采集到的模拟信号转换为数字信号。三维视频处理模块主要完成的功能有：调整图像大小、图像扫描以及图像格式转换(YCbCr→RGB)。图像输出显示模块主要完成图像的三维显示。

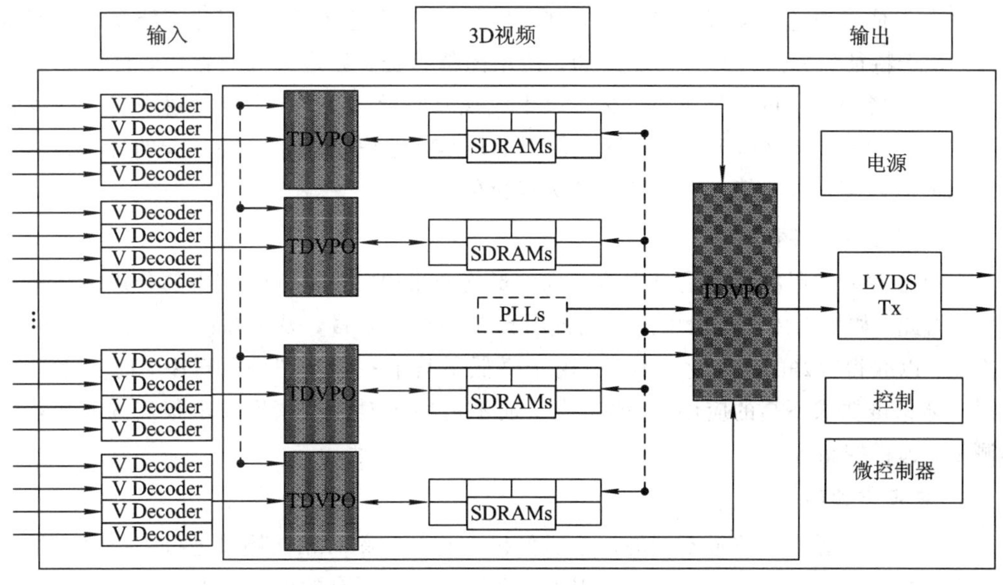

图 6.2.6 立体显示系统

6.2.4 立体显示所需编码技术

一般来讲，立体拍摄所得的原始立体素材具有巨大的数据量。为有效利用传输带宽和存储空间，对立体图像进行压缩是非常必要的。就一个立体图像对而言，除了一个视图序列在时间、空间的冗余性外，其左、右视图间也有很强的相关性。通过除去冗余数据，可获得很高的压缩比，提高编码效率。

编码冗余通过重新编码源信息，如灰度级像素值，以较少的比特表示较常出现的信源值，较多的比特表示较少出现的信源值从而减少描述图像所需的比特数，如霍夫曼编码。利用像素间的相关性，去除像素间冗余，包括帧内冗余、帧间冗余和视图间冗余。图像编码的具体技术可参考本书第八章中的相关内容。

心理视觉冗余是在观看中可以忽略的图像信息。心理视觉研究表明，人眼对各种视觉信息的反应灵敏度是不同的，双目视觉的特性，如视差灵敏度等特性，都可用于判断立体图像对中的心理视觉冗余。

本节主要讨论三种立体压缩方法：基于视差和深度的编码、混合分辨率编码和多视点编码。

1. 基于视差和深度的编码

基于视差和深度的立体编码技术根据所处理图像或视频源的获取方法不同，分为主动发现和被动发现两种技术。

主动发现技术用于处理由深度摄像机拍摄的素材，利用深度映射图识别区域，在重要的区域采用高比特率编码，在次要的区域采用较低的比特率编码，以获得最好的图像压缩质量。

被动发现技术用于处理由立体摄像机对拍摄的素材，包括基于亮度的方法和基于特征的方法两种。基于亮度的方法将视图分割成具有固定大小的互不重叠的像素块，在另一幅视图(参考视图)中寻找最匹配的块，从而确定相应的水平视差。这种方法由于建立在视差均匀分布于像素块这一假设的基础上，与实际情况并不完全相符，因此不能反映出真实的视差。基于特征的方法为避免上述问题，使用图像特征，如边缘或对象等，将目标图像中的特征与参考图像中的特征进行匹配，以生成视差向量。由于在图像重建中引入的编码误差更少，此方法特别适用于低比特率条件下的压缩，但识别对象需要复杂的分析过程，因此压缩率的提高是以运算复杂度的增加为代价的。

2. 混合分辨率编码

混合分辨率编码的原理是将立体图像的最终效果由“立体图像对”中高分辨率的那一幅决定。因此，如果立体图像对中的一幅视图具有很高的质量，另一幅视图的分辨率可以有所降低，以获得较好的压缩比。不过，由于降低了其中一幅视图的分辨率，此方法仅适用于对立体精度要求不高的应用，如娱乐等，而不适用于对深度精度要求很高的应用，如医学测量、远程控制等。

3. 多视点编码

多视点视频源指由位置不同的多个摄像机在相同时刻对相同场景进行拍摄时所产生的多个视图的序列，一个视图对应一个视点。多视点系统固有的庞大数据量可以利用视点间的冗余来减小。通过有效的视差信息，将原始多个视点压缩成少数关键视点。接收端根据少数关键视点和视差信息重建中间视点。作为多视点视频的具体应用，三维立体视频图像采用多视点编码方法来压缩数据量。1996 年，多视点框架作为一个修订部分被写入 MPEG－2 标准中，其主要原理是利用时域可伸缩模式来针对多摄像机序列进行压缩，遵循 MPEG－2 语法。在第 75 次 MPEG 会议上，多视点编码被纳入 H.264/AVC 的第四个扩展标准。其最终标准的语法语义于 2009 年 3 月发布。

目前，立体显示技术已取得了突飞猛进的进展，但是还有许多有待改进和继续探索的地方。例如，当前的显示器 3D 模式或厂商提供的播放软件，因不同的 3D 显示器显示原理和硬件规格而不同，没有很好的通用性。三维显示器变形和移动时会产生许多洞点(即没有匹配的点)和杂点(即匹配不正确的点)，这涉及区域移动补点的算法，因此需要寻求补偿算法。另外，长时间观看所带来的眼疲劳问题等生理影响也是立体显示技术需要研究的方向。

☞ 6.3　虚拟现实生成和显示技术

通常来说，用户与计算机的交互主要是通过计算机输出的图像来传递的，故图像的真实感、立体感等因素对虚拟现实技术的影响巨大。本节将重点讨论虚拟现实中图形和触觉反馈的生成手段。

6.3.1　视觉生成技术

视觉生成技术在图形设备上生成逼真的视景必须完成四个基本任务：用数学方法建立所需的三维场景的几何描述；将三维几何描述转换为二维视图(可通过对场景的透视变换来完成)；确定场景中的所有可见面(这需要使用隐藏面消除算法将视域外或被其他物体遮挡的不可见面消去)；计算场景中可见面的光强与颜色。关于光强与颜色，严格地说，就是根据基于光学物理的光照模型计算可见面投射到观察者眼中的光亮度大小和色彩，并将它转换成适合图形设备显示的颜色值，从而确定投影画面上每一个像素的颜色，最终生成视景。综合以上几点，真实感图形学在虚拟现实的图形实现中起着至关重要的作用。

1. 光线跟踪方法

如图 6.3.1 所示，假设从视点 V 通过屏幕像素 e 向场景投射光线，交场景中的景物于 P_1，P_2，…，P_m，那么离视点最近的 P_1 就是画面在像素点 e 处的可见点，像素点 e 的光亮度由 P_1 点向 P_1V 方向辐射的光亮度决定。如此求出视域内每一个像素点的光亮度，则可生成一幅完整的真实感图像。

每一点的亮度求法可以用如下公式表达：

$$I = I_c + t_s I_s + t_t I_t \qquad (6-3-1)$$

式中：I 代表可见点 P 处的光亮度；I_c 代表局部光照亮度；$t_s I_s$ 和 $t_t I_t$ 分别为环境镜面反射光亮度及规则透射光亮度。

2. 视景的几何建模

要实现虚拟现实，首先要尽可能详细地表示虚拟现实的场景几何信息，例如虚拟环境中的山川河谷、鱼虫鸟兽、花草树木、五官躯体、车船路桥等。所有这些场景在虚拟现实中

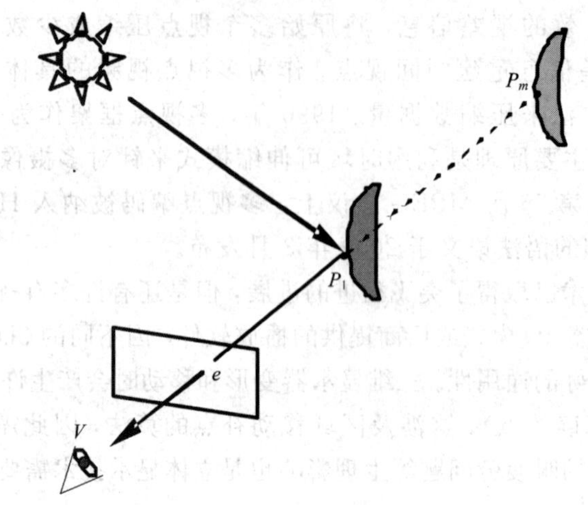

图 6.3.1　光线跟踪示意图

要通过三维建模的形式表示出来，并通过赋予正确的贴图、材质及物理属性等参数来提高其真实度。

常见的表示虚拟现实视景的方法有多边形(三角形)网格表示法、结构立体几何表示法、体数据表示法和纹理映射法等。

多边形网格表示法又称为表面或边界表示法，即物体的立体几何信息是通过它们的边界面或包围面来表示的，而物体的边界面可以用多边形表示。这种方法是目前最常见也是最成熟的表示方法，如图 6.3.2 所示。

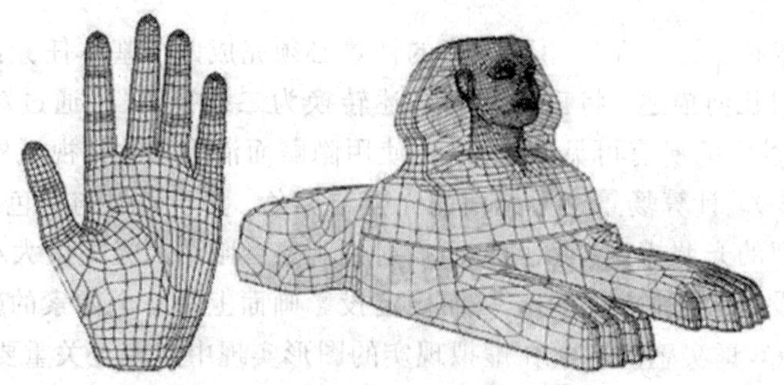

图 6.3.2　多边形网格表示法下的图形线框图

一个物体的表面细节精细程度可以通过调节多边形的数量来改变，如图 6.3.3 所示，多边形数量从左至右分别为 69451、2502、252、76，可见多边形数量越多，兔子看起来越形象。通常，越密集(每个单元越小)的多边形结构所体现出的物体表面细节越真实，在光源下体现出的明暗效果更准确，但所需要的处理时间就越长。每秒处理多边形的数量常常可以作为衡量一个系统三维图形处理能力的指标。

图 6.3.3　多边形数量对图形细节的影响

结构立体几何表示法又称为体积表示法，物体可表示为一个三维体积基元的集合及它们之间的布尔运算：并、交及差，如图 6.3.4 所示。

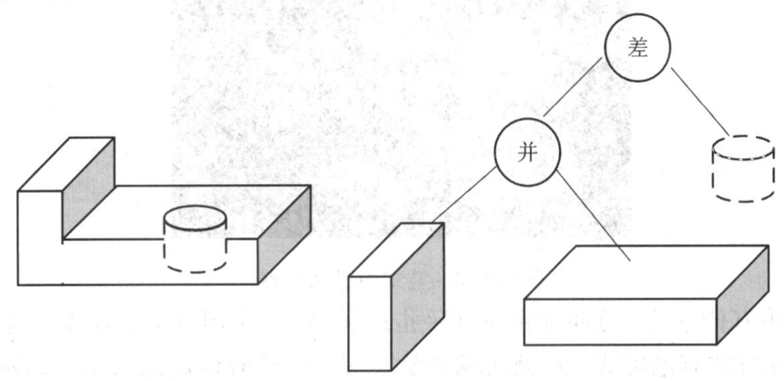

图 6.3.4　结构立体几何表示法

体数据表示法类似于二维图形中位图数据的描述方式。与二维图像中的像素对应，体数据表示法中的表示单元被称为体素(voxel)，每个体素都含有各自所在的位置、颜色、密度等相关信息。体数据表示方法可以用于生成人类器官构造图，如图 6.3.5 所示。

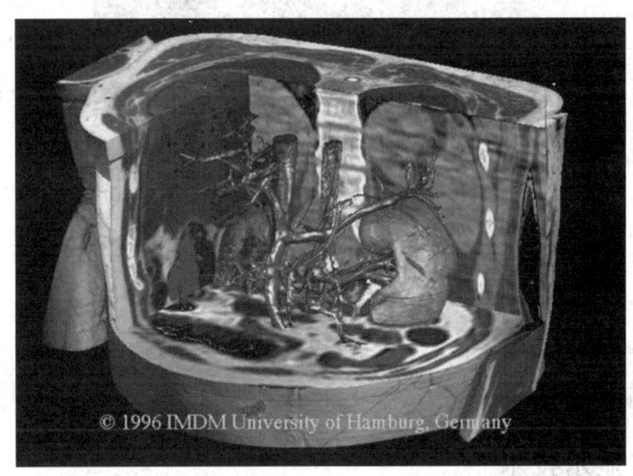

图 6.3.5　由体数据表示法生成的人体器官构造图

在视景表示时，对于有些细节，不需要建立相应的多边形表示，为了达到很好的视觉效果，只需要建立简单的几何模型，然后在几何模型的表面贴上对应的逼真图片即可，这种方法称为纹理映射方法。该方法不仅增加了场景的逼真度，而且减少了表示场景的多边形数目。

6.3.2　触觉与力觉生成技术

触觉与力觉的反馈有助于用户在虚拟现实中“感受”空间中的物体，或者直接通过身体来对空间中的对象进行各种操作。常见的两种触觉与力觉反馈设备有“感受性”的二维反馈设备(如加入力反馈的触控笔和鼠标)和“触摸性”的三维反馈设备(数据手套)。

笔式力量感知器是在触控笔的基础上加入一个力反馈盘或力反馈手臂，如图 6.3.6 所示。它可以将用户对虚拟现实空间中的触碰操作反馈给用户的手部，以模拟出接触物体的感受。

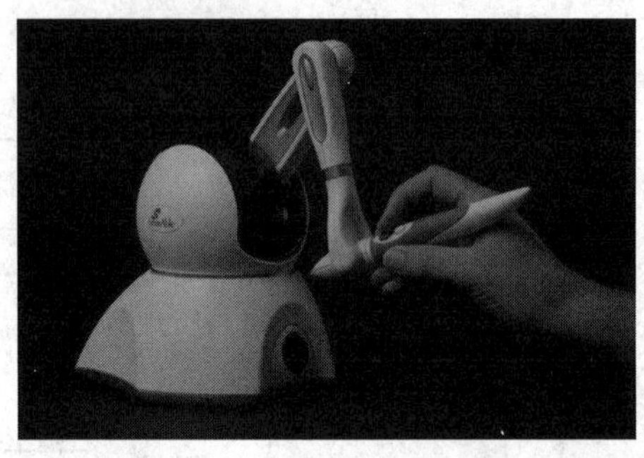

图 6.3.6　笔式力量感知器

数据手套附有传感器，分布在手掌和手指的关节处(见图 6.3.7)，以获取用户手形的准确信息。传感方式有电磁式、机械式或光学式等。传感器捕获的数据被转换成关节角度数据，用于控制虚拟手的运动。数据手套中的光纤传感器只能测量手指所做的活动。而绝对的位置(*X*、*Y*、*Z* 坐标)和三个转角方向(转动、俯仰、摇摆)需要用另外的光电测量仪器来实现。

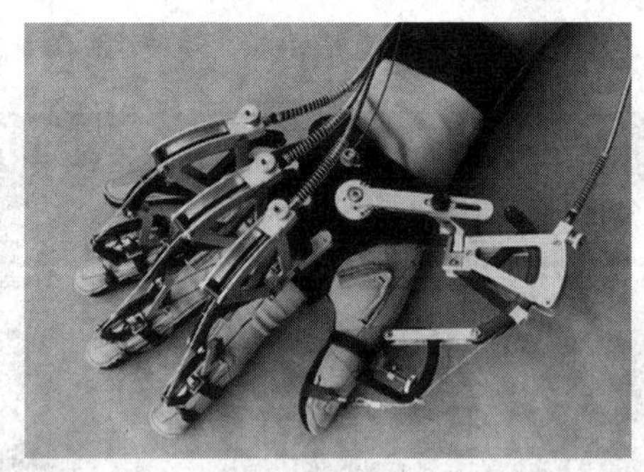

图 6.3.7　数据手套

数据服也是虚拟现实系统中用到的人机交互设备。一件虚拟现实的数据紧身服可能使用户有在水中或泥沼中游泳的感觉。

6.3.3　虚拟现实显示技术

常用的虚拟现实显示方法是采用头盔式立体显示器，这样既能提供立体感显示效果，又能较好地捕捉用户头部的运动信息，使得场景视角随着用户头部运动而移动。

头盔式立体显示器是与虚拟现实系统关系最密切的人机交互设备，这种设备是在头盔上安装显示器，利用特殊的光学设备来对图像进行处理，使图像看上去立体感更强，如图 6.3.8 所示。绝大多数头盔式立体显示器使用两个显示器，能够显示立体图像。为了实现逼真的效果，满足人的视觉习惯，虚拟环境的图像是三维立体的。为了达到实时性，图像至少应有 60 Hz的帧频，还要随时响应人们的操纵信号，延迟不能超过 0.1 s。头盔式显示器将观察者的头部位置及运动方向告诉计算机，计算机就可以调整观察者所

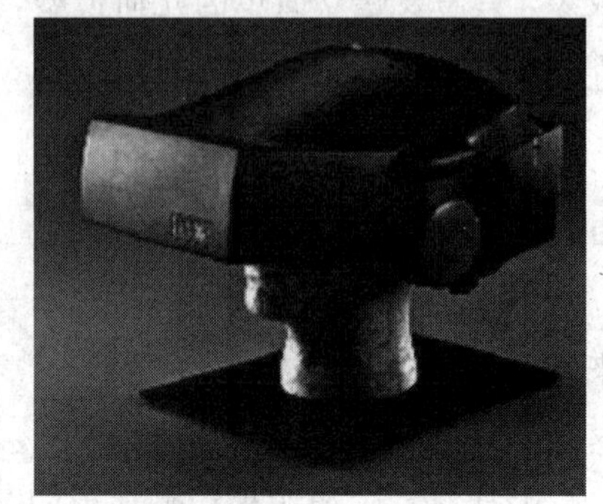

图 6.3.8　头盔式立体显示器

看到的图景，使得呈现的图像更趋于真实。

☞ 6.4 动作捕捉

6.4.1 概述

动作捕捉技术是指使用光学和传感类设备记录人或物体运动情况和关节构造的技术。上文介绍的数据手套将用户手势记录并反映在虚拟现实空间中，便是此技术的早期应用之一。动作捕捉技术能很好地增强用户与虚拟现实之间的交互性，使虚拟现实具有更好的沉浸感，是虚拟现实技术的重要应用领域。

最初的动作捕捉系统大多在移动物体或人体上加装大量传感器，通过收集传感器位移数据来计算运动数据。这种系统硬件设备复杂，仅适用于小范围的运动数据获取。而较新的系统可以使用光学设备如数台摄像机对运动主体全方位拍摄，配合贴装在运动体表面的跟踪装置来直接确定各装置点的空间位置，安装较多跟踪装置便能提供更为详细的运动数据，并能够获得运动体的关节信息。

动作捕捉系统通常由以下几部分组成：

1）传感器

传感器是固定在运动物体特定部位的跟踪装置，它能够向系统提供运动物体运动的位置信息，一般会根据捕捉的细致程度确定跟踪器的数目。

2）信号捕捉设备

信号捕捉设备负责捕捉、识别传感器的信号，将运动数据快速准确地传送到计算机系统。这种设备会因系统的类型不同而有所区别，对于机械系统来说是一块捕捉电信号的线路板，对于光学系统则是高分辨率红外摄像机。

3）数据传输设备

特别需要实时效果的系统需要将大量的运动数据从信号捕捉设备快速准确地传输到计算机系统进行处理，而数据传输设备就是用来完成此项工作的。

4）数据处理设备

经过系统捕捉到的数据需要处理，处理后还要与三维模型相结合才能完成计算机动画制作的工作，这就需要应用数据处理软件或硬件来完成此项工作。无论是软件还是硬件，它们都是借助计算机对数据的高速运算能力来完成数据的处理的，使三维模型真正、自然地运动起来。所以数据处理设备主要负责处理系统捕捉到的原始信号、计算传感器的运动轨迹、对数据进行修正和处理，并将其与三维角色模型相结合。

近几年来，在促进影视特效和动画制作发展的同时，运动捕捉技术的稳定性、操作效率、应用适应性以及成本降低等方面得到了迅速提高。如今的运动捕捉技术可以迅速记录人体的动作，进行延时分析或多次回放。可以生成某一时刻人体的空间位置，也可以计算出任何面部或躯干肌肉的细微变形，然后很直观地将人体的真实动作匹配到设计的动作角色上去。

6.4.2 动作捕捉分类

动作捕捉技术根据装置不同主要分为四类，包括机械式、电磁式、声学式和光学式，每项技术有各自的特长与应用方向，同时也有需要突破的瓶颈。四类动作捕捉技术的优缺点比较如表 6-4-1 所示。

表 6-4-1 各种动作捕捉技术优缺点比较

分 类	优 点	缺 点
机械式动作捕捉	成本低(光学式的 1/4，电磁式的 1/2)、装置定标简单、精度高、实时数据捕捉、允许多个角色同时表演	机械设备尺寸和重量大、使用不方便、机械结构对表演者的动作阻碍很大、捕捉设备目的专一(例如，用于捕捉身体动作的系统，就不能同时捕捉演员使用的道具)
电磁式动作捕捉	记录六维信息(空间位置和方向信息)、速度快、实时性好(角色模型随着表演者的动作反应、便于排演、调整和修改)、装置定标简单、成本低、能完成地面滚动或跌倒等动作	对环境要求严格(表演场地附近不能有金属物品，否则会造成电磁场畸变，影响精度)、允许的表演范围比光学式小、电缆对表演者的活动限制大，不适用于比较剧烈的运动和表演
声学式动作捕捉	装置成本较低、速度相对较快、实时性较好、允许的工作空间比较宽敞	较大的延时和滞后、精度差、声源和接收器之间不能有遮挡、受噪声等干扰较大、系统扩展困难
光学式动作捕捉	表演者活动范围大、无电缆和机械装置的限制、使用方便、采样速率较高(可以满足多数体育运动测量的需要)、“Marker”价格便宜(便于扩充)	系统价格昂贵、后处理复杂(包括“Marker”的识别、跟踪、空间坐标的计算)、对表演场地的光照和反射情况敏感、装置定标繁琐

1. 机械式动作捕捉

机械式动作捕捉依靠机械装置来跟踪和测量运动，它的一种应用形式是将欲捕捉的运动物体与机械结构相连，物体运动带动机械装置运动，从而被传感器记录下来。另一种形式是用带角度传感器的关节和连杆构成一个“可调姿态的数字模型”，其形状可以模拟人体，也可以模拟其他动物、物体。使用者根据剧情的需要，调整模型的姿势，然后锁定。关节的转动被角度传感器测量记录，依据这些角度和模型的机械尺寸，计算出模型的姿态。这些姿态数据传给动画软件，使其中的角色模型也做出一样的姿势，这是一种较早出现的运动捕捉装置。直到现在仍有一定的市场，国外给这种装置起了个很形象的名字——“猴子”。但“猴子”较难用于连续动作的实时捕捉，需要操作者不断根据剧情要求，调整“猴子”的姿势，主要用于静态造型捕捉和关键帧的确定。

现代的机械式动作捕捉技术不必再去调整模型的姿态，而是可以实时采集人体的运动数据，只需利用一套外骨骼系统将角度传感器固定在表演者的身上，就可以进行人体的动作数据采集。

2. 电磁式动作捕捉

电磁式动作捕捉系统一般由三个部分组成，即发射源、接收传感器和数据处理单元。发射源在空间产生按一定时空规律分布的电磁场；接收传感器(通常有 10～20 个)安置在表演者身体的关键位置，传感器通过电缆与数据处理单元相连。表演者在电磁场内表演时，接收传感器也随着运动，并将接收到的信号通过电缆传送给处理单元，根据这些信号可以计算出每个传感器的空间位置和方向。

3. 声学式动作捕捉

常用的声学式动作捕捉装置由发送器、接收器和处理单元组成。发送器是固定的超声波发生器；接收器一般是呈三角形排列的 3 个超声探头。将多个发送器固定在人身体的各个部位，发送器持续发出超声波，每个接收器通过测量、计算声波从发送器到接收器的时间，3 个构成三角形的接收器就可以确定发送器的位置和方向。由于声波的速度与温度有关，还必须有测温装置，并在算法中做出相应的补偿。

4. 光学式动作捕捉

光学式动作捕捉通过对目标上特定光点的监视和跟踪来完成运动捕捉的任务。典型的光学式动作捕捉系统通常有 6～8 个相机，环绕表演场地排列，这些相机的视野重叠区域就是表演者的动作范围。为了便于处理，通常要求表演者穿上单色服装，在身体的关键部位，如关节、髋部、肘、腕等位置贴上一些特制的标志或发光点(Marker)，视觉系统只识别和处理这些标志。系统定标后，相机连续拍摄表演者的动作，并将图像序列保存下来，然后再进行分析和处理，识别其中的标志点，并计算其在每一瞬间的空间位置，进而得到其运动轨迹。为了得到准确的运动轨迹，要求相机要有较高的拍摄速率，一般要求达到 60 帧/秒以上。

目前，光学式动作捕捉主要分成两类：主动式动作捕捉技术和被动式动作捕捉技术。它们的工作原理一样，不同的地方在于被动式动作捕捉系统所使用的跟踪器是一些特制的小球，在它的表面涂了一层反光能力很强的物质，在摄像机的捕捉状态下，它会显得格外明亮，使摄像机很容易捕捉到它的运动轨迹。主动式的运动捕捉则采用本身可以发光的二极管作为跟踪点，无需辅助发光设施，但是需要能源供给。被动式捕捉的摄像机在镜头的周围是一些会发光的二极管，“Marker”正是把这些二极管所发出的光反射回镜头，在每帧图像中形成一个个亮点，这样才使系统“有迹可寻”。主动式捕捉所需要的摄像机本身不带有发光的功能。

6.4.3　常见动作捕捉系统

1. 全自由式动作捕捉系统 Stage

Stage 是 ORGANIC MOTION 公司于 2007 年创建的动作捕捉系统。演员无需穿着动作捕捉服，无需标记点，只要在摄像机前随心所欲地做动作，捕捉到的画面就会由电脑实时生成图像，图像被合成三维数据后，电脑将相邻的数据点三角化，进而形成人体的轮廓、动作。之后再用动画软件对被填充的三维材质做进一步处理，捕捉到的任何动作细节都不会丢失。

系统不再需要紧身衣和标记点，在很短时间内即可对角色或物体自动校准并产生实时的 3D 数据。Stage 也可作为一个实时 3D 扫描仪，为用户生成 3D 网格和材质，这大大减少了创建作品数据的时间和费用。此系统能导入 Autodesk 的 Motion Builder 和其他主流动画软件，升级方便，捕捉效率高(从校准到捕捉到清洗数据可在几分钟内完成)，操作简洁方便，适合广大用户使用。但昂贵的价格限制了这个系统的普及。

2. 微软公司的动作捕捉系统 Kinect(Natal)

Kinect 是微软在 2010 年 6 月 14 日对 XBOX360 体感周边外设正式发布的名字。它是一种 3D 体感摄影机(开发代号为“Project Natal”)，同时导入了即时动态捕捉、影像辨识、麦克风输入、语音辨识、社群互动等功能。

Natal 技术使用光编码，顾名思义就是用光源照明给需要测量的空间编码，本质是结构光技术。但与传统的结构光技术不同的是，它的光源打出去的并不是一副周期性变化的二维图像编码，而是一个具有三维纵深的“体编码”。这种光源叫做激光散斑，是当激光照射到粗糙物体或穿透毛玻璃后形成的随机衍射斑点。这些散斑具有高度的随机性，而且会随着距离的不同变换图案，也就是说空间中任意两处的散斑图案都是不同的。只要在空间中打上这样的结构光，整个空间就都被做了标记。把一个物体放进这个空间，只要看看物体上面的散斑图案，就可以知道这个物体在什么位置了。当然，在这之前要把整个空间的散斑图案都记录下来，所以要先做一次光源的标定。标定的具体方法是：每隔一段距离，取一个参考平面，把参考平面上的散斑图案记录下来。假设 Natal 规定的用户活动空间是距离电视机 1～4 m 的范围，每隔 10 cm 取一个参考平面，那么标定下来就已经保存了 30 幅散斑图像。需要进行测量的时候，拍摄一副待测场景的散斑图像，将这幅图像和保存的 30 幅参考图像依次做互相关运算，就会得到 30 幅相关度图像。空间中有物体存在的位置，在相关度图像上会出现峰值。把这些峰值一层层叠在一起，再经过插值，就会得到整个场景的三维形状。

☞ 6.5 虚拟现实技术的具体应用

虚拟现实技术作为一种崭新的综合性信息技术，在医学仿真、3D 图形引擎、军事以及增强现实等领域显示出其巨大的优势，与网络技术和多媒体技术并称为 21 世纪最具应用前景的三大技术。

6.5.1 医学仿真

现代医学上经常采用扫描(B 超、CT)等方式生成人体内部的图像，用于分析病人的健康状况。目前较新的技术可以实现扫描结果的 3D 化，使医生更直观地了解病患部位的生理状况和具体位置，以便准确治疗和处理。

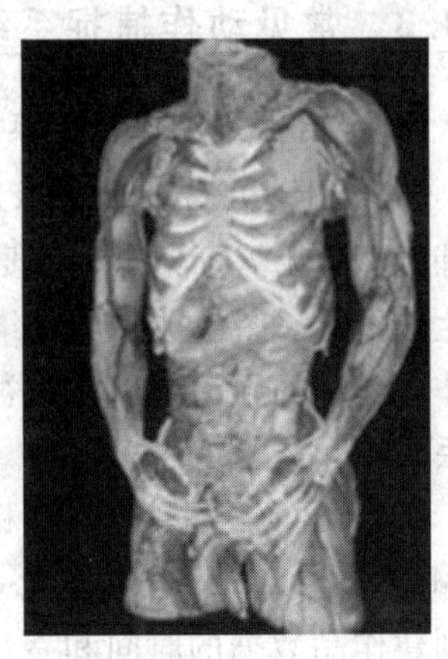

图 6.5.1 虚拟人示意图

目前，美国、韩国、中国等 20 多个国家都在研究的新兴医学项目被称为“虚拟人”，见图 6.5.1。我国对“虚拟人”的研究在 2000 年被正式列入高新技术发展计划中。2003 年 2 月 18 日 17 时 18 分，我国首例女性虚拟人数据集在位于广州市的解放军第一军医大学构建成功。这里所说的“虚拟人”并不是互联网上的虚拟主持人，而是通过数字技术模拟真实的人体器官而合成的三维模型。这种模型不仅具有人体外形以及肝脏、心脏、肾脏等各个器官的外貌，而且具备各器官的新陈代谢机能，能较为真实地显示出人体的正常生理状态和异常情形。

用电脑制作“虚拟人”最关键的环节是采集各种人体数据。首先需要确定出一个理想的人体样本，然后经过尸体解剖、拍照、分析，再将数据输入电脑进行合成，从而制成一个完整的立体人类生理结构特征的数据库。

6.5.2 3D图形引擎

3D场景的表现需要一套复杂的参数来支持，这涉及表现对象的材质、性状、碰撞检测、场景渲染等数据，而这些数据便是由被称为“引擎”的底层代码库来实现处理的。3D引擎通常是一系列算法的集合，包括图形建立、贴图、定位、运动、物理特性等一系列数据的演算，并最终显示给开发人员或用户。

现在流行的3D引擎大多用于游戏开发，包括CryENGINE、Unreal Engine 3和Unity3D等。游戏业对显示技术的不懈追求使得如今的大型游戏视觉效果愈发逼真，不断有优秀的技术在游戏开发过程中萌生。

1. CryENGINE

CryENGINE是一款商用引擎，其核心程序是“CryENGINE Sandbox”，用于建立户外景物。除了游戏场景，Sandbox只需要建立数字高地模型和分块化的植被配置便可以快速生成地形。其最大优势在于游戏模式和设计模式可以无缝切换，这极大地方便了开发人员实时的调试，便于及时优化。而丰富的内建逻辑包和高级功能包也可以令开发人员省去很多重新构建逻辑的时间。

2. Unreal Engine 3

由美国Epic Games研制的Unreal Engine 3是一款著名的3D游戏引擎，也是一款面向下一代游戏机和DirectX 9个人电脑的完整游戏开发平台，提供了游戏开发者需要的大量的核心技术、数据生成工具和基础支持。该引擎使用Unreal编辑器进行3D制作，是一个纯粹的“所见即所得”的数据生成工具，用来填充3D Studio Max、Maya和可发行游戏之间的空隙。

Unreal Engine 3的功能强大，可以模拟很多出人意料的效果。James Lewis等人借助Unreal Engine 3模拟第一人称视角下视力受损所产生的视觉模糊现象(白内障、青光眼等)，如图6.7.2所示，旨在提高虚拟现实环境下处在环境中的用户感官的真实性，也能给

图6.5.2 Unreal Engine 3对第一人称视角远视、近视的模拟效果

视觉正常者十分形象的患病体验。

3. Unity3D

Unity3D 是由 Unity Technologies 开发的一个让用户轻松创建诸如三维视频游戏、建筑可视化、实时三维动画等类型互动内容的多平台的综合型游戏开发工具，是一个全面整合的专业游戏引擎。Unity 类似于 Director、Blender game engine、Virtools 或 Torque Game Builder 等以交互的图形化开发环境为首要方式的软件，其编辑器运行在 Windows 和 Mac OS X 下，可发布游戏至 Windows、Mac、Wii、iPhone 和 Android 平台。也可以利用 Unity web player 插件发布网页游戏，支持 Mac 和 Windows 的网页浏览。

6.5.3 军事上的应用

军事技术的需求在很大程度上拉动计算机图形学的发展，计算机图形学的仿真能力和实时监控能力常常被用于军事领域。利物浦希望大学的 Steve Presland 等人研究了海上战争的各种实例，利用 C++等编程语言和 3DsMAX 等建模软件建立了一个复合 3Dx 时空可视化系统——TMap3D。它拥有易于上手的用户界面，可以直接使用自然语言描述。TMap3D Viewer 可生成以下数据：船只主体的 VRML 模型、各管道的 VRML 模型、各种舰载武器的 VRML 模型和船只的 XML 信息。时间上 TMap3D 支持时间轴编辑，空间上具备图层功能，允许用户显示/隐藏各图层的物体以便于编辑。

对于海战的情况，人们通常采用平面图的方式来分析(用地图和图上表示船只的记号来展示战斗部署)。而 TMap3D 可以根据地图信息构建 3D 的战斗场景，更直观地反映战况，如图 6.5.3 所示。虽然目前该系统还处于原型阶段，但经过一定优化后，它可以很好地用于提高海军的战斗分析能力和总结能力。

图 6.5.3　TMap3D 系统的战斗演示

韩国的 Woonchul Ham 等人发明了用于控制 3D 虚拟直升机的线性控制系统，它采用两种算法(旋转矩阵法和四元法)来描述动力系统和控制系统。该系统采用 3DsMAX 建模，并配合 OpenGL 来实现直升机的动画效果。虚拟直升机被分为三大部分：机身、主螺旋桨和尾部螺旋桨。所有的动力数据都交由 MATLAB 来计算并输出为动画。利用类似的系统，训练人员可以避免直接操作真机造成的损坏，确保技能熟练后再进行实际操作，这一类模拟操作系统可以广泛用于飞行器(直升机、战斗机、客机等)的模拟训练，提高训练效率，降低训练成本。

6.5.4　增强现实技术

增强现实技术(AR)是在虚拟现实基础上发展起来的新技术，是通过计算机系统提供的信息增加用户对现实世界感知能力的技术。它将计算机生成的虚拟物体、场景或系统提示信息等叠加到真实场景中，把原本在现实世界一定时空范围内很难体验到的实体信息(视觉、听觉、味觉、触觉等信息)通过科学技术模拟仿真后再叠加到现实世界为人类感官所感知，从而达到超越现实的感官体验的目的，实现对现实的“增强”，如图 6.5.4 所示。

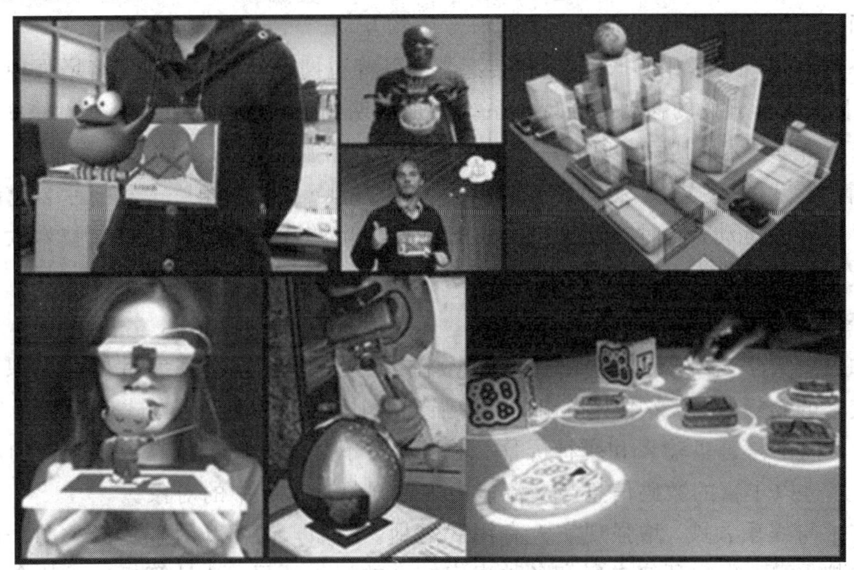

图 6.5.4　增强现实

1. 增强现实技术的特点

增强现实技术具有以下几个特点：

(1) 虚实结合。增强现实技术可以将显示器屏幕扩展到真实环境，使计算机窗口与图标叠映于现实对象，由眼睛凝视或手势指点进行操作，让三维物体在用户的全景视野中根据当前任务或需要交互地改变形状和外观。其操作包括将虚拟景象叠加于现实目标以产生类似 X 光透视的增强效果、将地图信息直接插入现实景观以引导驾驶员的行动、通过虚拟窗口观看室外景象和使墙壁仿佛变得透明等。

(2) 实时交互。增强现实技术使交互从精确的位置扩展到整个环境，从简单的人面对屏幕交流发展到将自己融合于周围的空间与对象中。运用信息系统不再是自觉而有意的独立行动，而是和人们的当前活动自然而然地成为一体。

(3) 三维注册。增强现实技术根据用户在三维空间的运动调整计算机产生的增强信息。

2. 增强现实技术的分类

增强现实根据所应用的范围分为户内型与户外型两种。户内型增强现实从广义上说包括将数据层覆盖于建筑物内部物理空间的各种实践，通常为建筑师、壁画师、展览设计师和新媒体艺术家所关心。例如，德国建筑师利贝斯坎得在设计柏林犹太博物馆时，将显示二次大战前该馆现址附近犹太人居住点的地图投射到建筑表面上，使数据空间物质化，变成重新塑造物理空间的力量。又如，加拿大艺术家加迪夫引导观众在物理空间中遵循她由便携式 CD 播放器或摄像机所传达的指令(如“下楼梯”、“看窗口”等)而行动，变成她所设计的故事的参与者。在这一过程中，观众所处的物理空间为信息空间所增强，具备了平常所没有、为故事所赋予的含义，这一作品以“音响散步”著称。相对而言，狭义的户内型增强现实是在计算机技术支持下发展起来的，它允许用户在现实环境中与虚拟物体交互。例如，韩国开发的增强现实游戏 ARPushPush 运用追踪器检测用户的运动，并通过头盔显示器为用户提供包含了虚拟景观的视野。北京理工大学开发的增强现实海底漫游系统让用户得以使用交互体验设备和虚拟场景中的海洋生物互动。

户外型增强现实运用 GPS 与定位传感器，以背包携带计算机系统，将增强现实带到户外。哥伦比亚大学开发的移动增强现实系统便是早期例证，它运用了三维显示系统、移动计算和无线网络等技术。其后出现的系统有南澳大学可穿戴计算机实验室开发的 Id、Software 公司《地震》游戏的增强现实版 ARQuake 等。ARQuake 提供了第一人称射手，允许用户在现实世界中四处运动，同时在计算机生成的世界中玩游戏。奥地利格拉兹技术大学、维也纳技术大学等单位也在开发户外型增强现实系统。

3. 增强现实的应用

正如巴黎大学麦凯(Wendy E. Mackay)在《增强现实：连接现实世界与虚拟世界。与计算机交互的新模式》一文中所指出的，增强现实让人们能以普通方式运用自己所熟悉的日常对象，而不是键盘输入和凝神屏幕。增强现实不是让人们沉浸在人工创造的虚拟世界中，而是通过以丰富的数码信息与交流能力来增强物理世界中的对象。

在艺术与娱乐领域，增强现实大有用武之地。例如，它可以用来建造主题公园，开发准全息虚拟屏幕、虚拟环绕电影和各种虚实结合的娱乐项目，让计算机生成的全息形象与实况娱乐者及观众互动；为人们的生活空间添加虚拟挂钟、虚拟装饰之类的新产品；开发作为参与性新媒体平台的地面互动投影、让玩家犹如置身于游戏世界的新型娱乐手柄；为各种人文景观添加相应的标签或作为注解的文本，丰富旅游观光的知识性、趣味性等。

此外，增强现实技术已经被应用于医疗、军事、工业、通信等多种领域。它可以通过图像传导使原先不可见的对象视觉化，让医生用图像引导手术；研发和物理环境良好匹配、能由用户合作修改的交互性三维地图，供军队使用；为施工现场提供与特定地点相联系、包含了工程信息与指令的虚拟图景，供工人参考；举办有真人和虚拟人物同时参加的远程会议。总之，增强现实技术将会作为虚拟现实技术的延续和扩展，以极快的发展速度趋于成熟，进入人类生活的各个角落，展现其多彩的一面。

☞ 6.6 科学计算可视化

6.6.1 科学计算可视化简介

科学计算可视化的基本含义是运用计算机图形学或者一般图形学的原理和方法，将科学与工程计算等产生的大规模数据转换为图形、图像等直观的形式，使人们在三维图形世界中对数据进行本质上的分析和理解，从而获取深层次的信息。它涉及计算机图形学、图像处理、计算机视觉、计算机辅助设计及图形用户界面等多个研究领域，已成为当前计算机图形学研究的重要方向。

由可视化的含义可知，其主要特点如下：

(1) 交互性。用户可以方便地以交互的形式管理和开发数据。

(2) 多维性。可以看到表示对象或事件的数据的多个属性或变量，而数据可以按照其每一维的值，将其分类、排序、组合和显示。

(3) 可视性。数据可以用图像、曲线、二维图形、三维立体和动画来显示，并可针对其模式及相互关系进行可视化分析。

随着计算机技术的发展，可视化概念已经大大扩展，它不仅包括科学计算数据的可视化，而且还包括工程数据和测量数据的可视化，学术界常把这种空间数据的可视化称为体视化技术。近年来，随着网络技术和电子商务的发展，提出了信息可视化的要求。信息可视化是科学计算可视化的扩展，通常是指不包括科学计算可视化的其他领域的可视化技术，如商业可视化、金融可视化、软件可视化等。通常，信息可视化及科学计算可视化并不需要采用昂贵的虚拟现实技术，而用普通二维或三维图形技术即可达到要求，更利于推广与普及。

20 世纪 90 年代，可视化向实用方向发展，并在一些领域获得初步应用。美国国家医学图书馆于 1989 年开始实施可视化人体计划，促进了医学的发展普及。通过科学计算可视化可将大量气象预报的数据转换为图像，在屏幕上显示出某一时刻的等压面、等温面、旋涡、云层的位置及运动、暴雨区的位置及其强度、风力的大小及方向等，使得预报人员能对未来的天气做出准确的分析和预测。另外，根据全球气象监测数据和计算结果，可以将不同时期全球的气温气压分布、雨量分布及风力风向等数据以图像形式表示出来，从而对全球的气象情况及其变化趋势进行研究和预测。

6.6.2　矢量场可视化

可视化整体来说可以分为三个阶段，即数据处理、可视化映射和绘制。矢量场可视化就是指矢量场中的可视化映射理论和方法。

矢量场可视化的方法和技术很多，归纳起来有几何图标法、纹理法、特征可视法以及张量可视法等。

1. 几何图标法

几何图标法包括点表示、线表示、面表示和体表示四种。点表示是最直接的方法，对采样点上每点数据的大小和方向采用能表示大小和方向的图标来表示，如箭头、锥体、有向线段等。这种方法适用于较小的简单的矢量场，对于大型复杂的矢量场不适用。

线表示主要有场线和质点轨迹两种。场线是在某一时刻 t 连接各点矢量的一条有向曲线，如计算流体动力学(CFD)中的流线、电磁场中的磁力线等。质点轨迹是某一质点经过该矢量场时的一条轨迹，主要是 CFD 中的质点运动轨迹，对于线表示主要是要选择合适的起点。

如果场线可以看做一点的运动轨迹，则场面就是一条非场线曲线经过矢量场的运动轨迹。场面比场线更能表现出矢量场内部的矢量分布，它的构造通常有场线连接法和对矢量场采用拓扑结构分解抽取内部结构两种方法。后者更能对整个场的分布有全局把握。

矢量场中质点的团效应形成矢量体，矢量体适用于表现大气、海洋、湍流的群体效果。流体力学中的矢量体称为流体，是流线的三维化。

2. 纹理法

纹理法中的线积分卷积(LIC)对矢量场可视化具有广泛而深远的意义，已成功应用于图像处理、计算机艺术等领域。LIC选取随机噪声作为输入纹理，输出纹理的每个像素均由卷积得到：以输入纹理中对应像素为起点分别沿矢量方向向前积分，沿反矢量方向向后积分生成前后两半长度相等的流线，流线经过的所有像素值按照卷积和确定相应的权值卷积，结果作为最终输出纹理的像素值。

纹理法是有效的矢量场可视化方法，涉及噪声选取、滤波、卷积、体绘制、纹理映射、透明度等技术，具有广阔的发展前景。

3. 特征可视法

特征可视化不是直接对原始数据进行显示处理，而是从原始数据中抽取某些有意义的模式、结构或对象。对于大规模矢量数据蕴含的信息很难全部显示的情况下，可以利用特征可视化对原始数据作子集选择、数据浓缩、结构分析、特征提取，滤除冗余和不感兴趣的数据，显示典型特征、关键结构、局部变化或者根据用户的选择集中显示。

4. 张量可视法

张量的概念是矢量和矩阵的推广，标量是零阶张量，矢量是一阶张量，矩阵是二阶张量，而三阶张量好比立体矩阵。更高阶的张量无法用图形表达。张量可以分解成一个对称张量和一个反对称张量。对称张量的特征向量是张量的三个基轴方向，是纯粹的伸缩变形；反对称张量表示流体微团的移动。张量场的拓扑结构比较复杂，目前还没有像矢量场那么成熟的拓扑结构理论。

总之，科学计算可视化作为一项新兴技术正在不断发展，它与虚拟现实技术、计算机动画、虚拟人体、数字地球等技术密切联系。如何有效处理包含大量信息的数据将成为今后很长一段时间内需要解决的问题。

☞ 6.7 本章小结

本章简要介绍了虚拟现实技术与科学计算可视化的概念以及较新的应用实例，反映了这两种技术在现实生活中的重要作用及发展前景。计算机图形学的发展形成了三维表现技术，使得人们能够再现三维世界中的物体，利用三维形状来表示复杂的信息，这种技术就是可视化技术。目前发展中的虚拟现实技术能使用户进入三维的、多媒体的世界，看到许多虚拟但却基于真实世界的场景，如古代的城镇、太空中的景象等。所有这些都依赖于计算机图形学的发展。随着虚拟现实技术的普及化，人们不仅可以简单快速地体验虚拟现实，也可以创建属于自己的虚拟现实世界。

☞ 习　题

6.1　虚拟现实技术和我们平时所看到的3D图形动画等形式有何区别?

6.2　简述四种动作捕捉系统的工作原理,并指出不同系统的优、缺点。

6.3　简述虚拟现实生成技术和光线跟踪方法。

6.4　科学计算可视化的主要研究对象是什么,这种研究的意义是什么?

6.5　列举你见过的虚拟现实或可视化系统,并提出自己的见解和建议。

第七章 计算机动画

计算机动画是指采用图形与图像的数字处理技术，借助编程或动画制作软件生成的一系列景物或人物画面。目前计算机动画已经发展成一个多种学科和技术的综合领域，以计算机图形学，尤其是真实感图形学和实体造型技术为基础，涉及运动原理、视频特效、运动生物学、心理学、人工智能等众多领域。计算机动画以其独有的特性迅速发展为一门独立的学科。

☞ 7.1 计算机动画概述

动画是指采用逐帧拍摄对象并连续播放而形成运动的一种影像技术。因此，动画也可以理解为连续播放的画面。计算机动画的原理与传统动画基本相同，只是在传统动画的基础上把计算机技术用于动画的制作、处理和应用。

从医学角度来讲，人眼具有“视觉暂留”现象，即当人眼看到物体后，视神经对物体的印象不会立即消失，而会保留 1/24 s。所以当快速地播放一系列画面的时候就能给人以流畅运动的视觉感受。动画与电影和电视等媒体均是利用了人体的这种视觉暂留特性。一般情况下，电影通常采用的播放速率是 24 幅/秒，而电视则采用 25 幅/秒(PAL 制式)或 30 幅/秒(NSTC 制式)的速率放送。如果播放速率低于 24 幅/秒，用户就会感到画面不流畅甚至卡顿。

运动是动画的主要要素，这里所讲的运动除了物体本身的运动之外，还有场景内部虚拟摄像机的运动以及物体的颜色纹理变化等。也就是说，在计算机动画的概念中，只要能使场景内的画面发生变化的行为都可以称之为运动。

计算机动画通常不仅要求运动的合理性和流畅性，有时场景的精确表示也非常重要。例如，在工程或科学研究时，研究人员需要对研究目标在计算机环境下进行抽象处理，着重于其运动变化的精细度，从而帮助研究人员了解运动过程的本质。在对许多实际工作的虚拟化模拟过程中，在以上的前提下，动画还需要满足一定程度的真实感。例如飞行模拟和大型设备操作模拟等培训项目对场景特效的真实度和物件细节的还原度都有较高的要求。在生活娱乐等领域，大众更关心动画视觉效果的表现力，故广告传媒等领域常常会根据宣传需要制作夸张的形象或非真实感的动作等特效来显示场景。

动画生成的方式分为实时动画和逐帧动画两种。实时动画即 3D 应用中常说的“即时演算”动画，每一幅画面都在生成后立刻播放出来，因此生成动画的速率必须大于等于显示设备的刷新频率。逐帧动画中的每一帧画面都是提前生成好并存储的，所以这些帧可以记录在胶片上或以实时回放模式连贯地显示出来。一般来说，实时动画适用于相对简单的动画场景，复杂的动画为了确保流畅性，多采用逐帧生成的方式。但某些应用场景对复杂性和实时性都有较高的要求，例如上文所说的飞行模拟场景。在这种情况下，开发人员通常需要配备专业的软硬件系统来满足高速处理复杂实时动画的需求。

为了令动画效果更逼真，制作时动画师会采用许多手段来改善运动序列，例如扭曲变形、动作聚焦、间隔动画帧等。拉伸和扭曲对于可变形材质的物体的动态描绘十分常用。图 7.1.1 展示了使用该技术来强调一个弹跳的球的加速和减速过程。当球加速时，它开始拉伸。当球撞到地面并停下时，它先被挤压，然后在加速向上弹跳时又开始拉伸。图 7.1.2 表明弹球的帧间位置变化随着球的速度增加而增加。

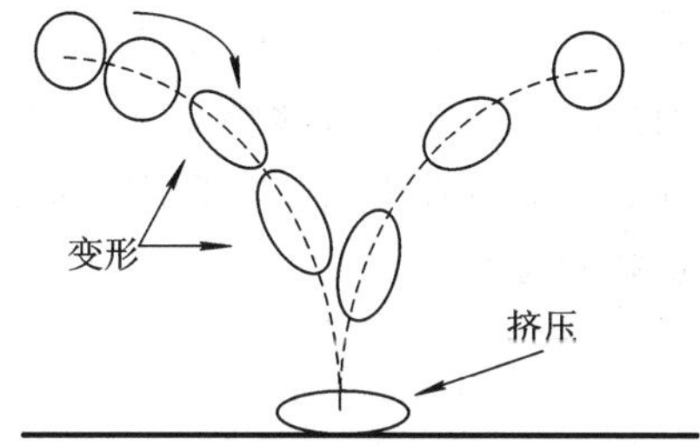

图 7.1.1　弹球挤压拉伸技术

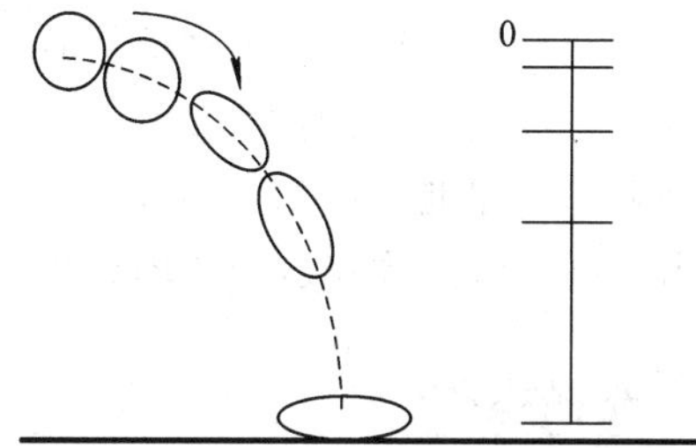

图 7.1.2　弹球的帧间位置变化

值得注意的是，计算机动画所生成的是一个虚拟的世界，画面中的物体并不需真正去建造，物体、虚拟摄像机的运动也不会受到什么限制，动画师几乎可以随心所欲地编织他的虚幻世界。

☞ 7.2 计算机动画的光栅方法

多数情况下动画师选择实时的方法生成简单的动画序列，但是复杂场景需要逐帧产生动画序列。实时动画中，每一帧的计算速度必须足够快，以保证生成的动画序列流畅。对于复杂的场景，每个刷新周期几乎都用于计算并创建下一帧。如果创建一帧所需的时间大于一个刷新周期，将导致运动漂移和帧破裂等显示缺陷。由于屏幕显示的画面是通过刷新缓存中被周期修改的像素值来生成的，因此可以利用光栅屏幕刷新过程的某些特性来减少运算量，并快速产生运动序列。

光栅扫描系统通常逐帧生成动画序列，按顺序循环播放这些帧就可以观看动画，也可以将这些帧转换为胶片供以后观看。光栅扫描系统采用两种方式来生成计算机动画：双缓存和光栅操作。

7.2.1 双缓存

实时动画的生成可以通过两个刷新缓存来实现，这两个刷新缓存又被称做双缓存。生成动画序列时，首先在一个缓存中生成第一帧，并发送给显示设备；与此同时，在第二个缓存中创建下一帧的内容。动画序列就在如此反复交替进行的过程中不断刷新。通常支持双缓存的算法需要定义一个激活双缓存的函数以及用于双缓存工作交替的函数。

当发出一个转换两个缓存角色的命令后，交换操作可能以不同的节拍来执行。最直接的方法是在当前刷新周期的末期(即电子束垂直回扫阶段)交换两个缓存。如果程序可以在一个刷新周期(如 1/60 s)内创建好一帧，则运动序列的显示可以与屏幕刷新速率同步。但如果创建一帧的时间长于一个刷新周期，则在创建下一帧的时候，当前帧要显示两个或更多的刷新周期。例如，如果屏幕刷新速率为 60 帧/s，并且创建帧速率为 50 帧/s，则每帧需要显示两次，即动画速率只有 30 帧/s。类似地，如果创建帧速率为 25 帧/s，则动画速率降为 20 帧/s，因为每帧要显示三次。

使用双缓存时，如果创建一帧的时间非常接近刷新周期的整数倍，则容易出现不规则动画帧率的问题。例如，如果屏幕刷新速率为 60 帧/s，则当创建一帧的时间在 1/60 s、2/60 s、3/60 s 或 1/60 s 的更多倍数时，很可能导致不稳定帧率。由于生成图形元素及其属性的函数的执行时间的微小变化，有些帧创建的时间短一点，而有些帧会长一点，这将导致动画帧率突然地、不稳定地发生变化。弥补这种效应的一种方法是在程序中加入少许时延，另一种方法是改变运动或场景描述来缩短创建帧的时间。

7.2.2 光栅操作

使用矩形像素阵列的块移动可以为有限的应用生成实时光栅动画，游戏程序经常使用这种动画技术。在 XOY 平面上移动一个对象的简单方法是将定义该对象形状的一组像素从一个位置移动到另一个位置。而 90°的倍数的二维旋转也是很容易实现的。尽管可以利用反走样过程绕任意角度旋转一个矩形块像素，但这种方法对于旋转角度不是直角的倍数的二维旋转依旧比较困难，需要确定旋转前后重叠区域的比率。执行光栅操作序列将动画限制为在投影平面上的运动即可实现二维或三维对象的实时动画，不需要采用观察操作和可见面算法。

除此之外，还可以通过沿一个二维路径使用颜色表变换来实现动画。首先沿着运动路径的相连位置定义对象，并将相继块的像素值设定为颜色表的入口。将第一个对象位置的像素设为前景色，而其他对象位置的像素设为背景色。然后通过修改颜色表的值将运动路径上后一对象位置的像素设为前景色而前一对象位置的像素设为背景色来实现动画。

☞ 7.3 动画序列的设计

创建动画序列的工序比较复杂，特别是包含某个情节且对象数量较多时，每个对象的运动路径各自不同。一般来说，动画序列的设计包含以下几个步骤：情节划分、对象定义、关键帧的建立与插值帧的生成。

情节划分是动作的概述，主要由情节板(Storyboard)来实现。情节板的功能在于把一个运动流程定义为一系列事件。视动画类型的不同，情节板可以由一组草图及对应的文字描述组成，也可以是一个关于运动的基本思路列表。早期的动画制作工序中，运动的概略草图会被贴在板子上并加以注释，用于总览运动的流程，因而称为情节板。

对象定义是指为动作的每一个参加者给出定义。对象可能使用基本形体如多边形或样条曲线进行定义。另外，情节中每一角色或对象的运动也需要给出描述。

关键帧是动画序列中某个具体时间场景的详细图示。通常是角色或者物体运动中的关键动作所处的那一帧，因此一般设置在动作的极限位置或转折位置。复杂的运动比简单缓慢变化的运动需要设置更加密集的关键帧。设置关键帧通常是高级动画师的任务，并且通常为动画中的每个角色安排一个单独的动画师。

插值帧位于关键帧之间，通常由系统根据两个关键帧的位置计算而自动生成。插值帧的数量取决于动画介质和帧率。如前文所述，电影和电视的刷新率通常在 24～30 帧/s 之间，而在计算机上要求显示设备的刷新率至少达到 60 帧/s。插值帧的数量往往也与运动的速度和流畅性有关，常见的运动要求两个关键帧之间插值 3～5 帧。另外，在有规律的运动下，允许重复使用部分关键帧。对于 24 帧/s 的动画，一段没有重复的电影胶片每分钟需要 1440 帧。在两个关键帧之间插值 5 帧的情况下需要生成 288 个关键帧。

另外，动画序列的设计可能还依赖于其他任务，包括运动的验证、编辑和音轨的生成与同步等。生成一般动画的许多功能现在都由计算机来完成。

7.3.1 关键帧

关键帧的概念源自传统的动画制作。早期的动画中，主画师负责设计动画中的一些关键画面，即关键帧，再由助手设计中间帧，即插值帧。影响画面图像的参数都可以作为关键帧参数，如位置、旋转角、纹理等。

关键帧建立后，两个关键帧或者多个关键帧之间就能够通过运动的趋势而生成相应的插值帧。可以采用运动学来描述运动路径，例如将运动路径用样条曲线来表示，也可以基于物理学来将物体所受的作用力和运动联系起来。

复杂的场景可以采用不同图层中相对独立的运动叠加而成。在早期的动画中，这类问题的解决方案是将一帧分解为多个赛璐珞胶片，并按照前后顺序叠加，从而实现各自独立的运动。赛璐珞胶片即通常动画片制作中所说的“cels”，每张胶片除了主体部分以外的区域是透明的，方便多张胶片的叠加。在给定运动路径之后，每个物体下一帧的位置分别根据关键帧之间的插值而获得。

关键帧的差值问题与一般的纯数学插值不同，一个特定的运动从空间轨迹来看可能正确，但从运动学来看可能就是错误的，故速度问题也要列入考虑范围。关键帧系统要求插值帧能产生逼真的运动效果，并提供用户对物体运动学特性进行控制的手段，例如调整插值函数改变物体的速度和加速度等。下面具体讲述如何通过差值函数改变物体的速度。

1. 匀速运动

假设在两个关键帧 t_1、t_2 间插入 $n=5$ 帧，则时间段被分为 6 个子段，时间间隔 $\Delta t=\frac{t_2-t_1}{n+1}$。于是任意插值帧的时刻为

$$t_{fj}=t_1+j\cdot\Delta t \qquad j=1,2,\cdots,n \tag{7-3-1}$$

根据 t_{fj} 可以确定物体坐标和其他物理参数。

2. 加速运动

为了模拟加速，可使用函数 $1-\cos\theta(0<\theta<\pi/2)$ 来增大帧之间的时间间隔。此时，第 j 个插值帧的时刻为

$$t_{fj} = t_1 + \left\{1 - \cos\left[\frac{j\pi}{2(n+1)}\right]\right\} \cdot \Delta t \qquad j = 1, 2, \cdots, n \tag{7-3-2}$$

3. 减速运动

模拟减速运动可以使用 $\sin\theta$ 来描述帧间时间间隔的减小。此时，第 j 个插值帧的时刻为

$$t_{fj} = t_1 + \sin\left[\frac{j\pi}{2(n+1)}\right] \cdot \Delta t \qquad j = 1, 2, \cdots, n \tag{7-3-3}$$

4. 混合增减速运动

可以利用图 7.3.1 中的函数模拟先加速后减速的运动。更为复杂的运动通常都是简单运动的复合，可以通过构建速度函数或通过拟合近似的方式来模拟这种速度变化。

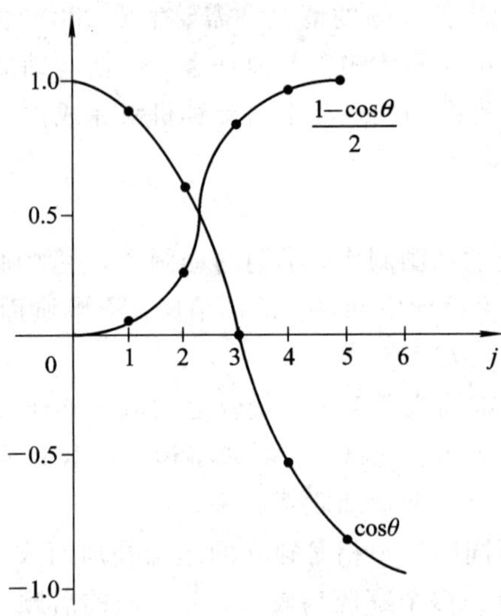

图 7.3.1 先加速后减速的运动模拟

7.3.2 变形

对象的形状从一个形态到另一个形态的变换称为变形。变形建模需要将动画插值帧中的多边形做形变处理。对于用多边形网格表示的曲面，变形将导致多边形形状的重大改变，因而每个多边形的边数在各帧之间可能不同。根据定义关建帧的需要来增减多边形的边，可以将这些改变合并到生成插值帧的过程中。

需要进行变形时，首先指定两个关键帧作为变形的起始点，并修改变形对象的节点，使得两帧具有相同的顶点数。例如在图 7.3.2 中直线变换为折线的过程中，为了保证顶点数相同，需要在关键帧 k 的直线中额外增加顶点 $3'$。然后使用线性插值方法来产生插值帧。将关键帧 k 中添加的顶点沿图 7.3.3 的直线路经迁移到顶点 $3'$。变形也可以通过分析图像的特征来实现，这需要更为复杂的算法，读者可参考有关文献学习。

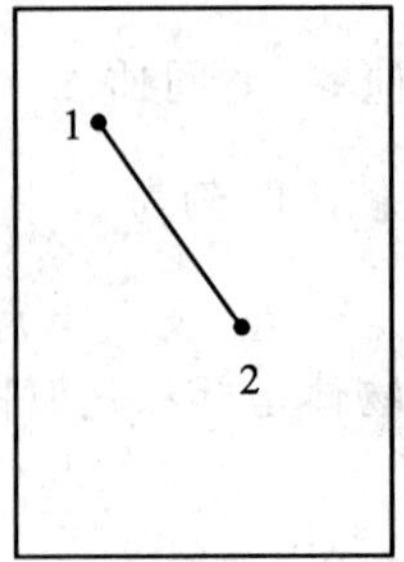

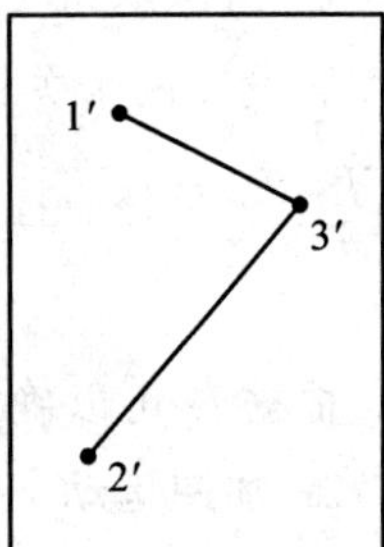

图 7.3.2 预处理过程

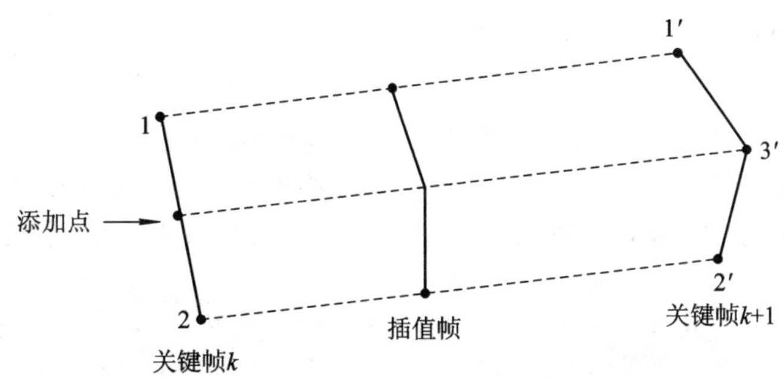

图 7.3.3 线性插值产生插值帧

图 7.3.4 给出了一个动物面部变形的实例。

图 7.3.4 基于特征的图像变形(猫变虎)

1. 与物体表示有关的变形

对于由多边形表示的物体的变形可以通过移动其多边形顶点来实现，但是多边形顶点以某种内在的一致性相关联，不恰当的移动容易导致三维走样，如原来共面的多边形变成不共面的。而参数曲面表示的物体可以较好地避免以上问题，移动控制顶点仅改变基函数的系数，曲面仍然光滑。所以，参数曲面表示的物体可以处理任意复杂的变形。但是参数曲面依然会带来三维走样，由于控制顶点的分布一般比较稀疏，物体变形未必能符合期望。实践表明，多边形和参数曲面各有优缺点。参数曲面表示拓扑结构比较复杂的物体时较为困难，而多边形模型可以表示拓扑结构任意复杂的物体。

2. 与物体表示无关的变形

与物体表示无关的变形技术称为自由变形(即 FFD)。Sederberg 提出的这种方法适用面宽广，可以说是物体变形最为实用的手段之一。FFD 方法不对物体直接进行变形，而是对物体所嵌入的空间进行变形。FFD 方法中的格子形状为平行六面体，这在一定程度上限制了它的应用。另外还有一些研究者提出了不同的变形方法，如 Coquillart 提出的扩展 FFD(即 EFFD)，该方法消除了对非平行六面体中格子的限制，使得初始的格子允许棱柱和圆柱等形状，因而增加了适用范围；Lamousin 提出了基于 NURBS 的 NFFD 方法，提供了更为有效的变形控制；Ruprecht 提出了通过散乱数据插值的空间变形方法将形状插值和骨架驱动的变形相结合；Lewis 提出了一种姿态空间变形方法，非常适合表情和躯体变形。

目前许多商用动画软件都具有 FFD 功能。

基于 FFD 的变形动画首先对物体所嵌入的格子的控制顶点设置动画，然后将变形嵌入到物体本身。自 FFD 提出以来，此方法已经显示出其广阔的应用前景。Griessmair 等把它应用于实体变形，Chadwick 等用它控制关节动物的肌肉变形。FFD 也可用于脸部表情动画、科学计算可视化等领域。图 7.3.5 给出了一个 FFD 变形的实例。

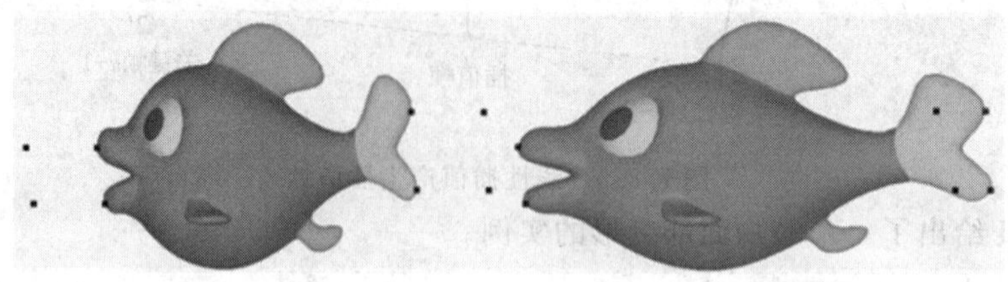

图 7.3.5　利用 FFD 对三维图形进行拉伸变形

3. 轴变形

基于 FFD 的变形总是需要移动许多控制顶点，当顶点过多时，交互性就会变得很差。Larazur 等人提出的基于轴的变形方法提供了一种直观的变形技术。该方法的优点在于将物体的变形用其轴线的变形来控制，而对轴线设置动画比较容易。他们用该方法对鱼的游动进行模拟，取得了很好的效果。

7.3.3　渐变

计算机动画中的渐变涉及图像和三维形体，2D 渐变指图像的渐变，3D 渐变指三维形体的渐变。

1. 2D 渐变

所谓图像渐变，是指给出两幅不带任何几何信息的图像——源图像和目标图像，解决如何让源图像很自然地过渡为目标图像的问题。当然，两者可能是完全不同的东西，例如将人变成一张桌子。此外，源图像和目标图像可以是灰度图也可能是彩色图。

Bezier 和 Neely 提出了一种基于特征的自然渐变技术——Field Morphing。该方法允许动画师对渐变进行直观控制，通过交互地指定渐变中图像的特征(线对)，可以方便地达到动画师预期的视觉效果。

2. 3D 渐变

三维形体之间的渐变和物体的拓扑结构有着密切的关系。Bethel 和 Uselton 提出通过加入退化的点和面使得两个多面体具有相同的拓扑结构，从而使多面体渐变成为可能。Kent 等人提出通过合并多面体对的拓扑结构，使它们具有相同的顶点—边—面结构网。Lerios 推广了 Bezier 的线对思想，提出了基于体的三维物体渐变法，该方法具有一般性。Alexa 等人提出了一种适合 2D、3D 形状的尽可能刚性的过渡方法，与其他过渡形状表面边界的方法不同，该方法过渡形状的内部，并能使形状局部区域尽可能减少扭曲变形。

7.3.4　基于隐式曲面的变形和渐变

隐式曲面的造型和动画近年来受到人们越来越多的关注，欧洲图形学学会专门设立了隐式曲面(Implicit Surface)的学术会议。该会议从 1995 年开始，每一年半举行一次。隐式曲面在表现肌体、水滴、烟雾等软性物体的形态和运动时有优异的表现。

在处理肌肉运动变形等动画的问题时，常常采用隐式曲面中具有重要应用价值的“元球”模型。基于元球的造型方法最先由 Blinn 和 Nishimura 独立引入，一个完备人体的运动大约需要五百个元球。元球是具有密度的特殊的球，一簇元球的密度为该簇中所有元球密度之和，对应的三维模型可表达为由等密度面围成的体。元球密度分布特殊，多个元球可融合成一个光滑的面，如同两个原子合成分子那样。通过位置、朝向、大小和密度的巧妙控制，可以用元球生成许多传统造型方法很难做出的复杂形体。绘制元球时，需要进行光线和等势面的求交测试。Nishita 提出把光线上的场函数用 Bezier 函数表示，然后用 Bezier Clipping 求根。Desbrun 采用元球造型模拟了无弹力物体的融合分离过程。采用元球造型，物体的变形能以一种自然的形式进行。

隐式曲面的另一个重要应用为三维渐变。首先建立两个关键帧形状的隐式函数，然后插值这两个函数即可以实现三维渐变。

☞ 7.4 运动的描述

动画描述中的一个重要任务是场景描述(Scene Description)。这包含对象和光源的定位、光度参数(光源强度和表面照明特性)的定义，以及照相机参数(位置、方向和镜头特性)的设定。另一标准功能是动作描述，描述一个运动可以使用许多方法，例如直接指定路径或者通过物体间的相互作用进行分析等。因此，可以通过给定变换参数、运动路径参数、作用在物体上的力或物体之间相互作用产生的运动细节来定义运动。

7.4.1 直接运动描述

定义运动序列最直观的方法是使用几何变换参数的直接运动描述法，这种方法将旋转角度和平移方向直接给出，并利用几何变换矩阵来变换坐标位置。当只需要近似描述运动时，可以直接使用一个带参数的函数来拟合。当描述一个弹球在高度衰减的情况下向前弹跳的情形时(参见图 7.4.1)就可以使用下式来近似描述运动路径：

$$y(x) = A\,|\,\sin(\omega x + \theta_0)\,|\,e^{-kx} \qquad (7-4-1)$$

式中，A 为起始高度，ω 为角频率，θ_0 为初相位角，k 表示弹跳衰减系数。这种运动描述方法可以用于简单的用户编程的动画序列。

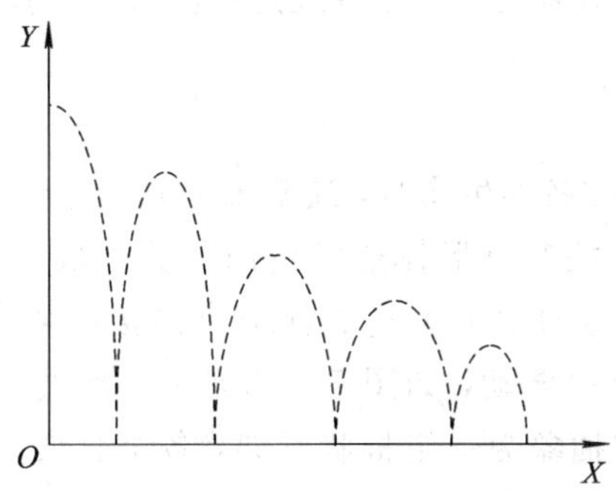

图 7.4.1 用衰减的正弦函数表示弹球的运动轨迹

7.4.2 目标导向系统

根据动画想要达到的目标来确定运动参数的系统称为目标导向系统。该系统利用抽象描述动作的最终结果来概括地描述即将发生的运动，也就是说，通过运动的最终状态来描述动画。这种系统的输入命令将解释成部件运动以实现选择的任务，如人体运动可定义成躯体、四肢、肢体末端运动的层次结构。因此，当类似“走到地点 A”的目标给出后，需要完成此动作的肢体运动就会被计算出来。

7.4.3 运动学和动力学

在使用运动学描述运动时，通过需要给出运动参数(位置、速度和加速度)来指定动画，而并不引入引起运动的力。对于匀速(零加速度)的情况，只需要定义初始位置和速度向量就可以描述场景中任一物体的运动。例如，如果将速度向量指定为(−5，0，12)km/s，则运动将会在这个向量所指向的方向匀速进行，且速度的值是 13 km/s(符合勾股定理)。增加了加速度向量后就可以实现变速运动。例如，加速度向量与速度向量平行时，将呈现加速或减速的直线运动，而加速度与速度有夹角时就会呈现曲线运动。除此之外还可以直接指定路径(通常采用样条曲线)来直观地描述运动路径。

描述动画序列还可以采用反向运动学。反向运动学对于复杂对象的运动处理比较便利，其原理是先指定一段时间内物体的起始和终止位置，再由系统来计算运动相关的参数。反向运动学的特点在于从一组相关联运动体的末端开始计算，并由系统来计算末端所牵动的其他节点的运动情况，以符合所需的运动要求(例如人体的手脚牵动四肢)。

动力学关心的问题在于力的作用对运动行为的影响，即基于物理学的运动描述。宏观上影响运动的力主要由重力、摩擦力、电磁作用等组成，运动规律可以根据这些力的物理原理来建立相应的公式来描述。例如万有引力公式、麦克斯韦公式和牛顿定律等。以牛顿定律为例，牛顿第二定律用微分形式可表示为

$$\boldsymbol{F}=\frac{\mathrm{d}}{\mathrm{d}t}(m\boldsymbol{v}) \tag{7-4-2}$$

其中，$\boldsymbol{F}$ 是作用力，$\boldsymbol{v}$ 为速度，两者皆为矢量。若质量 m 是定值，则可得到公式 $\boldsymbol{F}=m\boldsymbol{a}$。这里 $\boldsymbol{a}$ 是加速度向量。在更普遍的条件下，质量 m 会随时间而变化，例如火箭飞行时消耗燃料的情况。

动力学的运动描述适用于结构复杂的刚体系统或者非刚体系统(如橡胶和塑料袋等)。而数值方法更多用于在动态方程的初始条件或边界值已知时获得运动参数的情况。

7.4.4 关节链形体动画

制作关节较多的物体，如各类生物时，通常采用关节链形体来构建模型并制作动画。关节链形体通常由两部分组成：刚性连杆和旋转节点。刚性连杆之间通过旋转节点连接，并可在设定好的运动范围内自由转动，如图 7.4.2 所示。经过关节链形体建模后的对象被抽象为一组棍状骨架，各个骨架经过外层贴图的覆盖之后作为一个整体而运动。

图 7.4.2　简单关节链形体

关节链形体的连接点(或铰链)位于肩、臀、膝和其他骨骼关节。当身体移动时，这些关节按特定的路径运动。定义不同类型的动作(例如走、跑、跳)并将它们与节点和连杆的特定运动关联起来，就可以形成关节链形体动画。

例如，图 7.4.3 定义了一系列走动的腿的运动。臀部节点沿水平线向前平移，而连杆进行一系列围绕臀、膝和踝关节的运动。从直腿开始(图 7.4.3(a))，第一个运动是当臀部前移时膝部弯曲(图 7.4.3(b))。然后腿向前摆动，回到垂直位置，再向后摆动(图 7.4.3(c)、图 7.4.3(d)和图 7.4.3(e))。最后的运动是腿向后大幅摆动然后回到垂直位置，如图 7.4.3(f)和图 7.4.3 (g)所示。在整个动画过程中，上述运动周期重复进行，直到形体移动指定的距离或时间。

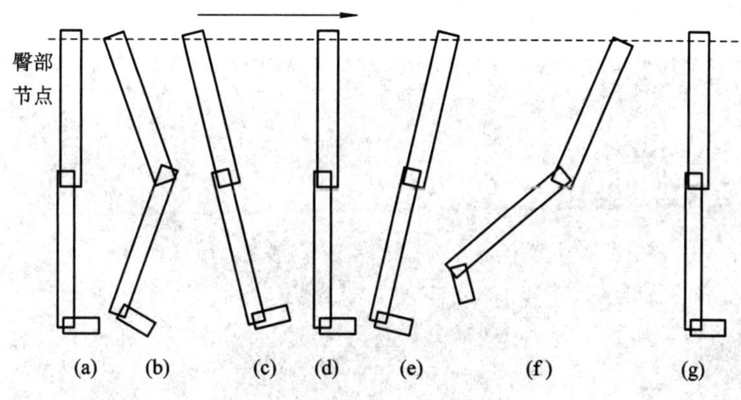

图 7.4.3　行走中腿部的一组互连连杆的可能运动

当形体移动时，各个关节上还可以加入其他运动。通常，具有变化振幅的正弦曲线运动可以加入到臀关节使其绕躯干运动。类似地，滚动或摇动可以加到肩部，并且头部也可以上下摆动。

形体动画既可使用运动学运动描述也可使用反向运动学运动描述。指定关节运动一般比较容易，但是在任意的地面上生成简单运动就需要使用反向运动学。对于复杂的形体，反向运动学不保证产生唯一的动画序列。给定一组初始和终止条件，可能存在多种不同的运动，所以可以增加约束条件以获得唯一结果。

☞ 7.5　计算机动画开发工具

7.5.1　计算机动画语言

目前的高级计算机语言 C、C＋＋、Java 等都能够用于对动画序列进行设计与编程，但为了更加便捷的制作动画，现在已经有越来越多专用的动画语言被开发出来。除了良好的用户界面之外，一般的动画开发工具也都配备了完善的图形子程序和图形编辑器，以便直观地绘制和修改运动对象，描绘运动路径等。许多动画编辑软件也提供了可编辑关键帧和生成插值帧的时间轴工具，用于在可控的时间范围内准确地定义运动的位置和速度等属性。

OpenGL 是一种普及度非常高的工业标准，它的前身是由 SGI 公司为其图形工作站开发的 IRIS GL，是一个工业标准的三维计算机图形软件接口。

OpenGL 不是一种编程语言，而是一种 API(Application Programming Interface，应用程序编程接口)。作为一种 API，OpenGL 库遵循 C 调用约定，这意味着在 C 语言环境下可以很方便的调用 OpenGL 库中的函数。

OpenGL 允许使用双缓冲生成实时动画，但其双缓冲技术并非用于两个实际缓冲之间的交替操作。事实上，每一个支持 OpenGL 的窗口系统都拥有用于双缓冲交替的函数。

下面将通过例 7.1 来讲解使用 OpenGL 绘制简单图形和动画的方法，了解 OpenGL 的程序结构和运行顺序。

例 7.1 请使用 OpenGL 语言在黑色的背景下绘制一个彩色的三角形(见图 7.5.1)。

图 7.5.1 彩色三角形实例

解 具体代码如下：

```
#include <stdlib.h>
#include <GL/glut.h>
void background(void)
{
    glClearColor(0.0, 0.0, 0.0, 0.0);          //设置背景颜色为黑色
}
    void myDisplay(void)
{
    glClear(GL_COLOR_BUFFER_BIT);              //buffer 设置为颜色可写
    glBegin(GL_TRIANGLES);                     //开始画三角形
    glShadeModel(GL_SMOOTH);                   //设置为光滑明暗模式
    glColor3f(1.0, 0.0, 0.0);                  //设置第一个顶点为红色
    glVertex2f(-1.0, -1.0);                    //设置第一个顶点的坐标为(-1.0, -1.0)
```

```
    glColor3f(0.0, 1.0, 0.0);                //设置第二个顶点为绿色
    glVertex2f(0.0, -1.0);                   //设置第二个顶点的坐标为(0.0, -1.0)
    glColor3f(0.0, 0.0, 1.0);                //设置第三个顶点为蓝色
    glVertex2f(-0.5, 1.0);                   //设置第三个顶点的坐标为(-0.5, 1.0)
    glEnd();                                 //三角形结束
    glFlush();                               //强制 OpenGL 函数在有限时间内运行
}
void myReshape(GLsizei w, GLsizei h)
{
    glViewport(0, 0, w, h);                  //设置视口
    glMatrixMode(GL_PROJECTION);             //指明当前矩阵为 GL_PROJECTION
    glLoadIdentity();                        //将当前矩阵置换为单位阵
    if(w <= h)
      gluOrtho2D(-1.0,1.5, -1.5,1.5*(GLfloat)h/(GLfloat)w); //定义二维正视投影矩阵
    else
       gluOrtho2D(-1.0, 1.5*(GLfloat)w/(GLfloat)h, -1.5, 1.5);
       glMatrixMode(GL_MODELVIEW);           //指明当前矩阵为 GL_MODELVIEW
}
int main(int argc, char * * argv)
{
    /*初始化*/
    glutInit(&argc, argv);
    glutInitDisplayMode(GLUT_SINGLE|GLUT_RGB);
    glutInitWindowSize(400, 400);
    glutInitWindowPosition(200, 200);
    /*创建窗口*/
    glutCreateWindow("Triangle");
    /*绘制与显示*/
    background();
    glutReshapeFunc(myReshape);
    glutDisplayFunc(myDisplay);
    glutMainLoop();
    return(0);
}
```

值得注意的是，要想在 Visual C++中运行上述程序，还要做如下准备工作：

(1) 创建一个 Win32 Console Application。

(2) 链接 OpenGL libraries。在 Visual C++中先单击 Project，再单击 Settings，找到 Link 单击，最后在 Object/library modules 的最前面加上 OpenGL32.lib、GLu32.lib 和 GLaux.lib。

(3) 单击 Project 选项下 Settings 中的 C/C++标签，将 Preprocessor definitions 中的 _CONSOLE 改为_WINDOWS。

程序中以 glut 开头的函数都包含在 glut. h 这个头文件中。glut. h 这个头文件包含在 GLUT 库中，此库中的函数主要执行如处理多窗口绘制、处理回调驱动事件、生成层叠式弹出菜单、绘制位图字体和笔画字体，以及执行各种窗口管理等任务。具体函数的功能以及参数见表 7-5-1。

表 7-5-1 GLUT 库中函数简介

函数名	功 能	参 数
glutInit	初始化 GLUT 库并同窗口系统进行对话	
glutInitDisplayMode	确定所创建窗口的显示模式	GLUT_SINGLE：单缓存窗口，即缺省模式 GLUT_DOUBLE：双缓存窗口 GLUT_RGB：RGB 颜色模式窗口，即缺省模式 GLUT_INDEX：颜色索引模式窗口
glutInitWindowSize	初始化窗口的大小	第一个参数为窗口的宽度，第二个参数为窗口的高度，以像素为单位
glutInitWindowPosition	设置初始窗口的位置	第一个参数为窗口左上角 x 的坐标，第二个参数为窗口左上角 y 的坐标，以像素为单位。屏幕的左上角的坐标为(0，0)，横坐标向右逐渐增加，纵坐标向下逐渐增加
glutCreateWindow	创建顶层窗口	Triangle 表示三角形
glutReshapeFunc	注册当前窗口的形状变化回调函数	当改变窗口大小时，该窗口的形状改变回调函数将被调用，例 7.1 中 myReshape 为形状变化函数
glutDisplayFunc	注册当前窗口的显示回调函数	当一个窗口的图像层需要重新绘制时，GLUT 将调用该窗口的的显示回调函数。在例 7.1 中的 mydisplay 就是显示回调函数，显示回调函数不带任何参数，它负责整个图像层的绘制
glutMainLoop	进入 GLUT 事件处理循环	glutMainLoop 函数在 GLUT 程序中最多只能调用一次，它一旦被调用就不再返回，并且调用注册过的回调函数。此函数必须放在注册回调函数的后面

由例 7.1 可知 OpenGL 程序的典型结构包括初始化、创建窗口、自己创作的核心部分以及 glutMainLoop 进入 GLUT 事件处理循环四个部分。

下面重点介绍自己创作的核心部分。函数 background 只有一行语句，用来设置背景颜色；myDisplay 绘制一个彩色的三角形；myReshape 用于改变窗口的大小。三个函数中使用到的函数具体见表 7-5-2。

表 7-5-2　核心部分函数定义及功能

函数名	功能及参数
glClearColor	定义窗口的颜色。红、绿、蓝和 alpha 值，范围为[0，1]，缺省值为 0
glClear	将 buffers 设置为预先设定的值。GL_COLOR_BUFFER_BIT 表示现在可以向 buffer 中写入颜色值
glBegin、glEnd	限制一组或多组图元的顶点定义，两者一一对应。参数表示所绘制图元的类型，GL_TRIANGLES 为三角形
glShadeModel	选择平坦或光滑渐变模式。GL_SMOOTH 为缺省值，表明光滑渐变模式，GL_FLAT 为平坦渐变模式
glColor	设置当前颜色。后面跟的数字为参数个数。3 表明有三个参数，分别为红、绿、蓝，4 则多一个参数 alpha。紧跟数字后面的字母表示数据类型。例如 glColor3f 表示三个参数，数据类型为 GLfloat
glVertex	指定顶点。函数名中的数字表明参数个数。参数分别为 x、y 或 x、y、z。紧跟数字后面的字母表示数据类型。例如 glVertex2f 表明两个参数，数据类型为 GLfloat。窗口的中心为原心，坐标为(0，0，0)。横坐标向左为负，向右为正；纵坐标向上为正，向下为负；z 坐标向屏幕里为负，屏幕外为正，坐标系符合右手定则。glVertex 中坐标的值与窗口的大小成倍数关系
glFlush	清空所有缓存(buffer)，使所有发出的命令能在规定的时间内运行
glViewport(Glint x，Glint y，GLsizei width，GLsizei height)	设置视口。视口是一个矩形，x、y 为视口左下角的坐标，以像素为单位，缺省值为(0，0)。width 和 height 分别为视口的宽和高。OpenGl context 第一次贴到窗口上时 width 和 height 分别设置成窗口的大小
glMatrixMode	指明哪一个矩阵为当前矩阵。GL_PROJECTION 指明投影矩阵堆栈为随后的矩阵操作的目标 GL_MODELVIEW 指明模型视景矩阵
glLoadIdentity	将当前矩阵置换为单位阵
gluOrtho2D(GLdouble left，GLdouble right，GLdouble bottom，GLdouble top)	定义二维正视投影矩阵。left、right 分别设置左、右垂直切平面的坐标，bottom、top 分别设置上下垂直切平面的坐标

例 7.1 中的代码是实现颜色绘制以及几何图形和物体描绘的最基本的函数，当使用 OpenGL 制作动画时，需要考虑更复杂的因素及特定的算法，更多函数可以在网上或专门书籍中查阅。

7.5.2　计算机动画制作软件——Macromedia Flash

当今的计算机动画制作软件种类繁多，可以满足制作者各种不同方面的制作需求。常见的动画制作软件有 Ulead GIF Animator、Macromedia Flash 和 Maya Studio 等。不同的软件针对不同的制作领域都有各自的优势，故选择合适的软件进行制作可以大大提高制作的效率。

动画制作通常包含了运动对象的编辑、舞台编辑、摄像机编辑以及关键帧和插值帧的生成等功能。某些动画软件包，例如 Wavefront，可以同时对整体动画和单个对象进行设计编辑。其他专用软件包仅处理动画的某些特性，例如生成插值帧或制作形体动画的系统等。

Flash 是由 Macromedia 公司推出的交互式矢量图和 Web 动画的标准。网页设计者可以使用 Flash 创作出既漂亮又可改变尺寸的导航界面以及其他奇特的效果。Flash 的前身是 Future Wave 公司的 Future Splash，是世界上第一个商用的二维矢量动画软件，用于设计和编辑 Flash 文档。1996 年 11 月，美国 Macromedia 公司收购了 Future Wave，并将其改名为 Flash。之后，Flash 又被 Adobe 公司收购。Flash 通常也指 Macromedia Flash Player（现 Adobe Flash Player）。图 7.5.2 所示为 Flash 8 的工作界面。

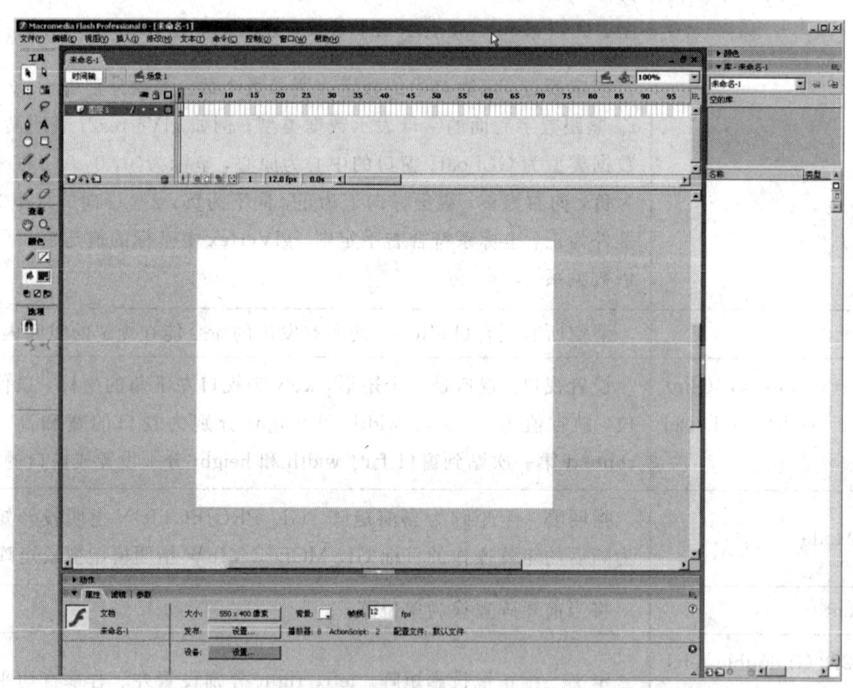

图 7.5.2　Flash 8 的工作界面

Flash 动画设计的三大基本功能包括绘图和编辑图形、补间动画及遮罩。这是三个紧密相连的逻辑功能，是整个 Flash 动画设计知识体系中最重要、最基础的功能，并且这三个功能自 Flash 诞生以来就一直存在。

1. 绘图和编辑图形

Flash 中的每幅图形都开始于一种形状。形状由填充和笔触两个部分组成，前者是形状里面的部分，后者是形状的轮廓线。Flash 的绘图工具十分完善，可以用于矢量图和位图的编辑。许多创建工作都开始于矩形和椭圆这样的简单形状，因此能够熟练地绘制和修改它们的外观以及应用填充和笔触是非常重要的。Flash 提供的三种绘制模式，决定了界面中对象彼此之间的交互以及用户的编辑模式。默认情况下，Flash 使用合并绘制模式，但用户也可以启用对象绘制模式，或者使用以“基本矩形”或“基本椭圆”工具为代表的基本绘制模式。

2. 补间动画

补间动画是整个 Flash 动画设计的核心，也是 Flash 动画的最大优点。用户学习 Flash 动画设计，最主要的就是学习补间动画设计。Flash 的补间动画有动作补间动画和形状补间动画两种。

1）动作补间动画

动作补间动画是 Flash 中非常重要的动画表现形式之一，在 Flash 中制作动作补间动画的对象必须是“元件”。其基本操作如下：在一个关键帧上放置一个元件，然后在另一个关键帧上改变该元件的大小、颜色、位置、透明度等，Flash 根据两者之间帧的值自动创建的动画，被称为动作补间动画。

2）形状补间动画

一个对象变换成另一个对象，而该过程只需要用户提供两个分别包含变形前和变形后对象的关键帧，中间过程将由 Flash 自动完成。其基本操作如下：在一个关键帧中绘制一个形状，然后在另一个关键帧中更改该形状或绘制另一个形状，Flash 根据两者之间帧的值或形状创建的动画称为形状补间动画。形状补间动画可以实现两个图形之间颜色、形状、大小、位置的相互变化，其变形的灵活性介于逐帧动画和动作补间动画之间，使用的元素多为鼠标或压感笔绘制出的形状。值得注意的是，在创作形状补间动画的过程中，如果使用的元素是图形元件、按钮或文字，则必须先将其“打散”，然后才能创建形状补间动画。

3. 遮罩

遮罩的功能十分灵活与强大，它是 Flash 中的一个重要功能和亮点。在 Flash 中，使用遮罩功能后会生成两个图层：遮罩层和被遮罩层。遮罩层在上，被遮罩层在下。被遮罩层中的内容只有透过遮罩层中的对象才能显现出来。遮罩层中的对象可以是按钮、形状、文字、符号等，而被遮罩层可以是位图、线条等，也可以是多个图层。一个遮罩层可以同时遮罩几个图层而产生各种特殊的效果。在 Flash 动画中，“遮罩”主要有两种用途：一种是用在整个场景或一个特定区域，使场景外的对象或特定区域外的对象不可见；另一种是用来遮罩住某一对象的一部分，从而实现一些特殊的效果。

4. 引导层动画

在 Flash 中，将一个或多个层链接到一个运动引导层，使一个或多个对象沿同一条路径运动产生的动画被称为“引导路径动画”。这种动画可以使一个或多个对象完成曲线或不规则运动。

在 Flash 中引导层是用来指示对象运行路径的，所以引导层中的内容可以是用钢笔、铅笔、线条、椭圆工具、矩形工具或画笔工具等绘制的线段，而被引导层中的对象是跟着引导线走的，可以使用影片剪辑、图形元件、按钮、文字等，但不能应用形状。引导路径动画最基本的操作就是使一个运动动画附着在引导线上，所以操作时应特别注意引导线的两端，被引导的对象一定要对准引导线的两个端点。

☞ 7.6 本章小结

动画序列可以逐帧创建，也可以实时创建。当动画以逐帧形式创建，动画序列的每一帧可以记录在胶片上，或是直接输出给显示设备快速连贯地播放，这种方法常用于场景复杂的动画，而相对简单的运动序列可以实时显示，在计算完成后立即播放出来。在光栅系统中，可以用双缓存来加快动画产生的速度，也可以用像素值的块移动来产生运动序列，颜色表方法也可以实现简单的光栅动画。生成动画要经过四个开发阶段：情节划分、对象定义、关键帧的建立与插值帧的生成。情节板是动作的概述，而关键帧定义动画中选定位置的对象运动的细节。一旦建立了关键帧，就可以生成一系列插值帧来实现从一个关键帧到下一个关键帧的平滑运动。

☞ 习 题

7.1 计算机动画的原理与传统动画制作方法有何异同?

7.2 双缓存的结构是什么？说明其工作原理和用途。

7.3 动画的关键帧之间通常采用哪些方法填充，其优缺点分别是什么?

7.4 尝试使用 Flash 8 制作简单的物体移动及变形动画。

7.5 使用 OpenGL 编程实现一个旋转的三角形。

*第八章　图像处理

广义上讲，图像就是所有具有视觉效果的画面，它包括纸介质上的、底片或照片上的以及电视、投影仪或计算机屏幕上的。图像根据记录方式的不同可分为两大类：模拟图像和数字图像。模拟图像是指空间坐标和灰度均连续的图像；数字图像是空间坐标和灰度均不连续的图像，可以说是经过采样和量化的模拟图像。图像处理是对图像进行分析、加工和处理以求达到某种特定要求的技术，对应图像的分类有两种：模拟图像处理和数字图像处理。随着计算机技术的腾飞，数字化时代已经到来，数字图像处理以其精度高、稳定性好、设备简单等优势得到了飞速的发展。如不做特殊说明，本书所指的图像处理均指数字图像处理。

本章将介绍图像处理的相关技术，包括图像变换、图像增强、图像压缩编码及图像分割。希望通过本章的学习读者可以掌握图像处理的相关技术。

8.1　图像的计算机表示方法

数字图像在计算机中一般以位图(Bitmap)的形式存储。位图是一种矩阵，矩阵的每个元素称为一个像素(Pixel)。每个像素有两个要素，即空间坐标和灰度，分别用(x, y)及f表示。一幅$N\times M$的图像可以表示为以下形式：

$$f(x, y) = \begin{vmatrix} f(0, 0) & f(0, 1) & \cdots & f(0, M-1) \\ f(1, 0) & f(1, 1) & \cdots & f(1, M-1) \\ \vdots & \vdots & \ddots & \vdots \\ f(N-1, 0) & f(N-1, 1) & \cdots & f(N-1, M-1) \end{vmatrix}$$

其中，$f(i, j)$表示一个像素。

数字化主要考虑灰度级数目X。空间坐标(x, y)的数字化称为采样，灰度级数目的数字化称为量化。一般情况下为了方便处理，X为2的若干次幂，即$X=2^m$，其中m为正整数。计算机存储这样一幅图像需要的比特数b可由下式计算：

$$b = N\times M\times m \tag{8-1-1}$$

下面重点讨论灰度级数目X。$X=2$时，图像只有黑白两色，称为二值图像，其表现形式如

$$\begin{vmatrix} 0 & 1 & 0 \\ 0 & 1 & 0 \\ 1 & 0 & 1 \end{vmatrix}$$

当$X>2$时，图像为灰度图像，其表现形式如

$$\begin{vmatrix} 21 & 5 & 1 & 9 \\ 0 & 4 & 78 & 45 \\ 9 & 90 & 36 & 5 \\ 45 & 76 & 211 & 6 \end{vmatrix}$$

现行的标准 X 一般取 256，因此一个像素需要 8 比特(bit)来存储其灰度值($2^8=256$)，即一个字节(byte)。对一幅单色图像来说，一个字节足以描述其细节。$X<256$ 时会发现图像的细节比较模糊，图像质量下降，显然是由于表述图像的信息量不够引起的；而 $X>256$ 时，由于人眼的辨识度一定，图像细节的增加不能被人眼所感知，冗余的信息量反而造成了存储空间的浪费，显然是不可取的。因此，灰度数目 X 取 256 是比较理想的。

众所周知，所有彩色图像可由三原色(分别用 R、G、B 表示)叠加组成，其中 R、G、B 由不同的灰度级来描述。因此，要表示一张彩色图像，需要三个矩阵才能完成。一幅 2×2 的彩色图像表示如下：

$$\boldsymbol{R}=\begin{vmatrix} 158 & 112 \\ 34 & 23 \end{vmatrix},\quad \boldsymbol{G}=\begin{vmatrix} 58 & 12 \\ 134 & 123 \end{vmatrix},\quad \boldsymbol{B}=\begin{vmatrix} 50 & 122 \\ 1 & 78 \end{vmatrix}$$

☞ 8.2 图像基本变换方法

图像变换是为了使图像处理后续的工作更加简单，一般称原始图像为空间域图像，称变换后的图像为变换域图像。图像与其他信号一样，有两种分析方法：空域分析法和频域分析法。频域分析法运算速度高，并可采用已有的二维数字滤波技术进行所需的各种图像处理，因此得到了广泛的应用。对于图像的变换方法有三点要求：一是线性，人们对线性系统的研究比较透彻，另外非线性系统在某种情况下可以转换为线性系统；二是可逆，即图像在经过变换后要能够恢复；三是变换应该尽量简单。

傅里叶(Fourier)变换应用广泛，理论上较为成熟，将在本章做重点讨论。另外，本节还将介绍其他几种基本的图像变换方法，主要包括离散余弦变换、沃尔什变换、哈达玛变换，并简要介绍 K-L 变换和小波变换。

8.2.1 图像变换的一般形式

正交变换是图像处理技术的一种重要工具，在图像增强、复原、编码、描述和特征提取等方面，都有着广泛的应用。

正交变换可以分为三大类型，即正弦型变换、方波型变换和基于特征向量的变换，如图 8.2.1 所示。正弦型变换主要包括傅里叶变换、余弦变换和正弦变换；方波型变换主要包括哈达玛(Hadamarn)变换、沃尔什(Walsh)变换、斜变换和哈尔(Haar)变换；基于特征向量的变换主要包括 K-L 变换和奇异值分解(SVD)变换。

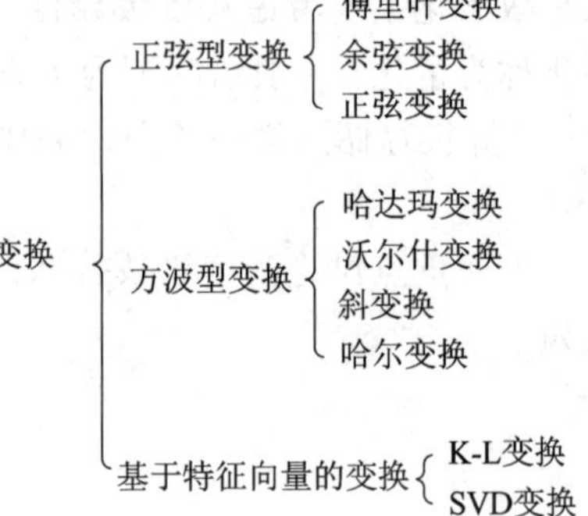

图 8.2.1　正交变换的分类

对于一维的离散线性变换来说，其一般形式如下：

$$\begin{cases} F(u) = \sum_{x=0}^{N-1} f(x)p(x, u) \\ f(x) = \sum_{u=0}^{N-1} F(u)q(x, u) \end{cases} \tag{8-2-1}$$

式(8-2-1)中的两式分别为正变换和反变换。式中，x、$u=0,1,\cdots,N-1$；函数 $f(x)$和 $F(u)$分别为空间域信号和变换域信号；$p(x,u)$和 $q(x,u)$为正变换核和反变换核(逆变换核)。

图像一般情况是二维的，对应的二维离散线性变换的一般形式如下：

$$\begin{cases} F(u, v) = \sum_{x=0}^{M-1}\sum_{y=0}^{N-1} f(x, y)p(x, y, u, v) \\ f(x, y) = \sum_{u=0}^{M-1}\sum_{v=0}^{N-1} F(u, v)q(x, y, u, v) \end{cases} \tag{8-2-2}$$

同理，式(8-2-2)中的两式分别为正、反变换。式中 x、$u=0, 1, \cdots, M-1$；y、$v=0, 1, \cdots, N-1$；函数 $f(x, y)$和 $F(u, v)$分别为空间域图像和变换域图像；$p(x, y, u, v)$和 $q(x, y, u, v)$为正、反变换核，具有可分离和对称两种特殊情况，具体条件如下：

(1) 变换核可分离的条件：

$$\begin{cases} p(x, y, u, v) = p_1(u, x)p_2(v, y) \\ q(x, y, u, v) = q_1(u, x)q_2(v, y) \end{cases}$$

(2) 变换核对称的条件：

$$\begin{cases} p_1(u, x) = p_2(v, y) \\ q_1(u, x) = q_2(v, y) \end{cases}$$

值得注意的是，一个变换核可分离的二维离散线性变换，可通过分别对两个变量进行一维离散线性变换来实现，对于正反变换都是如此。

8.2.2　傅里叶变换

1807 年，傅里叶提出了傅里叶级数的概念，即周期信号可分解为复正弦信号的叠加。1822 年，傅里叶又提出了傅里叶变换。在数字图像应用领域，傅里叶变换起着非常重要的作用，用它可完成图像分析、图像增强及图像压缩等工作。傅里叶变换主要分为连续傅里叶变换和离散傅里叶变换，在数字图像处理中经常用到的是二维离散傅里叶变换。为了提高运算速度，计算机中多采用傅里叶变换快速算法(FFT)。

1. 连续傅里叶变换

一维连续傅里叶变换的形式如下：

$$\begin{cases} F\{f(t)\} = F(s) = \int_{-\infty}^{+\infty} f(t)\mathrm{e}^{-\mathrm{j}2\pi st}\,\mathrm{d}t \\ F^{-1}\{F(s)\} = f(t) = \int_{-\infty}^{+\infty} F(s)\mathrm{e}^{\mathrm{j}2\pi st}\,\mathrm{d}s \end{cases} \tag{8-2-3}$$

式(8-2-3)称为一个傅里叶变换对。只要满足狄利克雷(Dirichlet)条件，即 $f(t)$连续可积且 $F(s)$可积，则函数 $f(t)$的傅里叶变换 $F(s)$就存在。

一般情况下，$f(t)$是实函数，但是其傅里叶变换 $F(s)$不是实函数。由于

$$\mathrm{e}^{-\mathrm{j}2\pi st} = \cos(2\pi st) - \mathrm{j}\sin(2\pi st) \tag{8-2-4}$$

所以 $F(s)$ 的实部、虚部、振幅和相位分别如下：

$$\mathrm{Re}[F(s)] = \mathrm{Re}(s) = \int_{-\infty}^{+\infty} f(t)\cos(2\pi st)\mathrm{d}t \tag{8-2-5}$$

$$\mathrm{Im}[F(s)] = \mathrm{Im}(s) = \int_{-\infty}^{+\infty} f(t)\sin(2\pi st)\mathrm{d}t \tag{8-2-6}$$

$$A[F(s)] = [\mathrm{Re}^2(s) + \mathrm{Im}^2(s)]^{1/2} \tag{8-2-7}$$

$$\varphi[F(s)] = \arctan\frac{\mathrm{Im}(s)}{\mathrm{Re}(s)} \tag{8-2-8}$$

傅里叶变换很容易推广到二维函数，若函数 $f(x, y)$ 连续可积，且 $F(u, v)$ 可积，则二维傅里叶变换对如下：

$$\begin{cases} F\{f(x, y)\} = F(u, v) = \iint_{-\infty}^{+\infty} f(x, y)\mathrm{e}^{-\mathrm{j}2\pi(ux+vy)}\mathrm{d}x\mathrm{d}y \\ f(x, y) = F^{-1}\{F(u, v)\} = \iint_{-\infty}^{+\infty} F(u, v)\mathrm{e}^{\mathrm{j}2\pi(ux+vy)}\mathrm{d}u\mathrm{d}v \end{cases} \tag{8-2-9}$$

上式中，x、y 为空域变量，u、v 为频域变量。同一维傅里叶变换，二维傅里叶变换的幅值、能量和相位分别如下：

$$|F(u, v)| = [\mathrm{Re}^2(u, v) + \mathrm{Im}^2(u, v)]^{1/2} \tag{8-2-10}$$

$$E(u, v) = |F(u, v)|^2 = \mathrm{Re}^2(u, v) + \mathrm{Im}^2(u, v) \tag{8-2-11}$$

$$\phi(u, v) = \arctan\frac{\mathrm{Im}(u, v)}{\mathrm{Re}(u, v)} \tag{8-2-12}$$

式中，$\mathrm{Re}(u, v)$ 和 $\mathrm{Im}(u, v)$ 分别表示 $F(u, v)$ 的实部和虚部。

常用的傅里叶变换对如表 8-2-1 所示。

表 8-2-1　常用的傅里叶变换对

原函数 $f(x, y)$	频谱函数 $F(u, v)$
1	$\delta(u, v)$
$\delta(x, y)$	1
$\exp[\mathrm{j}2\pi(ax+by)]$	$\delta(u-a, v-b)$
$\delta(x-a, y-b)$	$\exp[-\mathrm{j}2\pi(au+bv)]$
$\mathrm{sgn}(x)\mathrm{sgn}(y)$	$\frac{1}{\mathrm{j}\pi u}\cdot\frac{1}{\mathrm{j}\pi v}$
$\mathrm{rect}\,\frac{x}{a}\cdot\mathrm{rect}\,\frac{y}{b}$	$ab\,\mathrm{sinc}(au)\mathrm{sinc}(bv)$
$\Lambda(x)\Lambda(y)$	$\mathrm{sinc}^2(u)\mathrm{sinc}^2(v)$
$\mathrm{comb}(x)\mathrm{comb}(y)$	$\mathrm{comb}(u)\mathrm{comb}(v)$
$\exp[-\pi(x^2+y^2)]$	$\exp[-\pi(u^2+v^2)]$

注：$\mathrm{comb}(x) = \sum_{m=-\infty}^{+\infty}\delta(x-m)$。

2. 离散傅里叶变换

1）一维离散傅里叶变换（1D－DFT）

一维离散傅里叶变换具体形式如下：

$$\begin{cases} F(k)=\sum_{n=0}^{N-1}f(n)\mathrm{e}^{-\mathrm{j}2\pi nk/N} & n=0,1,\cdots,N-1 \\ f(n)=\dfrac{1}{N}\sum_{k=0}^{N-1}F(k)\mathrm{e}^{\mathrm{j}2\pi nk/N} & n=0,1,\cdots,N-1 \end{cases} \tag{8-2-13}$$

它可以看成是一维连续傅里叶变换的特殊情况。其主要变换步骤为：第一，将连续函数 $f(x)$ 以 Δt 为间隔等间隔分为 N 份变成数字序列，$f(n)$ 对应 $t=n\Delta t$ 处 $f(t)$ 的函数值。第二，令 $t=n/N$。第三，积分变求和。

2）二维离散傅里叶变换（2D－DFT）

由 8.1 可知，图像在计算机中是以矩阵的形式存在的，一般情况下是二维的。所以，二维离散傅里叶变换（2D－DFT）对于图像处理是有重大意义的。下面重点讨论二维离散傅里叶变换，其形式如下：

$$\begin{cases} F(u,v)=\sum_{x=0}^{M-1}\sum_{y=0}^{N-1}f(x,y)\exp\left[-\mathrm{j}2\pi\left(\dfrac{ux}{M}+\dfrac{vy}{N}\right)\right] \\ f(x,y)=\dfrac{1}{MN}\sum_{u=0}^{M-1}\sum_{v=0}^{N-1}F(u,v)\exp\left[\mathrm{j}2\pi\left(\dfrac{ux}{M}+\dfrac{vy}{N}\right)\right] \end{cases} \tag{8-2-14}$$

式中，x、$u=0, 1, \cdots, M-1$；y、$v=0, 1, \cdots, N-1$。将 $F(u, v)$ 写成复数的标准形式，即

$$F(u,v)=\mathrm{Re}(u,v)+\mathrm{jIm}(u,v) \tag{8-2-15}$$

当然，上式也可以写成指数形式：

$$F(u,v)=|F(u,v)|\,\mathrm{e}^{-\mathrm{j}\phi(u,v)} \tag{8-2-16}$$

通常，$|F(u, v)|$ 称为 $F(u, v)$ 的频谱或幅度谱，$\phi(u, v)$ 为相位。$F(u, v)$ 的虚部、实部、频谱和相位满足如下关系：

$$|F(u,v)|=[\mathrm{Re}^2(u,v)+\mathrm{Im}^2(u,v)]^{1/2} \tag{8-2-17}$$

$$\phi(u,v)=\arctan\left[\frac{\mathrm{Im}(u,v)}{\mathrm{Re}(u,v)}\right] \tag{8-2-18}$$

另外，介绍一个新概念——二维离散傅里叶变换的功率谱 $P(u, v)$。其定义为幅度谱 $|F(u, v)|$ 的平方

$$|P(u,v)|=|F(u,v)|^2=\mathrm{Re}^2(u,v)+\mathrm{Im}^2(u,v) \tag{8-2-19}$$

一般情况下，可以将一幅图像看成是 $N\times N$ 的矩阵，则二维离散傅里叶变换将变成如下形式：

$$\begin{cases} F(u,v)=\sum_{x=0}^{N-1}\sum_{y=0}^{N-1}f(x,y)\exp\left[-\mathrm{j}2\pi\left(\dfrac{ux+vy}{N}\right)\right] \\ f(x,y)=\dfrac{1}{N^2}\sum_{u=0}^{N-1}\sum_{v=0}^{N-1}F(u,v)\exp\left[\mathrm{j}2\pi\left(\dfrac{ux+vy}{N}\right)\right] \end{cases} \tag{8-2-20}$$

式中，u、v、x、$y=0, 1, \cdots, N-1$。

二维离散傅里叶变换具有线性、可分性和旋转不变性等多种性质，详见表 8-2-2。

表 8-2-2　二维离散傅里叶变换的主要性质

序号	性　质	空　域	频　域
1	线性	$af(x, y)+bg(x, y)$	$aF(u, v)+bG(u, v)$
2	尺度变换	$f(ax, by)$	$\frac{1}{\lvert ab\rvert}F\left(\frac{u}{a}, \frac{v}{b}\right)$
3	空域位移	$f(x-x_0, y-y_0)$	$F(u, v)\exp\left(-\mathrm{j}2\pi\frac{ux_0+vy_0}{N}\right)$
4	频域位移	$f(x, y)\exp\left(\mathrm{j}2\pi\frac{u_0x+v_0y}{N}\right)$	$F(u-u_0, v-v_0)$
5	可分性	$f_1(x)f_2(y)$	$F_1(u)F_2(v)$
6	旋转不变性	$f(r, \theta+\theta_0)$	$F(w, \phi+\theta_0)$
7	卷积定理	$f(x, y)*g(x, y)$	$F(u, v)G(u, v)$
		$f(x, y)g(x, y)$	$F(u, v)*G(u, v)$
8	相关定理	$f(x, y)g(x, y)$	$F(u, v)G^*(u, v)$
		$f(x, y)g^*(x, y)$	$F(u, v)G(u, v)$
9	平均值	$\overline{f(x, y)}=\frac{1}{N^2}\sum_{x=0}^{N-1}\sum_{y=0}^{N-1}f(x, y)=\frac{1}{N^2}F(0, 0)$	
10	周期性	若 $f(x, y)=f(x+mN, y+nN)$，则 $F(u, v)=F(u+mN, v+nN)$，其中 m、n 为整数	
11	对称性	若 $f(x, y)=f(-x, -y)$，则 $F(u, v)=F(-u, -v)$	
12	共轭对称性	$f^*(x, y)\leftrightarrow F^*(-u, -v)$	

注：$G^*(u, v)$、$g^*(x, y)$、$f^*(x, y)$ 和 $F^*(-u, -v)$ 为相应函数的共轭函数，$\overline{f(x, y)}$ 为函数 $f(x, y)$ 的平均值。

对于二维离散傅里叶变换用于图像处理，有以下几点说明：

① 幅度谱 $\lvert F(u, v)\rvert$ 告诉我们图像中某频率的成分占多少，而相位谱 $\phi(u, v)$ 告诉我们某一频率的成分在图像的什么位置。一般情况下我们只观察幅度谱。

② 幅度谱中的明亮线和原始图像中对应的轮廓线是垂直的。如果原始图像中有圆形区域，那么幅度谱中也呈圆形分布。

③ 图像中的颗粒状对应的幅度谱呈环状，即使只有一颗颗粒，其幅度谱的模式还是如此。

一般情况下，二维离散傅里叶变换的计算量很大，人工计算几乎不可能完成。为了方便计算机进行处理，人们提出了其快速算法 2D-FFT，详见相关书籍。

8.2.3　离散余弦变换(DCT)

由上一节对傅里叶变换的讨论可知，当 $f(x, y)$ 是实偶函数时，其傅里叶变换 $F(x, y)$ 也是实偶函数，这样就节省了一半的计算量，从而形成了一种新的图像变换方法，即本节讨论的余弦变换。

1. 一维离散余弦变换(1D-DCT)

如何将任意的序列变成偶对称序列是重点研究的问题，下面将进行详细阐述。给定任意一序列$\{f(x)|x=0,1,2,\cdots,N-1\}$，用下式将其变为偶对称序列：

$$g(x)=\begin{cases}f\left(x-\dfrac{1}{2}\right) & x=\dfrac{1}{2},\dfrac{1}{2}+1\cdots,\dfrac{1}{2}+(N-1)\\ f\left(-x-\dfrac{1}{2}\right) & x=-\dfrac{1}{2},-\dfrac{1}{2}-1\cdots,-\dfrac{1}{2}-(N-1)\end{cases} \tag{8-2-21}$$

应用上述方法将序列变为偶对称序列后，对$g(x)$做$2N$点一维离散傅里叶变换，进行变量替换，令$y=-x$，并仍以x表示，再做一些简单的变量代换，最终推导结果如下：

$$\begin{cases}F(u)=C(u)\sqrt{\dfrac{2}{N}}\displaystyle\sum_{x=0}^{N-1}f(x)\cos\dfrac{(2x+1)u\pi}{2N} & x,u=0,1,\cdots,N-1\\ f(x)=\sqrt{\dfrac{2}{N}}\displaystyle\sum_{u=0}^{N-1}C(u)F(u)\cos\dfrac{(2x+1)u\pi}{2N} & x,u=0,1,\cdots,N-1\end{cases} \tag{8-2-22}$$

其中

$$C(u)=\begin{cases}\dfrac{1}{\sqrt{2}} & u=0\\ 1 & \text{其他}\end{cases}$$

式(8-2-22)就是一维离散余弦变换的公式。由上面的介绍可知，一维离散余弦变换是一维离散傅里叶变换的特例，因此1D-DCT的本质是1D-DFT，$f(t)$的DCT结果所表现出来的频域特征本质上和DFT所反映的频域特征是相同的。

2. 二维离散余弦变换(2D-DCT)

二维DCT的具体形式如下：

$$\begin{cases}F(u,v)=\dfrac{2}{\sqrt{MN}}C(u)C(v)\displaystyle\sum_{x=0}^{M-1}\sum_{y=0}^{N-1}f(x,y)\cos\dfrac{(2x+1)u\pi}{2M}\cos\dfrac{(2y+1)v\pi}{2N}\\ f(x,y)=\dfrac{2}{\sqrt{MN}}\displaystyle\sum_{u=0}^{M-1}\sum_{v=0}^{N-1}C(u)(v)F(u,v)\cos\dfrac{(2x+1)u\pi}{2M}\cos\dfrac{(2y+1)v\pi}{2N}\end{cases} \tag{8-2-23}$$

其中，x、$u=0,1,\cdots,M-1$；y、$v=0,1,\cdots,N-1$。

二维离散余弦变换示例见图8.2.2。

(a) 灰度图像

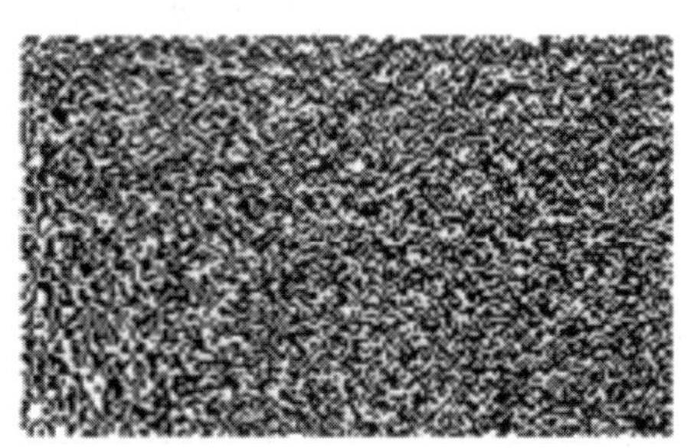

(b) 二维离散余弦变换频谱图

图8.2.2　二维离散余弦变换示例

由于 DCT 相当于对带有中心偏移(向右平移 1/2)的偶函数进行二维 DFT，其频谱分布与 DFT 相差一倍。对于 DCT，位置(0，0)处对应于信号的直流系数，($N-1$，$N-1$)对应于信号的高频系数，而同阶的 DFT 中，位置($N-1/2$，$N-1/2$)处对应于信号的高频系数。

DCT 本质上就是 DFT，只是对于变换的序列要求它是偶对称的，而 DCT 本身是实值的。DCT 具有很强的“能量集中”特性：大多数的自然信号(包括声音和图像)的能量都集中在离散余弦变换后的低频部分，而且当信号具有接近马尔可夫过程(Markov Processes)的统计特性时，DCT 的去相关性接近于 K-L 变换(它具有最优的去相关性)的性能。在静止图像编码标准 JPEG 中，运动图像编码标准 MJPEG 和 MPEG 的各个标准中都使用了 DCT 并将结果进行量化之后进行熵编码。

8.2.4 离散沃尔什-哈达玛变换

1. 离散沃尔什变换(DWT)

傅里叶变换和余弦变换的变换核由正弦、余弦函数组成，而沃尔什变换的变换矩阵比较简单(只有 0 和 1)，既提高了计算速度，又节省了存储空间，因此得到了广泛的应用。一维离散沃尔什变换(1D-DWT)如下：

$$\begin{cases} W(u) = \dfrac{1}{\sqrt{N}}\displaystyle\sum_{x=0}^{N-1} f(x)\prod_{i=0}^{n-1}(-1)^{b_i(x)b_{n-1-i}(u)} \\ f(x) = \dfrac{1}{\sqrt{N}}\displaystyle\sum_{u=0}^{N-1} W(u)\prod_{i=0}^{n-1}(-1)^{b_i(x)b_{n-1-i}(u)} \end{cases} \tag{8-2-24}$$

其中，x、$u=0$，1，…，$N-1$，变换核为

$$p(x, u) = q(x, u) = \frac{1}{\sqrt{N}}\prod_{i=0}^{n-1}(-1)^{b_i(x)b_{n-1-i}(u)}$$

$b_k(z)$是 z 的二进制表示的第 k 位，只能为 0 或 1。例如，$z=10$ 时，其二进制表示为 $10=(1010)_2$，则 $b_0(10)=b_2(10)=0$，$b_1(10)=b_3(10)=1$。

例 8.1 当 $N=2^3=8$ 时，可将 DWT 的变换核和反变换核用矩阵表示如下：

$$\boldsymbol{P} = \boldsymbol{Q} = \frac{1}{\sqrt{8}}\begin{vmatrix} 1 & 1 & 1 & 1 & 1 & 1 & 1 & 1 \\ 1 & 1 & 1 & 1 & -1 & -1 & -1 & -1 \\ 1 & 1 & -1 & -1 & 1 & 1 & -1 & -1 \\ 1 & 1 & -1 & -1 & -1 & -1 & 1 & 1 \\ 1 & -1 & 1 & -1 & 1 & -1 & 1 & -1 \\ 1 & -1 & 1 & -1 & -1 & 1 & -1 & 1 \\ 1 & -1 & -1 & 1 & 1 & -1 & -1 & 1 \\ 1 & -1 & -1 & 1 & -1 & 1 & 1 & -1 \end{vmatrix}$$

试讨论 $p(1, 4)$的由来。

解 对应 $x=1$，$u=4$，$n=3$。先做准备工作：

$$(1)_{10} = (0001)_2,\ (4)_{10} = (0100)_2,\ b_0(1) = 1,\ b_1(1) = b_2(1) = 0,$$

$$b_2(4)=1,\ b_0(4)=b_1(4)=0,\ b_0(1)b_2(4)=1,$$

$$b_1(1)b_1(4)=0,\ b_2(1)b_0(4)=0$$

由定义有

$$p(x,\ u)=q(x,\ u)=\frac{1}{\sqrt{N}}\prod_{i=0}^{n-1}(-1)^{b_i(x)b_{n-1-i}(u)}$$

则

$$\begin{aligned}p(1,\ 4)=q(1,\ 4)&=\frac{1}{\sqrt{8}}\prod_{i=0}^{3-1}(-1)^{b_i(1)b_{n-1-i}(4)}\\&=\frac{1}{\sqrt{8}}\prod_{i=0}^{2}(-1)^{b_i(1)b_{n-1-i}(4)}\\&=\frac{1}{\sqrt{8}}(-1)^{b_0(1)b_2(4)}(-1)^{b_1(1)b_1(4)}(-1)^{b_2(1)b_0(4)}\\&=-\frac{1}{\sqrt{8}}\end{aligned}$$

下面介绍二维离散沃尔什变换(2D－DWT)，其正反变换核相同，即 $p(x,\ y,\ u,\ v)=q(x,\ y,\ u,\ v)$。

二维离散沃尔什变换对为

$$\begin{cases}W(u,\ v)=\dfrac{1}{\sqrt{MN}}\displaystyle\sum_{u=0}^{M-1}\sum_{v=0}^{N-1}f(x,\ y)\prod_{i=0}^{n-1}(-1)^{[b_i(x)b_{n-1-i}(u)+b_i(y)b_{n-1-i}(v)]}\\f(x,\ y)=\displaystyle\sum_{x=0}^{N-1}\sum_{y=0}^{N-1}W(u,\ v)\prod_{i=0}^{n-1}(-1)^{[b_i(x)b_{n-1-i}(u)+b_i(y)b_{n-1-i}(v)]}\end{cases}\tag{8-2-25}$$

其中，x、$u=0,\ 1,\ \cdots,\ M-1$；y、$v=0,\ 1,\ \cdots,\ N-1$；$M=2^m$，$N=2^n$。

值得注意的是：沃尔什变换具有能量集中的性质，假如输入的原始图像为均匀分布，那么沃尔什变换后的数据会集中于矩阵的边角上，可见此变换可以用于图像信息压缩。

2. 离散哈达玛变换(DHT)

沃尔什函数有三种排列或编号方式，即沃尔什排列、佩里排列和哈达玛排列，以哈达玛排列最便于快速计算。采用哈达玛排列的沃尔什函数进行的变换称为沃尔什－哈达玛变换，简称 WHT 或直接称哈达玛变换。总之，哈达玛变换是一种特殊排列的沃尔什变换。

一维离散哈达玛变换(1D－DHT)如下：

$$\begin{cases}H(u)=\dfrac{1}{\sqrt{N}}\displaystyle\sum_{x=0}^{N-1}f(x)(-1)^{\sum_{i=0}^{n-1}b_i(x)b_i(u)}\\f(x)=\dfrac{1}{\sqrt{N}}\displaystyle\sum_{u=0}^{N-1}H(u)(-1)^{\sum_{i=0}^{n-1}b_i(x)b_i(u)}\end{cases}\tag{8-2-26}$$

其中，$u=0,\ 1,\ \cdots,\ N-1$；$x=0,\ 1,\ \cdots,\ N-1$，$N=2^n$，$\sum_{i=0}^{n-1}$ 表示模 2 加⊕(异或)。同沃尔什变换一样，要用定义来计算哈达玛变换是非常困难的，但是哈达玛变换可以通过递推公式简化计算，递推公式如下：

$$[\boldsymbol{H}_{2N}]=[\boldsymbol{H}_2]\otimes[\boldsymbol{H}_N]=\begin{bmatrix}\boldsymbol{H}_N & \boldsymbol{H}_N\\ \boldsymbol{H}_N & -\boldsymbol{H}_N\end{bmatrix} \qquad (8-2-27)$$

式中，$\otimes$表示克罗内克直积。

由定义可知，$\boldsymbol{H}_2=\begin{vmatrix}1 & 1\\ 1 & -1\end{vmatrix}$（忽略前面的系数$\frac{1}{\sqrt{N}}$），由式(8-2-27)可以求出

$$[\boldsymbol{H}_4]=[\boldsymbol{H}_2]\otimes[\boldsymbol{H}_2]=\begin{bmatrix}1\times\boldsymbol{H}_2 & 1\times\boldsymbol{H}_2\\ 1\times\boldsymbol{H}_2 & -1\times\boldsymbol{H}_2\end{bmatrix}=\begin{vmatrix}1 & 1 & 1 & 1\\ 1 & -1 & 1 & -1\\ 1 & 1 & -1 & -1\\ 1 & -1 & -1 & 1\end{vmatrix}$$

$[\boldsymbol{H}_8]=[\boldsymbol{H}_2]\otimes[\boldsymbol{H}_4]=\begin{bmatrix}\boldsymbol{H}_4 & \boldsymbol{H}_4\\ \boldsymbol{H}_4 & -\boldsymbol{H}_4\end{bmatrix}=\cdots$以此类推，可以计算$N=2^n$的任意阶序列的哈达玛变换，大大减少了计算量。

二维离散哈达玛变换(2D-DHT)与一维离散哈达玛变换在形式上类似，具体公式如下：

$$\begin{cases}H(u,v)=\dfrac{1}{\sqrt{MN}}\displaystyle\sum_{x=0}^{M-1}\sum_{y=0}^{N-1}f(x,y)(-1)^{\sum\limits_{i=0}^{m-1}b_i(x)b_i(u)}(-1)^{\sum\limits_{i=0}^{n-1}b_i(y)b_i(v)}\\ f(x,y)=\dfrac{1}{\sqrt{MN}}\displaystyle\sum_{u=0}^{M-1}\sum_{v=0}^{N-1}H(u,v)(-1)^{\sum\limits_{i=0}^{m-1}b_i(x)b_i(u)}(-1)^{\sum\limits_{i=0}^{n-1}b_i(y)b_i(v)}\end{cases} \qquad (8-2-28)$$

其中$M=2^m$，$N=2^n$。显然，二维离散哈达玛变换的变换核可分离，因此可以用两次一维变换实现一个二维变换。

哈达玛变换是按哈达玛排列的沃尔什变换，二者在本质上没有区别。它们最大的区别在于变换矩阵的行列排列次序不同。另一点请注意，沃尔什变换对任何正整数N均成立，而哈达玛变换当N不是2的整数次幂时，只对小于200的正整数N成立。

8.2.5 K-L变换与小波变换

1. K-L变换

K-L变换是一种最佳正交变换。它是用数据本身的相关矩阵对角化后完成的，这种变换将产生完全不相关的变换系数。如果图像数据之间是高度相关的，经过K-L变换后的系数将出现多个零值，同时某些系数的值会很小。

K-L变换的变换矩阵是由图像数据本身求得的，不同的图像数据有不同的变换矩阵，由此造成反变换矩阵的不唯一性。另外K-L变换矩阵的构造计算量很大，因而它不是一种实用的变换方法，通常作为评价其他线性变换的比较基准。

2. 小波变换

1）简介

小波变换(Wavelet Transform)的思想由工程师J. Morlet于1974年首先提出，当时并未得到公认。1986年，数学家Y. Meyer偶然构造出一个真正的小波基，并与S. Mallat合作建立了构造小波基的统一方法——多尺度分析之后，小波分析才开始蓬勃发展起来。

图 8.2.3 所示为小波与正弦波曲线。小波(Wavelet)就是小区域、长度有限、均值为 0 的波形，是一种振荡且衰减迅速的波。

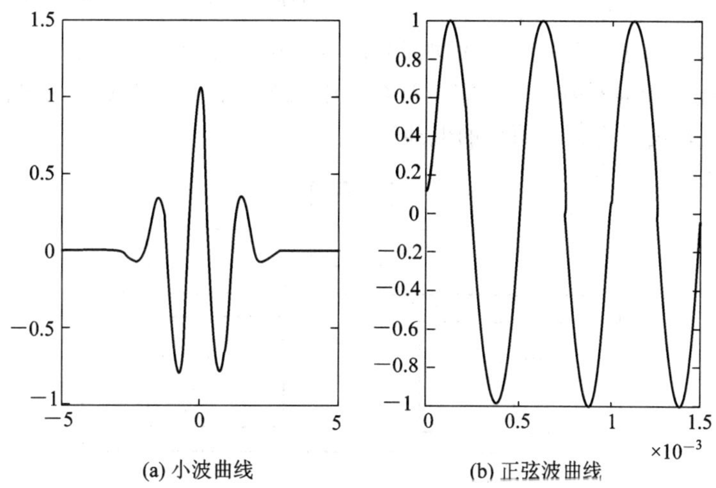

图 8.2.3　小波与正弦波曲线

小波变换是空间(时间)和频率的局部变换，它通过伸缩平移运算对信号(函数)逐步进行多尺度细化，最终达到高频处时间细分，低频处频率细分，能自动适应时频信号分析的要求，因此广泛应用于信号分析、图像处理、医学成像与诊断等领域。

小波变换是傅里叶变换的发展，中间经历了窗口傅里叶变换，但由于其窗口的大小是固定的，不适用于频率波动大的非平稳信号。而小波变换可以根据频率的高低自动调节窗口大小，是一种自适应的时频分析方法，具有多分辨分析功能。

二维连续小波变换的表达式为

$$W_f(a,\ b_x,\ b_y) = \int_{-\infty}^{\infty}\int_{-\infty}^{\infty} f(x,\ y)\varphi_{a,\ b_x,\ b_y}(x,\ y)\mathrm{d}x\mathrm{d}y \qquad (8-2-29)$$

其中，b_x、b_y 分别表示在 x 轴和 y 轴的平移。其逆变换为

$$f(x,\ y) = \frac{1}{c_\varphi}\int_0^{\infty}\int_{-\infty}^{\infty}\int_{-\infty}^{\infty} W_f(a,\ b_x,\ b_y)\varphi_{a,\ b_x,\ b_y}(x,\ y)\mathrm{d}b_x\mathrm{d}b_y\mathrm{d}\frac{a}{a^3} \qquad (8-2-30)$$

其中，$\varphi_{a,\ b_x,\ b_y}(x,\ y)=\frac{1}{|a|}\varphi\left(\frac{x-b_x}{a},\ \frac{y-b_y}{b}\right)$是一个二维基本小波。

参数 a 的伸缩和参数 b 的平移为连续取值的小波变换是连续小波变换，主要用于理论分析。

2）离散小波变换

实际应用中需要对尺寸参数 a 和平移参数 b 进行离散化处理，形成离散小波变换：

$$a = a_0^m,\quad b = nb_0a_0^m \qquad (8-2-31)$$

式中，a_0 是大于 1 的固定伸缩步长，b_0 大于 0 且与小波 $\phi_{a,\ b_x,\ b_y}(x,\ y)$的具体形式有关，$m$ 和 n 为整数。将式(8-2-31)分别代入式(8-2-29)和式(8-2-30)就形成了离散二维小波变换。

实现离散小波变换的有效方法是使用滤波器，该方法是 Mallat 于 1988 年提出的，称为 Mallat 算法。这种方法实际上是一种信号分解的方法，在数字信号处理中常称为双通道

子带编码。

原始信号 S 分别经过低通滤波器和高通滤波器分解出低频信号 A 和高频信号 D。图 8.2.4 所示为小波变换分解，信号的低频部分对应信号的主体，包含图像的基本特性，它在图像重构算法中起主导作用，因此这部分信号应精确保留；高频部分对应细节，对其系数进行粗量化编码较为有效。这也完全符合人眼的视觉特性，根据对人眼视觉系统的研究可知，人眼的视觉灵敏度具有明显的低通特性。

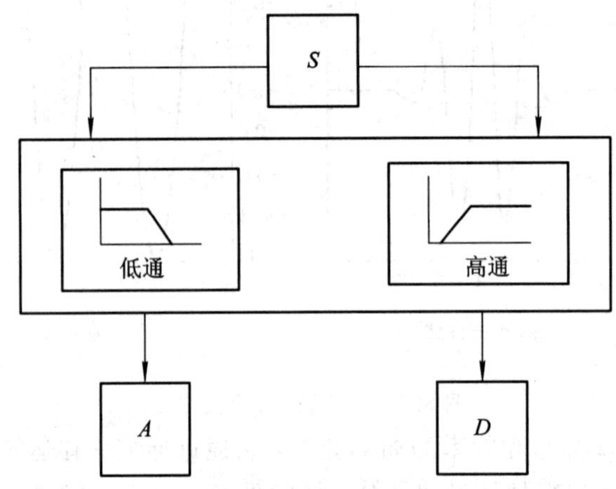

图 8.2.4　一维小波分解

为了得到不同的分辨率，可以将原始图像进行多级分解。通过一级(Level)小波变换可得到 1/4 分辨率的图像，通过二级小波变换可得到 1/16 分辨率的图像，通过三级小波变换可得到 1/64 分辨率的图像。

☞ 8.3 图 像 增 强

图像增强可以达到两个目的：一是改善图像的视觉效果，提高图像的清晰度；二是将图像转化为更适合计算机或人分析、处理的形式，因此对于图像处理的重要性不言而喻。本节主要介绍几种图像增强方法，包括灰度变换、灰度直方图变换、图像锐化和平滑等。

8.3.1 图像增强概述

图像在传输、处理过程中由于传输介质的损耗、处理系统的非理想性以及无处不在的噪声，导致图像质量下降。图像增强是在忽略图像保真的条件下，采用一定的技术有选择地突出对于某一具体应用有用的信息，削弱或抑制一些无用的信息。近些年来，图像增强技术已经发展得较为成熟，其分类如图 8.3.1 所示。

人们对图像的评价是极富主观性的，一幅图像清晰与否、对比度高低与否、色彩鲜艳与否没有统一的评价标准，所以实际应用中，人们往往根据自己的需要来选择一种图像增强方法，有时候需要结合多种方法才能满足要求。

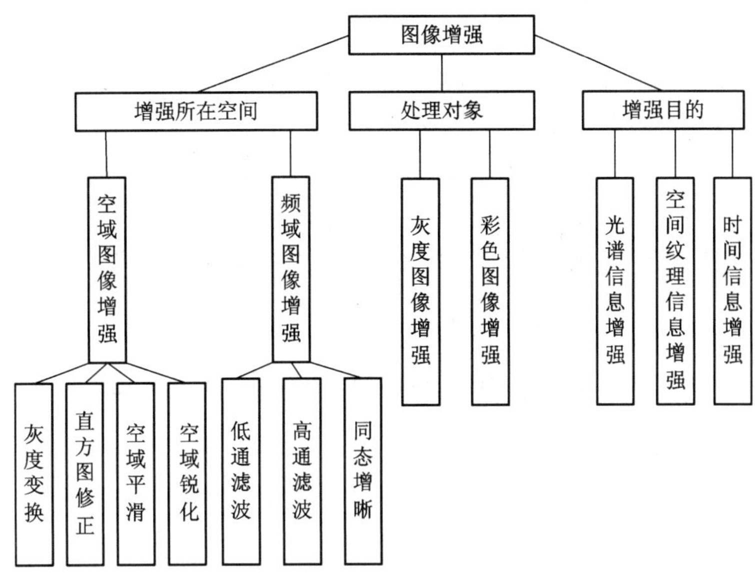

图 8.3.1　图像增强技术分类

8.3.2　灰度变换

灰度变换属于图像增强中的空域增强法，也属于点运算，即对单个像素进行运算，不涉及周围其他的像素点。灰度变换可以扩大图像的动态范围，扩展对比度，使图像更加清晰，某些特征更为明显。为了描述方便，将要增强的图像称为原始图像，记作 $f(x, y)$，增强后的图像称为增强图像，记作 $g(x, y)$。如无特殊说明，本节均如此表述。

灰度变换可由下式定义：

$$g(x, y) = T[f(x, y)] \tag{8-3-1}$$

其中，$T[\cdot]$表示某一种函数关系。根据 $T[\cdot]$的形式，灰度变换有三种基本的变换形式，包括线性变换、分段线性变换和非线性变换。

1. 线性变换

当 $T[\cdot]$为线性函数时，$f(x, y)$和 $g(x, y)$是线性关系，此时称为线性变换。统一的表述如下：

$$g(x, y) = af(x, y) + b \tag{8-3-2}$$

其中，b 为 y 轴上的截距，a 为斜率。

不同的 a 和 b 对原始图像的影响不同，表 8-3-1 显示了其影响。

表 8-3-1　系数 a、b 对线性灰度变换的影响

a	b	影　响
1	0	增强图像复制原始图像
>1	0	原始图像对比度扩展
<1	0	原始图像对比度压缩
<0	0	增强图像为原始图像的求反
1	$\neq 0$	增强图像比原始图像偏亮或偏暗

2. 分段线性变换

有时为了突出图像的某一部分的特征，需要将不同灰度范围内的像素点做不同的线性变换，这就是所谓的分段线性变换，其定义如下：

$$g(x, y)=\begin{cases}\dfrac{g-d}{f-b}[f(x, y)-b]+d & b \leqslant f(x, y) \leqslant f \\ \dfrac{d-c}{b-a}[f(x, y)-a]+c & a \leqslant f(x, y) < b \\ \dfrac{c}{a} f(x, y) & 0 \leqslant f(x, y) < a\end{cases} \tag{8-3-3}$$

由图 8.3.2 可知，对于不同的灰度值范围的变换是不一样的，包括灰度值压缩、扩展、裁剪等。

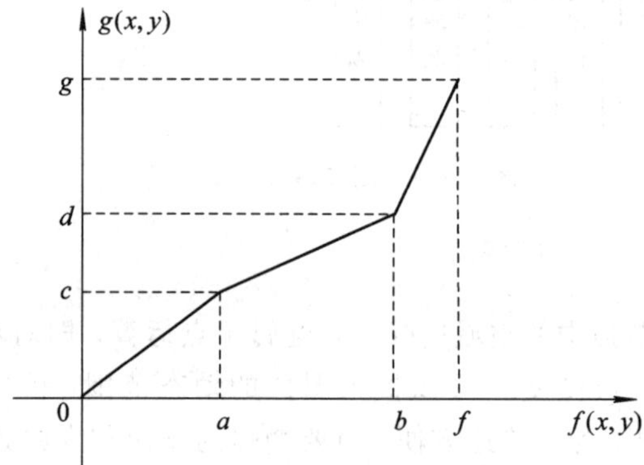

图 8.3.2 分段线性灰度变换

3. 非线性变换

$T[\cdot]$表示某种非线性关系时，增强图像与原始图像的变换构成了非线性灰度变换。$g(x, y)=e^{f(x, y)}$，称为指数变换；$g(x, y)=\log_a f(x, y)$，称为对数变换。对数变换对低灰度区有较大的拉伸而对高灰度区有较大的压缩，指数变换则反之。非线性关系在自然界是很普遍的，所以非线性灰度变换也很多，这里不再一一列举。

图 8.3.3 所示为同一图像的不同灰度变换结果。

(a) 原始灰度图像

(b) 线性灰度变换图像

(c) 对数灰度变换图像

(d) 指数灰度变换图像

图 8.3.3 同一图像的不同灰度变换

8.3.3　灰度直方图变换

1. 灰度直方图的定义

对于一幅数字图像来说，不同像素的灰度值不同，而像素点的数目极多，按像素逐点进行研究工作量很大，因此要用统计学的理论来研究图像的灰度分布。灰度直方图定义为数字图像中各灰度值与其出现的频数间的统计关系，可表示为

$$p(r_k)=\frac{n_k}{N}\quad 且\quad \sum p(r_k)=1 \tag{8-3-4}$$

其中，n_k 为灰度值为 r_k 的像素点在整幅图像中出现的次数，N 为像素点的数目。

例 8.2　有一幅图像 $f(x, y)$，矩阵中的数值表示每个像素点的灰度值，令灰度值取值为 $r_k\in[0, 7]$，试画出其灰度直方图。

解　每个灰度值的概率空间如下：

$$p(r_k)=\begin{Bmatrix} 0 & 1 & 2 & 3 & 4 & 5 & 6 & 7 \\ \frac{7}{64} & \frac{9}{64} & \frac{4}{64} & \frac{12}{64} & \frac{10}{64} & \frac{17}{64} & \frac{0}{64} & \frac{5}{64} \end{Bmatrix}$$

所画的灰度直方图如图 8.3.4 所示。

0	2	4	5	3	5	5	3
4	5	4	0	7	5	0	5
3	0	7	1	4	1	5	1
1	3	2	3	5	3	5	3
4	1	5	4	2	4	0	7
3	5	3	0	4	1	7	5
3	1	5	4	1	2	4	5
5	5	0	5	1	3	5	3

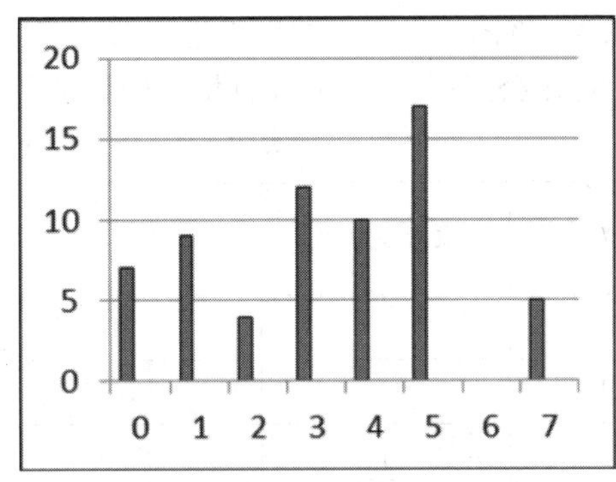

图 8.3.4　简单图像的灰度直方图(不考虑频数的分母)

灰度直方图只能反映图像的灰度分布情况，无法反映出像素点的具体位置。灰度值的分布以及动态范围会对图像的清晰度产生影响，当灰度值分布不集中或动态范围较小时，图像比较模糊，细节不够清楚。

2. 灰度直方图均衡化

将归一化后的原始图像和增强图像的灰度值分别记为 r 和 s，r，$s\in[0, 1]$。将图像的变换关系用函数 $T[\cdot]$表示，称为变换函数，则整个变换过程可以用如下公式描述：

$$s=T[r] \tag{8-3-5}$$

变换函数需要满足以下两个条件：

(1) 在 $0\leqslant r\leqslant 1$ 内为单调递增函数，保证灰度级从黑到白的次序不变；

(2) 在 $0\leqslant r\leqslant 1$ 内，有 $0\leqslant T[r]\leqslant 1$，确保映射后的像素灰度值在允许的范围内。

另外，变换函数的反函数 $r=T[s]^{-1}(0\leqslant s\leqslant 1)$也要满足以上两个条件。

灰度直方图均衡化的主要思想为：通过对原始图像的灰度直方图做某种变换使其变为

均匀分布，以保证图像的清晰度和丰满度。

对于连续图像，用灰度值的概率密度函数来表征图像的灰度值分布情况。原始图像和增强图像分别记为 $p_r(r)$、$p_s(s)$，由概率论的知识可知，二者满足如下关系：

$$p_s(s) = p_r(r)\frac{\mathrm{d}r}{\mathrm{d}s} \tag{8-3-6}$$

要让增强图像的灰度值分布为均匀分布，即 $p_s(s)=C$，为了简化计算，将 C 归一化为 1，则式(8-3-6)变为 $p_r(r)\frac{\mathrm{d}r}{\mathrm{d}s}=1$，进一步进行方程变形得到 $p_r(r)\mathrm{d}r=\mathrm{d}s$ 后，两边积分 $\int p_r(r)\mathrm{d}r = \int \mathrm{d}s$，得

$$s = T[r] = \int_0^r p_r(w)\mathrm{d}w + C \tag{8-3-7}$$

上式即连续图像的灰度直方图均衡化的公式，其中 C 为常数值，一般情况下认为是 0。上式表明，当变换函数为原始图像灰度值 r 的累积分布函数时，能达到直方图均衡化的目的。

对于离散图像，用累加和来代替积分，即

$$s_k = T(r_k) = \sum_k p_r(r_k) = \sum_k \frac{n_k}{N} \tag{8-3-8}$$

其中，n_k 为灰度值为 k 的像素出现的次数，N 为像素的总数目。

例 8.3 将图 8.3.4 中的图像进行灰度直方图均衡化。

解 运用公式(8-3-8)计算增强图像的灰度值，列于表 8-3-2 中。

表 8-3-2 灰度直方图均衡化

k	像素点个数	s_k	舍入后灰度级 j	舍入后各灰度级像素点个数
0	7	7/64	1	7
1	9	16/64	2	13
2	4	20/64	2	
3	12	32/64	4	12
4	10	42/64	5	10
5	17	59/64	6	17
6	0	59/64	6	
7	5	1	7	5

舍入规则：$j=\mathrm{INT}[(L-1)s_k+0.5]$。其中，$L$ 为灰度值的级数，INT 表示取整。L 在上例中为 8。

由图 8.3.5 可知，均衡化后的图像直方图由于计算过程的误差，并非完全满足均匀分布，但相对原始图像直方图要平坦得多。直方图均衡化实质上是减少图像灰度级以换取对比度的加大。在均衡过程中，原来的直方图上频数较小的灰度级被归入一个或几个灰度级内得不到增强，而频数大的则被增强。若这些频数小的灰度级所构成的图像比较重要，则需采用局部区域直方图均衡。图 8.3.6 为均衡前后的图像及对应直方图。

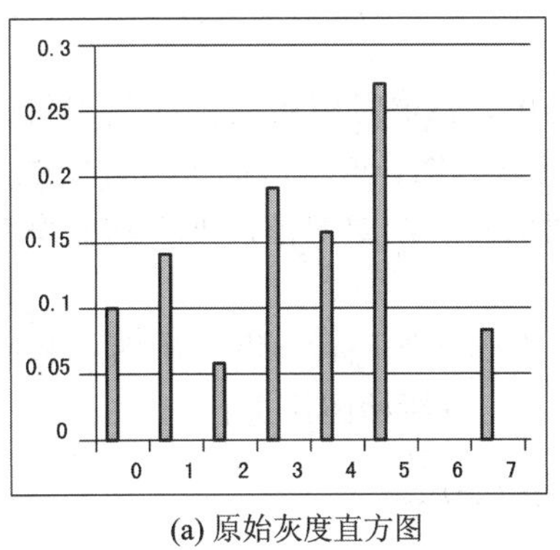

(a) 原始灰度直方图

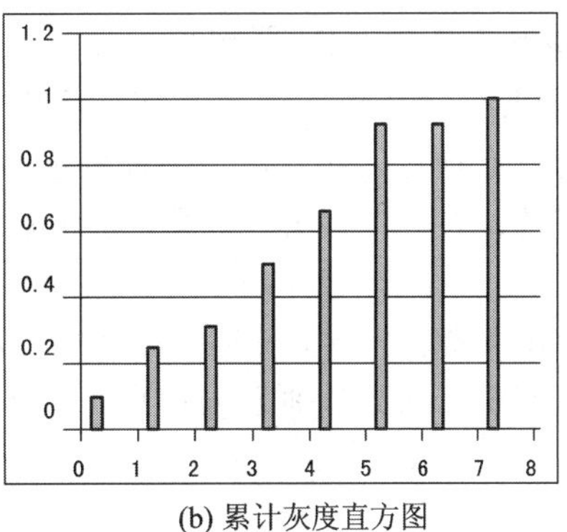

(b) 累计灰度直方图

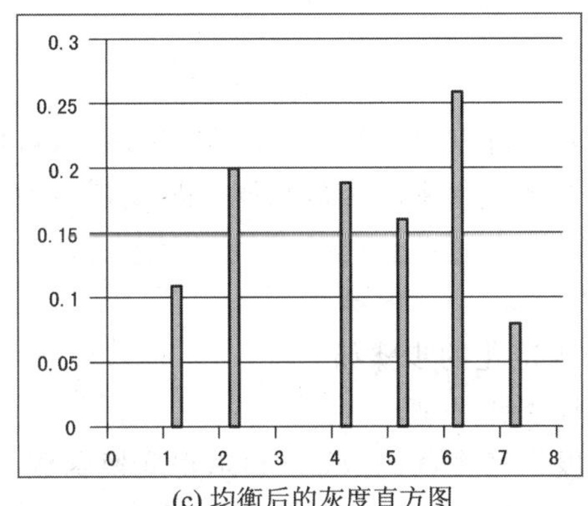

(c) 均衡后的灰度直方图

图 8.3.5　直方图均衡化的示意图

(a) 原始图像

(b) 均衡化后的图像

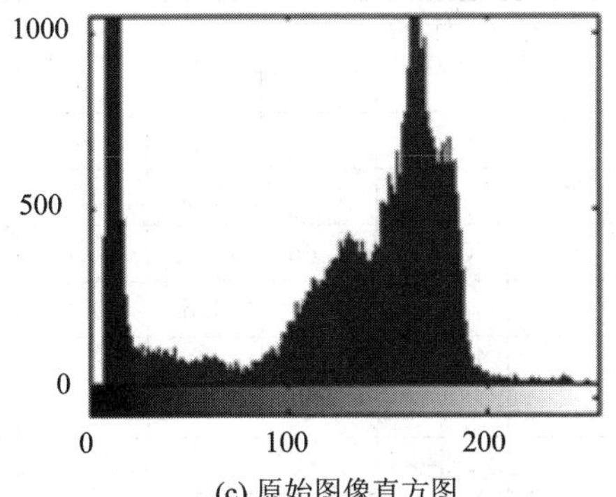

(c) 原始图像直方图

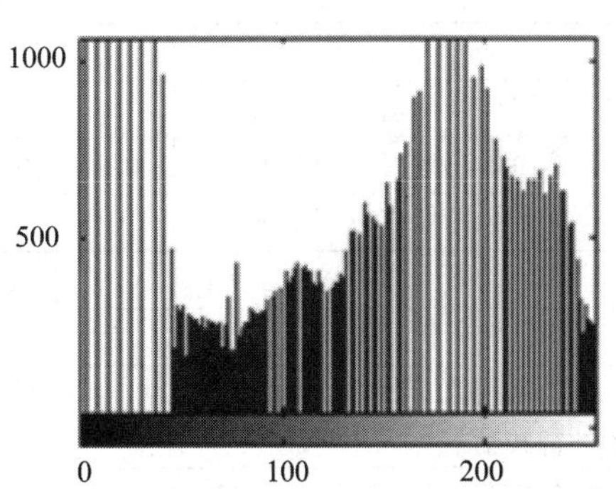

(d) 均衡化后的图像直方图

图 8.3.6　均衡前后的图像及对应直方图

3. 灰度直方图规定化(匹配)

直方图规定化的定义：在某些实际应用过程中，要求对原始图像的直方图进行某种变换使之成为自己理想的或者类似某种特定函数的直方图，这就形成了直方图规定化。其基本思路是：以直方图均衡化为桥梁，建立原始图像和所期望图像灰度值的概率密度函数之间的联系。

同直方图均衡化一样，从连续图像出发，推广到离散图像。设原始图像和所期望图像灰度值的概率密度函数分别为 $p_r(r)$、$p_z(z)$。首先，将原始图像进行均衡化得到变换函数：

$$s = T[r] = \int_0^r p_r(w)\mathrm{d}w \tag{8-3-9}$$

对目标图像用同样的变换函数进行均衡化，即

$$v = G[z] = \int_0^z p_z(w)\mathrm{d}w \tag{8-3-10}$$

其逆变换为 $z=G^{-1}[v]$，这表明可以用均衡化后的灰度值表示目标图像的灰度值。采用同样的变换函数实现均衡化，二者概率密度函数相同，即 $p_s(s)=p_v(v)$，用 s 代替 v 代入逆变换得

$$z = G^{-1}[s] \tag{8-3-11}$$

由上述分析总结直方图规定化的步骤如下：

(1) 原始图像作直方图均衡化处理。

(2) 按照目标图像的灰度概率密度函数 $p_z(z)$求得变换函数 $G[z]$。

(3) 用步骤(1)得到的灰度级 s 作逆变换 $z=G^{-1}[s]$。

对于离散图像，积分变为累加和，具体如下：

(1) $s_k = T[r_k] = \sum\limits_k p_r(r_k) = \sum\limits_k \dfrac{n_k}{N}$， $k = 0, 1, \cdots, L-1$；

(2) $v_k = G[z_k] = \sum\limits_k p_z(z_k) = s_k$， $k = 0, 1, \cdots, L-1$；

(3) $z_k=G^{-1}[s_k]$，$k=0, 1, \cdots, L-1$。

例 8.4 将图 8.3.4 中的图像进行灰度直方图规定化(8×8 个像素，灰度级为 8)，如图 8.3.7 所示。

解 具体过程见表 8-3-3。

表 8-3-3 灰度直方图规定化

步 骤	计算结果							
(1) 列出图像灰度值 r，z	0	1	2	3	4	5	6	7
(2) 计算原始图像直方图 $p_r(r)$	0.1	0.14	0.06	0.19	0.16	0.27	0	0.08
(3) 计算目标图像直方图 $p_z(z)$	0	0	0	0	0.2	0.3	0.3	0.2
(4) 计算原始累积直方图 s_k	0.1	0.24	0.3	0.49	0.65	0.92	0.92	1
(5) 计算目标累积直方图 v_k	0	0	0	0	0.2	0.5	0.8	1
(6) 原始累积直方图和目标累积直方图进行映射	4	4	5	5	6	7	7	7
(7) 确定变换关系 $r\to z$	0，1→4			2，3→5	4→6	5，6，7→7		
(8) 求变换后的匹配直方图	0	0	0	0	0.24	0.25	0.16	0.35

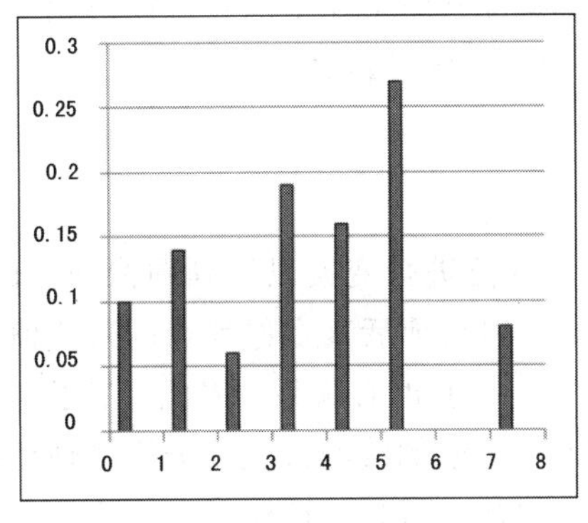

(a) 原始图像的灰度直方图

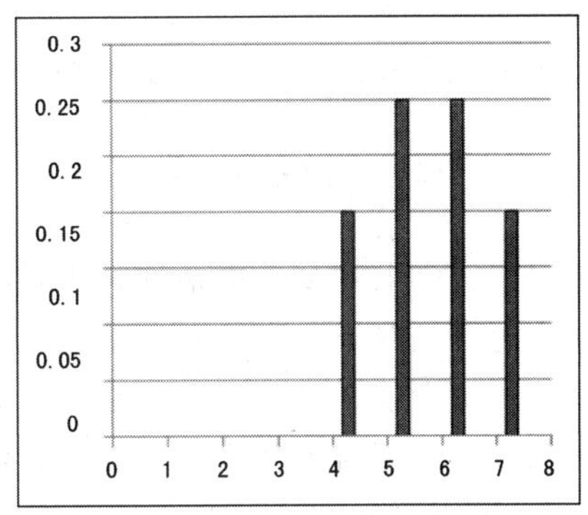

(b) 目标图像的灰度直方图

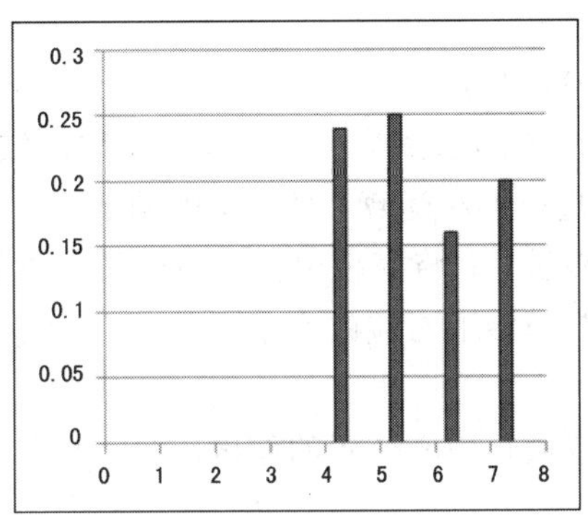

(c) 匹配后的灰度直方图

图 8.3.7　灰度直方图规定化

步骤(6)中的映射原则有两种：单映射和组映射。单映射的规则是取原始累积直方图的各项依次向规定累积直方图进行，每次选择最接近的数值，如图 8.3.8 所示。

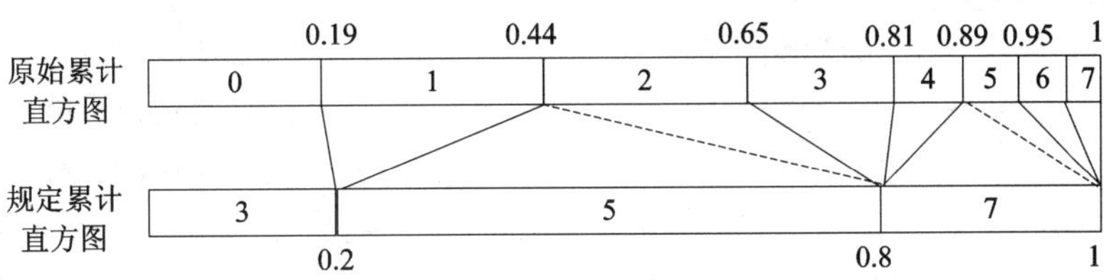

图 8.3.8　单映射示意图

组映射的规则是取规定累积直方图的各项依次向原始累积直方图进行，每次选择最接近的数值，如图 8.3.9 所示。

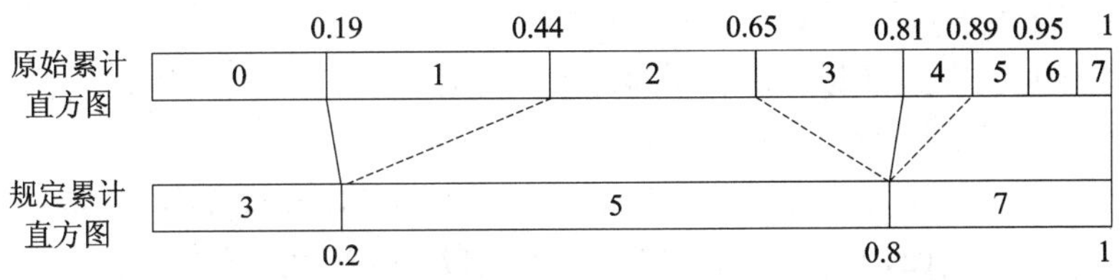

图 8.3.9　组映射示意图

由图 8.3.7 可知，对于离散图像，规定化的图像直方图与期望的直方图形状不是很接近，但实际处理效果表明，规定化的图像直方图具有明显的增强效果。

8.3.4 基于空域滤波的增强

空域滤波实质上就是采用某种算法对图像的灰度值进行变换以达到图像增强的目的。它与点运算的区别在于它以区域为基本运算单位，经过变换后某个像素点的灰度值不仅与变换前自身的灰度值有关，而且与其周围像素点的灰度值也有联系。因此，基于空域滤波的增强又称为区域或者模块增强。按照其数学形态，空域滤波的方法可分为线性滤波和非线性滤波。其中线性滤波由高通、低通和带通滤波组成，而非线性滤波由最大值、最小值和中值滤波组成；根据功能，空域滤波又可分为空域平滑和空域锐化。

1. 空域滤波的基本原理

对于一幅图像 $f(x, y)$，为了便于处理，可将其分为 $n\times n$ 的小区域进行处理。处理过程中用到的与小区域同样维数的子图像称为模板，又称滤波器、核、窗口或者掩模。空域滤波实质上就是利用模板进行卷积运算，具体步骤如下：

(1) 将模板在图像中漫游，并将模板中心与图中某个像素点重合。

(2) 将模板上的系数与模板下对应的像素相乘。

(3) 将所有乘积相加。

(4) 将和赋给图中对应模板中心位置的像素。

例 8.5 已知原始图像 $f(x, y)=\begin{vmatrix} 2 & 7 & 3 \\ 5 & 8 & 1 \\ 9 & 2 & 8 \end{vmatrix}$，现利用模板 $h(x, y)=\begin{vmatrix} 0 & -1 & 0 \\ -1 & 4 & -1 \\ 0 & -1 & 0 \end{vmatrix}$ 对其进行卷积运算，求输出图像(输出图像与模板大小一致即可)。

解 根据上面的描述，先将模板的中心 $h(1, 1)$对准图像的中心 $f(1, 1)$，计算滤波后图像的中心值 $g(1, 1)$：

$$\begin{aligned} g(1, 1) &= f(0, 0)h(0, 0)+f(0, 1)h(0, 1)+f(0, 2)h(0, 2) \\ &\quad +f(1, 0)h(1, 0)+f(1, 1)h(1, 1)+f(1, 2)h(1, 1) \\ &\quad +f(2, 0)h(2, 0)+f(2, 1)h(2, 1)+f(2, 2)h(2, 2) \\ &= 2\times 0+7\times(-1)+3\times 0+5\times(-1)+8\times 4+1\times(-1) \\ &\quad +9\times 0+2\times(-1)+8\times 0 \\ &= 17 \end{aligned}$$

将模板的中心 $h(1, 1)$对准 $f(0, 0)$计算 $g(0, 0)$：

$$\begin{aligned} g(0, 0) &= f(0, 0)h(1, 1)+f(0, 1)h(1, 2)+f(1, 0)h(2, 1)+f(1, 1)h(2, 2) \\ &= 2\times 4+7\times(-1)+5\times(-1)+8\times 0 \\ &=-4 \qquad \text{(超出模板图像外的按零计)} \end{aligned}$$

同理可得

$$g(0, 1)=15,\ g(0, 2)=4,\ g(1, 0)=1,\ g(1, 2)=-15$$
$$g(2, 0)=29,\ g(2, 1)=-17,\ g(2, 2)=29$$

所以，滤波后的图像

$$g(x, y)=\begin{vmatrix}-4 & 15 & 4\\ 1 & 17 & -15\\ 20 & -17 & 29\end{vmatrix}$$

2. 空域平滑

图像平滑的主要目的是消除或减少噪声。图像在传输与处理过程中或多或少会受到噪声的影响，怎样消除噪声是整个通信系统非常重要的环节。一般情况下噪声可以分为加性噪声和乘性噪声，加性噪声与图像独立，因此比较好处理。但是噪声往往是乘性的，会影响平滑过程，导致图像细节模糊，因此平滑总是以一定的细节模糊为代价的。在实际应用中要根据需求来选择合适的平滑方法，既能将噪声控制在可忍受范围内又能满足细节的要求。

1）邻域平均法

邻域平均法就是用某点邻域的灰度平均值来代替该点的灰度值，邻域平均法又称作均值滤波或局部平滑法。设待处理图像为 $f(x, y)$，处理后的平滑图像为 $g(x, y)$，简单邻域平均法的表达式为

$$g(x, y)=\frac{1}{M}\sum_{(m, n)\in S} f(m, n) \tag{8-3-12}$$

其中，S 为像素点(x, y)的去心邻域，M 为 S 中像素点的数目。点(m, n)的四点邻域可用图 8.3.10 描述。对比前面介绍的空域滤波的基本原理，简单邻域平均法相当于用模板

$$h(x, y)=\frac{1}{M}\begin{vmatrix}1 & 1 & \cdots & 1\\ 1 & 1 & \cdots & 1\\ \vdots & \vdots & \ddots & \vdots\\ 1 & 1 & \cdots & 1\end{vmatrix}$$

对原始图像进行卷积运算。一般情况下，噪声的频率相对原始图像较高，因此要减少甚至消除噪声就需使用低通滤波器，所以上述卷积运算也可以看做是空域低通滤波。

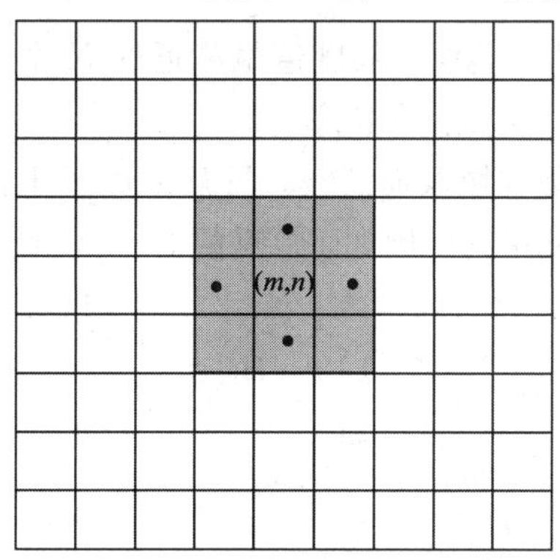

图 8.3.10　点(m, n)的四点邻域

如上所述，简单邻域平均法可以有效减少噪声，但是随着模板维数的增加，图像会更加模糊，如图 8.3.11 所示。

为了让模糊程度降低，提出了阈值邻域平均法，又称超限像素平滑法，其表达式为

$$g(x, y)=\begin{cases}\dfrac{1}{M}\displaystyle\sum_{(m, n)\in S} f(m, n) & \left|f(x, y)-\dfrac{1}{M}\displaystyle\sum_{(m, n)\in S} f(m, n)\right|>T\\ f(x, y) & \text{其他}\end{cases} \tag{8-3-13}$$

(a) 原始图像　(b) 3×3均值滤波

(c) 5×5均值滤波　(d) 8×8均值滤波

图 8.3.11　均值滤波

门限值通常选择为 $T=k\sigma$，σ 为图像的均方差。但实际应用中，往往要试验很多次才能确定阈值 T。这种方法对抑制椒盐噪声比较有效，同时也能较好地保护仅有微小变化差的目标物细节。

另外一种改进方法是加权均值平均法，其表达式为

$$g(x, y)=\frac{1}{M+N}\Big[\sum_{(m, n)\in S} f(m, n)+Nf(x, y)\Big] \tag{8-3-14}$$

此外，还有加权阈值均值平均法、灰度值最相近的 K 个邻点平均法、梯度倒数加权平滑法等，这里不再一一介绍，详见相关书籍。

上述几种方法实质上都是空域低通滤波，只是采用了不同的模板。因此，可以根据需要选用不同的模板来进行空域平滑。例如，常见的 3×3 模板有

$$\boldsymbol{H}_1=\frac{1}{10}\begin{bmatrix}1&1&1\\1&2&1\\1&1&1\end{bmatrix},\quad \boldsymbol{H}_2=\frac{1}{16}\begin{bmatrix}1&2&1\\2&4&2\\1&2&1\end{bmatrix}$$

$$\boldsymbol{H}_3=\frac{1}{8}\begin{bmatrix}1&1&1\\1&0&1\\1&1&1\end{bmatrix},\quad \boldsymbol{H}_4=\frac{1}{2}\begin{bmatrix}0&\frac{1}{4}&0\\\frac{1}{4}&1&\frac{1}{4}\\0&\frac{1}{4}&0\end{bmatrix}$$

2）*中值滤波法*

上述均值平均法虽然可以有效地减少噪声，但是它带来的边缘模糊是不可忽略的。中值滤波可以在减少噪声的前提下保留图像的轮廓细节，是一种比较理想的图像平滑技术。

中值滤波法是一种非线性平滑技术，它将每一像素点的灰度值设置为该点某邻域窗口内的所有像素点灰度值的中值。其实现方法如下：

(1) 选取一个 $1\times N$ 的窗口，其中 N 为奇数。

(2) 将窗口内的像素点的灰度值按升序(降序)排列。

(3) 选取窗口中心点的灰度值赋予当前像素点。

(4) 窗口在图像内移动，重复(2)、(3)。

中值滤波对脉冲干扰及椒盐噪声的抑制效果好，因此很容易推广到二维情况。常用的掩模有方形、十字形、菱形、圆形、环形等，经过不同形状的窗口会产生不同的滤波效果，使用时必须根据图像的内容和不同的要求加以选择。从以往的经验看，方形或圆形窗口适宜于外轮廓线较长的物体图像，而十字形窗口对有尖顶角状的图像效果好。

3) 均值平均法和中值滤波法的比较

图 8.3.12 所示为相同窗口的均值滤波与中值滤波比较，图 8.3.13 所示为加入不同噪声的均值滤波与中值滤波比较。

(a) 5×5均值滤波

(b) 1×5中值滤波

图 8.3.12　相同窗口的均值滤波与中值滤波比较

(a) 椒盐噪声均值滤波

(b) 椒盐噪声中值滤波

(c) 高斯噪声均值滤波

(d) 高斯噪声中值滤波

图 8.3.13　加入不同噪声的均值滤波与中值滤波比较

由图 8.3.12 和图 8.3.13 可知，均值滤波存在明显的模糊现象，相比之下，中值滤波的效果提升很多，可以在有效地降低噪声干扰的前提下保证图像的轮廓信息。另外，显然中值滤波对椒盐噪声的效果优于均值滤波，但对高斯噪声中值滤波则不如均值滤波。

3. 空域锐化

平滑采用积分(求和)运算，可以减少噪声但会产生图像模糊；锐化恰恰相反，它采用微分运算，可以增强模糊了的边缘和轮廓。

1) 算子法

函数 $f(x, y)$在点(x, y)的梯度定义为

$$\nabla f = \begin{bmatrix} G_x \\ G_y \end{bmatrix} = \begin{bmatrix} \dfrac{\partial f}{\partial x} \\ \dfrac{\partial f}{\partial y} \end{bmatrix} \tag{8-3-15}$$

其幅度由下式给出：

$$|\nabla f| = \sqrt{G_x^2 + G_y^2} = \sqrt{\left(\frac{\partial f}{\partial x}\right)^2 + \left(\frac{\partial f}{\partial y}\right)^2} \tag{8-3-16}$$

可以看出，上式的计算有一定的复杂度，一般情况下，可用下面两式简化计算：

$$|\nabla f| \approx |G_x| + |G_y| \tag{8-3-17}$$

$$|\nabla f| \approx \max(|G_x|, |G_y|) \tag{8-3-18}$$

对于离散图像来说，用差分来代替微分。沿 x 和 y 方向的一维差分定义如下：

$$G_x = f(x+1, y) - f(x, y) \tag{8-3-19}$$

$$G_y = f(x, y+1) - f(x, y) \tag{8-3-20}$$

上面两式中为前向差分。当然也可以用后向差分来代替微分，后向差分的具体形式如下：

$$G_x = f(x, y) - f(x-1, y) \tag{8-3-21}$$

$$G_y = f(x, y) - f(x, y-1) \tag{8-3-22}$$

这里只考虑前向差分的形式，将式(8-3-19)和式(8-3-20)代入式(8-3-17)和式(8-3-18)，可得

$$\begin{aligned} \nabla f(i, j) &\approx |G_x| + |G_y| \\ &= |f(x+1, y) - f(x, y)| \\ &\quad + |f(x, y+1) - f(x, y)| \end{aligned} \tag{8-3-23}$$

$$\begin{aligned} \nabla f(i, j) &\approx \max(|G_x|, |G_y|) \\ &= \max(|f(x+1, y) - f(x, y)|, |f(x, y+1) - f(x, y)|) \end{aligned} \tag{8-3-24}$$

梯度值大的地方对应图像的边缘和轮廓，梯度值小的地方对应平滑区，梯度值为 0 的地方灰度值为常数。

计算梯度的方法不止上述一种，可采用 Roberts 算子、Prewitt 算子、Sobel 算子、Laplacian 算子等。其中 Laplacian 算子为二阶算子，形成细节的能力比一阶算子强，一阶算子主要用来提取边缘。计算完梯度，可有很多种方法来实现图像锐化，具体见表 8-3-4。

表 8-3-4　用算子法来实现图像锐化

序号	表达式	效　果
1	$g(x, y)=\nabla f(x, y)$	灰度变化比较平缓或均匀的区域呈黑色
2	$g(x, y)=\begin{cases}\nabla f(x, y) & \nabla f(x, y)\geqslant T \\ f(x, y) & \text{其他}\end{cases}$	边缘轮廓得到突出，又不会破坏原来灰度变化比较平缓的背景
3	$g(x, y)=\begin{cases}L_G & \nabla f(x, y)\geqslant T \\ f(x, y) & \text{其他}\end{cases}$	明显边缘用一固定的灰度级 L_G 来表现
4	$g(x, y)=\begin{cases}\nabla f(x, y) & \nabla f(x, y)\geqslant T \\ L_B & \text{其他}\end{cases}$	背景用一个固定的灰度级 L_B 来表现，便于研究边缘灰度的变化
5	$g(x, y)=\begin{cases}L_G & \nabla f(x, y)\geqslant T \\ L_B & \text{其他}\end{cases}$	明显边缘和背景分别用灰度级 L_G 和 L_B 表示，生成二值图像，便于研究边缘所在位置

2）空域高通滤波

如平滑一样，锐化也可以用空域滤波来实现，只是平滑采用低通滤波器，而锐化采用高通滤波器。具体的滤波器模板请参阅相关文献。

8.3.5　基于频域滤波的增强

“信号与线性系统”课程中提及，频域处理问题有时比在时域简单得多，那么对于二维的图像处理是不是也是这样呢？答案是肯定的。下面讨论如何在频率域实现图像的增强。

1. 频域滤波的原理

图 8.3.14 所示为频域滤波的流程图。

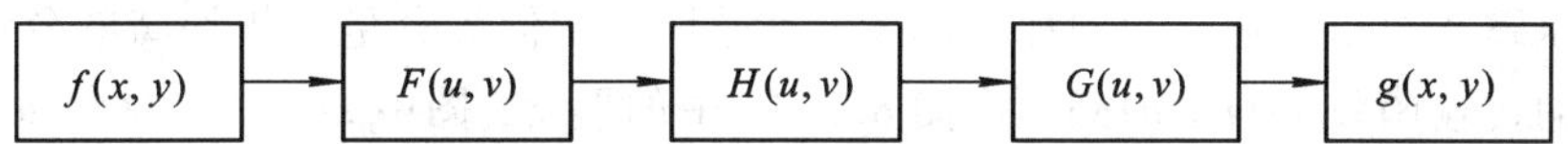

图 8.3.14　频域滤波的流程图

一般情况下，待处理图像 $f(x, y)$ 是已知的，则通过 DFT 可以求得其傅里叶变换 $F(u, v)$。$H(u, v)$ 可以称为传递函数，又可叫作滤波器函数，它相当于一个处理系统，可以选取不同的 $H(u, v)$ 来实现不同的需求。对于有噪图像，为了去除噪声实现平滑可以采用低通滤波器；而图像锐化则需要经过高通滤波器，因为图像的轮廓细节一般对应高频分量。实际应用中先根据需求确定 $H(u, v)$，然后通过如下公式得到 $G(u, v)$：

$$G(u, v) = F(u, v)H(u, v) \tag{8-3-25}$$

式(8-3-25)对应的空域表达式如下：

$$g(x, y) = f(x, y) * h(x, y) \tag{8-3-26}$$

求出 $G(u, v)$ 后用 IDFT 则可以得到增强图像 $g(x, y)$。对于图像增强，最关键、最困难的就是根据要求确定滤波器的形状。滤波器主要有低通滤波器、高通滤波器、带通滤波器和带阻滤波器。如前所述，低通滤波器主要用于图像平滑，高通滤波器主要用于图像锐化。

2. 同态增晰

在实际工作中，存在一类图像，其灰度级动态范围很大，即黑的部分很黑，白的部分很白，而感兴趣的某部分物体灰度级范围又小，分不清物体的灰度层次和细节。此时采用一般的灰度线性变换效果不佳，因为扩展灰度级虽可以提高物体图像的反差，但会使动态范围更大，而压缩灰度级虽可以减少动态范围，但物体灰度层次和细节会不清晰。而同态增晰可以在压缩灰度动态范围的同时增强图像的对比度，从而确保了物体的灰度层次和细节清晰度。同态增晰是一种频率域图像增强方法，通常通过同态滤波来实现。

自然界的图像可以用下面的公式来表示：

$$f(x,\ y) = r(x,\ y)i(x,\ y) \tag{8-3-27}$$

其中，$r(x,\ y)$和$i(x,\ y)$分别表示图像的照明场和反射场，又称为光源的照明分量和目标物(包括自然景观、人物、物体等)的反射分量。一般情况下，照明分量$i(x,\ y)$空间场变化慢，能量主要集中在低频范围；反射分量$r(x,\ y)$的能量主要集中在高频范围，尤其是在不同材料的交界面上，反射分量的变化更加迅速。

由公式(8-3-27)可知，照明分量$i(x,\ y)$和反射分量$r(x,\ y)$是乘积的关系，无法对其分别进行独立的操作。如何将二者分离开呢？由“高等数学”课程可知，对于两个相乘的变量，可以对其取对数使其成为相加的形式。例如，$Z=XY$，两边取对数可得，$\log Z=\log X+\log Y$。按照上述方法，将式(8-3-27)两边同时取自然对数，得

$$z(x,\ y) = \ln f(x,\ y) = \ln i(x,\ y) + \ln r(x,\ y) \tag{8-3-28}$$

式(8-3-28)两边取傅里叶变换，得

$$F\{z(x,\ y)\} = F\{\ln f(x,\ y)\} = F\{\ln i(x,\ y)\} + F\{\ln r(x,\ y)\} \tag{8-3-29}$$

上式简记为

$$Z(u,\ v) = I(u,\ v) + R(u,\ v) \tag{8-3-30}$$

由前面的分析可知，图像自然对数傅里叶变换低频分量与照明分量相联系，而其高频分量则与反射分量相联系。

为了压缩灰度动态范围和增加对比度，要尽量压缩低频分量并扩展高频分量。所以同态滤波器的传输函数$H(u,\ v)$必须有图 8.3.15 中的形状。图中$D(u,\ v)$为点$(u,\ v)$离原点的距离，图形围绕垂直轴旋转一周即可得到完整的$H(u,\ v)$函数。

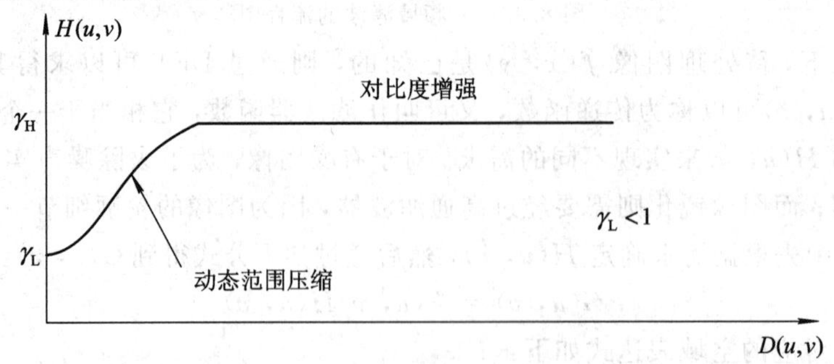

图 8.3.15　同态滤波函数的剖面图

$Z(u,\ v)$通过同态滤波器后变为$G(u,\ v)=Z(u,\ v)H(u,\ v)$，代入式(8-3-30)，可得

$$G(u,\ v) = Z(u,\ v)H(u,\ v) = R(u,\ v)H(u,\ v) + I(u,\ v)H(u,\ v) \tag{8-3-31}$$

上式表明在频率域对照明场和反射场进行了独立的处理。

最后将式(8-3-31)进行傅里叶反变换再取指数运算即可得到同态滤波后的图像$s(x,\ y)$，即

$$g(x, y) = F^{-1}\{G(u, v)\}$$
$$= F^{-1}\{R(u, v)H(u, v)\} + F^{-1}\{I(u, v)H(u, v)\} \quad (8-3-32)$$
$$s(x, y) = e^{g(x, y)} \quad (8-3-33)$$

图像中的阴影区（如山沟中的建筑物、物体的影子等）图像灰度级范围很小，层次不清，细节不明，但这正是人们感兴趣的。采用了同态增强技术后，图像画面亮度比较均匀，细节得以增强。

8.3.6　彩色图像的增强

客观世界中存在的大部分物体、景观、自然现象等均是彩色的，反应到人脑中形成的主观影像也是彩色的。人眼对于彩色图像的分辨率要远远大于灰度图像，因此，彩色图像的增强是很有现实意义和理论研究意义的。

彩色图像增强技术主要有两种：伪彩色增强和假彩色增强。伪彩色增强针对灰度图像，通过给不同的灰度值范围赋予不同的颜色实现灰度图像向彩色图像的过渡。由于原始图像事实上是没有颜色的，所以称这种人工赋予的颜色为伪彩色。伪彩色增强常用的方法有密度分割、伪彩色变换和频域滤波三种。假彩色增强是将彩色图像变换为彩色图像的过程，主要针对彩色图像，因此二者有着本质的区别。假彩色增强的关键在于选取合适的彩色模型。

☞　8.4　图像压缩编码

8.4.1　概述

图像压缩编码技术是20世纪60年代发展起来的一门新兴学科。五十几年来，其理论和方法迅猛发展，显示出广阔的应用前景。压缩技术的分类如图8.4.1所示。

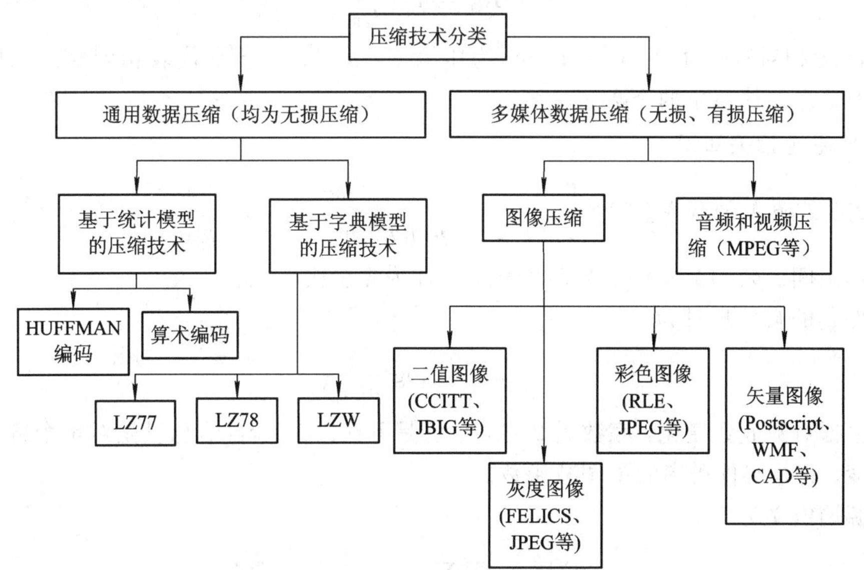

图8.4.1　压缩技术分类

图像压缩编码是指在满足一定质量(信噪比的要求或主观评价得分)的条件下，以尽量少的比特数表示图像或图像中所包含信息的技术。

1. 图像的冗余度

图像的一大特点就是它有一定的冗余度，图像压缩正是利用了图像信号中的冗余度。图像的冗余主要包括编码冗余、视觉心理冗余和像素间冗余，具体见表 8-4-1。

表 8-4-1　图像冗余的分类及其定义

名　称	定　义
编码冗余（信息熵冗余）	不同的编码方式对于图像的压缩程度不同而产生的冗余。 例如，$L_{自然码} = \sum_{k=0}^{L-1} l(s_k)p_s(s_k) = 3$，$L_{变长码} = \sum_{k=0}^{L-1} l(s_k)p_s(s_k) = 2.7$ $R_D = 1-\frac{1}{C_R} = 1-0.91 = 9\%$，$C_R = \frac{n_1}{n_2} = \frac{3}{2.7}$ 说明该图像有 9%的冗余
视觉心理冗余	人眼不能感知或不敏感的那部分图像信息。 例如，人的视觉特性最多可辨认出 2^{16} 种颜色，而彩色图像一般每个像素用 24 位表示，则可表示出 2^{24} 种颜色
像素间冗余（空间冗余）	像素间的相关性，即像素点可以用周围其他的像素点表示。原始图像越有规则，各像素之间的相关性越强，它可能压缩的数据就越多。 例如，原始图像数据为 234　223　231　238　235，可用相邻像素值差来压缩编码，即压缩后的数据为 234　−11　8　7　−3
时间冗余、结构冗余和知识冗余等	

图像冗余的定义如下：

$$R_D = 1 - \frac{1}{C_R} \tag{8-4-1}$$

其中，R_D 为相对数据冗余；$C_R = n_1/n_2$ 为压缩率，n_1 和 n_2 分别代表相同信息的两个数据集合中的信息载体单位的个数。

2. 信息论相关知识

设离散信源 X 的概率空间为 $\begin{bmatrix} x \\ p(x) \end{bmatrix} = \begin{bmatrix} a_1 & a_2 & \cdots & a_q \\ p(a_1) & p(a_2) & \cdots & p(a_q) \end{bmatrix}$，其中 $\sum_{i=1}^{q} p(a_i) = 1$，$X$ 为样本空间。$p(x)$为事件 x 发生的概率，称为先验概率。

事件 a_i 的自信息量为

$$I(a_i) = \log \frac{1}{p(a_i)} \tag{8-4-2}$$

其单位根据对数底数变化，底数为 2 时，单位是 bit(比特)。自信息量是对单个符号不确定性的测度，它是事件概率的单调减函数。

信源熵定义为

$$H(X) = -\sum_{i=0}^{q} p(a_i)\log p(a_i) \tag{8-4-3}$$

信源熵是信源输出消息的平均信息量，是个非负数。当信源达到等概率分布时，信源熵取最大值。当底数为 2 时，其单位为比特/符号。

3. 性能度量

原始图像经过信道传输到达接收端后接收端重建图像，其质量用相对于原始图像的失真来衡量。衡量的方法包括主观量度和客观量度两种。失真的主观量度主要指人的视觉感受，它是对重建图像质量有决定意义的评价。失真的客观量度，一般用原始图像的像素值与经过图像编码后在接收端重建图像的像素值间的均方误差表示。在研究图像编码时，往往同时采用上述两种方法进行度量。表 8-4-2 所示为客观失真度准则。

表 8-4-2　客观失真度准则

名　称	计算公式
点误差	$e(x,y)=\hat{f}(x,y)-f(x,y)$
图误差	$\sum_{x=0}^{M-1}\sum_{y=0}^{N-1}[\hat{f}(x,y)-f(x,y)]$
均方根误差 e_{rms}	$e_{rms}=\left\{\frac{1}{MN}\sum_{x=0}^{M-1}\sum_{y=0}^{N-1}[\hat{f}(x,y)-f(x,y)]^2\right\}^{1/2}$
均方根信噪比(SNR_{ms})	$SNR_{ms}=\sqrt{\frac{\sum_{x=0}^{M-1}\sum_{y=0}^{N-1}\hat{f}(x,y)^2}{\sum_{x=0}^{M-1}\sum_{y=0}^{N-1}[\hat{f}(x,y)-f(x,y)]^2}}$
归一化 SNR	$SNR=10\lg\left\{\frac{\sum_{x=0}^{M-1}\sum_{y=0}^{N-1}[f(x,y)-\bar{f}]^2}{\sum_{x=0}^{M-1}\sum_{y=0}^{N-1}[\hat{f}(x,y)-f(x,y)]^2}\right\}$
峰值信噪比 PSNR	$PSNR=10\lg\left\{\frac{f_{max}^2}{\sum_{x=0}^{M-1}\sum_{y=0}^{N-1}[\hat{f}(x,y)-f(x,y)]^2}\right\}$

注：$\hat{f}(x,y)$和 $f(x,y)$分别为信宿收到的图像和信源发送的图像，假设图像大小为 $M\times N$。$\bar{f}$ 表示 $f(x,y)$的灰度值的均值。

图像编码希望用尽可能少的比特数表示一幅图像，这样可以节省图像的存储空间，加快计算机的处理速度，减少传输信道的容量。频带压缩后的图像降低了信息冗余度，一旦信道产生误码，传输的信息就容易受到破坏。因此，图像编码的总性能应该用重建图像的主客观失真、平均每样本编码比特数以及对信道误码灵敏度来衡量。它们之间往往是相互制约的。

全面评价一种编码方法的优劣，除了看它的编码效率、实时性和失真度以外，还要看它的设备复杂程度以及是否经济实用等。

4. 图像编码分类

根据在减少或去除冗余数据的同时原有信息是否损失，可以把图像编码分为无损压缩和有损压缩。按照具体编码方法的不同可以将图像编码分为熵编码、预测编码和变换编码三种经典编码方法。为了增大压缩率并且保证一定的失真度，1985 年 M. Kunl 等人提出了第二代图像压缩编码的概念。表 8-4-3 给出了常用的图像编码方法及其应用领域。

表 8-4-3 图像压缩编码的分类和编码方法

种 类	编码方法	应用领域
无损编码(信息保持编码)	霍夫曼编码，行程编码、算术编码、轮廓编码、双字长编码等	要求编码—解码过程中能够无误差地重建图像，如医学图像的应用中
有损编码(保真度编码)	预测编码、变换编码等	图像的信宿为人眼的应用中，如数字电视、可视电话等
特征抽取编码(有损编码的一种)	预测编码、变换编码等	图像的信宿为计算机的应用中，这是只需要保留计算机处理的信息特征，如图像识别

图像压缩编码系统首先通过某种变换将图像信号的大部分能量集中在少量的变换系数上，减少或消除图像的相关性(即减少像素冗余)，该过程一般是可逆的。信号的压缩真正体现在量化阶段，量化就是根据保真度准则调整输出数据的精度，减少视觉心理冗余，是不可逆过程，仅用于有损编码。对于量化后的信号再进行编码进一步减少冗余，此过程也是可逆的。

8.4.2 无失真编码

无失真编码又称无损编码或信息保持编码，即图像经过压缩再解码后不丢失信息。

熵编码通过使概率大的符号码长小，概率小的符号码长大来达到最小化平均码长的目的，它基于图像信息的统计特性，是一种无损编码。常见的熵编码方法有霍夫曼编码、行程编码和算术编码等。

1. 霍夫曼编码

霍夫曼编码是霍夫曼(Huffman)于 1952 年提出的一种构造紧致码的方法。该编码方法曾经是一种非常流行和实用的编码方法。其编码步骤如下：

(1) 将 q 个信源按概率分布大小依递减次序排列。

(2) 用 0，1 码符号分别代表概率最小的两个信源符号，并将这两个概率最小的信源符号合并成一个，从而得到只包含 $q-1$ 个符号的新信源 s_1，称为缩减信源。

(3) 把缩减信源 s_1 的符号仍按概率大小依递减次序排列，再将其最后两个概率最小的符号合并成一个符号，并分别用 0 和 1 码符号表示，这样又形成了 $q-2$ 个符号的缩减信源。

(4) 依此继续下去，直至信源最后只剩两个符号为止。将这最后两个信源符号分别用二进制符号“0”和“1”表示。

(5) 从最后一级缩减信源开始，向前返回，就得出各信源符号所对应的码符号序列。

注意：在进行图像编码时，需要先将图像中的元素按照不同的灰度级进行分类，然后给各个灰度级赋予不同的符号，最后写出灰度级的概率空间。

例 8.6 一幅 6 个灰度级的图像 $f(x, y)$，其灰度级的概率空间如下：

$$\begin{bmatrix} S \\ P \end{bmatrix} = \begin{bmatrix} a_1 & a_2 & a_3 & a_4 & a_5 & a_6 \\ 0.1 & 0.4 & 0.06 & 0.1 & 0.04 & 0.3 \end{bmatrix}$$

对此图像进行霍夫曼编码。

解 编码过程如图 8.4.2 所示。

初始信源			对消减信源的赋值							
符号	概率	码字	1		2		3		4	
a_2	0.4	1	0.4	1	0.4	1	0.4	1	0.6	0
a_6	0.3	00	0.3	00	0.3	00	0.3	00	0.4	1
a_1	0.1	011	0.1	011	0.2	010	0.3	01		
a_4	0.1	0100	0.1	0100	0.1	011				
a_3	0.06	01010	0.1	0101						
a_5	0.04	01011								

图 8.4.2 霍夫曼编码示意图

霍夫曼编码都是异字头码，这也是变长编码能正确解码的条件，但是变长编码会导致压缩和还原相当费时且硬件实现较难。另外，由于“0”和“1”的指定是任意的，所以霍夫曼编码不唯一，但是平均码长一样，故不影响编码效率和数据压缩性能。

2. 行程编码

行程编码(RLC)又称行程长度编码，其基本原理是：将具有相同值的连续串用串长和一个代表值来代替，使符号长度少于原始数据的长度。该连续串就称为行程，串长称为行程长度。例如，5555557777733322221111111 的行程编码为(5，6)(7，5)(3，3)(2，4)(l，7)。可见，行程编码的位数远远少于原始字符串的位数。

行程编码分为定长和不定长编码两种。定长编码是指编码的行程长度所用的二进制位数固定，而变长行程编码是指对不同范围的行程长度使用不同位数的二进制进行编码。使用变长行程编码需要增加标志位来表明所使用的二进制位数。

行程编码比较适合二值图像的编码，一般用于量化后出现大量零系数连续的场合，用行程来表示连零码。行程编码对传输差错很敏感，一位符号出错就会改变行程编码的长度，使整个图像出现偏移。因此，一般要用行同步、列同步的方法，把差错控制在一行一列之内。

行程编码适用于那些包含灰度级很少的图像，对单一颜色背景下物体的图形图像可以达到很高的压缩比，但对其他类型的图像压缩比就很低。在最坏的情况下，行程编码甚至可将文件的大小加倍。

3. 算术编码

算术编码是 20 世纪 80 年代发展起来的一种熵编码方法，其基本原理是将被编码的数据序列表示成 0 和 1 之间的一个间隔(也就是一个小数范围)，该间隔的位置与输入数据的概率分布有关。信息越长，表示间隔就越小，因而表示这一间隔所需的二进制位数就越多。

算术编码有两种模式：一种是基于信源概率统计特性的固定编码模式，另一种是针对未知信源概率模型的自适应模式。

例 8.7　已知信源的概率分布为

$$X=\begin{bmatrix}0 & 1\\ \dfrac{2}{5} & \dfrac{3}{5}\end{bmatrix}$$

求二进制序列 01011 的算术编码。

解　步骤如下：

(1) 二进制信源只有 $x_1=0$ 和 $x_2=1$ 两种符号，相应的概率为 $p(x_1)=2/5$，$p(x_2)=3/5$。

(2) 设 s 为区域左端起始位置，e 为区域右端终止位置，l 为子区的长度，则符号“0”的子区为[0，2/5]，子区长度为 2/5；符号“1”的子区为[2/5，1]，子区长度为 3/5。

(3) 随着序列符号的出现，子区按下列公式减小长度：

新子区左端=前子区左端+当前子区左端×前子区长度

新子区长度= 前子区长度×当前子区长度

设初始子区为[0，1]，步序为 step，则编码过程如下：

step	x	s	l
1	0	0	$\frac{2}{5}$
2	1	$0+\left(\frac{2}{5}\right)\times\left(\frac{2}{5}\right)=\frac{4}{25}$	$\left(\frac{2}{5}\right)\times\left(\frac{3}{5}\right)=\frac{6}{25}$
3	0	$\frac{4}{25}+0\times\left(\frac{6}{25}\right)=\frac{4}{25}$	$\left(\frac{6}{25}\right)\times\left(\frac{2}{5}\right)=\frac{12}{125}$
4	1	$\frac{4}{25}+\frac{2}{5}\times\left(\frac{12}{125}\right)=\frac{124}{625}$	$\left(\frac{12}{125}\right)\times\left(\frac{3}{5}\right)=\frac{36}{625}$
5	1	$\frac{124}{625}+\frac{2}{5}\times\left(\frac{36}{625}\right)=\frac{692}{3125}$	$\left(\frac{36}{625}\right)\times\left(\frac{3}{5}\right)=\frac{108}{625}$

可见，最后子区左端起始位置为

$$s=\left(\frac{692}{3125}\right)_{十进制}=(0.001110)_{二进制}$$

长度 $l=\left(\frac{108}{625}\right)_{十进制}$，右端终止位置为

$$e=\left(\frac{692}{3125}+\frac{108}{625}\right)_{十进制}=\left(\frac{32}{125}\right)_{十进制}=(0.01000)_{二进制}$$

可以取[s，e]之间任意一个数将其表示为二进制形式来进行编码，最常用的是中值。最后将子区起始位置与终止位置的点：

$$\frac{0.001110+0.01000}{2}=0.0011$$

所以 01011 的算术编码为 0011。

算术编码适合于由相同的重复序列组成的文件，其编码效率接近压缩的理论极限。这种方法将不同的序列映像到 0～1 的区域内，并将区域表示成可变精度(位数)的二进制小数，越不常见的数据精度越高，因此复杂度较高。

8.4.3 有损编码

有损编码利用了人类对图像某些成分不敏感的特性，允许压缩过程中损失一定的信息，虽然不能完全恢复原始数据，但是数据或信息的损失换来了大的压缩比。因此，有损压缩广泛应用于图像和视频数据的压缩。有损编码主要包括预测编码和变换编码。

1. 预测编码

图像的每个像素点之间存在很大的相关性，因此可以用以前出现的像素点来预测当前像素点的情况，将二者取差值得到预测误差，对这个预测误差进行量化编码，这就是预测编码的基本思想。预测算法比较好且像素点间的相关性较强时，预测误差可以很小，从而达到图像压缩的目的。

预测编码可以分为一维预测(行内预测)、二维预测(帧内预测)和三维预测(帧间预测)。常用的预测编码有差分脉冲编码调制(DPCM)和自适应差分脉冲编码调制(ADPCM)等。

1) 预测编码的基本原理

如图 8.4.3 所示，原始图像 $f(x, y)$进入压缩系统时，先与预测器的输出预测图像$\hat{f}(x, y)$求差值得到预测误差 $e(x,y)$，对预测误差进行量化和编码输出压缩图像$g(x,y)$。预测器一般根据若干个已输入像素的灰度值产生当前输入图像的预测值$\hat{f}(x, y)$。编码器一般采用熵编码。

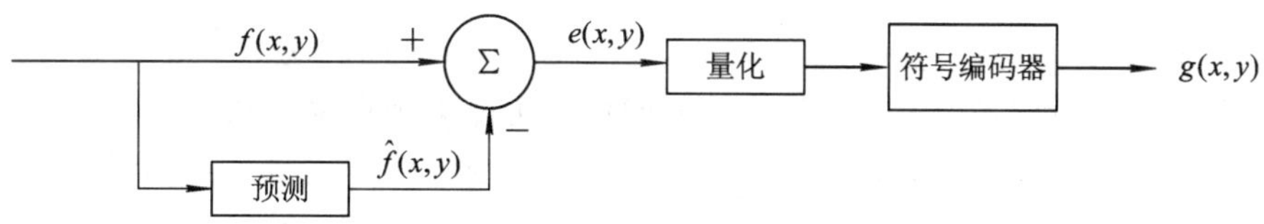

图 8.4.3　预测编码的编码器

预测器通常采用线性预测，即预测图像$\hat{f}(x, y)$用下面的线性表达式来描述：

$$\hat{f}(x, y) = \sum_{i=1}^{n} a_i f_i(x, y) \qquad (8-4-4)$$

式中，n 为已输入像素点的个数，a_i即每个像素点的预测系数。均方预测误差的定义如下：

$$E\{e(x, y)^2\} = E\{[f(x, y) - \hat{f}(x, y)]^2\} = E\left\{\left[f(x, y) - \sum_{i=1}^{n} a_i f_i(x, y)\right]^2\right\} \qquad (8-4-5)$$

并且一般情况下要求

$$\sum_{i=1}^{n} a_i = 1 \qquad (8-4-6)$$

实验结果表明，以最小均方预测误差设计的预测器不但能获得最小的均方预测误差，同时也具有较好的视觉效果。特别的，当 $n=1$，$a_i=1$ 时表示差分运算，也是最简单的预测编码，即差值调制(DM)。预测系数是比较难计算的，通常参照一些常用的系数值。

解码是编码的逆过程，首先通过解码器得到预测误差 $e(x, y)$，再将其与预测图像 $\hat{f}(x, y)$相加得到解压图像，如图 8.4.4 所示。

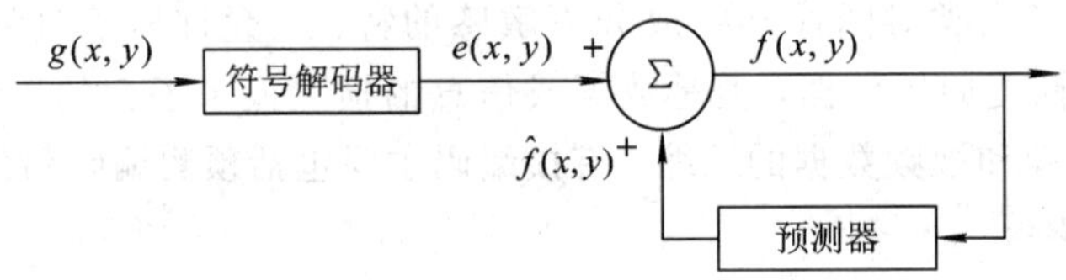

图 8.4.4 预测编码的解码器

2) 差分脉冲编码调制(DPCM)

预测编码分为线性预测编码和非线性预测编码，DPCM 属于线性预测编码的一种。DPCM 的优点是算法简单，易于硬件实现，缺点是对信道噪声很敏感，会产生误差扩散。即某一位码字出错，对图像一维预测来说，将使该像素以后的同一行各个像素都产生误差；而对二维预测，该码字引起的误差还将扩散到以下各行。这样将使图像质量大大下降。同时，DPCM 的压缩率也比较低。为了克服 DPCM 的这些缺点，提出了自适应差分脉冲编码调制(ADPCM)，此编码方法可以自适应进行量化，即用不同的量化阶来编码不同的差值；还可以使用过去的样本值估算下一个输入样本的预测值，使实际样本值和预测值之间的差值总是最小，这样就可以实现预测参数的自适应从而达到最佳预测的目的。

2. 变换编码

将图像从空域变换到其他域(变换域)中时相关性会大大减小，在变换域中对图像进行处理以及熵编码又可以进一步压缩图像，这就是变换编码的基本思想。变换编码的一个极其重要的步骤是进行图像变换，将信号中的能量尽可能集中在少数几个系数上，然后对这几个变换系数进行量化和传输，最后在接收端进行反变换就可以得到重构图像。图 8.4.5 所示为变换编码系统。

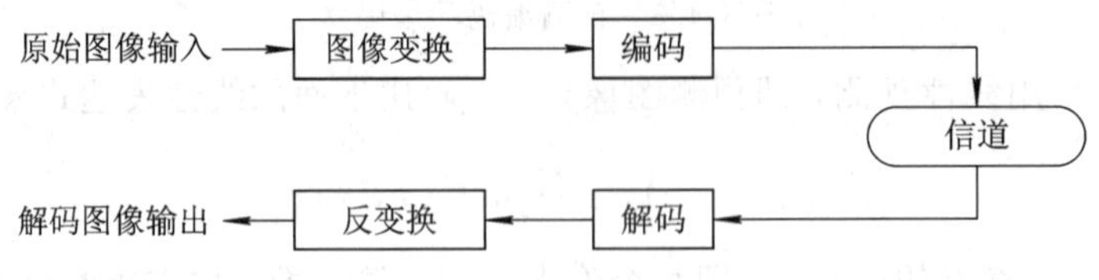

图 8.4.5 变换编码系统

图 8.4.5 中接收端输出信号与输入信号的误差由输入端量化器的量化误差所致。当经过正交变换后的协方差矩阵为一对角矩阵，且具有最小均方误差时，该变换称为最佳变换，也称 K-L 变换。如果变换后的协方差矩阵接近对角矩阵，则该类变换称为准最佳变换。典型的准最佳变换有 DCT(离散余弦变换)、DFT(离散傅里叶变换)以及 WHT(沃尔什—哈达玛变换)等。

8.4.4　图像压缩编码的国际标准

JPEG 是联合图像专家组(Joint Photographic Experts Group)的简称，是由国际标准化组织 ISO 和国际电报咨询委员会 CCITT 于 1991 年为静态图像所制定的第一个国际数字图像压缩标准，该标准于 1992 年通过。

JPEG 是一个适用范围很广的静态图像数据压缩标准，不仅适用于静止图像，也常常被用于电视图像序列的帧内图像压缩编码。它定义了两种基本压缩算法：一种是基于空间的线性预测技术，即差分脉冲编码调制的无失真压缩算法；另一种是基于 DCT 的有失真压缩算法，将图像采样量化后进一步应用行程编码和熵编码来实现压缩。使用有损压缩算法时，在压缩比为 25∶1 的情况下，对于压缩还原后的图像，非图像专家是很难分辨的。

JPEG 系统的核心是变换编码。如图 8.4.6 所示，JPFG 编码时，将原始图像首先分割成互不重叠的 8×8 像素块并进行颜色模式转换和采样，然后对每个像素块进行二维 DCT 变换，最后采用一定的量化表对 DCT 系数量化并进行熵编码以进一步压缩图像数据。解码过程与编码过程刚好相反。

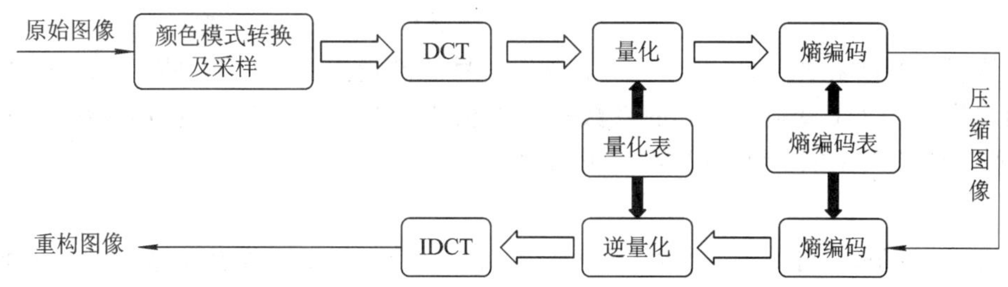

图 8.4.6　JPEG 有损压缩系统

1. JPEG 编码算法

1) 颜色模式转换与采样

一般的计算机系统仅采用 RGB 颜色模型，而 JPEG 系统采用 YC_bC_r模型。Y、C_b和 C_r分别表示亮度、蓝色和红色分量。两个颜色模型的正转换如下：

$$\begin{cases} Y = 0.299R + 0.5870G + 0.1140B \\ C_b = -0.1787R - 0.3313G + 0.5000B + 128 \\ C_r = 0.5000R - 0.4187G - 0.0813 + 128 \end{cases} \tag{8-4-7}$$

逆转换为

$$\begin{cases} R = Y + 1.40200(C_r - 128) \\ G = Y - 0.34414(C_b - 128) - 0.71414(C_r - 128) \\ B = Y + 1.77200(C_b - 128) \end{cases} \tag{8-4-8}$$

YC_bC_r模型更适合图像压缩。人眼对亮度 Y 的变化远比对色度 C_b和 C_r敏感，因此对色度分量进行采样后，肉眼将察觉不到图像质量的变化。YC_bC_r主要的采样格式有 4∶2∶0、4∶2∶2 和 4∶4∶4 三种。

2）离散余弦变换(DCT)

JPEG 系统中 DCT 要求输入数据是一个 8×8 的矩阵，且每个元素具有 8 bit 精度，范围为－128 到 127，故 DCT 变换前，像素值先要减去 128。8.2 节中曾经给出 DCT 的相关概念，这里只给出 8×8 的 DCT 公式：

$$F(u, v) = \frac{1}{4}C(u)C(v)\sum_{y=0}^{7}\sum_{x=0}^{7}f(x, y)\cos\frac{(2x+1)u\pi}{16}\cos\frac{(2y+1)v\pi}{16} \tag{8-4-9}$$

$$f(x, y) = \frac{1}{4}\sum_{u=0}^{7}\sum_{v=0}^{7}C(u)C(v)F(u, v)\cos\frac{(2x+1)u\pi}{16}\cos\frac{(2y+1)v\pi}{16} \tag{8-4-10}$$

$$C(u) = \begin{cases} \frac{1}{\sqrt{2}} & u = 0 \\ 1 & \text{其他} \end{cases}$$

$$C(v) = \begin{cases} \frac{1}{\sqrt{2}} & v = 0 \\ 1 & \text{其他} \end{cases}$$

自然图像的像素块经 DCT 变换后，图像信号的能量主要集中到块的左上角，即图像的低频成分中。DCT 变换后得到的系数矩阵中包括左上角的一个直流(DC)系数 $F(0, 0)$ 和 63 个交流(AC)系数，频率成“Z”字形增大。

3）量化

DCT 变换的输入是 8 位的像素值(0～255，JPEG 实现时将其减去 128，范围变成－128～127)，但输出范围是－1024～1023，占 11 位。量化即通过整除运算减少输出值的存储位数。量化后的像素值 $\widetilde{F}(u, v)$ 定义如下：

$$\widetilde{F}(u, v) = \text{INT}\left(\frac{F(u, v)}{S(u, v)}\right) \tag{8-4-11}$$

函数 INT()表示取整，$S(u, v)$ 是量化表中对应的元素，即 $F(u, v)$ 分别除以量化表中相应元素并取整数。量化表如表 8-4-4 所示。

表 8-4-4　量　化　表

亮度的量化模板系数								颜色的量化模板系数							
16	11	10	16	24	40	51	61	17	18	24	47	99	99	99	99
12	12	14	19	26	58	60	55	18	21	26	66	99	99	99	99
14	13	16	24	40	57	69	56	24	26	56	99	99	99	99	99
12	17	22	29	51	87	80	62	47	66	99	99	99	99	99	99
18	22	37	56	68	109	103	77	99	99	99	99	99	99	99	99
24	35	55	64	81	104	113	92	99	99	99	99	99	99	99	99
49	64	78	87	103	121	120	101	99	99	99	99	99	99	99	99
72	92	95	98	112	100	103	99	99	99	99	99	99	99	99	99

4）编码

（1）“Z”字形编排。对于量化后的二维数组，还要对其进行线性化，然后再压缩和传输。为了保证低频分量先出现，高频分量后出现，以增加行程中连续“0”的个数，将 63 个 AC 系数采用“Z”字形排列，如图 8.4.7 所示。

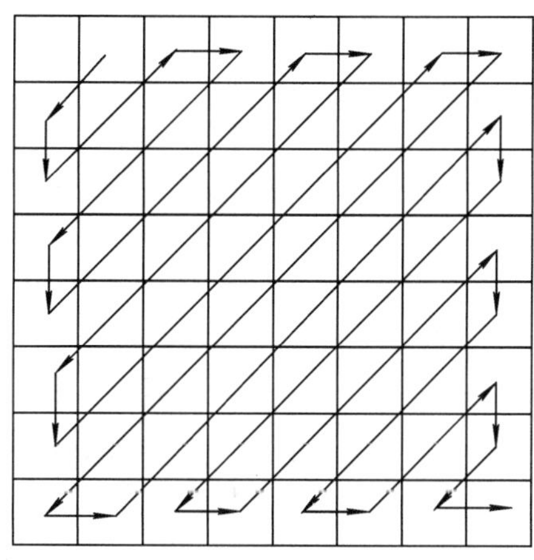

图 8.4.7 AC 系数“Z”字形排列

（2）直流系数 DC 的编码。直流系数 DC 有两个特点：数值比较大；相邻 8×8 图像块的数值变化不大。根据第二个特点，JPEG 算法使用了差分脉冲编码调制（DPCM）技术对相邻图像块之间量化 DC 系数的差值进行编码。

（3）熵编码。为了进一步压缩数据，需对量化后的 DC 系数和行程编码后的 AC 系数进行熵编码。JPEG 建议采用两种熵编码方法：霍夫曼编码和自适应二进制算术编码。熵编码分两步进行，首先把 DC 和 AC 系数转换成一个中间格式的符号序列，然后给这些符号赋以变长码字。熵编码中间符号的计算如表 8-4-5 所示。

表 8-4-5 熵编码的中间符号表示方法

DC 系数		AC 系数	
符号 1（尺寸）	符号 2（幅值）	符号 1（行程，尺寸）	符号 2（幅值）
“尺寸”表示 DC 差值的幅值编码所需的比特数，由于计算机中将负数存为反码或补码的形式，当幅值 DIFF 为负数时，DIFF 的有效位数为 −DIFF 的有效位数		“行程”表示“Z”字形扫描时遇到前后两个非零 AC 系数之间连续 0 的个数，“尺寸”表示后一个非零 AC 系数的幅值所需要的比特数	

中间符号编码就是对 DC 系数和 AC 系数中的符号 1 采用霍夫曼编码表中的可变长度码（Variable-length Code，VLC）进行编码，符号 2 用变长整数（Variable-length Integer，VLI）表示，具体的 DC 系数和 AC 系数编码见表 8-4-6。

（4）组帧。JPEG 编码的最后一个步骤是把各种标记代码和编码后的图像数据组成一帧一帧的数据，这样做的目的是便于传输、存储和译码器进行译码，这样组织的数据通常称为 JPEG 位数据流。

表 8-4-6 亮度 DC、AC 系数表

尺寸分类（符号 1）	码长	码 字
0	2	00
1	3	010
2	3	011
3	3	100
4	3	101
5	3	110
6	4	1110
7	5	11110
8	6	111110
9	7	1111110
10	8	11111110
11	9	111111110

亮度 DC 系数表

尺寸分类（符号 1）	码长	码 字
0/0(EOB)	4	1010
0/1	2	00
0/2	2	01
0/3	3	100
0/4	4	1011
0/5	5	11010
0/6	7	1111000
0/7	8	11111000
0/8	10	1111110110
0/9	16	1111111110000010
0/A	16	1111111110000011
1/1	4	1100
1/2	5	11011
…	…	…

亮度 AC 系数表

2. JPEG2000

JPEG2000 作为 JPEG 的升级版，其压缩率比 JPEG 高 30％左右，同时支持有损和无损压缩。与 JPEG 不同的是，JPEG2000 采用小波变换编码而非 JPEG 传统上的 DCT 变换编码，原因是小波变换编码性能要比 DCT 变换编码性能好。JPEG2000 格式有一个极其重要的特征在于它能实现渐进传输，即先传输图像的轮廓，然后逐步传输数据，不断提高图像质量，让图像由朦胧到清晰显示。此外，JPEG2000 还支持所谓的“感兴趣区域”特性，可以任意指定图像中感兴趣区域的压缩质量，还可以选择指定的部分先解压缩。

JPEG2000 和 JPEG 相比优势明显，且向下兼容，因此可取代传统的 JPEG 格式。JPEG2000 既可应用于传统的 JPEG 市场，如扫描仪、数码相机等，又可应用于新兴领域，如网络传输、无线通信等。

8.4.5 基于小波变换的 SPIHT 算法

20 世纪 80 年代后期和 90 年代初，人们开始寻找新的图像压缩编码方法，这些编码方法是针对传统编码方法中没有考虑人眼对轮廓、边缘的特殊敏感性和方向感知特性而提出的，称为第二代编码方法。第二代编码方法主要有分形编码、模型编码、神经网络编码、小波变换编码等。

小波变换编码避免了传统图像压缩编码方法重构图像后形成的严重的方块效应，同时可以实现从有损到无损的渐进式传输，压缩比可以达到 100 倍左右，因此成为现代图像压缩技术研究的热点之一。小波变换编码压缩方法可分为两大类：基于传统的图像编码方法和基于分形理论的小波变换图像编码方法。目前三种性能较好的小波图像编码算法分别是嵌入式零树小波算法（EZW）、多级树集合分裂算法（SPIHT）和优化截断的嵌入式块编码算法（EBCOT）。

SPIHT 算法由 Said 和 Pearlman 于 1996 年提出，是 EZW 的改良版，也是静止图像压缩编码领域公认的编码效率最高的算法之一。它采用扫描顺序、零树以及门限值来将离散小波变换后的系数分成数层，然后分别将每层数据一一储存传输。

1. 空间方向树

小波变换实现了图像的多分辨率表示，将图像进行多级分解可以得到不同频带的信息。在 SPIHT 算法中，空间方向树的定义如图 8.4.8 所示。除最低频子带和最高频子带外，每个系数在它同方向相邻高频子带的相同位置上有四个直接子孙。最高频子带没有子孙，最低频子带按 2×2 进行分组。除了每组的左上角元素没有子孙，其他三个系数各有四个直接子孙。例如图 8.4.9，在 LL1 频域中的系数 a 和 HL1、LH1、HH1 频域中的系数 a1、a2、a3 其实是同一空间位置的数据，只是被分成了四个不同的频域系数。而 a1 代表的空间位置和 HL0 频域中系数 a11、a12、a13、a14 是一样的。同理 HL1 中的任一系数所代表的空间域在 HH0 一定有四个系数与之对应。可以看出这些系数在树中的大概模样。系数 a 是树的根，有三个子树 a1、a2、a3。系数 a1 有四个子树 a11、a12、a13、a14，系数 a2 有四个子树 a21、a22、a23、a24，系数 a3 有四个子树 a31、a32、a33、a34。整个以 a 为根的系数共有 16 个。

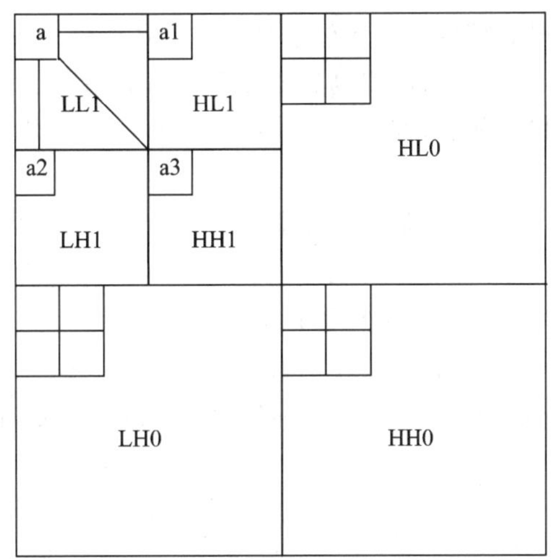

图 8.4.8 空间方向树

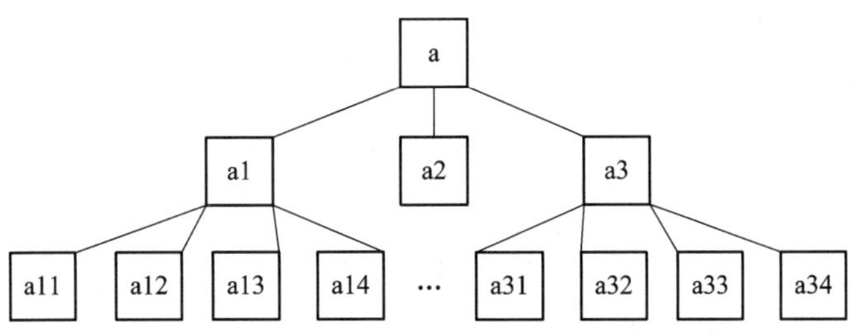

图 8.4.9 空间方向树的频域关系图

2. 扫描顺序

图像的低频部分代表图像的主体，中高频是细节。基于这样的认知，可采用近似“Z”形的扫描顺序(如图 8.4.10、图 8.4.11 所示)，先传送低频，后传送中高频，使图像从模糊到清晰地呈现。

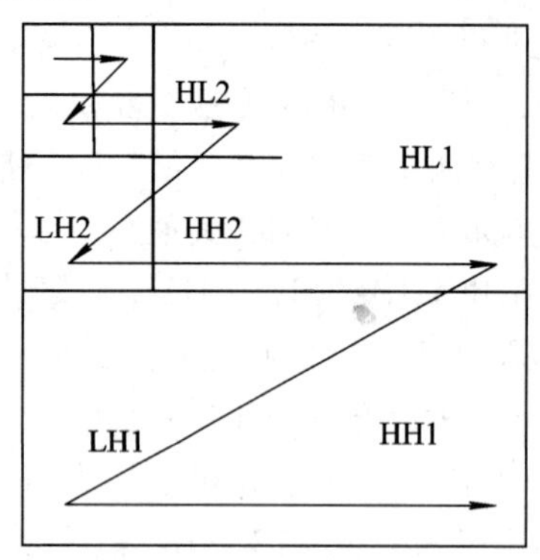

图 8.4.10　扫描顺序图

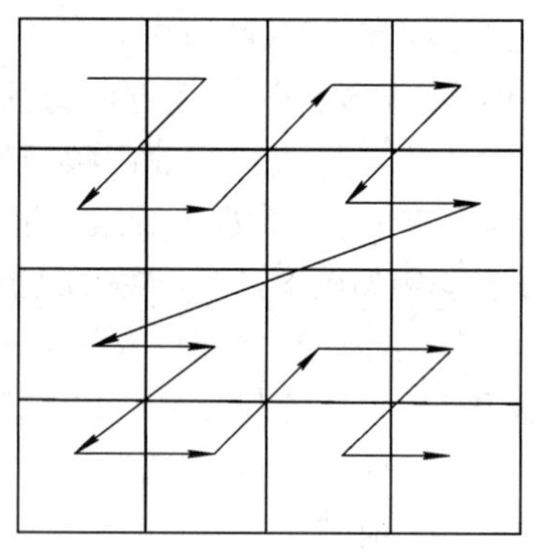

图 8.4.11　频带内扫描示意图

3. 算法中符号以及集合说明

SPIHT 算法利用了树的结构，并且对重要的树集合作进一步的分割，目的是使更多不重要系数包含在同一个集合里，从而提高压缩效率。一般用“儿女”来称呼空间方向树中每个节点的四个子节点，用“子孙”来称呼子、孙和所有其他的后代。集合分割排序算法使用下述几个坐标集：

$O(i, j)$：节点(i, j)的 4 个儿女的坐标集；

$D(i, j)$：节点(i, j)的所有子孙的坐标集；

$H(i, j)$：所有空间方向树根的坐标集；

$L(i, j)=D(i, j)-O(i, j)$：节点(i, j)的所有子孙，但不包括它的四个儿女。

$Z(i, j)$：节点(i, j)及其所有后代的坐标集合，即指空间方向树。

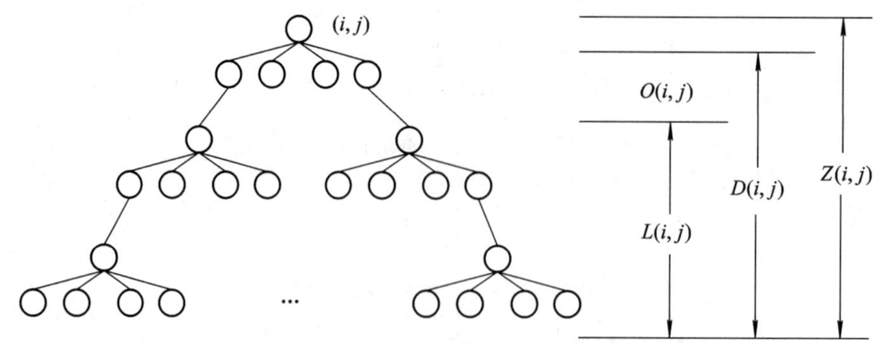

图 8.4.12　集合关系示意图

算法中用到的数据结构如下：

LIP：不重要系数链表，其中的元素代表不重要小波系数；

LSP：重要系数链表，其中的元素代表按位平面排列的重要小波系数；

LIS：非重要集合链表，其中的元素代表集合 $D(i, j)$或 $L(i, j)$，也就是未处理的系数。

算法一开始会将所有的系数都当成不重要系数，放置于 LIP 中；然后，SPIHT 从这个集合里取出其存放的系数来判断是否为重要系数。如果取出的系数是重要系数，SPIHT 就将其移出 LIP，放置到 LSP 中；若是不重要系数，则其不需移出 LIP 集合。根据算法的规定，LIP 中若无系数可供检查，则由 LIS 中取出未处理过的系数移至 LIP 中；若 LIS 中也没有未处理过的系数，则算法结束一次的处理；若 LIP 中有未检查的系数，则算法必须先检查 LIP 中的系数。当检查完某系数后，就先将此系数的子树节点暂存于 LIS 中。LIS 中有两个重要的符号，分别为 A 和 B。这两个符号会出现在每个 LIS 的系数之前，用来标示此系数的种类。A 表示包含此系数的子树及系数本身的集合；B 表示包含此系数的子树，但未包含系数本身的集合。

4. SPIHT 算法的具体步骤

SPHIT 算法的流程见图 8.4.13，主要由初始化、扫描、量化等步骤组成。

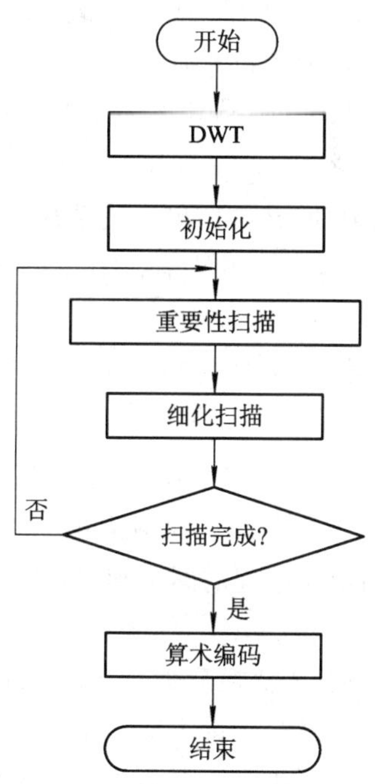

图 8.4.13　SPIHT 算法流程图

1）初始化

（1）初始化阈值。$T_0=2^N$，$N=\lfloor \mathrm{lb}\max(|C_{ij}|)\rfloor$，$C_{ij}$ 为小波系数。

（2）编码级数初始化。编码级数 N 初始化为 0。

（3）初始化链表。LSP 初始化为空集，即 LSP=$\varnothing$；LIP 初始化为所有树根的坐标集，即 LIP=$\{(i, j)|(i, j)\in H\}$；LIS 初始化为每一个空间方向树的根节点，即 LIS=$\{(i, j)|(i, j)\in H$ 且具有非零子孙$\}$。

2）第 N 级编码的分类扫描（搜索过程、重要性扫描）

此过程只针对链表 LIS 和 LIP，并对其表项进行判别和编码。

（1）判别 LIP 中的系数。LIP 中的每个元素代表一个小波系数 C_{ij}，若 $|C_{ij}|<T_n$，则认为 C_{ij} 是不重要的，并输出代表不重要的编码“0”；若 $|C_{ij}|>T_n$，则认为 C_{ij} 是重要的，并输

出“1”和 C_{ij} 的符号(“1”为负数，“0”为正数)，同时把该元素移出 LIP 并放入 LSP 链表的末尾。

(2) 判别 LIS 中的系数。

① 假如是 A 型态，则取出 LIS 串列中的 (i, j) 值，先判断 $D(i, j)$ 的系数有无重要系数：假如 $D(i, j)$ 中有绝对值大于门限值的，表示 (i, j) 的子孙有重要的值，就先输出 1，然后才开始判断其子孙的系数。假如绝对值是大于门限值的，就将所在位置放入 LSP 串列中，并输出 1，接着输出其值的符号，正值输出 0，负值输出 1。假如绝对值是小于门限值的，则输出 0，并将所在位置放入 LIP 串列中。倘若 $L(i, j)$ 不是空集合，则 (i, j) 放入 LIS 中，并且设定为 B 型态。倘若 $L(i, j)$ 是空集合，则将 LIS 中的 (i, j) 移除；假如 $D(i, j)$ 中没有绝对值大于门限值的，则表示 (i, j) 的子孙没有重要的值，就先输出 0，不用判断其子孙的系数。

② 假如是 B 型态，则取出 LIS 串列中的 (i, j) 值，先判断 $L(i, j)$ 的系数有无重要系数：假如 $L(i, j)$ 中有绝对值大于门限值的，则输出 1，并将 $D(i, j)$ 的位置放入 LIS 的串列中，视为 A 型态，且移除 LIS 中的 (i, j)；假如 $L(i, j)$ 中有绝对值大于门限值的，则输出 0。

3) 第 N 级编码的精细扫描(更新过程、细化扫描)

精细扫描过程仅扫描 LSP，从 LSP 中取出小波系数，假如门限值的位数是 N，则输出系数第 N 位的值。值得注意的是：第 N 级精细扫描并不处理在该级分类扫描过程中新加入 LSP 的表项。

通过第 2)和 3)步的编码过程，整幅图像每个小波系数的量化误差将缩小到 T_n 之内。

4) 阈值更新(量化)

将阈值 T_n 除以 2，编码级数 $N=N+1$，跳到步骤 2)。

解码过程采用和编码过程同样的空间方向树来组织小波系数，按同样的规则对 LIP、LSP 和 LIS 进行更新，实现了和编码过程的同步判决，从而避免了对小波系数位置信息进行编码传输，提高了编码效率。

SPIHT 算法主要利用图像经小波变换后低尺度的系数一般大于高尺度处的系数、不同尺度的子带间系数的自相似性，以及能量主要集中在低频部分的特点，来实现对图像的压缩。SPIHT 算法的效率很高，以至于不需对其再进行编码就能达到很高的压缩比例。但是 SPIHT 算法仍有很多的不足，主要表现在算法复杂度较高和重复扫描。

☞ 8.5 图像分割

8.5.1 概述

图像分割是数字图像处理中关键的过程，它使得后续的图像分析和识别等高级处理阶段所要处理的数据量大大减少，同时又保留相关图像结构特征的信息。由于分割中出现的误差会传播至高层次处理阶段，因此分割的精确程度是至关重要的，多年来一直受到研究人员的高度重视，被认为是计算机视觉的难点之一。

图像分割就是将图像划分为不同的区域。这些区域需要满足三个条件：区域之间互不重叠且组合起来是整幅图像；区域内部某些特性(灰度、颜色、纹理、色调等)有一致性或相似性，区域间有不一致性；区域是连通的，即区域内的像素点之间连通。

图像中特定的、具有特殊性质的区域(可以对应单个区域，也可以对应多个区域)或者说感兴趣的区域，称之为目标或前景；而其他部分称为图像的背景。

图像分割主要基于像素点的两个性质：不连续性和相似性。不连续性指不同区域间属性不同，属性突变处即边缘；相似性指同一区域内部属性相似。

图像分割在工业自动化、生产程控、文件图像处理、遥感图像、保安监视以及军事、体育、农业工程等方面都有广泛的应用。比如在遥感图像中，合成孔径雷达图像中目标的分割，遥感云图中不同云系和背景分布的分割；在医学应用中，脑部 MR 图像分割成灰质(GM)、白质(WM)、脑脊髓(CSF)等脑组织和其他脑组织区域(NB)等；在交通图像分析中，把车辆目标从背景中分割出来等，如图 8.5.1 所示。

(a) 灰度图像

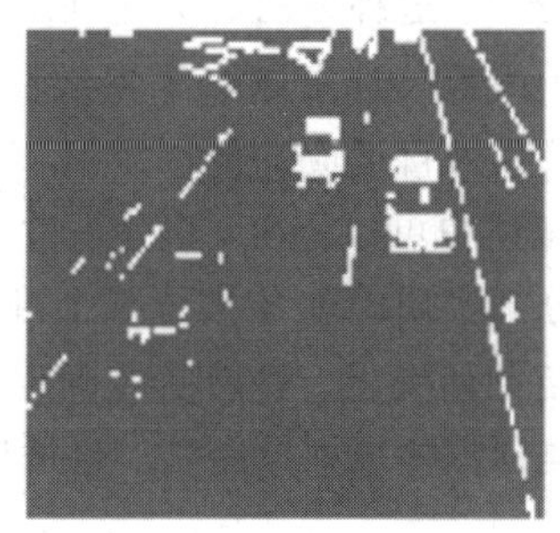
(b) 二值图像

图 8.5.1 图像分割用于检测交通视频中的汽车目标

8.5.2 相似性分割

相似性分割建立在区域内部像素点一致性的基础上，将相似灰度级的像素聚集在一起形成图像中的不同区域。这种基于相似性原理的方法也称为基于区域相关的分割技术。具体又可以分为阈值分割法、区域生长、区域分裂以及区域分裂与合并。

1. 阈值分割法

图像阈值化分割是一种最常用，也是最简单的图像分割方法，它特别适用于目标和背景占据不同灰度级范围的图像。阈值分割法是一种基于区域的图像分割技术，其基本原理是：通过设定不同的特征阈值，把图像像素点分为若干类。

1) 单阈值分割

假设原始图像为 $f(x, y)$，分割后的图像为 $g(x, y)$，阈值为 T，则单阈值分割法的表达式为

$$g(x, y) = \begin{cases} a & f(x, y) \geq T \\ b & \text{其他} \end{cases} \tag{8-5-1}$$

当 $a=0$，$b=1$ 时，分割图像是二值图像，所以有时候也把图像分割称为二值化处理。因为图像上所有的像素点均采用相同的阈值 T，所以又被称为全局阈值分割，这种方法适合于目标和背景的灰度值分布差距比较大的图像。

在图像的阈值化处理过程中，选用不同的阈值对处理结果的影响很大。阈值过大，会提取多余的部分；而阈值过小，又会丢失所需的部分。

2）多阈值分割

$$g(x, y)=\begin{cases}a & f(x, y)>T_1\\ b & T_1\leqslant f(x, y)<T_2\\ c & f(x, y)\geqslant T_2\end{cases} \tag{8-5-2}$$

这种阈值分割法通常用于照度不均匀或灰度连续变化的图像的分割，又被称为局部阈值分割法，因为图像上每个像素所使用的阈值不相等。

3）动态阈值分割

当照明不均匀、有突发噪声或者背景变化比较大的时候，整幅图像将没有一个合适的单一阈值。这时可以对图像进行分块处理，进一步细分为子图像，对每个子图像分别选定一个阈值进行分割。这种方法的关键问题是如何将图像进行细分以及如何为得到的子图像估计阈值。由于阈值的选定取决于像素在子图像中的位置，因此这种阈值分割方法称为动态分割方法，又称为自适应的分割方法。

从上面的叙述中可以看出，确定一个最优阈值是分割的关键，同时也是阈值分割的一个难题。阈值分割实质上就是按照某个准则求出最佳阈值的过程。现有的大部分算法都是集中在阈值确定的研究上。目前已经确定的阈值选择方法很多，包括直方图峰谷法、最小错误概率法、类别方差准则分类法、自适应门限法等。实际应用时应根据需求选择不同的阈值确定方法。

2. 区域生长

区域生长是一种根据事前定义的准则将像素或子区域聚合成更大区域的过程。基本的方法是以一组(或一个)“种子”为出发点，将其邻域内与其特征相似或一致的像素点加入生长区域，直到再没有满足条件的像素可以被包括进来。这种算法类似于多边形种子填充算法。区域生长又被称作区域扩张或者区域增长。

区域增长的三要素为种子、相似性准则和生长规则。种子一般选取最亮或最暗的点，或者是位于点簇中心的点，还可以借助图像的直方图来进行选择；相似性准则即灰度级、彩色、纹理、梯度等特性相似；生长规则是在什么条件下生长以及结束的要求，可以具体问题具体分析。

例如对图 8.5.2(a)中的图像进行区域生长处理，具体步骤如下：

第一步：选择种子像素。由直方图可知具有灰度值为 1 和 5 的像素最多且处在聚类的中心，所以各选一个具有聚类中心灰度值的像素作为种子。

第二步：相似性准则。选择图像的灰度值作为特征相似的衡量指标。

第三步：确定生长规则。如果像素与种子像素灰度值差小于等于阈值 T，则将像素包括进种子像素所在的区域。

由图 8.5.2 可见阈值 T 的选取对于区域生长是很重要的。上述例子中的区域生长方法称为简单区域扩张法。当生长规则变成比较已存在区域的像素灰度平均值与该区域邻接的像素灰度值时，仍然是差值小于阈值则合并，这种方法称为质心型增长。还有一种方法称为混合型增长，它不像上面两种方法从像素点考虑而是考虑小块区域的相似性，相似则合并。

1	0	4	7	5
1	0	4	7	7
0	1	5	5	5
2	0	5	6	5
2	2	5	6	4

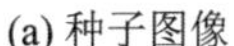
(a) 种子图像

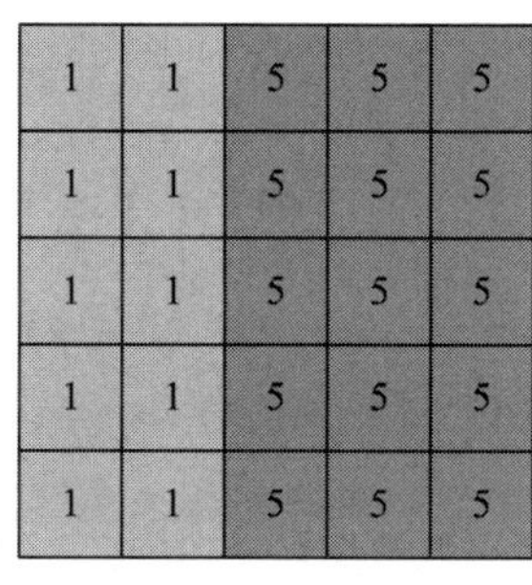

(b) T=2分割

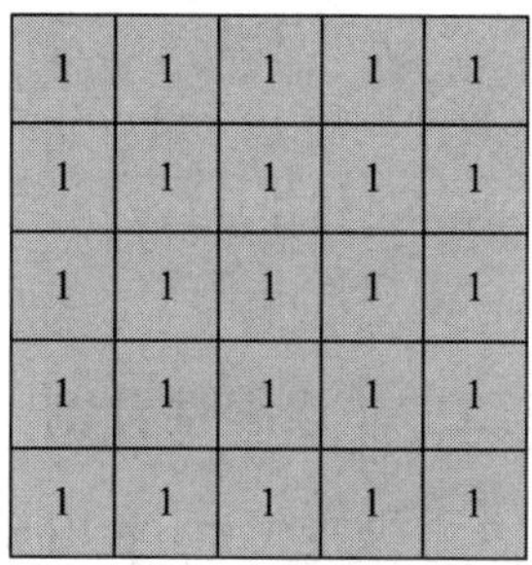

(c) T=8分割

图 8.5.2　区域生长

3. 区域分裂

区域分裂是与区域生长相反的过程。先假设图像是一个整体。如果不满足一致性准则，则分裂(一般是分裂成四个子图像)。分裂过程反复进行，直到所有分开的区域满足一致性准则。

4. 区域分裂与合并

区域生长本质上依赖种子像素的选取以及像素和区域检测的顺序。而区域分裂由于分裂算法的原因，可能使相邻且满足一致性准则的像素点分到不同的块中，导致分割结果趋于正方形。基于上述考虑，研究人员又提出了区域分裂与合并法。区域分裂与合并是区域生长和区域分裂的结合。

这种算法建立在四叉树的基础上，将原始图像当作四叉树的树根(或者零层)。首先将图像分到第 n 层，每个节点都是分为四个子节点。从中间某个层次开始处理，按照一致性准则，该合并的合并，该分裂的分裂。图 8.5.3 所示为区域合并与分裂的示意图。

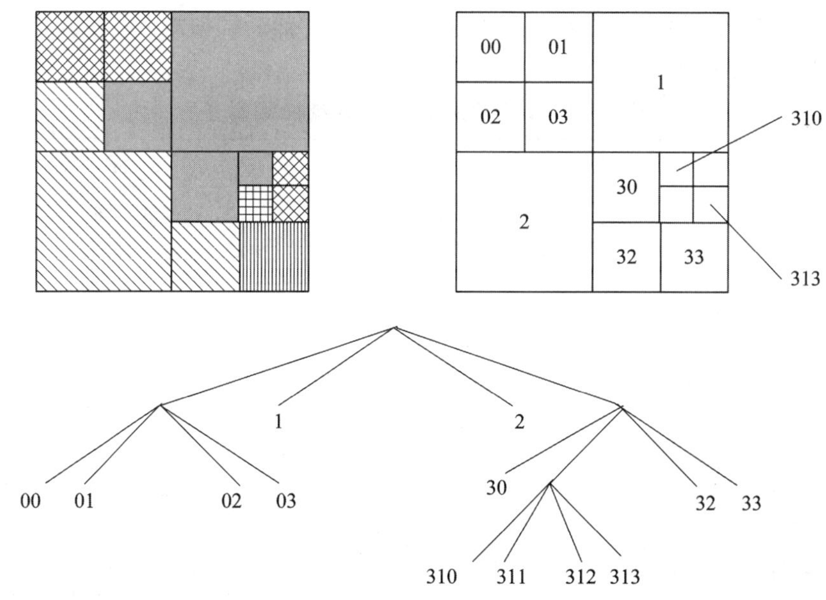

图 8.5.3　区域合并与分裂示意图

以四叉树的某一层节点作初始区域划分，具体如下：

(1) 合并具有一致属性的四个共根节点块。

(2) 分开不满足一致性要求的块，在步骤(1)中没有合并的块，如果它的四个子块不满足一致性则将其分解。分裂出的子块如果不满足一致性，还可以继续分解。

(3) 将相邻且具有一致属性的块合并，即使它们不在同一层或者没有共同的父亲节点。

(4) 如果没有进一步的合并或分裂，算法结束。

8.5.3 非连续性分割

对于灰度图像，在图像边缘或者轮廓处灰度值并不连续，而是有相应的跃变，非连续性分割正是建立在这样的理论基础上。因为重点是对图像的边缘进行处理，所以非连续性分割又被称作边缘检测技术。非连续性分割在数字图像处理中非常重要，因为边缘是图像中所要提取的目标和背景的分界线，只有提取出了边缘才能将背景和目标区域划分开来。

边缘检测的基本思想是：利用边缘增强算子(边缘检测算子)突出图像的局部边缘，再通过设置阈值的方法提取边缘点集。但是由于噪声和图像模糊，检测到的边界可能会有间断的情况发生。因此，边缘检测包含边缘点检测和轮廓跟踪两个过程。

1. 边缘点检测

边缘点检测即用边缘检测算子提取边缘点集，常见的边缘检测算子包括 Roberts 算子、Prewitt 算子、Laplacian 算子和 LOG 算子。

1) 一阶边缘检测算子

梯度幅度的概念如下：

$$|\nabla f| \approx |G_x| + |G_y| = |f(x+1, y) - f(x, y)| + |f(x, y+1) - f(x, y)| \tag{8-5-3}$$

一阶导数的大小可以用于判断边缘点，常见的一阶边缘检测算子如表 8-5-1 所示。把 H1、H2 分别与输入图像卷积，可以分别得到 G_x 和 G_y。然后根据需求设定阈值 T，梯度大于 T 的点被认为是边缘点。

表 8-5-1 常用的一阶边缘检测算子

算子名	H1	H2	特 点
Roberts	$\begin{bmatrix} 0 & 1 \\ -1 & 0 \end{bmatrix}$	$\begin{bmatrix} 1 & 0 \\ 0 & -1 \end{bmatrix}$	(1) 边缘定位准 (2) 对噪声敏感
Prewitt	$\begin{bmatrix} -1 & 0 & 1 \\ -1 & 0 & 1 \\ -1 & 0 & 1 \end{bmatrix}$	$\begin{bmatrix} -1 & -1 & -1 \\ 0 & 0 & 0 \\ 1 & 1 & 1 \end{bmatrix}$	(1) 平均、微分 (2) 对噪声有抑制作用
Sobel	$\begin{bmatrix} -1 & 0 & 1 \\ -2 & 0 & 2 \\ -1 & 0 & 1 \end{bmatrix}$	$\begin{bmatrix} -1 & -2 & -1 \\ 0 & 0 & 0 \\ 1 & 2 & 1 \end{bmatrix}$	加权平均
Isotropic Sobel	$\begin{bmatrix} -1 & 0 & 1 \\ -\sqrt{2} & 0 & \sqrt{2} \\ -1 & 0 & 1 \end{bmatrix}$	$\begin{bmatrix} -1 & -\sqrt{2} & -1 \\ 0 & 0 & 0 \\ 1 & \sqrt{2} & 1 \end{bmatrix}$	(1) 权值反比于邻点与中心点的距离 (2) 检测沿不同方向边缘时梯度幅度一致

2）二阶边缘检测算子

对于阶跃状边缘，其二阶导数在边缘点处出现过零交叉，即边缘点两旁的二阶导数取异号，据此可以通过二阶导数来检测边缘点。过零点附近的正负符号确定像素点在图像边缘的亮区或暗区。

（1）Laplacian 算子。Laplacian 算子的定义为

$$\nabla^2 f = \frac{\partial^2 f}{\partial x^2} + \frac{\partial^2 f}{\partial y^2} \tag{8-5-4}$$

对于离散的情况：

$$\begin{aligned}\nabla^2 f(x, y) = &\{[f(x+1, y) - f(x, y)] - [f(x, y) - f(x-1, y)]\} \\ &+ \{[f(x, y+1) - f(x, y)] - [f(x, y) - f(x, y-1)]\} \\ &= f(x+1, y) + f(x-1, y) + f(x, y+1) + f(x, y-1) - 4f(x, y)\end{aligned} \tag{8-5-5}$$

Laplacian 算子模板如图 8.5.4 所示。

$$\boldsymbol{H} = \begin{vmatrix} 0 & 1 & 0 \\ 1 & -4 & 1 \\ 0 & 1 & 0 \end{vmatrix} \qquad \boldsymbol{H} = \begin{vmatrix} 1 & 1 & 1 \\ 1 & -8 & 1 \\ 1 & 1 & 1 \end{vmatrix}$$

(a) 四邻域　　(b) 八邻域

图 8.5.4　Laplacian 算子模板

Laplacian 算子的特点是各向同性，对孤立点及线段的检测效果好，但边缘方向信息丢失，对噪声敏感，整体检测效果不如梯度算子。

（2）LOG 算子。噪声对一阶和二阶导数都有影响，尤其对二阶导数影响较大，因此，在检测边缘前应该考虑平滑处理。LOG 算子（拉普拉斯高斯算子）就是将高斯滤波和拉普拉斯边缘检测结合在一起的用来进行边缘检测的算子。因为由 Marr 和 Hildreth 提出，所以在有些书中 LOG 算子又被称作马尔算子（Marr-Hildreth 算子）。LOG 算子的形式如下：

$$\begin{aligned}\mathrm{LOG}(x, y) &= \left(\frac{\partial^2}{\partial x^2} + \frac{\partial^2}{\partial y^2}\right)\frac{1}{2\pi\sigma^2}\exp\left(-\frac{x^2+y^2}{2\sigma^2}\right) \\ &= \frac{-1}{2\pi\sigma^4}\left(2 - \left(\frac{x^2+y^2}{\sigma^2}\right)\right)\exp\left(-\frac{x^2+y^2}{2\sigma^2}\right)\end{aligned} \tag{8-5-6}$$

LOG 算子如图 8.5.5 所示。因为其三维图像很像一个草帽，因此又被称为墨西哥草帽算子。

典型的 5×5 LOG 算子模板如下：

$$\boldsymbol{H} = \begin{vmatrix} 0 & 0 & -1 & 0 & 0 \\ 0 & -1 & -2 & -1 & 0 \\ -1 & -2 & 16 & -2 & -1 \\ 0 & -1 & -2 & -1 & 0 \\ 0 & 0 & -1 & 0 & 0 \end{vmatrix}$$

可以看出：上面的模板有一个正的中心项，周围是两个相邻的负值区域，最外层是一个零值的区域。系数的总和为 0。

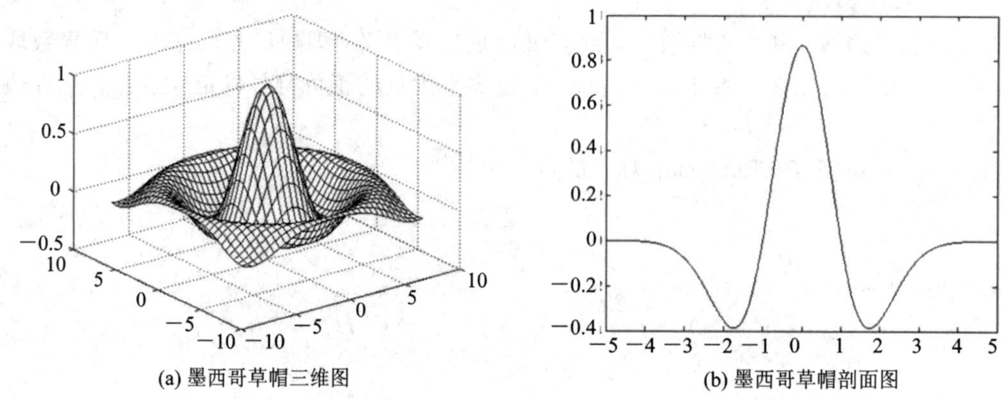
(a) 墨西哥草帽三维图　　(b) 墨西哥草帽剖面图

图 8.5.5　LOG 算子

另外，LOG 算子还有一个优势：通过改变高斯函数的 σ 值，使检测集中在不同的尺度上，可以解决既有陡峭的边缘，又有平缓边缘的情况。但是，还有一个不能忽视的问题就是 LOG 算子计算相当麻烦。

3）模板匹配法

上面讲到的各种微分算子适用于特定的情况，并不是通用的。在解决实际问题时，可以根据现实的需求来设计不同的模板与原始图像进行卷积得到和值，再设定某个阈值，采用某种判决规则来判断。常见的有如下两种：

(1) 线检测模板。线检测模板如下：

$$\begin{bmatrix} -1 & -1 & -1 \\ 2 & 2 & 2 \\ -1 & -1 & -1 \end{bmatrix} \quad \begin{bmatrix} -1 & -1 & 2 \\ -1 & 2 & -1 \\ 2 & -1 & -1 \end{bmatrix} \quad \begin{bmatrix} -1 & 2 & -1 \\ -1 & 2 & -1 \\ -1 & 2 & -1 \end{bmatrix} \quad \begin{bmatrix} 2 & -1 & -1 \\ -1 & 2 & -1 \\ -1 & -1 & 2 \end{bmatrix}$$

（水平模板）　（45°模板）　（垂直模板）　（−45°模板）

(2) Kirsch 算子。Kirsch 算子对图像的每一个像素考察它的八个相邻点的灰度变化，以其中的三个相邻的点的加权和减去剩下五个相邻点的加权和作为输出。原始图像与八个模板分别卷积，得到不同方向上的边缘，取其中的最大值作为输出。Kirsch 算子的八个模板如下。

$$\begin{bmatrix} 5 & 5 & 5 \\ -3 & 0 & -3 \\ -3 & -3 & -3 \end{bmatrix} \quad \begin{bmatrix} -3 & 5 & 5 \\ -3 & 0 & 5 \\ -3 & -3 & -3 \end{bmatrix} \quad \begin{bmatrix} -3 & -3 & 5 \\ -3 & 0 & 5 \\ -3 & -3 & 5 \end{bmatrix}$$

$$\begin{bmatrix} -3 & -3 & -3 \\ -3 & 0 & 5 \\ -3 & 5 & 5 \end{bmatrix} \quad \begin{bmatrix} -3 & -3 & -3 \\ -3 & 0 & -3 \\ 5 & 5 & 5 \end{bmatrix} \quad \begin{bmatrix} -3 & -3 & -3 \\ 5 & 0 & -3 \\ 5 & 5 & 1 \end{bmatrix}$$

$$\begin{bmatrix} 5 & -3 & -3 \\ 5 & 0 & -3 \\ 5 & -3 & -3 \end{bmatrix} \quad \begin{bmatrix} 5 & 5 & -3 \\ 5 & 0 & -3 \\ -3 & -3 & -3 \end{bmatrix}$$

在 8.3 节中曾经讲到过平滑模板和锐化模板，表 8-5-2 对几种模板进行了比较。

表 8-5-2 不同的图像处理模板比较

模板名称	模板举例	模板特点	
平滑模板	$\begin{vmatrix} 0 & \frac{1}{4} & 0 \\ \frac{1}{4} & 0 & \frac{1}{4} \\ 0 & \frac{1}{4} & 0 \end{vmatrix}$	模板内系数全为正(表示求和、平均、平滑)	模板内系数之和为1。 (1) 常数图像 $f(m, n)\equiv C$，处理前后不变； (2) 对一般图像，处理前后平均亮度不变
锐化模板	$\begin{vmatrix} 0 & -1 & 0 \\ -1 & 5 & -1 \\ 0 & -1 & 0 \end{vmatrix}$	模板内系数有正有负，表示差分运算	模板内系数之和为1。 (1) 常数图像 $f(m, n)\equiv C$，处理前后不变； (2) 对一般图像，处理前后平均亮度不变
边缘检测模板	$\begin{vmatrix} 0 & -1 & 0 \\ -1 & 4 & -1 \\ 0 & -1 & 0 \end{vmatrix}$	模板内系数有正有负，表示差分运算	模板内系数之和为0。 (1) 常数图像 $f(m, n)\equiv C$，处理后为0； (2) 对一般图像，处理后为边缘点

2. 轮廓跟踪

边缘点检测后得到的边缘往往是孤立的、离散的点或者是分段不连续的线段、曲线，并且可能会产生伪边缘点或边缘点丢失。因此，边缘检测算法后面总要跟随着轮廓跟踪和其他边缘检测过程，用来连接边缘像素，使之成为有意义的封闭边界以区分不同区域从而进行下一步分析。轮廓跟踪又被称作边缘收取。

轮廓跟踪的三要素为起始点、搜索策略和终止条件。可以根据不同的算法，选择一个或多个边缘点作为起始点。终止准则一般是形成了闭合边界。

1) 阈值相似法

函数 $f(x, y)$梯度的定义如下：

$$\nabla f(x, y) = \left(\frac{\partial f}{\partial x}, \frac{\partial f}{\partial y}\right) = (G_x, G_y) \tag{8-5-7}$$

为了后续讨论方便，记梯度的幅值和方向如下：

$$\text{幅度} \quad F(x, y) = |\nabla f(x, y)| \approx |G_x| + |G_y| \tag{8-5-8}$$

$$\text{方向} \quad \phi(x, y) = \arctan\left(\frac{G_y}{G_x}\right) \tag{8-5-9}$$

阈值相似法的相似性准则为

$$\begin{cases} |F(x, y) - F(i, j)| \leqslant A \\ |\varphi(x, y) - \varphi(i, j)| \leqslant \theta \end{cases} \tag{8-5-10}$$

阈值相似法的具体步骤如下：

(1) 设定阈值 A 和 θ 的大小，并选定邻域。

(2) 在像素点(x, y)的邻域内判断其他点是否满足相似性准则。如果满足，则认为两点属于同一边缘线，可以连接起来。

(3) 重复步骤(2)直到满足终止条件。

2) 基于四连通或八连通区域的轮廓跟踪

为了描述搜索的方向，定义如下八个方向：东、东北、北、西北、西、西南、南、东南，分别用数字0、1、2、3、4、5、6、7表示，如图8.5.6所示。

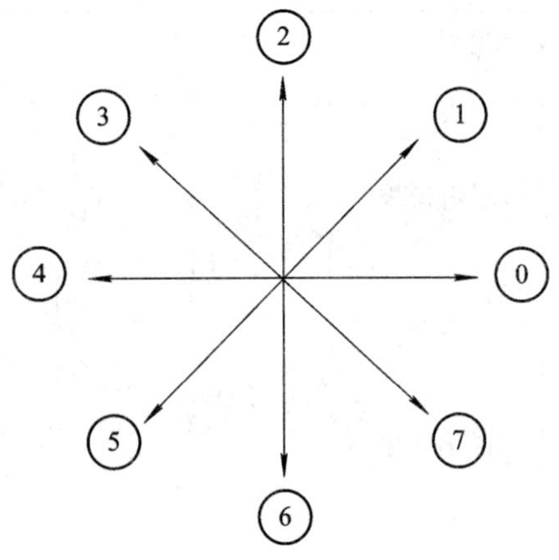

图 8.5.6　八个方向

若图像是二值图像或图像中不同区域具有不同的像素值，但每个区域内的像素值是相同的，则用如下算法可完成基于四连通或八连通区域的轮廓跟踪。在采用此方法前应将图像进行二值化。

步骤1　首先按从上到下，从左到右的顺序扫描图像，寻找起始点A_0，A_0需要满足两个条件：A_0不是跟踪结束记号；A_0是具有最小行值和列值的边缘点。

然后定义一个变量dir，它用于记录上一步中沿着前一个边缘点到当前边缘点的移动方向，其初始化取值为

(1) 对四连通区域取dir=3；

(2) 对八连通区域取dir=7。

步骤2　按逆时针方向搜索当前像素的3×3邻域，其起始搜索方向设定如下：

(1) 对四连通区域取(dir+3)mod 4；

(2) 对八连通区域，若dir为奇数则取(dir+6)mod 8，若dir为偶数则取(dir+7)mod 8。

在3×3邻域中搜索到的第一个不为0的点就是新的边缘点A_n，同时更新变量dir为新的方向值，即以当前找到的1为dir方向。

步骤3　如果A_n等于第二个边缘点A_1且前一个边缘点A_{n-1}等于第一个边缘点A_0，则停止搜索，结束跟踪；否则，重复步骤3继续搜索。

步骤4　由边界点A_0，A_1，A_2，…，A_{n-2}构成的线便为要跟踪的边缘线，或者是上述过程中保存的dir值。

例8.8　对图8.5.7所示的图像进行图像轮廓跟踪(采用基于八连通区域的轮廓跟踪方法)。

行数 / 列数	0	1	2	3	4	5	6	7
0	0	0	0	0	0	0	0	0
1	0	0	**1**	**1**	0	0	0	0
2	0	0	**1**	**1**	0	0	0	0
3	0	**1**	**1**	**1**	**1**	0	0	0
4	0	0	**1**	**1**	**1**	**1**	0	0
5	0	0	**1**	**1**	0	0	0	0
6	0	0	0	0	0	0	0	0
7	0	0	0	0	0	0	0	0

图 8.5.7　八连通区域轮廓跟踪

解　(1) $A_n = A_0 = (1, 2)$，dir=7。

(2) A_0 的 8-邻域如下：

0	0	0
0	×	1
0	1	1

初始搜索方向 dir=(7+6)mod 8=5，也就是从西南方向开始逆时针搜索。第一点(2，1)为 0；接着到(2，2)为 1，更新 dir=6，$A_1 = (2, 2)$。

(3) 不满足结束条件，跳到步骤(2)。

(4) A_1 的 8-邻域如下：

0	1	1
0	×	1
1	1	1

搜索方向 dir=(6+7)mod 8=5，即从西南开始逆时针搜索，找到了 $A_2 = (3, 1)$，dir=5。

(5) 不符合结束条件，继续转到步骤(2)。

(6) A_2 的 8-邻域如下：

0	0	1
0	×	1
0	0	1

dir=(5+6)mod 8=3，逆时针从西北方向开始搜索，找到 $A_3 = (4, 2)$，dir=7。

(7) 重复上述步骤(3)、(4)或(5)、(6)，直到满足结束条件。

上述算法是图像边缘跟踪最基本的算法，它只能跟踪目标图像的内边界(边界包含在目标点集内)，但却无法处理图像的孔和洞。

此外，还有很多边缘提取的方法，如 Hough 变换法、曲线拟合、图搜索、启发式搜索等方法，这里不再一一讲述，详见相关书籍。

☞ 8.6 本章小结

本章主要介绍图像处理的基础知识，包括图像的概念，图像的表示、存储、显示和处理等，重点是图像变换、图像增强、图像压缩编码和图像分割。读者要掌握一些基本算法，包括傅里叶变换、DCT、沃尔什—哈达玛变换等；掌握图像锐化和平滑的过程，理解二者之间的关系；掌握图像压缩编码的方法，重点是有损编码和 JPEG 编码技术；掌握图像分割的几个典型算法。对于算子和掩模，做简单的理解即可，无需深入。

☞ 习　题

8.1　简述直方图的概念、性质和作用，并绘制图8.1－1所示图像的直方图。

2	3	5	7	6	7
4	4	6	5	7	6
3	3	7	7	6	5
2	4	4	7	3	4
4	5	5	6	6	5
1	2	3	5	6	2

图8.1－1　习题8.1图

8.2　图8.2－1所示为一幅3位灰度图像的图像数据，请对该幅图像进行直方图均衡化，给出均衡化的计算结果。

2	3	5	2	6	7	7
4	4	6	3	7	6	6
3	3	7	7	6	5	5
2	4	6	7	5	4	4
4	5	5	6	6	5	5
1	2	3	5	6	2	2
1	2	3	5	6	2	2

图8.2－1　习题8.2图

8.3　对题8.2中的图像进行规定化，比较两种处理的结果，简述二者之间的区别和联系。

8.4　简述均值滤波和中值滤波的原理，比较二者对于椒盐噪声和高斯噪声的滤波效果。

8.5　图像编码的基本原理是什么？数字图像的冗余表现有哪几种？

8.6　什么是无损压缩和有损压缩？给出几种无损压缩和有损压缩的算法。

8.7　某视频图像每秒30帧，每帧大小为512×512，32位真彩色。现有40 GB的可用磁盘空间，可以存储多少秒的该视频图像？若采用隔行扫描且压缩比为10的压缩方法，又能存储多少秒的该视频图像？

8.8　设有一个信源$X=\{x_1, x_2, x_3, x_4, x_5, x_6\}$，对应的概率为$p(0.4, 0.2, 0.12, 0.11, 0.09, 0.08)$。进行霍夫曼编码(要求大概率的赋码字0，小概率的赋码字1)，给出码字，平均码长，编码效率。

8.9　已知符号A、B、C出现的概率分别为0.4、0.2、0.4。请对符号串BACCA进行算术编码，写出编码过程，求出信息的熵、平均码长和编码效率。

8.10　设一幅 7×7 大小的二值图像中心处有值为 0 的 3×3 大小的正方形区域，其余区域的值为 1，如图 8.10－1 所示。

(1) 使用 Sobel 算子来计算这幅图像的梯度，并画出梯度幅度图(需给出梯度幅度图中所有像素的值)；

(2) 使用 Laplacian 算子计算拉普拉斯图，并给出图中所有像素的值。

1	1	1	1	1	1	1
1	1	1	1	1	1	1
1	1	0	0	0	1	1
1	1	0	0	0	1	1
1	1	0	0	0	1	1
1	1	1	1	1	1	1
1	1	1	1	1	1	1

图 8.10－1　习题 8.10 图

*第九章 图像识别基础

随着模式识别的产生和高速发展，图像识别作为其重要分支对人类的生产和生活产生了巨大的影响，被广泛应用于工业自动化、空间和军事技术、经济上的预测和预报等领域。图像识别所研究的问题，是如何利用计算机去代替人来自动处理图像相关的大量物理信息，从而部分取代人的脑力劳动。计算机图形学在图像识别，特别是基于模型的图像识别中具有重要的应用价值。

本章将从图像识别的基础——模式识别入手，首先介绍模式识别的基本概念以及典型的模式识别的分析方法，接着介绍图像识别的概念及其重要应用领域——指纹识别和基于BP神经网络的图像识别，旨在通过本章的学习使读者对图像识别技术有更进一步的认识。

☞ 9.1 模式识别概述

9.1.1 模式与模式识别

从低等生物简单的趋利避害行为到人类对自然和社会的认识、改造过程，模式识别存在于世界的方方面面。草履虫可以根据培养液的浓度来决定是否留在原处，含羞草会因为触碰或者风的影响而闭合，非洲大草原上的角马随着雨季和旱季的交替进行迁徙，等等。上述例子均体现了模式识别的思想，然而模式识别研究的对象不是生物体识别模式的能力，而是如何用计算机来模仿生物的能力。

模式(Pattern)在识别过程中所指的是从客观事物中抽象出来的，用于识别的特征信息。模式类，就是具有相似性的模式的集合。例如，26 个英文字母每一个都是一个模式，组合起来就是模式类，它们的相似性在于都是英文字母。模式识别就是根据新事物的特征将其划分到已知的类别中的过程。可见，模式识别的本质是分类或者说是数据处理和信息分析，而其功能却是人工智能。

9.1.2 模式识别系统

模式识别系统主要由模式采集、预处理、特征提取和选择以及分类四个步骤组成，如图 9.1.1 所示。

模式采集本质上说就是 A/D 转换或者是传感器收集信息，即用一定的技术将原来计算机不能处理的数据变成计算机可以识别和处理的数据。

预处理的重要作用是减少或者消除噪声，并且对前端设备造成的信号衰退或损失进行加强或者复原。模式采集和预处理的过程一直处于模式空间中。预处理后的有用信号产生了可以表征待处理事物的特征信息。

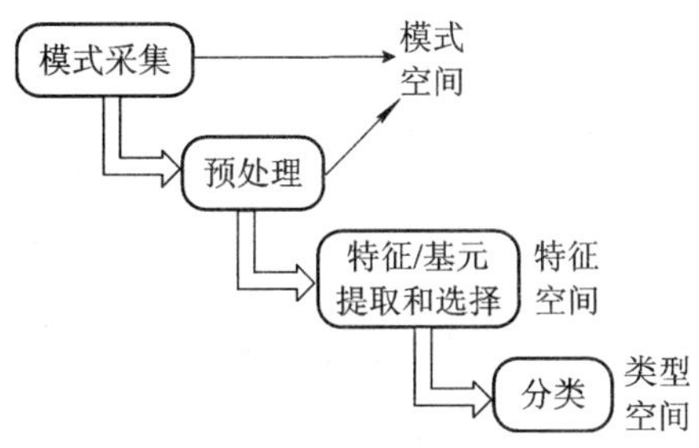

图 9.1.1　模式识别系统的基本构成

预处理后产生的特征信息很多，但其中大量的数据对于识别过程的作用微乎其微。例如椅子，其最重要的特征是有一定的面积可以坐，而其颜色、高度、形状等属性对于识别的意义不大。特征或基元的提取和选择就是要选出真正有意义的特征和属性，将这些属性用符号表示出来，并分别记作 x_1，x_2，…，x_n，一般情况下更倾向于用向量来表示有意义的特征，即 $\boldsymbol{X}=\{x_1, x_2, \cdots, x_n\}$，该向量称做特征向量，有些书中又称其为模式。各种不同的特征向量构成了一个 n 维空间，称为特征空间。这里请注意，特征向量是特征空间中的一个点，且特征向量是一个随机变量。对于基元，作如下解释：有些时候处理的问题不是简单的文字或者符号，而是各种复杂的图形，如遥感图像，可用基元作为基本单位来进行处理。例如一个矩形，四条边 a、b、c、d 就是它的基元，将其表示为字符串 $X=aabbccdd$，这种结构描述方式称为串描述，如图 9.1.2 所示。另外还有树描述和网描述，详见相关书籍。

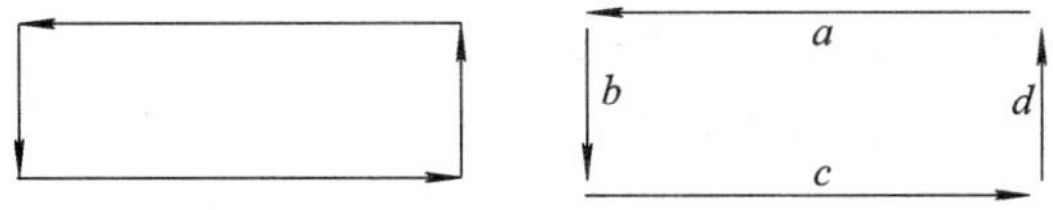

图 9.1.2　矩形的结构描述

分类包含两部分：分类器的设计及分类决策。计算机通过学习和训练过程来设计分类器，获得已知类型的信息。然后通过分类决策将待识别的模式划归到已知的类型中。

模式识别就是根据新事物的特征将其划分到已知的类别中的过程。那么已知的类别是怎样获取的呢？机器和人一样通过学习来获得对事物的认知，即机器学习。所谓机器学习，就是使用已知样本来获得类别的信息，并训练分类器通过调整参数和结构获得最优系统性能的过程。这个过程往往在人的干预下反复地尝试，不断地修正，最终才能达到预想目标。在各种分类器设计中，无一例外地使用了机器学习的方法。

9.1.3　模式识别的分类

模式识别主要包括统计模式识别、结构模式识别、模糊模式识别、神经网络模式识别、聚类分析以及支持向量机的模式识别，如图 9.1.3 所示。模式识别按照实现方法可以分为监督分类和无监督分类。监督分类就是根据先验知识设计出分类器，学习判别函数，然后通过判别函数来对未知模式进行分类。无监督分类也就是上面提到的聚类分析，采用“物以类聚”的思想来将相似的模式分到同一类。严格来说，聚类分析应该属于统计模式识别的方法之一，都是用给定的有限数量样本集，在已知研究对象统计模型或已知判别函数的条件下根据一定的准则通过学习算法把 d 维特征空间划分为 c 个区域，一个区域与一个类别相对应。模式识别系统在进行工作时只要判断被识别的对象落入哪一个区域，就能确定出它所属的类别。

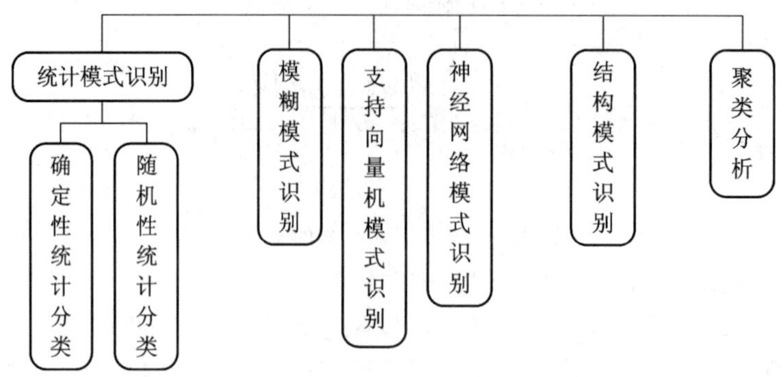

图 9.1.3　模式识别的分类

☞ 9.2 判别函数

9.2.1 概述

属于同一类的模式在特征空间中相距较近或者说是在某一个子区域内，而其他类的模式在另外的子区域。基于这个认知，可以采用不同的边界来区分不同的类，对于待识别的模式，只要判断它属于哪个子区域就可以决定其属于的类。这里所说的边界表示成函数的形式就是判别函数，又被称做判决函数或者决策函数。根据判别函数的形式，可以将其分为线性判别函数和非线性判别函数。线性判别法形式简单、计算容易，得到了广泛的应用。因此本节将重点介绍线性判别函数。

9.2.2 线性判别函数

为了使阐述过程简单，用列向量 $\boldsymbol{X}=(x_1, x_2, \cdots, x_n)^{\mathrm{T}}$ 来表示模式，用向量 $\boldsymbol{C}=(c_1, c_2, \cdots, c_M)$来表示类别。线性判别函数的一般形式如下：

$$d(\boldsymbol{X}) = w_1x_1 + w_2x_2 + \cdots + w_nx_n + w_{n+1} \tag{9-2-1}$$

其中，w_i为权值，$i=1, 2, \cdots, n+1$。

为了简便书写，可以将式(9-2-1)写成矩阵的形式：

$$d(\boldsymbol{X}) = \boldsymbol{W}^{\mathrm{T}}\boldsymbol{X} + w_{n+1} \tag{9-2-2}$$

其中 $\boldsymbol{W}$ 称为权向量，是一个列向量。

$$\boldsymbol{W} = (w_1, w_2, \cdots, w_n)^{\mathrm{T}}$$

另外一种表示方法为

$$d(\boldsymbol{X}) = (\boldsymbol{W}^*)^{\mathrm{T}}\boldsymbol{X}^* = (w_1, w_2, \cdots, w_n, w_{n+1})\begin{pmatrix} x_1 \\ x_2 \\ \vdots \\ x_n \\ 1 \end{pmatrix} \tag{9-2-3}$$

$\boldsymbol{W}^*$ 和 $\boldsymbol{X}^*$ 分别是增广权向量和增广特征向量。

判别函数为零时即为类别边界，又称为决策面，分为如下三种情况：

$$d(\boldsymbol{X}) = 0 \Rightarrow \begin{cases} n = 2 & \text{线} \\ n = 3 & \text{平面} \\ n > 3 & \text{超平面} \end{cases}$$

超平面是 $n(n>3)$ 维空间中的一种无法想象的平面，所以称之为超平面。

1. 二类情况

当 $M=2$ 时，即将所有的模式分为两类。这是一种比较好处理的情况，如 $n=3$，因为只有两类，则三维空间中一个平面就可以确定待识别模式的类别。

例 9.1　已知某个实际问题经过处理后得到其判别函数为 $d(\boldsymbol{X})=x_1+x_2+x_3$，判别准则为

$$\begin{cases} d(\boldsymbol{X}) > 0 & \boldsymbol{X} \in c_1 \\ d(\boldsymbol{X}) < 0 & \boldsymbol{X} \in c_2 \\ d(\boldsymbol{X}) = 0 & \text{拒判} \end{cases}$$

请判断 $\boldsymbol{X}=(1, 1, 1)^{\mathrm{T}}$ 属于哪一类。

解　将 $\boldsymbol{X}=(1, 1, 1)^{\mathrm{T}}$ 代入判别函数 $d(\boldsymbol{X})$ 中，得到 $d(\boldsymbol{X})=1+1+1=3>0$，所以判为类别 c_1。

2. 多类情况

当 $M>2$ 时，就出现了多类的情况。多类情况的判别不像二类情况那么简单，主要分为三种，详见表 9-2-1。设一共有 $c_1, c_2, \cdots, c_M$，即 M 个分类。

表 9-2-1　多类情况下的判别

名　称	说　明	判别准则	特　点
$c_i/\bar{c}_i$ 两分法	每一模式类与其他模式类之间可用单个判别平面分割。判别函数个数为 M	$d_i(\boldsymbol{X})\begin{cases} >0 & \boldsymbol{X}\in c_i \\ <0 & \text{其他} \end{cases}$	有不确定区域
c_i/c_j 两分法	每一模式类与其他模式类间分别用判别平面分割。判别函数个数为 $\frac{M(M+1)}{2}$	$d_{ij}(\boldsymbol{X})\begin{cases} >0 & \text{当 } x\in c_i \\ <0 & \text{当 } x\in c_j \end{cases}\quad i\neq j$ 且满足 $d_{ij}(\boldsymbol{X})=-d_{ji}(\boldsymbol{X})$	判别区域增大，不确定区域比第一种情况小很多
c_i/c_j 两分法特例	每一类都有一个判别函数。判别函数个数为 M	$\max\limits_{i}\{d_i(\boldsymbol{X})\}$，当 $\boldsymbol{X}\in c_i$	除了边界外没有不确定区域

例 9.2　一个二维三类问题，三个判别函数分别为

$$d_{12}(\boldsymbol{X}) = -x_1 + 5x_2,\ d_{13}(\boldsymbol{X}) = 5x_1 + 3x_2 + 1,\ d_{23}(\boldsymbol{X}) = 7x_1 - 3x_2 + 6$$

试用 c_i/c_j 两分法分析模式 $\boldsymbol{X}=(0,4)^{\mathrm{T}}$ 属于哪一类。

解 判别规则如下：

$d_{12}(\boldsymbol{X})>0$ 且 $d_{13}(\boldsymbol{X})>0$ 的区域，属于 c_1 类分布区域。

$d_{21}(\boldsymbol{X})>0$ 且 $d_{23}(\boldsymbol{X})>0$ 的区域，属于 c_2 类分布区域。

$d_{31}(\boldsymbol{X})>0$ 且 $d_{32}(\boldsymbol{X})>0$ 的区域，属于 c_3 类分布区域。

计算得

$$d_{12}(\boldsymbol{X}) = 20,\ d_{13}(\boldsymbol{X}) = 13,\ d_{23}(\boldsymbol{X}) = -6$$

可写成

$$d_{21}(\boldsymbol{X}) = -20,\ d_{31}(\boldsymbol{X}) = -13,\ d_{32}(\boldsymbol{X}) = 6$$

因为 $d_{12}(\boldsymbol{X})>0$ 且 $d_{13}(\boldsymbol{X})>0$，所以 $\boldsymbol{X}\in c_1$。

这里请注意：如果模式类可以用任一线性判别函数来划分，这些模式就称为线性可分。

9.2.3 广义线性判别函数和非线性判别函数

实际问题中，完全线性可分的条件是很难满足的，往往采用非线性判别函数来进行分类。下面简要介绍广义线性判别函数和非线性判别函数。

1. 广义线性判别函数

广义线性判别函数的基本思想为：对某个非线性判别函数做某种变换，使其变为线性判别函数的形式，也就是模式空间的转换，即

$$\boldsymbol{X} \xrightarrow{f} \boldsymbol{Y}$$

在 $\boldsymbol{X}$ 模式空间不满足线性可分的条件，而在 $\boldsymbol{Y}$ 模式空间满足。

定义一个新的模式向量 $\boldsymbol{Y}$，其分量满足 $y_i=f_i(\boldsymbol{X})$，$f_i(\boldsymbol{X})$ 必须是单值函数，即

$$\boldsymbol{Y} = (y_1,\ y_2,\ \cdots,\ y_n)^{\mathrm{T}} = [f_1(\boldsymbol{X}),\ f_2(\boldsymbol{X}),\ \cdots,\ f_n(\boldsymbol{X})]^{\mathrm{T}} \tag{9-2-4}$$

则广义线性判别函数的形式如下：

$$d(\boldsymbol{Y}) = w_1 y_1 + w_2 y_3 + \cdots + w_n y_n + w_{n+1} = \boldsymbol{W}^{\mathrm{T}}\boldsymbol{Y} + w_{n+1} \tag{9-2-5}$$

广义线性判别函数虽然可以将非线性判别函数转换为线性判别函数的形式，但是在从 $\boldsymbol{X}$ 模式空间向 $\boldsymbol{Y}$ 模式空间转换的过程中会造成维数的增大，从而增加了计算复杂度。

2. 非线性判别函数

非线性判别函数的种类很多，这里只简介应用较为广泛的二次判别函数。其一般形式为

$$\begin{aligned} d(\boldsymbol{Y}) &= \boldsymbol{X}^{\mathrm{T}}\boldsymbol{W}\boldsymbol{X} + \boldsymbol{w}^{\mathrm{T}}\boldsymbol{X} + w_{n+1} \\ &= \sum_{i=1}^{n} w_{ii}x_i^2 + 2\sum_{j=1}^{n-1}\sum_{i=j+1}^{n} w_{ji}x_jx_i + \sum_{j=1}^{n} w_j x_j + w_{n+1} \end{aligned} \tag{9-2-6}$$

$\boldsymbol{W}$ 是 n 维实对称矩阵，$\boldsymbol{w}$ 为 n 维列向量。

$$\boldsymbol{W} = \begin{vmatrix} w_{11} & w_{12} & \cdots & w_{1n} \\ w_{21} & w_{22} & \cdots & w_{2n} \\ \vdots & \vdots & \ddots & \vdots \\ w_{n1} & w_{n2} & \cdots & w_{nn} \end{vmatrix},\quad \boldsymbol{w} = \begin{pmatrix} w_1 \\ w_2 \\ \vdots \\ w_n \end{pmatrix}$$

为了确定 $d(\boldsymbol{X})$，需要 $l=\frac{1}{2}n(n+3)+1$ 个系数，计算量还是很大的。

二次判别函数的决策面是超二次曲面，比如超球面、超椭球面、超抛物面等，由 $\boldsymbol{W}$ 决定，如表 9-2-2 所示。

表 9-2-2　W 与决策面

$\boldsymbol{W}$	决策面
单位矩阵	超球面
正定矩阵	超椭球面
半正定矩阵	超椭球柱面

☞ 9.3　Bayes 分类器

9.3.1　引言

模式识别的分类决策过程分为两类：确定性分类决策和随机性分类决策(见图 9.3.1)。特征向量和决策区域一一对应，不会存在特征向量同时属于不同决策区域的情况，这种分类决策称为确定性分类决策，9.2 节中讲到的线性判别函数法就属于这种情况。随机性决策则大大不同：特征空间中有多个类，当样本属于某类时，其特征向量会以一定的概率取得不同的值，分类决策将它按概率的大小划归到某一类别中。本节中讲到的贝叶斯(Bayes)分类器就属于后者，它是一种非常常见和广泛使用的统计模式识别方法。

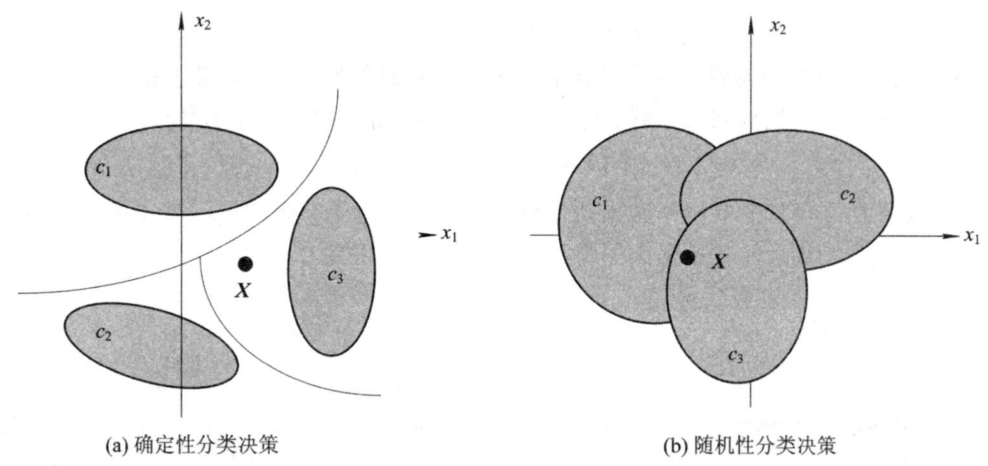

图 9.3.1　两种分类决策方法

Bayes 决策理论建立在样本特征值的统计概率的基础上。某个待识别模式属于哪一类是个不确定的事情，称这种模式为随机模式，其特征向量为一个随机变量。为了能简明表述，首先明确某些符号和概念的意义。样本与样本空间的表示为

$$\boldsymbol{X}=(x_1, x_2, \cdots, x_n)^{\mathrm{T}}, \quad \boldsymbol{X}\in \mathbf{R}^n$$

如果有 M 个类别 $c_i(i=1, 2, \cdots, M)$，其组成的类别空间记为 $\boldsymbol{C}$，表示如下：

$$\boldsymbol{C} = (c_1, c_2, \cdots, c_M)$$

Bayes 分类要做的就是在某种判决准则下完成从样本空间到类别空间(决策空间)的映射。即

$$\mathbf{R}^n \xrightarrow{\text{判决准则}} \boldsymbol{C}$$

注意，这里的 $\mathbf{R}^n$ 不是数学中常见的欧式空间，而是由特征向量组成的特征空间。其中的 $x_1, x_2, \cdots, x_n$ 也不单纯代表数字，而是模式的某种特征。共有以下三种概率：

(1) 先验概率：$p(c_i)$，$i=1, 2, \cdots, M$。

(2) 类条件概率：$p(\boldsymbol{X}|c_i)$(可解释为当类别 c_i 已知的情况下，样本 $\boldsymbol{X}$ 的概率函数)。

(3) 后验概率：$p(c_i|\boldsymbol{X})$(样本在某种观测值条件下属于某个类别的概率)。

Bayes 公式体现了这三种概率之间的联系：

$$p(c_i|\boldsymbol{X}) = \frac{p(c_i, \boldsymbol{X})}{p(\boldsymbol{X})} = \frac{p(c_i)p(\boldsymbol{X}|c_i)}{\sum_j p(c_j)p(\boldsymbol{X} \mid c_j)} \tag{9-3-1}$$

如果根据样本属于各类的后验概率及其他因素对该样本进行分类决策，就称为 Bayes 分类。Bayes 分类存在两个条件：各类别总体的概率分布已知和总的类别数一定，即 M 确定。Bayes 分类还有三个特点，分别是需要知道先验概率、按照获得的信息对先验概率进行修正后得到后验概率和分类决策存在错误率。

9.3.2 最小错误率 Bayes 分类器

Bayes 分类的特点之一是分类决策存在错误率。当然，在实际问题的处理过程中人们自然希望错误率能越低越好，这样就可以保证模式识别的正确性。最小错误率 Bayes 分类器正是在这样的需求下提出的，又被称作最优分类器或者最佳分类器。

先验概率提供的信息量太少，不能据此作出正确的判断。因此，必须找到其他的特征来充实信息量，尽量做到判决正确。这就是最小错误率准则的由来，具体形式如下：

$$\text{如果} \quad p(c_i|\boldsymbol{X}) = \max_j\{p(c_j|\boldsymbol{X})\}\text{，则 } \boldsymbol{X} \in c_i \tag{9-3-2}$$

也就是说，在已知先验概率和类条件概率密度的条件下，通过 Bayes 公式计算得到后验概率，哪个类别的后验概率最大则将待识别模式归入此类。

例 9.3 已知某地有千分之五的人患有肝炎，肝炎试验肝病病人呈阳性的概率为 0.95，非肝病病人呈阴性的概率为 0.95。现有某人做此试验结果为阳性，问此人是否患肝炎。

解 用 c_1 和 c_2 表示患有肝炎和不患肝炎。由上面的叙述可知，类条件概率密度和先验概率分别为

$$p(c_1) = 0.005, \quad p(c_2) = 0.995$$

$$p(\boldsymbol{X}|c_1) = 0.95, \ p(\boldsymbol{X}|c_2) = 1 - 0.95 = 0.05$$

由 Bayes 公式计算得：

$$p(c_1|\boldsymbol{X}) = \frac{p(c_1)p(\boldsymbol{X}|c_1)}{p(c_1)p(\boldsymbol{X}|c_1) + p(c_2)p(\boldsymbol{X}|c_2)} = \frac{0.005 \times 0.95}{0.005 \times 0.95 + 0.995 \times 0.05} \approx 0.087$$

$$p(c_2 \mid \boldsymbol{X}) = \frac{p(c_2)p(\boldsymbol{X} \mid c_2)}{p(c_1)p(\boldsymbol{X} \mid c_1) + p(c_2)p(\boldsymbol{X} \mid c_2)} = \frac{0.005 \times 0.05}{0.005 \times 0.95 + 0.995 \times 0.05} \approx 0.913$$

因为 $p(c_2 \mid \boldsymbol{X}) > p(c_1 \mid \boldsymbol{X})$，所以认为该人不患有肝炎。

由上面的例题可以看出，Bayes 公式的分母是一样的，所以在判决时可以不计算，将其等价为

$$\text{如果} \quad p(c_i)p(\boldsymbol{X} \mid c_i) = \max_j \{p(c_j)p(\boldsymbol{X} \mid c_j)\}, \text{则判 } \boldsymbol{X} \in c_i \qquad (9-3-3)$$

上式的另一种写法：

$$\text{如果} \quad p(c_i)p(\boldsymbol{X} \mid c_i) > p(c_j)p(\boldsymbol{X} \mid c_j), \ \forall i \neq j, \text{则判 } \boldsymbol{X} \in c_i \qquad (9-3-4)$$

将式(9-3-4)变形得：

$$\text{如果} \quad l_{ij} = \frac{p(\boldsymbol{X} \mid c_i)}{p(\boldsymbol{X} \mid c_j)} > \frac{p(c_j)}{p(c_i)} = \theta_{ij}, \ \forall i \neq j, \text{则判 } \boldsymbol{X} \in c_i \qquad (9-3-5)$$

式(9-3-5)中，$l_{ij} = \frac{p(\boldsymbol{X} \mid c_i)}{p(\boldsymbol{X} \mid c_j)}$为似然比，它与待识别的特征向量有关；$\theta_{ij} = \frac{p(c_j)}{p(c_i)}$称为判决门限，它仅与两类的先验概率有关。由此可见，在进行分类决策时，可通过计算某个特征向量的似然比，把它与两类之间的判决门限值进行比较，就可以完成分类决策。该分类器称为最大似然比贝叶斯分类器，可见，最大似然比 Bayes 分类器是最小错误率 Bayes 分类器的特殊情况。

对式(9-3-5)两边取对数得到另外一种等价形式：

$$\text{如果} \quad \ln p(\boldsymbol{X} \mid c_i) - \ln p(\boldsymbol{X} \mid c_j) > -\ln p(c_i) + \ln p(c_j), \ \forall i \neq j, \text{则判 } \boldsymbol{X} \in c_i \qquad (9-3-6)$$

根据最小错误概率准则的形式，更准确的名称应该是最大后验概率准则。其实二者本质上是等价的。

9.3.3　其他准则下的 Bayes 分类器

实际应用中作出决策往往不能单方面考虑错误与否，比如在股票投资这个行业，某个决定虽然十分正确，但是带来的风险也是巨大的。所谓的“大投资，大风险，高收益”就是这个道理，这也就是 Bayes 决策理论中的最小风险准则。另外，在信道编码时，常会规定一个信道允许失真 D，只要满足这个要求就认为此次的传输是可以接受的，这就是 N-P 准则。还有一种情况，在风云变幻的商业行为中，如何尽可能在变化中使风险最小，也就是在最差的情况下争取好的结果也是人们关心的问题，这就是最大最小决策。

1. 最小风险准则

风险对应损失，所以在 Bayes 决策论中用损失函数来衡量风险的大小。下面介绍几个基本概念。

(1) 决策 α_i：把待识别样本 $\boldsymbol{X}$ 归到 c_i类。

(2) 损失 λ_{ij}：把真实属于 c_i类的样本 $\boldsymbol{X}$ 归到 c_j类所带来的损失中。

(3) 条件风险 $R(\alpha_i \mid \boldsymbol{X})$：对 $\boldsymbol{X}$ 采取决策 α_i后可能的风险。

损失 λ_{ij}有时又被称做损失函数，可以根据实际情况来进行赋值。例如，在 $i=j$ 时，也就是决策正确，可以令损失为 0，即 $\lambda_{ii}=0$，这就充分与现实结合，有一定的现实意义。另外，为了使计算过程简单可以将损失记在一张表中，这张表称做决策表或者损失表。

以地震预测为例，决策有两类，即发布预报和不发布预报；种类有两类，即发生地震和不发生地震，见表 9-3-1。

表 9-3-1　地震预报中的损失表(损失的单位：万元)

决策 \ 损失 \ 状态	c_1(发生地震)	c_2(不发生地震)
α_1(发布预报)	$\lambda_{11}=3500$	$\lambda_{12}=2500$
α_2(不发布预报)	$\lambda_{21}=5000$	$\lambda_{22}=0$

设决策 α_i有 N 种，类别 c_j有 M 种，则 N 可以大于等于M，即包含了拒绝判断的情况。一般情况下用后验概率的加权(权值为损失 λ_{ij})来定义条件风险，即

$$R(\alpha_i \mid \boldsymbol{X}) = \sum_j \lambda_{ij} p(c_i \mid \boldsymbol{X}) \tag{9-3-7}$$

条件风险又称条件期望损失。它的计算就是决策表中某行的损失与相应的后验概率乘积的和。最小风险准则的具体形式如下：

$$\text{如果}\quad R(\alpha_k \mid \boldsymbol{X}) = \min_{i=1,2,\cdots,N} R(\alpha_i \mid \boldsymbol{X})\text{，则 } \alpha \in \alpha_k,\ \boldsymbol{X} \in c_k \tag{9-3-8}$$

例 9.4　已知后验概率分别为 $p(c_1 \mid \boldsymbol{X})=\frac{5}{9}$，$p(c_2 \mid \boldsymbol{X})=\frac{4}{9}$，地震预报的损失表如表 9-3-1 所示，采用最小风险准则进行分类，请问在观察到明显的生物异常反应后，是否应当预报将发生地震?

解　计算条件期望损失得

$$R(\alpha_1 \mid \boldsymbol{X}) = \lambda_{11} p(c_1 \mid \boldsymbol{X}) + \lambda_{12} p(c_2 \mid \boldsymbol{X}) = 3500 \times \frac{5}{9} + 2500 \times \frac{4}{9} = 3056(\text{万元})$$

$$R(\alpha_2 \mid \boldsymbol{X}) = \lambda_{21} p(c_1 \mid \boldsymbol{X}) + \lambda_{22} p(c_2 \mid \boldsymbol{X}) = 5000 \times \frac{5}{9} + 20 \times \frac{4}{9} = 2778(\text{万元})$$

因为 $R(\alpha_1 \mid \boldsymbol{X}) < R(\alpha_2 \mid \boldsymbol{X})$，所以应该选择决策 α_2，即不发布地震预报。

有时可以根据具体的问题将决策表简化，即正确决策时损失对应 0，而错误决策时损失一概对应 1。即$\begin{cases}\lambda_{ij}=0 & i=j \\ \lambda_{ij}=1 & i\neq j\end{cases}$，这时的损失称为 0-1 损失。最小错误率 Bayes 准则等价于采用 0-1 损失的最小风险 Bayes 准则。

2. 聂曼-皮尔逊决策法(N-P 判决)

N-P 准则的提出主要是为了应付两种情况：先验概率 $p(c_i)$未知和某些二类判决问题，某一种错误较另一种错误危害更为严重。N-P 准则的思想是严格限制较重要的一类错误概率，在令其等于某常数的约束下使另一类误判概率最小。

问题用数学的方法表述为：有两类 c_1、c_2，ε_1为 c_1错判为 c_2的错误率，ε_2为 c_2错判为 c_1的错误率。假设 c_2错判为 c_1更为严重，即要求在 ε_2为某个常数 ε_0的条件下使 ε_1最小。

上述问题是典型的条件极值问题，采用拉格朗日乘子法解决。即在条件 $\varepsilon_2=\varepsilon_0$的条件下求 ε_1的最小值，其中

$$\begin{cases}\varepsilon_1 = \int_{R_2} p(\boldsymbol{X} \mid c_1)\,\mathrm{d}\boldsymbol{X} \\ \varepsilon_2 = \int_{R_1} p(\boldsymbol{X} \mid c_2)\,\mathrm{d}\boldsymbol{X}\end{cases} \tag{9-3-9}$$

其中，R_1是类别 c_1的判决区域，R_2是类别 c_2的判决区域，而 $R_1+R_2=R_s$，R_s为整个特征空间。

构造拉格朗日函数

$$L=\varepsilon_1+\mu(\varepsilon_2-\varepsilon_0) \tag{9-3-10}$$

根据类条件概率密度的性质，有

$$\int_{R_2} p(\boldsymbol{X}|c_1)\mathrm{d}\boldsymbol{X}+\int_{R_1} p(\boldsymbol{X}|c_2)\mathrm{d}\boldsymbol{X}=1 \tag{9-3-11}$$

将式(9－3－11)代入式(9－3－10)，分别对 μ 和 $\boldsymbol{X}$ 求偏导数并令偏导数为零，可得

$$\begin{aligned}\varepsilon_0&=\int_{R_1} p(\boldsymbol{X}|c_2)\mathrm{d}\boldsymbol{X}\\ \mu&=\frac{p(\boldsymbol{X}|c_1)}{p(\boldsymbol{X}|c_2)}\end{aligned} \tag{9-3-12}$$

即只要让 ε_0和 μ 满足式(9－3－12)就可以使在 $\varepsilon_2=\varepsilon_0$的条件下得到 ε_1的最小值。

因此，N－P 准则归纳如下：

$$\begin{cases}\text{如果}\dfrac{p(\boldsymbol{X}|c_1)}{p(\boldsymbol{X}|c_2)}>\mu\text{，则 }\boldsymbol{X}\in c_1\\ \text{如果}\dfrac{p(\boldsymbol{X}|c_1)}{p(\boldsymbol{X}|c_2)}<\mu\text{，则 }\boldsymbol{X}\in c_2\end{cases} \tag{9-3-13}$$

值得注意的是式(9－3－10)中 ε_2是 μ 的隐函数，想要得到精确的解是不太容易的。当然满足正态分布时只需查表即可得到 μ，而在一般情况下可用几个 μ 的数值得到 ε_2后，近似求得二者之间的函数关系 $\varepsilon_2=f(\mu)$，再求反函数求得相应 $\varepsilon_0=\varepsilon_2$时的 μ。

3. 最大最小决策

最大最小决策的基本思想为：先验概率 $p(c_i)$未知或者在整个判决过程中一直在变化，考察先验概率对错误率的影响，找出使最小 Bayes 风险最大的先验概率，以这种最坏情况设计分类器，即在最差的条件下争取最好的结果。表 9－3－2 所示为两类情况下的损失表。

表 9－3－2　两类情况下的损失表

损失＼状态 决策	自然状态	
	c_1	c_2
α_1	λ_{11}	λ_{12}
α_2	λ_{21}	λ_{22}

按照正常的思维逻辑，自然希望正确决策的损失比错误决策的损失小，即

$$\begin{cases}\lambda_{21}>\lambda_{11}\\ \lambda_{12}>\lambda_{22}\end{cases}$$

设两类的判决域分别为 R_1和 R_2。实际问题中需要考虑整个特征空间所有的 $\boldsymbol{X}$ 取值采取相应的决策 $\alpha(\boldsymbol{X})$所带来的平均风险，即期望风险，其定义如下：

$$R=\int R(\alpha(\boldsymbol{X})|\boldsymbol{X})\,p(\boldsymbol{X})\mathrm{d}\boldsymbol{X} \tag{9-3-14}$$

对于两类问题，一旦决策域已经确定，期望风险与先验概率 $p(c_1)$是线性函数，即

$$R = a + bp(c_1) \tag{9-3-15}$$

其中

$$a = \lambda_{22} + (\lambda_{12} - \lambda_{22}) \int_{R_1} p(\boldsymbol{X} | c_2) \mathrm{d}\boldsymbol{X}$$

$$b = (\lambda_{11} - \lambda_{22}) + (\lambda_{21} - \lambda_{11}) \int_{R_2} p(\boldsymbol{X} | c_1) \mathrm{d}\boldsymbol{X} - (\lambda_{12} - \lambda_{22}) \int_{R_1} p(\boldsymbol{X} | c_2) \mathrm{d}\boldsymbol{X}$$

如果决策域是变化的，那么 R 和 $p(c_1)$就不是呈现简单的线性关系了，而是某条曲线。

需要确定的是在什么情况下可以使最大风险最小。由式(9－3－15)可知，期望风险 R 的最小值为 a，条件是 $b=0$，在这种情况下期望风险与先验概率无关，满足 $R=a$。

由上述的分析可知，最大最小决策即选取合适的损失和错误率使 $b=0$，这时最大可能风险的最小值为 a，而且不随先验概率变化。一种特殊的取法即选取损失为

$$\begin{cases} \lambda_{11} = \lambda_{22} = 0 \\ \lambda_{12} = \lambda_{21} \end{cases}$$

这时两类的错误率相等。

例 9.5 已知癌症患者和正常人的概率分别为 $p(c_1)=0.005$，$p(c_2)=0.095$，条件概率密度如下：

$$\text{某化验 } \boldsymbol{X} \text{ 对于癌症患者} \begin{cases} p(\boldsymbol{X} = \text{阳}) = 0.95 \\ p(\boldsymbol{X} = \text{阴}) = 0.05 \end{cases}$$

$$\text{对于正常人} \begin{cases} p(\boldsymbol{X} = \text{阳}) = 0.01 \\ p(\boldsymbol{X} = \text{阴}) = 0.99 \end{cases}$$

决策表如下：

损失＼状态 / 决策	自然状态	
	c_1	c_2
α_1	0	1
α_2	6	0

如某人为阳性反应，请用最大最小决策判断他是否患癌症。

解 由 Bayes 公式得后验概率为

$$p(\boldsymbol{X} | c_1) = 0.95,\ p(\boldsymbol{X} | c_2) = 0.01$$

将条件代入 b 的表达式，得

$$b = 5.7 \int_{R_2} 0.95 \mathrm{d}\boldsymbol{X} - 0.01 \int_{R_1} 0.01 \mathrm{d}\boldsymbol{X}$$

令 R_1、R_2的分界点为 μ，可得 $\mu=\dfrac{1}{571}\approx 0.00175$。

实际上经过化验，此人得癌症的概率为 0.00175，比起实验值 0.05 小了很多，可见最大最小决策是很保守的估计。

四种准则各有优、缺点，它们的使用应该遵循一个原则：一切从实际出发。具体见表 9－3－3。

表 9-3-3 四种准则的适用条件

条 件	适用准则
先验概率和类条件概率密度已知	最小错误率准则 最小风险准则(损失 λ_{ij} 应该较易得到)
先验概率未知	最大最小准则
难以确定损失 λ_{ij}	最小错误率准则
某一种错误较另一种更为重要	N-P 准则

☞ 9.4 聚类分析

9.4.1 概述

聚类分析的基本思想是所研究的样品或指标之间存在着不同程度的相似性，于是根据一批样品的多个观测指标，找出能够度量样品或变量之间相似程度的统计量，并以此为依据，采用某种聚类法，将所有的样品或变量分别聚合到不同的类中，使同一类中的个体有较大的相似性，不同类中的个体差异较大。

从基本思想中可以看出，聚类分析的基础在于相似性，其三要素为相似性测度、聚类准则和聚类算法。聚类分析与所谓的分类有着本质的区别，分类中所有的类别是已知的，而聚类提前并不清楚类别的信息。换句话说，聚类的先验是未知的。所以从模式识别的分类来说，聚类分析是无监督模式识别的一种。

聚类分析的方法很多，总体来说分为两类：层次聚类(Hierarchical Clustering)和非层次聚类。层次聚类又分为合并法、分解法和树状图，非层次聚类有划分聚类和谱聚类两种。

从大尺度上来说，聚类分析的对象分为样本和变量两种，对应了两种不同的聚类方法，即 Q 型聚类和 R 型聚类。Q 型聚类是对样品进行分类，即对观测值进行分类。它是聚类分析中用得最多的一种聚类方法，采用距离来测度样品间的亲疏程度。R 型聚类是对变量进行分类处理，采用相似系数来测度变量之间的亲疏程度。但是无论是样品之间的关系，还是变量之间的关系，最终都是用变量来描述的。根据分类的目的和对象，变量可以分为三类：间隔尺度、有序尺度和名义尺度。

聚类分析广泛应用于数学、计算机科学、统计学、生物学和经济学等领域，主要用于减少数据、假说生成、假说检验和基于分组的预测等四个方向。

9.4.2 相似性测度和聚类准则

相似性是事物之间内在一致性的表现，为了将问题明朗化，科学家们定义了相似性测度。为了表述方便，我们先将聚类的概念用数学的方法表示。

1. 聚类的数学表示

设 X 是数据集，即 $X=\{X_1, X_2, \cdots, X_N\}$，定义 X 的 m 聚类 $\mathscr{R}$，将 X 分割成 m 个集合(聚类)C_1，C_2，…，C_m。可能有些对象不属于任何一个分割，这些对象称为噪声，记为 C_d。集合之间满足如下关系：

(1) $C_i \neq \varnothing$，$i=1, 2, \cdots, m$；

(2) $C_1 \cup C_2 \cup \cdots C_k \cup C_d = X$；

(3) $C_i \cap C_j = \varnothing$，$i \neq j$，$i$、$j=1, 2, \cdots, m$ 或 d。

$K=\{X, C\}$称为一个聚类空间，C_i称为聚类空间的第 i 类(簇)。另外，在聚类 C_i 中的向量彼此“更相似”，与其他类中的向量“不相似”。在这样的聚类定义下，每一个向量属于一个聚类，也就是所谓单聚类。

2. 相似性测度

相似性测度描述的是各模式之间特征的相似程度。待识别模式用向量表示为 $\boldsymbol{X}=(x_1, x_2, \cdots, x_n)^{\mathrm{T}}$，$\boldsymbol{Y}=(y_1, y_2, \cdots, y_n)^{\mathrm{T}}$。常用的相似性测度有距离、相似系数和匹配测度。

距离作为相似性测度是将样品或变量看做空间中的点，距离近的点归为一类，距离远的点归为不同的类。距离主要包括明氏距离、杰氏距离、兰氏距离和马氏距离。其中明氏距离应用最为广泛，定义为

$$d(\boldsymbol{X}, \boldsymbol{Y}) = \left[\sum_{i=1}^{n} |x_i - y_i|^m\right]^{1/m} \tag{9-4-1}$$

上式，$m=2$ 时为欧氏距离，$m=1$ 时为绝对值距离，$m=\infty$时为切氏距离。

相似系数是变量(元素)间关联程度的度量。性质越接近的元素其相似系数的绝对值越接近于1；彼此无关的元素其相似系数的绝对值越接近于0。相似系数主要有夹角余弦、相关系数和指数相关系数，其中夹角余弦的定义如下：

$$\cos(\boldsymbol{X}, \boldsymbol{Y}) = \frac{\boldsymbol{X}^{\mathrm{T}}\boldsymbol{Y}}{\|\boldsymbol{X}\| \; \|\boldsymbol{Y}\|} = \frac{\boldsymbol{X}^{\mathrm{T}}\boldsymbol{Y}}{[(\boldsymbol{X}^{\mathrm{T}}\boldsymbol{X})(\boldsymbol{Y}^{\mathrm{T}}\boldsymbol{Y})]^{1/2}} \tag{9-4-2}$$

假设 $\boldsymbol{X}$、$\boldsymbol{Y}$ 的各个分量只由“0”和“1”组成，“0”表示无此特征，“1”表示有此特征。定义 a、b、c、d 四个量如下：

$$a = \sum_i x_i y_i \tag{9-4-3}$$

$$b = \sum_i y_i(1 - x_i) \tag{9-4-4}$$

$$c = \sum_i x_i(1 - y_i) \tag{9-4-5}$$

$$e = \sum_i (1 - x_i)(1 - y_i) \tag{9-4-6}$$

匹配测度正是在上述四个量的基础上定义的，包括 Tanimoto 测度、Rao 测度、Dice 系数、简单匹配系数和 Kulzinsky 系数。其中 Tonimoto 测度为

$$s(\boldsymbol{X}, \boldsymbol{Y}) = \frac{a}{a+b+c} = \frac{\boldsymbol{X}^{\mathrm{T}}\boldsymbol{Y}}{\boldsymbol{X}^{\mathrm{T}}\boldsymbol{X}+\boldsymbol{Y}^{\mathrm{T}}\boldsymbol{Y}-\boldsymbol{X}^{\mathrm{T}}\boldsymbol{Y}} \tag{9-4-7}$$

值得注意的是，在使用相似性测度时，要注意各个特征的量纲，也就是所谓的单位。量纲的改变会导致某个特征在分类过程的作用强化或者变弱，如图 9.4.1 所示。解决这个问题的方法是整体调整量纲，或者将数据标准化使其与变量的单位无关，例如匹配测度就

很好地体现了这个思想。

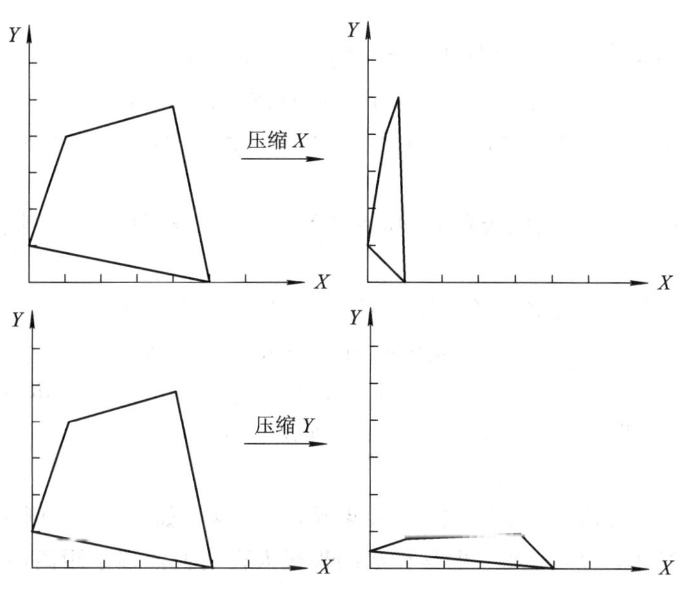

图 9.4.1　量纲对相似性准则的影响

3. 聚类准则

某些算法需要一个能对分类过程和分类结果的优劣进行评估的准则函数。如果聚类准则函数选择得好，聚类质量就会高。聚类准则大致分为两类：阈值准则和函数准则。

实际的模式识别过程中，经常根据直观和经验定义一种相似性测度的阈值，然后按最近邻规则指定某些模式样本属于某一聚类类别。这种准则简单，但是阈值的选取是难点。

聚类准则函数是在聚类分析中，表示模式类间相似或差异性的函数，是模式样本集$\{X_i, i=1, 2, \cdots, N\}$和模式类别集$\{C_i, i=1, 2, \cdots, m\}$的函数。这样就把聚类问题转化为求聚类准则函数极值的最优化问题，通过对准则函数求极值就可以得到一个聚类准则。最常用的函数准则是类内距离准则，其定义为

$$J = \sum_{j=1}^{m}\sum_{k=1}^{N_j}\| X_k - M_j \|^2 \tag{9-4-8}$$

其中，m 为类别总数；$M_j = \dfrac{1}{N_j}\sum_{k=1}^{N_j} X_j$，为类别 C_j 中样本的均值向量；N_j 为 C_j 中的样本数目。J 表示各待识别模式到其被指判各类的距离平方和，可知 J 越小越好，这种准则也称为误差平方和准则。这个准则适用于同类样本比较密集，且各类样本分布区域体积差别不大的情况。

9.4.3 基于试探的聚类搜索算法

聚类算法主要有三种：简单聚类算法、层次聚类算法和动态聚类算法。本节介绍基于试探的聚类搜速算法，它属于简单聚类算法。

1. 最近邻规则简单试探法

最近邻规则简单试探法的基本思想是针对具体问题确定相似性阈值，将模式到各聚类

中心的距离与阈值比较，当大于阈值时该模式就作为另一类的类心，小于阈值时按最小距离原则将其分划到某一类中。

假设已知待识别模式集或者样本集为$\{X_i, i=1, 2, \cdots, N\}$，类内距离门限为$T$，要求分类到以$Z_1$，$Z_2$，…为类心的类别中。算法的具体步骤如下：

(1) 选取任意的一个模式特征向量作为第一个聚类中心Z_1。例如，令C_1类的中心$Z_1=X_1$。

(2) 计算模式X_2到Z_1的欧氏距离$D_{21}=\| X_2-Z_1 \|$。若$D_{21}>T$，则建立新的一类C_2；否则$X_2 \in C_1$。

(3) 假设已有聚类中心Z_1、Z_2，计算$D_{31}=\| X_3-Z_1 \|$，$D_{32}=\| X_3-Z_2 \|$。若$D_{31}>T$且$D_{32}>T$，则建立新的一类C_3，其中心为$Z_3=X_3$；否则X_3属于离Z_1、Z_2最近的类。

(4) 假设已有聚类中心Z_1，Z_2，…，Z_k，计算尚未确定类别的样本X_i到各类中心Z_m $(m=1, 2, \cdots, k)$的距离D_{im}。如果$D_{im}>T$，则X_i作为新的一类C_{k+1}，其类心$Z_{k+1}=X_i$；否则，X_i属于距离最近的一类。

(5) 检查是否所有模式都划分完毕。如果是，则结束；如果不是，则跳到步骤(4)。

该算法计算简单，容易掌握。但是算法结果很大程度上依赖于距离门限T的选取、初始中心和模式参与分类的次序，如图9.4.2所示。如果能有先验知识指导门限T的选取，则可获得较满意的效果。也可考虑设置不同的T和选择不同的次序，最后选择较好的结果。

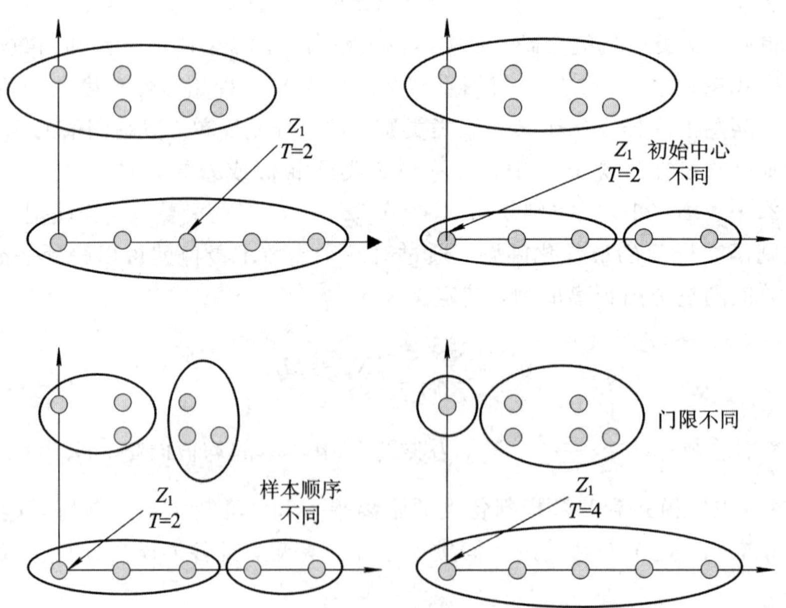

图 9.4.2　距离阈值和样本顺序以及初始中心对算法的影响

2. 最大最小距离算法

最大最小距离算法又称为小中取大距离算法。在特征模式向量中以最大距离准则首先选取新的聚类中心，然后以最小距离原则将剩下的模式分到离其最近的聚类中心所在的聚类中。

已知待识别模式集或者样本集$\{X_i, i=1, 2, \cdots, N\}$，比例系数为$\theta$，要求分类到以$Z_1$，$Z_2$，…为类心的类别中。算法的具体步骤如下：

(1) 选取任意一个模式特征向量作为第一个聚类中心Z_1。例如，令C_1类的中心$Z_1=X_1$。

(2) 在剩下的模式中选择离Z_1最远的样本为第二个聚类的中心Z_2。

(3) 逐个计算余下样本$\{X_i, i=1, 2, \cdots, N(X_i\neq Z_1\cap X_i\neq Z_2)\}$到$Z_1$和$Z_2$的距离：$D_{i1}=\|X_i-Z_1\|$和$D_{i2}=\|X_j-Z_2\|$，并计算出最小值$D_i=\min(D_{i1}, D_{i2})$。

(4) 选出上述D_i中的最大值，即$D_l=\max\{\min(D_{i1}, D_{i2})\}$。若最大值大于比例系数与$Z_1$和$Z_2$间距离的乘积(即$D_l>\theta\|Z_2-Z_1\|$)，则将此特征向量$X_l$作为第三个聚类的中心，即$Z_3=D_l$，转至步骤(5)；否则跳到步骤(6)。

(5) 如有Z_3存在，则计算$\max\{\min(D_{i1}, D_{i2}, D_{i3})\}(i=1, 2, \cdots, N)$。注意：应该去除已作为聚类中心的样本。如该$\max>\theta\|Z_2-Z_1\|$，则存在$Z_4$，然后转至步骤(5)；否则找聚类中心的计算步骤结束，转至步骤(6)。

(6) 将各模式特征向量按照最小距离原则分到各类中。

算法步骤中的$\theta\|Z_2-Z_1\|$相当于最近邻规则简单试探法中的阈值T，其对算法的影响举足轻重。最大最小距离算法的关键在于怎样开新类以及新类中心如何确定。

例 9.6 已知待识别样本集如图 9.4.3 所示，分别采用最近邻规则简单试探法和最大最小距离算法进行聚类分析。($T=3$，$\theta=1/2$)

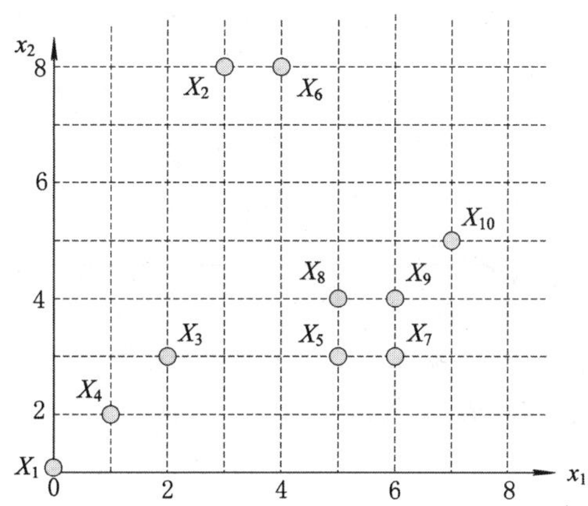

图 9.4.3 两种试探法进行聚类分析举例

解 (1) 最近邻规则简单试探法的步骤如下：

① 选择X_1作为第一个聚类的中心，即$Z_1=X_1$。

② 计算X_2到X_1的距离$D_{21}=\|X_2-Z_1\|=\sqrt{73}$，比阈值3大，所以$X_2$作为新的聚类$C_2$的中心，即$Z_2=X_2$。

③ 计算X_3到Z_1、Z_2的距离$D_{31}=\|X_3-Z_1\|=2\sqrt{2}<3$，$D_{32}=\|X_3-Z_2\|=\sqrt{37}>3$，所以将$X_3$归到$C_1$类。

④ 计算X_4到Z_1、Z_2的距离$D_{41}=\|X_4-Z_1\|=\sqrt{2}<3$，$D_{42}=\sqrt{53}>3$，所以将$X_4$归到$C_1$类。

计算 X_5 到 Z_1、Z_2 的距离 $D_{51}=\|X_5-Z_1\|=\sqrt{34}>3$，$D_{52}=\sqrt{29}>3$，所以新建一个聚类 C_3，即 $Z_3=X_5$。

计算 X_6 到 Z_1、Z_2、Z_3 的距离 $D_{61}=\sqrt{80}>3$，$D_{62}=\sqrt{1}<3$，$D_{63}=\sqrt{26}>3$，所以将 X_6 归到 C_2 类。

计算 X_7 到 Z_1、Z_2、Z_3 的距离 $D_{71}=\sqrt{45}>3$，$D_{72}=\sqrt{34}>3$，$D_{73}=\sqrt{1}<3$，所以将 X_7 归到 C_3 类。

计算 X_8 到 Z_1、Z_2、Z_3 的距离 $D_{81}=\sqrt{41}>3$，$D_{82}=\sqrt{20}>3$，$D_{83}=1<3$，所以将 X_8 归到 C_3 类。

计算 X_9 到 Z_1、Z_2、Z_3 的距离 $D_{91}=\sqrt{52}>3$，$D_{82}=\sqrt{13}>3$，$D_{83}=\sqrt{2}<3$，所以将 X_8 归到 C_3 类。

计算 X_{10} 到 Z_1、Z_2、Z_3 的距离 $D_{10,1}=\sqrt{74}>3$，$D_{10,2}=5>3$，$D_{10,3}=\sqrt{8}<3$，所以将 X_8 归到 C_3 类。

⑤ 所有样本识别结束，算法结束。分类结果如图 9.4.4 所示。

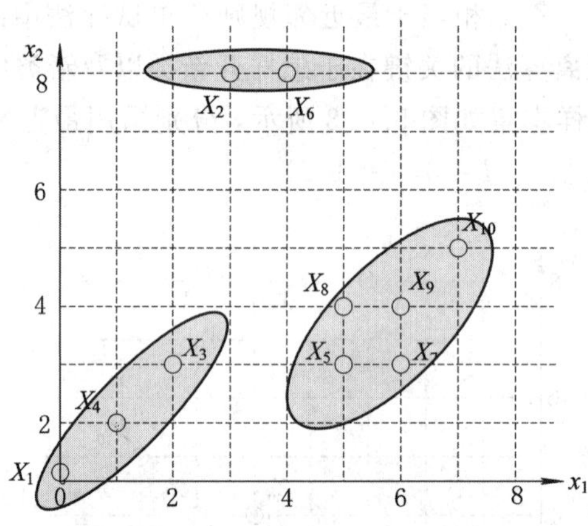

图 9.4.4　分类结果示意

(2) 最大最小距离算法的步骤如下：

① 任取 $Z_1=X_1$。

② 计算其他各样本点到 Z_1 的距离：$D_{21}=\|X_2-Z_1\|=\sqrt{73}$。同理，可算得 D_{31}，D_{41}，…，$D_{10,1}$，其中 D_{61} 最大，即 X_6 离 Z_1 最远，所以 $Z_2=X_6$。计算得 $T=\theta\|Z_2-Z_1\|=\dfrac{1}{2\sqrt{80}}$。

③ 计算剩下各样本到 Z_2 的距离：D_{32}，D_{42}，…，$D_{10,2}$，比较 D_{i1} 和 D_{i2} 的大小，选出小的。在这 8 个最小距离中最大者大于 T，选出了 $Z_3=X_7$。

④ 计算未分类的样本到 Z_3 的距离：D_{43}，D_{53}，D_{63}，D_{83}，…，$D_{10,3}$，求 $\min(D_{41}, D_{42}, D_{43})$，$\min(D_{51}, D_{52}, D_{53})$，$\min(D_{61}, D_{62}, D_{63})$，$\min(D_{81}, D_{82}, D_{83})$，…，$\min(D_{10,1}, D_{10,2}, D_{10,3})$，有 $\max\{\min(D_{i1}, D_{i2}, D_{i3}), i=4, 5, 6, 8, 9, 10\}<T$，所以寻找聚类中心的步骤结束。

⑤ 现有聚类中心 $Z_1=X_1$，$Z_2=X_6$，$Z_3=X_7$，按最近距离将 10 个模式分到三个类别中，有

$$C_1:\{X_1, X_3, X_4\}; C_2:\{X_2, X_6\}; C_3:\{X_5, X_7, X_8, X_9, X_{10}\}$$

由上面的分析可知，两种试探算法得到的结果是相同的，这是很偶然的情况，并不表示二者等价。首先，二者的聚类中心不同。其次二者的阈值也不同。当然，如果阈值 T 和比例系数 θ 变化或者初始点的选择不同，二者间的区别就更大了，读者可自行分析。

9.4.4 系统聚类法

系统聚类法又称层次聚类法、谱系聚类法。基本思想是将每一个待识别模式视作一类，然后根据距离准则逐步合并，减少类别数，直到达到结束条件或者全部样本聚成一类为止。系统聚类法因其实现简单而在实际工程中得到广泛应用。

类间距离有很多种，包括最短距离、最长距离、中间距离、中心距离和类平均距离等。最短距离较为常用，其定义如式(9-4-9)所示，假设有类别$\{C_i, i=1, 2, \cdots, m\}$，计算 C_i 与 C_j 之间的距离。

$$D(C_i, C_j) = \min\{D(X_i, X_j)\}, X_i \in C_i, X_j \in C_j \qquad (9-4-9)$$

由定义可知，两类之间的最短距离等于这两类中相距最近的 对点间的距离。如果 C_j 类由 C_h 和 C_k 两类合并而成，则有 $D(C_i, C_j)=\min\{D(C_i, C_h), D(C_i, C_k)\}$，类似于数学中集合的理论。

在使用算法之前，必须选择或者规定类间距离和类内距离的计算公式。假设 $G_i^{(k)}$ 表示第 k 次合并时的第 i 类，$\boldsymbol{D}^{(n)}$ 表示第 n 次合并后的距离矩阵，系统聚类法的具体步骤如下：

(1) 假设每个样本自成一类，记作 $G_1^{(0)}, G_2^{(0)}, \cdots, G_N^{(0)}$。计算各类之间的距离得到一个 $N\times N$ 的距离矩阵 $D^{(0)}$。请注意距离矩阵是对称的，一般情况下写成下三角矩阵的形式。

(2) 如果在前一步计算中，已经求得距离矩阵 $\boldsymbol{D}^{(n)}$，则找出 $\boldsymbol{D}^{(n)}$ 中最小的元素，将与其对应的两类合并为一类。由此建立新的分类：$G_1^{(n+1)}, G_2^{(n+1)}, \cdots$。

(3) 计算合并后新类别之间的距离，得到距离矩阵 $\boldsymbol{D}^{(n+1)}$。

(4) 检查结束条件，如果满足则结束，不满足则跳至步骤(2)。

所谓的结束条件有很多种，如样本分类数达到给定值 T，距离矩阵 $\boldsymbol{D}^{(n)}$ 的最小分量超过距离阈值 T 或者不设置阈值 T，直到所有样本聚为一类。

事实上，类的结构(规模、形状、个数)、奇异值、相似测度的选择都会影响聚类结果，因此没有普适的衡量算法优劣的标准。在实际应用中，一般采用两种处理方法：① 根据分类问题本身的专业知识结合实际需要来选择分类方法，并确定分类个数；② 多使用几种分类方法，把结果中的共性提出来，对有争议的样品用判别分析去归类。

9.4.5 基于改进粒子群算法的K均值聚类算法

本节介绍一种新型的聚类算法——基于改进粒子群算法的K均值聚类算法，它融合了K均值算法和粒子群算法，提高了K均值算法的局部搜索能力，加快了收敛速度，有效阻止了早熟现象的发生。实验表明该聚类算法有更快的收敛速度。

1. K均值(K-means)聚类算法

K均值算法首先随机选取 K 个数据对象作为簇的平均值或者几何中心；根据其他数据对象到这几个初始簇中心的距离，根据最小距离准则将数据对象划分到相应的簇；更新簇中心，作为下一轮迭代的依据；如此反复迭代，从而促使数据对象不断调整簇归属直至准则函数收敛，簇中心不再发生变化，最终生成尽可能紧凑独立的 K 个簇。

该算法在聚类内部密集且聚类之间区别很明显时效果较好。其优点是简单，执行速度快，缺点是对噪声和孤立点敏感，要事先给出划分的类别数目 K 不现实。另外，初始聚类中心的选择不当可能会造成错误划分，收敛函数可能收敛在局部最小点而非全局最优。

2. 基本粒子群算法

粒子群优化(Particle Swarm Optimization，PSO)算法是 Kennedy 和 Eberhart 受人工生命研究结果的启发，通过模拟鸟群觅食过程中的迁徙和群聚行为而提出的一种基于群体智能的全局随机搜索算法。该算法因其简单，易于实现，无需梯度信息，参数少等特点广泛应用于数据聚类、模式识别、生物系统建模等领域。

假设在 D 维空间中有 m 个粒子组成的群落，所有的粒子都有一个由被优化目标函数决定的适应值，每个粒子的速度、位置、个体极值和全局极值已知，均为 D 维向量，分别记为 $V_i=(v_{i1},\ v_{i2},\ \cdots,\ v_{iD})$、$X_i=(x_{i1},\ x_{i2},\ \cdots,\ x_{iD})$、$p(i)=(p_{i1},\ p_{i2},\ \cdots,\ p_{iD})$、$g(i)=(g_{i1},\ g_{i2},\ \cdots,\ g_{iD})$，其中 $i=1,\ 2,\ \cdots,\ m$。

设 f 为最小化的目标函数，则粒子 i 的当前最好位置 $p(i)$ 由下式确定：

$$p_i(k+1)=\begin{cases}p_i(k) & f(X_i(k+1))\geqslant f(p_i(k))\\ X_i(k+1) & f(X_i(k+1))\leqslant f(p_i(k))\end{cases} \tag{9-4-10}$$

$$\begin{cases}g(k)\in\{p_0(k),\ p_1(k),\ \cdots,\ p_m(k)\}\\ f(g(k))=\min\{f(p_0(k)),\ f(p_1(k)),\ \cdots,\ f(p_m(k))\}\end{cases} \tag{9-4-11}$$

粒子通过进化方程来更新其位置和速度，位置和速度在连续的实数空间取值，进化方程定义如下：

$$v_{iD}^{k+1}=wv_{iD}^{k}+c_1x(p_{iD}^{k}-x_{iD}^{k})+c_2h(g_{iD}^{k}-x_{iD}^{k}) \tag{9-4-12}$$

$$x_{iD}^{k+1}=x_{iD}^{k}+v_{iD}^{k+1} \tag{9-4-13}$$

表 9-4-1　进化方程中的参数选择

参数	名　称	一般取值	备　注
k，$k+1$	迭代次数	0，1，2，…，T	T 为迭代次数最大值，不可能无限次迭代
w	惯性权重系数	从 0.9 到 0.1 线性下降	大小决定了对粒子当前速度继承的多少
c_1，c_2	学习因子(加速常数)	$c_1=c_2=1.8$ 或 2	
ξ，η	随机正数	ξ，$\eta\in[0,\ 1]$	
v_{iD}	粒子速度	$v_{iD}\in[-v_{\max},\ v_{\max}]$	$v_{\max}$ 是常数，通常由用户设定

表 9-4-1 所示为进化方程中的参数选择。式(9-4-12)右边由三部分组成，第一部分"惯性"部分，反映了粒子的运动习惯，代表粒子有维持自己先前速度的趋势；第二部分为"认知"部分，反映了粒子对自身历史经验的记忆或回忆，代表粒子有向自身历史最佳位置逼近的趋势；第三部分为"社会"部分，反映了粒子间协同合作与知识共享的群体历史经验，代表粒子有向群体或邻域历史最佳位置逼近的趋势。基本粒子群算法的流程图如图 9.4.5 所示。

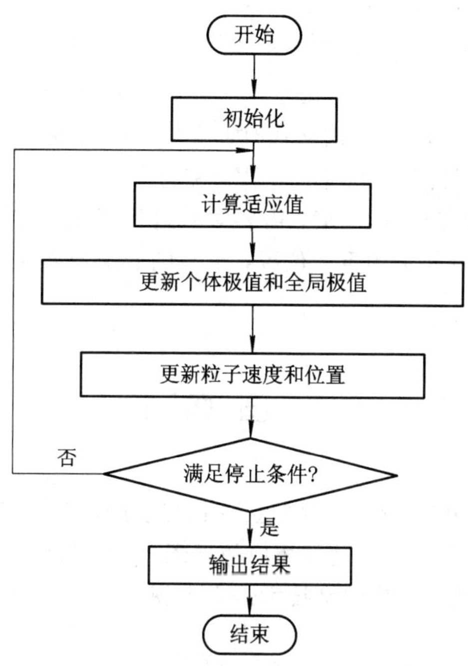

图 9.4.5　基本粒子群算法流程图

3. 基于改进粒子群的 K 均值聚类算法

聚类分析本质上就是工程优化中的最小化问题，即求目标函数的最小值。这里将所有样本到相应聚类中心的距离之和作为目标函数 F，其定义如下：

$$F=\sum_{j=1}^{K}\sum_{i=1}^{N}w_{ij}\sum_{p=1}^{m}(X_{ip}-C_{jp})^2 \tag{9-4-14}$$

$$C_{jp}=\frac{\sum_{i=1}^{S}w_{ij}X_{ip}}{\sum_{i=1}^{S}w_{ij}} \tag{9-4-15}$$

式中，w_{ij} 为 $N\times K$ 加权矩阵的元素，取值为 0 或 1($X_i\in C_j$ 时，$w_{ij}=1$)。

算法将聚类中心用粒子位置表示，给聚类中心加以扰动，以增强跳出局部极值和寻找最优聚类的能力。如果多次扰动下聚类划分不变，则认为当前的聚类为最优聚类，也就是找到了最优聚类中心。基于改进粒子群的 K 均值聚类算法的具体步骤如下：

(1) 初始化：设定粒子的数目为 m，最大迭代次数为 T，随机产生 m 个初始位置；初始的个体极值和个体极值位置分别为初始适应值和初始位置，并用式(9-4-11)计算全局极值和全局极值位置。

(2) 计算适应值：用式(9-4-14)、式(9-4-15)计算函数适应值，设定当前适应值为个体极值，当前位置为个体极值位置；用式(9-4-11)计算全局极值和全局极值位置。

(3) 更新粒子速度和位置：分别用式(9-4-12)、式(9-4-13)更新粒子的速度和位置，注意将粒子速度限制在 $v_{\max}$ 内。

(4) 根据位置以最小距离准则将各个对象归入 K 个簇中。

(5) 判断：若未达到迭代次数，则跳至步骤(2)，否则跳至步骤(6)。

(6) 输出：输出全局极值和全局极值位置。

值得注意的是，第一次迭代时应跳过步骤(2)。另外，为了达到更好的聚类效果，可以对算法进行改进，比如在步骤(2)中给每个粒子设置一个计数器 a_i，规定第 i 个粒子在第 k 次迭代时的个体极值为 p_i^k，第 $k+1$ 次迭代时的个体极值为 p_i^{k+1}，若 $p_i^k < p_i^{k+1}$，则 $a_i = a_i + 1$；否则 a_i 不变。对于给定的阈值 Y，若 $a_i > Y$，说明在 $k+1$ 次迭代中有 a_i 次得到的个体极值不满足要求，陷入了局部最优的困境，需要对其进行优化。这里的优化主要是重新赋予新的初始位置，定义为所有粒子的重心位置，重心的定义有很多种，可以根据需求选择不同的方法。

☞ 9.5 图像识别

作为模式识别的重要分支，图像识别主要指通过计算机，采用数学化技术对一个系统前端获取的图像按照某种特定目的进行相应的处理、分析和理解，以识别各种不同模式的目标和对象的技术。本质上，图像识别技术是人类视觉认知的延伸，是人工智能的一个重要领域。

9.5.1 人眼识别原理

有研究表明，人类对于图像的认知首先体现在特征上，也就是说视线集中在图像轮廓曲度最大或轮廓方向突然改变的地方，这些地方的信息量最大，而且眼睛的扫描路线也总是依次从一个特征转到另一个特征上。这就要求眼睛在受到外界物体刺激的同时，人的神经系统能做出相应的反应，最终在大脑中形成具体的判断。例如，人看到桌子上的物体(此时并不知道它是苹果)的同时神经纤维将信号传输到大脑，大脑将此信号与本已经存在于大脑中的认知或记忆相比较(颜色、形状、气味等)，最终得出结论：这是一个苹果。由此可见，在图像识别过程中，知觉机制必须排除输入的多余信息，抽出关键的信息。同时，在大脑里必定有一个负责整合信息的机制，它能把分阶段获得的信息整理成一个完整的知觉映像。

9.5.2 计算机图像识别

同人眼识别相似，计算机在进行图像识别时需要提取对象的主要特征，对其进行一定的处理，然后整合大量的信息得出正确的结论。值得注意的是，计算机在进行匹配时需要一个库，这个库类似于人类的大脑，用来存储不同事物的特征，以便进行比较从而得出结果。这个库的形成应该是庞大的数据进行长期整合的产物，它的形式类似于模式识别中的学习过程。

简单来说，这个库中存着不同的图像识别模型，我们要识别的对象只要和这个库中的某个模型相匹配，就说这个对象被识别了。图像识别的模型主要有“原型匹配模型”和“泛魔识别模型”。“原配匹配模型”库中存储“相似性”，而非前述的“模板”。“泛魔识别模型”将图像识别过程分为不同层次，每一层次承担不同的职责，依次工作完成图像的识别，每层次的特征分析机制被称为“小魔鬼”。

图像识别系统由五个部分组成，包括图像输入、预处理、特征提取、匹配和分类，如图9.5.1所示。

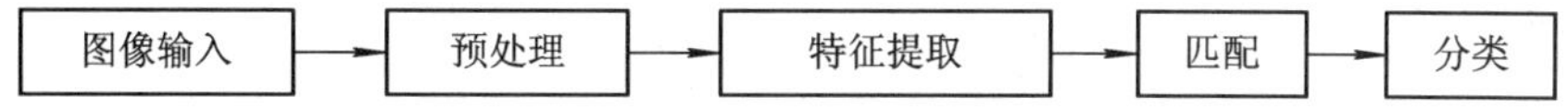

图 9.5.1　图形识别系统

图像识别作为模式识别的特殊情况，其分析和解决方法与模式识别大体一致。对于图像识别，人们更注重的是现实生活中的应用，下一节中将介绍图像识别的重要应用——指纹识别。

9.5.3　指纹识别技术

指纹识别技术正越来越多地影响人们的日常生活。通过取代个人识别码和口令，指纹识别技术不仅可以阻止非授权访问，还能防止盗用ATM、蜂窝电话、智能卡等。指纹识别技术也可在电话、网络进行金融交易时进行身份认证，或在办公场所取代现有的钥匙、证件、图章等。

1. 指纹

指纹是指手指末端正面皮肤上凸凹不平的纹路，这些皮肤的纹路在很多方面是各不相同的，在信息处理中将这些不同点称作“特征”，医学上已经证明这些特征对于每个手指都是不同的。由于指纹具有终身不变性、唯一性和方便性，因此已经成为生物特征识别的代名词。指纹的“特征”大致有两类：总体特征和局部特征。总体特征是指用肉眼可以观察到的特征，包括纹形、模式区、三角点、纹数等，如图9.5.2所示。局部特征有特征点、方向、曲率、位置等，如图9.5.3所示。在考虑局部特征的情况下，英国学者E. R. Herry认为，只要比对13个特征点重合，就可以确认为是同一个指纹。

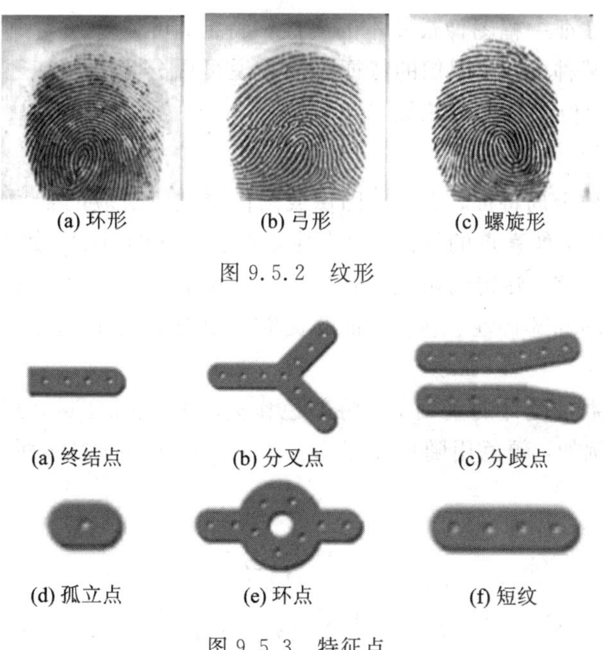
(a) 环形　(b) 弓形　(c) 螺旋形

图 9.5.2　纹形

(a) 终结点　(b) 分叉点　(c) 分歧点

(d) 孤立点　(e) 环点　(f) 短纹

图 9.5.3　特征点

2. 指纹获取方式

指纹识别系统类似图像识别系统，包括指纹获取、生成指纹图像、指纹图像预处理等，如图 9.5.4 所示。

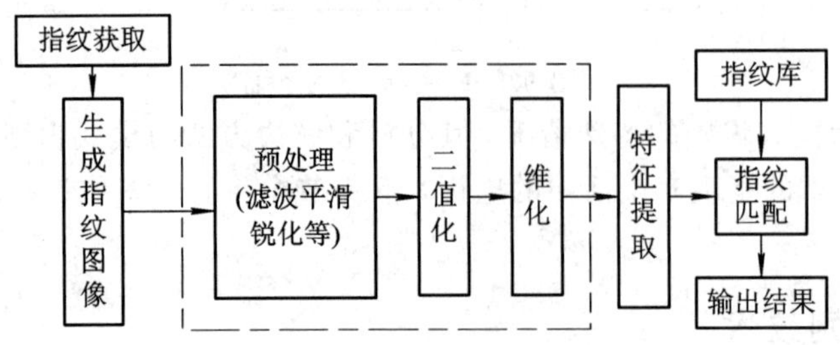

图 9.5.4　指纹识别系统

指纹获取主要有三种方式：光学取像设备、晶体传感器和超声波扫描。指纹由“脊”和“谷”组成，当光照通过压在玻璃上的指纹时，“谷”的部分发生全反射，而“脊”的部分发生折射或者散射到其他地方，反射的光线进入 CCD 形成指纹图像。晶体传感器分为压控式、温控式和电容式，分别根据“脊”、“谷”的压力、温度和电容值不同来成像。超声波先扫描指纹的表面，紧接着接收设备获取其反射信号，测量其范围得到脊的深度。超声波扫描不受皮肤上的污渍和老茧等影响，获得的指纹图像更接近理想。

指纹的唯一性可以充分保证识别结果的可靠性。但指纹的多样性导致特征的提取和采集需要耗费大量的人力和时间，是指纹识别技术最大的难点。另外，指纹识别涉及隐私的问题，如果不妥善进行处理，指纹痕迹很有可能被不法分子利用，给个人和社会带来不良影响。

9.5.4　图像特征提取

图像的特征是表征一幅图像最基本的属性和特征，可以是人类视觉可感知的特质，也可以是人为定义的某种参数。图像的特征总的来说可以分为颜色特征、几何特征、形状特征、纹理特征和空间位置特征等几类。

1. 颜色特征

颜色特征是一种全局特征，表征了图像或图像区域所对应的景物的表面性质。一般情况下，颜色特征是基于像素点的特征，每个像素都有不同的贡献。其优点在于其容易观察，很直观且不受图像平移、旋转的影响，但是它对图像的方向、大小等变化不敏感，所以不能很好地捕捉图像的局部特性。颜色特征的提取主要有颜色矩、颜色直方图、颜色集和颜色相关向量四种方法。

颜色矩建立在数理统计的基础上，将颜色作为一种随机变量，其有一定的概率分布，则对应相应的矩。例如，颜色用随机变量 $\boldsymbol{X}=\{x_1, x_2, \cdots, x_N\}$表示，其前三阶矩的定义如下：

$$\mu_i = \frac{1}{N}\sum_{i=1}^{N} x_i \tag{9-5-1}$$

$$\delta_i = \left(\frac{1}{N}\sum_{i=1}^{N}(x_i - u_i)^2\right)^{1/2} \tag{9-5-2}$$

$$s_i = \left(\frac{1}{N}\sum_{i=1}^{N}(x_i - u_i)^3\right)^{1/3} \tag{9-5-3}$$

一般颜色矩的计算均在 RGB 颜色模型中，颜色分布的信息主要集中在低阶矩中，因此一般认为一阶、二阶、三阶矩足以表示图像的颜色分布。

2. 几何特征

几何特征包括周长、面积、长轴短轴、位置和方向、距离等，是一种比较广泛的特征。一般情况下用物体面积的中心点作为物体的位置，其中面积中心就是指单位面积质量恒定的相同形状图形的质心 o，如图 9.5.5 所示。例如，一幅图像大小为 $M\times N$，其位置定义如下：

$$\begin{cases} \tilde{x} = \dfrac{1}{MN}\displaystyle\sum_{i=0}^{M-1}\sum_{j=0}^{N-1}x_i \\ \tilde{y} = \dfrac{1}{MN}\displaystyle\sum_{i=0}^{M-1}\sum_{j=0}^{N-1}y_i \end{cases} \tag{9-5-4}$$

如果物体是细长的，一般将较长轴的方向定义为物体的方向，即找一条直线使式(9-5-5)中定义的 E 最小，如图 9.5.6 所示。

$$E = \iint r^2 f(x, y)\mathrm{d}x\mathrm{d}y \tag{9-5-5}$$

其中，r 为点(x, y)到直线的距离。

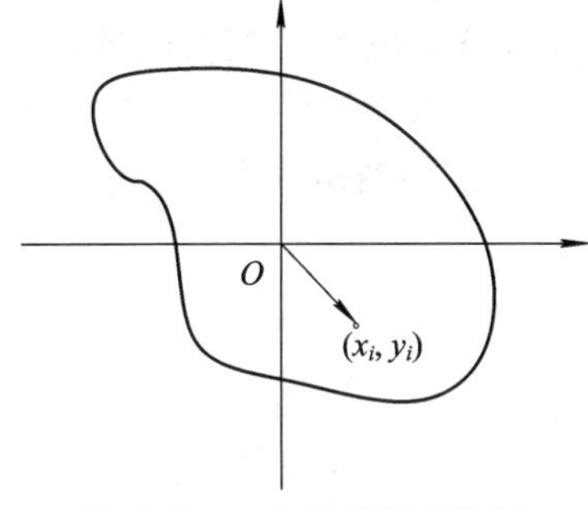

图 9.5.5　位置定义示意图

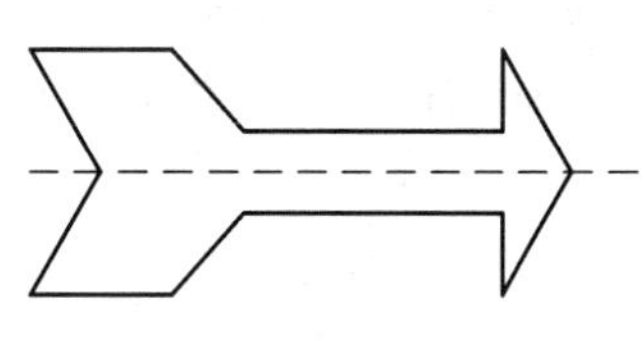
图 9.5.6　方向定义示意图

3. 形状特征

形状也是物体区别于其他物体的特征之一，长方形之所以不叫做圆形是因为它有棱有角，不像圆那么平滑。形状特征主要有圆形度、矩形度、球状型和偏心率等几种。

圆形度又叫做致密度，用来反映边界的复杂程度，定义其为周长平方与面积的比值，即

$$C = \frac{P^2}{A} \tag{9-5-6}$$

矩形度用来反映物体对其外接矩形的充满程度，也就是面积与其最小外接矩形面积之比，即

$$R = \frac{A_0}{A_{\mathrm{MER}}} \tag{9-5-7}$$

当物体为矩形时，$R=1$；圆形的矩形度为 $\pi/4$；细长、弯曲的物体的 R 较小。

对于不同的图像选取不同的特征来进行图像识别，具体选取什么特征是其中至关重要

的一环，直接影响图像识别的结果和系统性能，因此掌握各种图像特征的特质十分重要。

☞ 9.6　基于 BP 神经网络的图像识别技术

传统的图像识别技术多是基于图像的统计特征或句法结构，运算量大且正确率不高。近年来，科学家在医学、认知学、组织协同学等领域不断研究和探索，产生了一种新兴的多学科交叉技术——神经网络，为图像识别提供了新的途径。神经网络有很多种，如 Hopfield 网络、BP 网络、RBF 网络等，其中 BP(Back-Propagation，反向传播算法)网络基于误差的梯度下降准则，功能强大，易于理解，是多层神经网络有监督训练中最具启发价值的算法。

9.6.1　BP 神经网络

人工神经网络(ANN)是一种类似于人类大脑神经网络结构的用来处理信息的非线性数学模型。它由大量的节点(即“神经元”)和之间的链路组成，其数学模型如图 9.6.1 所示。

将图 9.6.1 中的 x_1，x_2，…，x_n看做外界激励信号，w_1，w_2，…，w_n为神经元之间的连接强度，此数学模型可以很好地模拟大脑的学习过程。其输出值 t 如下：

$$t = f(\boldsymbol{X}^{\mathrm{T}}\boldsymbol{W} + b) \qquad (9-6-1)$$

其中，$\boldsymbol{X}=(x_1, x_2, \cdots, x_n)^{\mathrm{T}}$为输入向量，$\boldsymbol{W}=(w_1, w_2, \cdots, w_n)^{\mathrm{T}}$为权值向量，$b$ 为偏置，f 为传递函数。可见，一个神经元得到的结果是一个标量，也就是将一个 n 维向量空间用一个超平面分割为两部分，给定一个输入向量，神经元可以判断出这个向量位于超平面的哪一边。

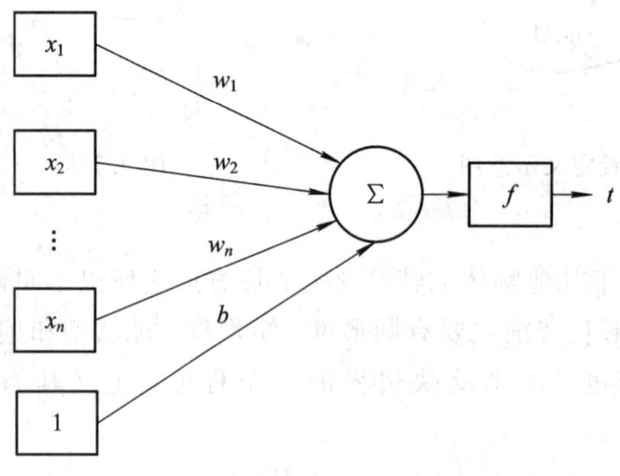

图 9.6.1　神经元的数学模型

1. BP 神经网络概述

神经元之间的连接方式形成了人工神经网络的拓扑结构，到目前为止，已有近 40 种神经网络模型，其中有反传网络、感知器、Hopfield 网络等。BP 神经网络于 1986 年由以 Rumelhart 和 McCelland 为首的科学家小组提出，是一种按误差逆传播算法训练的多层前馈网络，是目前应用最广泛的神经网络模型之一。

BP 网络能学习和存储大量的输入、输出模式之间的映射关系，而无需事前给出描述这种映射关系的数学方程。它的学习规则是最速下降法，通过反向传播来不断调整网络的权值和阈值，使网络的误差平方和最小。BP 神经网络模型的拓扑结构如图 9.6.2 所示，包括输入层、隐含层和输出层。

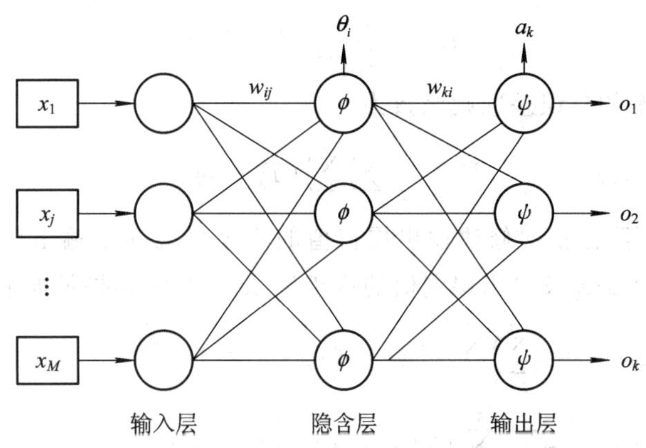

图 9.6.2　BP 神经网络拓扑结构

由图 9.6.2 可知，层与层之间采用全连接方式，同层单元时间不存在任何连接，各层神经元之间无反馈连接，构成具有层次结构的前馈型神经网络系统。

2. 基本 BP 算法

假设 x_j 为输入层第 j 个节点的输入，w_{ij} 为隐含层第 i 个节点到输入层第 j 个节点的权值，θ_i 为隐含层第 i 个节点的阈值，$\phi(x)$ 为隐含层的激励函数，w_{ki} 为隐含层第 k 个节点到输入层第 i 个节点的权值，a_k 为输出层第 k 个节点的阈值，$\psi(x)$ 为输出层的激励函数，o_k 为输出层第 k 个节点的输出。

基本 BP 算法包括两个方面：信号的前向传播和误差的反向传播。即计算实际输出时按从输入到输出的方向进行，而权值和阈值的修正以输出到输入的方向进行。

1）信号的前向传播

如图 9.6.2 所示，隐含层第 i 个节点的输入用 $h_{\mathrm{i}}(i)$ 表示为

$$h_{\mathrm{i}}(i) = \sum_{j=1}^{M} w_{ij} x_j + \theta_i \tag{9-6-2}$$

隐含层第 i 个节点的输出 $h_{\mathrm{o}}(i)$ 为

$$h_{\mathrm{o}}(i) = \phi(h_{\mathrm{i}}(i)) = \phi\Big(\sum_{j=1}^{M} w_{ij} x_j + \theta_i\Big) \tag{9-6-3}$$

输出层第 k 个节点的输入 $o_{\mathrm{i}}(k)$ 为

$$o_{\mathrm{i}}(k) = \sum_{i=1}^{N} w_{ki} h_{\mathrm{o}}(i) + a_k \tag{9-6-4}$$

所以输出层第 k 个节点的输出表示如下：

$$o_k = \psi(o_{\mathrm{i}}(k)) = \psi\Big(\sum_{i=1}^{N} w_{ki} h_{\mathrm{o}}(i) + a_k\Big) = \psi\Big[\sum_{i=1}^{N} w_{ki} \phi\Big(\sum_{j=1}^{M} w_{ij} x_j + \theta_i\Big) + a_k\Big] \tag{9-6-5}$$

2）误差的反向传播

从输出层开始逐层计算误差，利用最速下降法来调节权值和阈值，使网络的最终输出能接近期望值，即误差最小。

对于一个样本 p 的二次型误差准则函数定义如下：

$$E_p = \frac{1}{2}\sum_{k=1}^{L}(T_k - o_k) \tag{9-6-6}$$

系统中 P 个样本的总误差准则函数为

$$E = \frac{1}{2}\sum_{p=1}^{P}\sum_{k=1}^{M}(T_k^p - o_k^p)^2 \tag{9-6-7}$$

根据误差梯度下降法依次修改输出层权值的修正量 Δw_{ki}、输出层阈值的修正量 Δa_k、隐含层权值的修正量 Δw_{ij} 及输出层阈值的修正量 $\Delta\theta_i$。最终结果见如下

$$\begin{cases}\Delta w_{ki} = \eta\sum\limits_{p=1}^{P}\sum\limits_{k=1}^{M}(T_k^p - o_k^p)\psi'(o_i(k)) \\ \Delta a_k = \eta\sum\limits_{p=1}^{P}\sum\limits_{k=1}^{M}(T_k^p - o_k^p)\psi'(o_i(k))\cdot h_o(i) \\ \Delta w_{ij} = \eta\sum\limits_{p=1}^{P}\sum\limits_{k=1}^{M}(T_k^p - o_k^p)\psi'(o_i(k))w_{ki}\phi'(h_i(i))\cdot x_j \\ \Delta\theta_i = \eta\sum\limits_{p=1}^{P}\sum\limits_{k=1}^{M}(T_k^p - o_k^p)\psi'(o_i(k))w_{ki}\phi'(h_i(i))\end{cases} \tag{9-6-8}$$

基本 BP 算法简单、计算量小，但是学习效率低，收敛速度慢且容易陷入局部极小点。很多科学家对基本 BP 算法进行了各种各样的改进，比如附加动量法、自适应学习速率法以及二者的结合——动量—自适应学习速率调整算法等。

9.6.2 基于 BP 神经网络的图像识别

1. 基于 BP 神经网络的图像识别系统概述

如图 9.6.3 所示，基于 BP 神经网络的图像识别系统主要由预处理、图像分割、特征提取和分类四大板块组成。

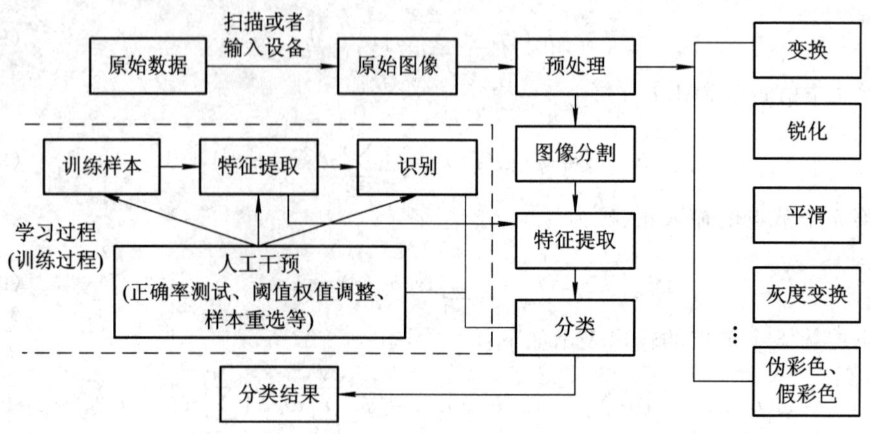

图 9.6.3 BP 网络图像识别系统

图像的预处理包括很多方面，大致可以分为五个部分，即图像的正交变换、锐化、平滑、灰度变换以及伪彩色和假彩色。灰度变换的前提是将彩色图像变成灰度图像。图像灰度化往往采用下面的公式：

$$Y = 0.11R + 0.59G + 0.3B \tag{9-6-9}$$

图像作为整体识别，特征向量的维数很大，导致分类系统复杂度大大增加。图像分割将目标物和背景分开，只对目标物进行识别，简化了识别过程。近些年来图像分割的算法很多，包括阈值、区域、边缘、特定理论、基因编码和神经网络等，在图像识别中应该根据图像的不同选取不同的分割算法。

特征提取工作表现为减少特征矢量的维数、符号、串字符数或简化图的结构。图像识别中，待识别目标的特征必须满足唯一性、鲁棒性和相对性三个条件。

2. 神经网络结构调整

常见的图像识别技术大致分为三大类，即模板匹配方法、结构图像识别和统计图像识别。基于 BP 神经网络的图像识别方法不同于以上三种识别方式，它将图像的特征(即特征向量)作为 BP 神经网络的输入，通过大量样本的训练和学习过程对网络的权值和阈值进行调整，使得输出为准确的图像分类结果。整个分类过程中尤其重要的是神经网络结构的调整，也即网络的参数选择。

1）输入层神经元个数和输出层神经元个数

BP 神经网络的输入是特征向量，所以输入层神经元的个数就是特征向量的维数。输出应该是要识别模式的个数。例如，进行 10 个阿拉伯数字的识别，输出神经元的个数应为 10。当然可以对 10 个数字编码，使输出神经元个数减少。

2）隐含层的层数

理论上讲，隐含层越多，网络的准确性越高，但是隐含层的增多会导致训练的过程时间变长。Kosmogorov 定理说明在结构合理、权值恰当的条件下，三层前馈网络可以逼近任意的连续函数。所以一般情况下认为三层 BP 神经网络足以解决任何识别问题。

3）隐含层节点个数

隐含层节点个数对于 BP 网络非常重要，它也是训练过程出现“过拟合”现象的直接原因。目前尚无一种普适的方法来确定隐含层节点的个数，人们往往根据经验来选取。Kosmogorov 定理说明第一层有 m 个单元，中间层有 $2m+1$ 个单元，第三层有 n 个单元即可表示任意连续函数。但是在大量的试验和尝试后，人们总结出了如下经验公式：

$$s = \text{sqrt}(0.43mn + 0.12n^2 + 2.54m + 0.77n + 0.35 + 0.51) \tag{9-6-10}$$

目前为止，BP 神经网络已大量应用于字符识别、签字识别和人脸识别等图像识别领域。其实时性、准确性和高度容错性有目共睹。通过对 BP 网络模型进行优化可以进一步提高算法性能，因此如何改进基本的 BP 算法也需要进一步的讨论和研究。

☞ 9.7 本章小结

本章主要介绍了图像识别的基础知识，需要对模式、模式识别以及模式识别系统的概念有深刻的认识，理解基本模式识别系统的构成和工作流程。图像识别作为模式识别的重要分支，应该理解和掌握其特殊性和共性，重点学习图像的各种特征以及选取特征的方法。另外从系统整体和局部的角度结合图像处理的相关知识认识图像识别的流程。图像识别的应用——指纹识别和基于BP神经网络的图像识别可以作为拓展知识，如果有兴趣可以进行深入的研究和学习。

☞ 习　题

9.1　试说明监督学习和非监督学习两种方法的定义及二者的区别并说明以下问题求解是基于哪种方法。

(1) 求数据集的主分量；

(2) 汉字识别；

(3) 自组织特征映射；

(4) CT图像的分割。

9.2　在目标识别中，假设有农田 c_1 和装甲车 c_2 两种类型，它们的先验概率分别为0.8、0.2。损失函数如表9.2-1所示。现在做了三次试验，获得了三个样本的类概率密度为 $p(x|c_1)$：0.3，0.1，0.6和 $p(x|c_2)$：0.7，0.8，0.3。

(1) 试用贝叶斯最小错误率准则判决三个样本各属于哪一个类型；

(2) 假定只考虑前两种判决，试用贝叶斯最小风险准则判决三个样本各属于哪一个类型。

表9.2-1　损失函数

判决 \ 损失类型	c_1	c_2
α_1	1	4
α_2	5	1
α_3	1	1

9.3　试分析四种常用决策规则思想方法的异同。

9.4　什么是聚类分析，它与前面讲到的分类方法有什么不同？

9.5　简述各种相似性测度的定义及异同。

9.6　简述K均值法与系统聚类法的异同并试用C程序实现K均值聚类法。

9.7　简述指纹识别的大致步骤并阐述其优缺点。

附录 A　计算机图形学的数学基础

A.1　标　　量

标量域是一个标量集合以及在该集合上定义的两种运算。用 S 表示标量集合。两种基本二元运算，称为加法和乘法，分别用符号"+"和"·"表示。S 对这两种运算封闭，即对于 $\forall \alpha, \beta \in S$，有 $\alpha+\beta \in S$，$\alpha \cdot \beta \in S$。运算满足结合律、交换律和分配律。例如，对于 $\forall \alpha, \beta, \gamma \in S$，有

$$\alpha+\beta=\beta+\alpha$$
$$\alpha \cdot \beta=\beta \cdot \alpha$$
$$\alpha+(\beta+\gamma)=(\alpha+\beta)+\gamma$$
$$\alpha \cdot(\beta \cdot \gamma)=(\alpha \cdot \beta) \cdot \gamma$$
$$\alpha \cdot(\beta+\gamma)=(\alpha \cdot \beta)+(\alpha \cdot \gamma)$$

通常，在不引起混淆的情况下，会将 $\alpha \cdot \beta$ 写成 $\alpha\beta$。

在 S 中有两个特殊的标量，加法单位元 0 和乘法单位元 1，对 $\forall \alpha \in S$，满足

$$\alpha+0=0+\alpha=\alpha$$
$$\alpha \cdot 1=1 \cdot \alpha=\alpha$$

每个元素 α 有一个加法单位元 $-\alpha \in S$ 和一个乘法单位元 $\alpha^{-1} \in S$，满足

$$\alpha+(-\alpha)=0$$
$$\alpha \cdot \alpha^{-1}=1$$

实数集通过普通的加法和乘法运算构成标量域，复数集(通过复数加法和乘法)及有理数集(两个多项式的比)也是如此。

A.2　向量空间

向量空间由标量和向量构成。向量空间中定义两种运算：向量与向量的加法以及标量与向量的乘法。用 $\boldsymbol{u}$，$\boldsymbol{v}$，$\boldsymbol{w}$ 表示向量空间 $\boldsymbol{V}$ 中的向量。向量加法是封闭的，即 $\forall \boldsymbol{u}, \boldsymbol{v} \in \boldsymbol{V}$，有 $\boldsymbol{u}+\boldsymbol{v} \in \boldsymbol{V}$；满足交换律 $\boldsymbol{u}+\boldsymbol{v}=\boldsymbol{v}+\boldsymbol{u}$ 以及结合律 $\boldsymbol{u}+(\boldsymbol{v}+\boldsymbol{w})=(\boldsymbol{u}+\boldsymbol{v})+\boldsymbol{w}$；定义一个特殊的向量(零向量)$\boldsymbol{0}$，满足 $\forall \boldsymbol{u} \in \boldsymbol{V}$，有 $\boldsymbol{u}+\boldsymbol{0}=\boldsymbol{u}$。每个向量 $\boldsymbol{u}$ 有一个加法逆元素，表示为 $-\boldsymbol{u}$，满足 $\boldsymbol{u}+(-\boldsymbol{u})=\boldsymbol{0}$。

标量与向量的乘法定义满足：对任意的标量 α 和任意的向量 $\boldsymbol{u}$，$\alpha\boldsymbol{u}$ 也是 $\boldsymbol{V}$ 中的一个向量。标量与向量的乘法是可分配的。因此有

$$\alpha(\boldsymbol{u}+\boldsymbol{v})=\alpha\boldsymbol{u}+\alpha\boldsymbol{v}$$
$$(\alpha+\beta)\boldsymbol{u}=\alpha\boldsymbol{u}+\beta\boldsymbol{u}$$

向量和向量的加法可以由首尾法则来定义。将 $\boldsymbol{u}$ 的首与 $\boldsymbol{v}$ 的尾相连就得到了向量 $\boldsymbol{u}+\boldsymbol{v}$，可验证其满足向量域中的所有定律。标量与向量的乘法以及向量的加法可以表示为

$$\begin{aligned}\boldsymbol{u}+\boldsymbol{v}&=(u_1, u_2, u_3, \cdots, u_n)+(v_1, v_2, v_3, \cdots, v_n)\\&=(u_1+v_1, u_2+v_2, u_3+v_3, \cdots, u_n+v_n)\end{aligned}$$
$$\alpha\boldsymbol{v}=(\alpha v_1, \alpha v_2, \alpha v_3, \cdots, \alpha v_n)$$

用 $\boldsymbol{R}^n$ 表示这个向量空间，在这个空间中可以通过矩阵代数来处理向量。

在向量空间中，线性无关和基的概念十分重要。n 个向量 $\boldsymbol{u}_1$，$\boldsymbol{u}_2$，$\boldsymbol{u}_3$，…，$\boldsymbol{u}_n$ 的线性组合表示一个向量，其形式为

$$\boldsymbol{u}=\alpha_1\boldsymbol{u}_1+\alpha_2\boldsymbol{u}_2+\alpha_3\boldsymbol{u}_3+\cdots+\alpha_n\boldsymbol{u}_n$$

如果满足 $\alpha_1\boldsymbol{u}_1+\alpha_2\boldsymbol{u}_2+\alpha_3\boldsymbol{u}_3+\cdots+\alpha_n\boldsymbol{u}_n=0$ 的仅有一组解 α_1，α_2，α_3，…，α_n，即 $\alpha_1+\alpha_2+\alpha_3+\cdots+\alpha_n=0$，那么这些向量就称为线性无关的。一个向量空间中所能找到的最大线性无关组的向量个数为该空间的维数。在一个 n 维向量空间中，任意个线性无关的向量构成一个基。如果 $\boldsymbol{v}_1$，$\boldsymbol{v}_2$，$\boldsymbol{v}_3$，…，$\boldsymbol{v}_n$ 是 $\boldsymbol{V}$ 的一个基，那么任何一个向量都可以由这个基唯一表示，即

$$\boldsymbol{v}=\beta_1\boldsymbol{v}_1+\beta_2\boldsymbol{v}_2+\beta_3\boldsymbol{v}_3+\cdots+\beta_n\boldsymbol{v}_n$$

标量 $\{\beta_i\}$ 表明如何使用 $\boldsymbol{v}_1$，$\boldsymbol{v}_2$，$\boldsymbol{v}_3$，…，$\boldsymbol{v}_n$ 表示 $\boldsymbol{v}$，如果 $\boldsymbol{v}'_1$，$\boldsymbol{v}'_2$，$\boldsymbol{v}'_3$，…，$\boldsymbol{v}'_n$ 是另一个基（基内的向量数是个常量），则 $\boldsymbol{v}$ 也可以用这个基表示，形式为

$$\boldsymbol{v}=\beta'_1\boldsymbol{v}'_1+\beta'_2\boldsymbol{v}'_2+\beta'_3\boldsymbol{v}'_3+\cdots+\beta'_n\boldsymbol{v}'_n$$

存在一个 $n\times n$ 的矩阵 $\boldsymbol{M}$，使

$$\begin{bmatrix}\beta'_1\\\beta'_2\\\vdots\\\beta'_n\end{bmatrix}=\boldsymbol{M}\begin{bmatrix}\beta_1\\\beta_2\\\vdots\\\beta_n\end{bmatrix}$$

☞ A.3 仿射空间

向量空间缺少几何概念，如位置和距离。如果使用通常的向量空间中有向线段的例子，就会遇到麻烦，如图 A.1 中所示各个向量相同。

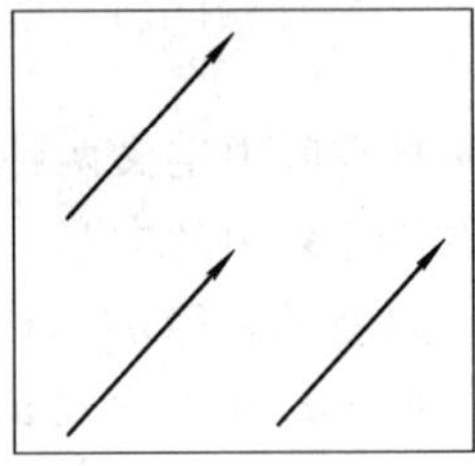

图 A.1 相同的向量

在仿射空间引入了第三个量，即“点”的概念，可以解决这个问题。点(P，Q，R，…)构成一个集合，产生一种新的运算。点与点减法的结果是一个矢量。因此，如果 P、Q 代表任意两点，则减运算 $P-Q$ 总会产生空间中 $\mathbf{V}$ 的一个矢量 $\boldsymbol{v}$。相反的，对每个 $\boldsymbol{v}$ 和 P，总可以找到一个点使上面的关系成立。因此，可用 $Q=\boldsymbol{v}-P$ 来定义向量加法。首尾法则的一个推理是：对任意三个点 P，Q、R，满足

$$(P-Q)+(Q-R)=(P-R)$$

如图 A.2 所示，用从点 Q 到点 P 的线段表示矢量 $P-Q$，并用箭头注明方向。

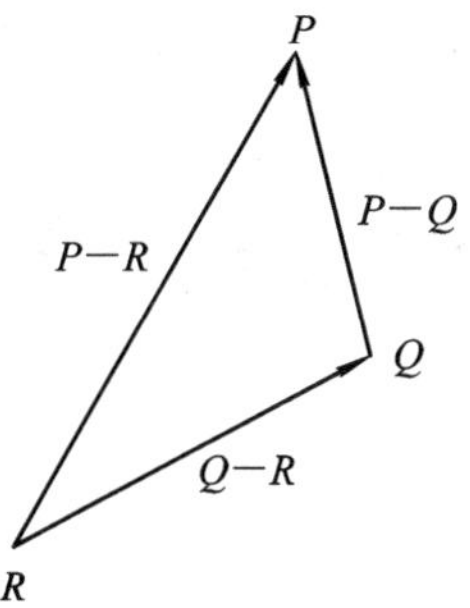

图 A.2 点的首尾法则

如果不用坐标系而用参考系，那么就可以在仿射空间中指定点和矢量。参考系由一个点 P_0 和一组向量 $\boldsymbol{v}_1$，$\boldsymbol{v}_2$，$\boldsymbol{v}_3$，…，$\boldsymbol{v}_n$ 组成，而这组向量可唯一地表达为

$$\boldsymbol{v}=(\alpha_1\boldsymbol{v}_1,\ \alpha_2\boldsymbol{v}_2,\ \alpha_3\boldsymbol{v}_3,\ \cdots,\ \alpha_n\boldsymbol{v}_n)$$

任意一点也可唯一地写成

$$P=P_0+\beta_1\boldsymbol{v}_1+\beta_2\boldsymbol{v}_2+\beta_3\boldsymbol{v}_3+\cdots+\beta_n\boldsymbol{v}_n$$

两组标量 $\{\alpha_1, \alpha_2, \alpha_3, \cdots, \alpha_n\}$ 和 $\{\beta_1, \beta_2, \beta_3, \cdots, \beta_n\}$ 分别给定了矢量和点的表示，每一表示都由 n 个标量组成。可以把 P_0 看做参考系的原点，所有其他的点都是由这个参考点来定义的。

☞ A.4 欧几里德空间

尽管仿射空间包含了构建几何模型必需的元素，但没有包含关于两点距离或向量长度的概念，而欧几里德空间则有这方面的定义。严格地讲，欧几里德空间只包含向量和标量。

假设 E 代表一个欧几里德空间，那么它是一个包含标量(α，β，γ，…)和矢量($\boldsymbol{u}$，$\boldsymbol{v}$，$\boldsymbol{w}$，…)的向量空间。假定这些标量都是实数，则增加一种新的运算——内积(点积)，即用两个矢量形成一个实数。内积必须满足下列性质：对任意三个矢量 $\boldsymbol{u}$、$\boldsymbol{v}$、$\boldsymbol{w}$ 和标量 α、β，有

$$\boldsymbol{u}\cdot\boldsymbol{v}=\boldsymbol{v}\cdot\boldsymbol{u}$$

$$(\alpha\boldsymbol{u}+\beta\boldsymbol{v})\cdot\boldsymbol{w}=\alpha\boldsymbol{u}\cdot\boldsymbol{w}+\beta\boldsymbol{v}\cdot\boldsymbol{w}$$

若 $\boldsymbol{v}\neq\mathbf{0}$，则

$$\boldsymbol{v}\cdot\boldsymbol{v}>0$$

$$\mathbf{0}\cdot\mathbf{0}=0$$

若 $\boldsymbol{u}\cdot\boldsymbol{v}=0$，则称 $\boldsymbol{u}$ 与 $\boldsymbol{v}$ 是正交的。向量长度的计算公式为

$$|\boldsymbol{v}|=\sqrt{\boldsymbol{v}\cdot\boldsymbol{v}}$$

根据仿射空间的概念，可以测量两点间的距离。对任意两点 P 和 Q，$P-Q$ 是一个向量，其长度为

$$|P-Q|=\sqrt{(P-Q)\cdot(P-Q)}$$

可用内积来定义两向量间夹角的度量

$$\boldsymbol{u}\cdot\boldsymbol{v}=|\boldsymbol{u}||\boldsymbol{v}|\cos\theta$$

易知，当两向量正交时，该公式中的 $\cos\theta=0$；当两向量平行时($\boldsymbol{u}=\alpha\boldsymbol{v}$)，$\cos\theta=\pm1$。

☞ A.5 矩 阵 运 算

设有一个 m 行 n 列的矩阵 $\boldsymbol{A}$：

$$\boldsymbol{A}_{m\times n}=\begin{bmatrix}a_{11} & a_{12} & \cdots & a_{1n}\\ a_{21} & a_{22} & \cdots & a_{2n}\\ \vdots & \vdots & \ddots & \vdots\\ a_{m1} & a_{m2} & \cdots & a_{mn}\end{bmatrix}$$

其中，$(a_{i1}, a_{i2}, a_{i3}, \cdots, a_{in})$被称为第 i $(1\leqslant i\leqslant n)$个行向量，$(a_{1j}, a_{2j}, a_{3j}, \cdots, a_{mj})^{\mathrm{T}}$被称为第 j $(1\leqslant j\leqslant m)$个列向量。

1. 矩阵的加法运算

设两个 $m\times n$ 阶的矩阵 $\boldsymbol{A}$ 和 $\boldsymbol{B}$，把它们对应位置的元素相加而得到的矩阵叫做 $\boldsymbol{A}$、$\boldsymbol{B}$ 的和，记为 $\boldsymbol{A}+\boldsymbol{B}$，即

$$\boldsymbol{A}+\boldsymbol{B}=\begin{bmatrix}a_{11}+b_{11} & a_{12}+b_{12} & \cdots & a_{1n}+b_{1n}\\ a_{21}+b_{21} & a_{22}+b_{22} & \cdots & a_{2n}+b_{2n}\\ \vdots & \vdots & \ddots & \vdots\\ a_{m1}+b_{m1} & a_{m2}+b_{m2} & \cdots & a_{mn}+b_{mn}\end{bmatrix}$$

只有两个矩阵的行数和列数都相同时才能使用矩阵的加法运算。

2. 数乘矩阵

用数 k 乘矩阵 $\boldsymbol{A}$ 的每个元素得到的矩阵叫做 k 与 $\boldsymbol{A}$ 之积，记为 $k\boldsymbol{A}$，即

$$k\boldsymbol{A}=\begin{bmatrix}ka_{11} & ka_{12} & \cdots & ka_{1n}\\ ka_{21} & ka_{22} & \cdots & ka_{2n}\\ \vdots & \vdots & \ddots & \vdots\\ ka_{m1} & ka_{m2} & \cdots & ka_{mn}\end{bmatrix}$$

3. 矩阵的乘法运算

只有当前一矩阵的列数等于后一矩阵的行数时，两个矩阵才能相乘，即

$$\boldsymbol{C}_{m\times n}=\boldsymbol{A}_{m\times p}\cdot\boldsymbol{B}_{p\times n}$$

矩阵 $\boldsymbol{C}$ 中的每个元素 $C_{ij}=\sum_{k=1}^{p}(a_{ik}\cdot b_{kj})$。

例如 $\boldsymbol{A}$ 为 2×3 的矩阵，$\boldsymbol{B}$ 为 3×2 的矩阵，则两者的乘积为

$$\boldsymbol{C}=\boldsymbol{A}\cdot\boldsymbol{B}=\begin{bmatrix}a_{11} & a_{12} & a_{13}\\ a_{21} & a_{22} & a_{23}\end{bmatrix}\begin{bmatrix}b_{11} & b_{12}\\ b_{21} & b_{22}\\ b_{31} & b_{32}\end{bmatrix}$$

$$=\begin{bmatrix}a_{11}b_{11}+a_{12}b_{21}+a_{13}b_{31} & a_{11}b_{12}+a_{12}b_{22}+a_{13}b_{32}\\ a_{21}b_{11}+a_{22}b_{21}+a_{23}b_{31} & a_{21}b_{12}+a_{22}b_{22}+a_{23}b_{32}\end{bmatrix}$$

4. 单位矩阵

对于一个 $n\times n$ 的矩阵，如果它的主对角线上的各元素均为 1，其余元素都为 0，则该矩阵称为单位阵，记为 $\boldsymbol{I}_n$。对于任意 $m\times n$ 的矩阵，恒有

$$\boldsymbol{A}_{m\times n}\cdot\boldsymbol{I}_n=\boldsymbol{A}_{m\times n}$$

$$\boldsymbol{I}_m\cdot\boldsymbol{A}_{m\times n}=\boldsymbol{A}_{m\times n}$$

5. 矩阵的转置

交换一个矩阵 $\boldsymbol{A}_{m\times n}$ 的所有行列元素，那么所得到的 $m\times n$ 矩阵被称为原有矩阵的转置，记为 $\boldsymbol{A}^{\mathrm{T}}$，即

$$\boldsymbol{A}^{\mathrm{T}}=\begin{bmatrix}a_{11} & a_{21} & \cdots & a_{m1}\\ a_{12} & a_{22} & \cdots & a_{m2}\\ \vdots & \vdots & \ddots & \vdots\\ a_{1n} & a_{2n} & \cdots & a_{mn}\end{bmatrix}$$

显然，$(\boldsymbol{A}^{\mathrm{T}})^{\mathrm{T}}=\boldsymbol{A}$，$(\boldsymbol{A}+\boldsymbol{B})^{\mathrm{T}}=(\boldsymbol{A}^{\mathrm{T}}+\boldsymbol{B}^{\mathrm{T}})$，$(k\boldsymbol{A})^{\mathrm{T}}=k\boldsymbol{A}^{\mathrm{T}}$。

但是对于矩阵的积，有 $(\boldsymbol{A}\cdot\boldsymbol{B})^{\mathrm{T}}=\boldsymbol{B}^{\mathrm{T}}\cdot\boldsymbol{A}^{\mathrm{T}}$。

6. 矩阵的逆

对于一个 $n\times n$ 的方阵 $\boldsymbol{A}$，如果存在一个 $n\times n$ 的方阵 $\boldsymbol{B}$，使得 $\boldsymbol{A}\cdot\boldsymbol{B}=\boldsymbol{B}\cdot\boldsymbol{A}=\boldsymbol{I}_n$，则称 $\boldsymbol{B}$ 是 $\boldsymbol{A}$ 的逆，记为 $\boldsymbol{B}=\boldsymbol{A}^{-1}$，同时称 $\boldsymbol{A}$ 为非奇异矩阵。

矩阵的逆是相互的，同样也有 $\boldsymbol{A}=\boldsymbol{B}^{-1}$，$\boldsymbol{B}$ 也是一个非奇异矩阵。

任何非奇异矩阵有且只有一个逆矩阵。

7. 矩阵运算的基本性质

(1) 矩阵加法的交换律与结合律。

$$\boldsymbol{A}+\boldsymbol{B}=\boldsymbol{B}+\boldsymbol{A}$$

$$\boldsymbol{A}+(\boldsymbol{B}+\boldsymbol{C})=(\boldsymbol{A}+\boldsymbol{B})+\boldsymbol{C}$$

(2) 矩阵数乘的分配律与结合律。

$$\alpha(\boldsymbol{A}+\boldsymbol{B})=\alpha\boldsymbol{A}+\alpha\boldsymbol{B}$$

$$\alpha(\boldsymbol{A}\cdot\boldsymbol{B})=(\alpha\boldsymbol{A})\cdot\boldsymbol{B}=\boldsymbol{A}\cdot\alpha\boldsymbol{B}$$

(3) 矩阵乘法的结合律。

$$\boldsymbol{A}(\boldsymbol{B}\cdot\boldsymbol{C})=(\boldsymbol{A}\cdot\boldsymbol{B})\boldsymbol{C}$$

(4) 矩阵乘法对加法的分配律。

$$(\boldsymbol{A}+\boldsymbol{B})\boldsymbol{C}=\boldsymbol{AC}+\boldsymbol{BC}$$

$$\boldsymbol{C}(\boldsymbol{A}+\boldsymbol{B})=\boldsymbol{CA}+\boldsymbol{CB}$$

(5) 矩阵的乘法不适合交换律。

$$\boldsymbol{A}\cdot\boldsymbol{B}\neq\boldsymbol{B}\cdot\boldsymbol{A}$$

☞ A.6 齐次坐标

所谓齐次坐标，就是将一个原本是 n 维的向量用一个 $n+1$ 维向量来表示，如向量 $(x_1, x_2, \cdots, x_n)$ 的齐次坐标表示为 $[hx_1, hx_2, \cdots, hx_n, h]$，其中 h 是一个实数。显然，一个向量的齐次表示不是唯一的，齐次坐标的 h 取不同的值都表示的是同一个点，例如齐次坐标[8，4，2]、[4，2，1]表示的都是二维点[2，1]。

引入齐次坐标的优点在于：

(1) 提供了用矩阵运算把二维、三维甚至高维空间中的一个点集从一个坐标系变换到另一坐标系的有效方法。

(2) 可以表示无穷远点。$n+1$ 维的齐次坐标中如果 $h=0$，实际上就表示了 n 维空间中的无穷远点。对于齐次坐标 $[a, b, h]$，保持 a、b 不变，$h\to 0$ 的过程就表示了在二维坐标中一个点沿直线 $ax+by=0$ 逐渐走向无穷远的过程。

☞ A.7 线性方程组的求解

对于一个有 n 个未知数的方程组

$$\begin{cases} a_{11}x_1+a_{12}x_2+\cdots a_{1n}x_n=b_1 \\ a_{21}x_1+a_{22}x_2+\cdots a_{2n}x_n=b_2 \\ \quad\vdots \\ a_{n1}x_1+a_{n2}x_2+\cdots a_{nn}x_n=b_n \end{cases}$$

将其表示为矩阵形式 $\boldsymbol{A}X=\boldsymbol{b}$，$\boldsymbol{A}$ 为系数矩阵。该方程有唯一解的条件是：$\boldsymbol{A}$ 是非奇异矩阵，则方程的解为 $X=\boldsymbol{A}^{-1}\boldsymbol{b}$。

附录 B　图形的几何变换

☞ B.1 坐标变换

实际的窗口区与视图区大小往往不一样，要在视图区正确地显示形体，必须将其从窗口区变换到视图区。

由比例关系，两者的变换公式为(如图 B.1 所示)

$$x_v - vxl = \frac{vxr - vxl}{wxr - wxl}(x_w - wxl)$$

$$y_v - vyb = \frac{vyt - vyb}{wyt - wyb}(y_w - wyb)$$

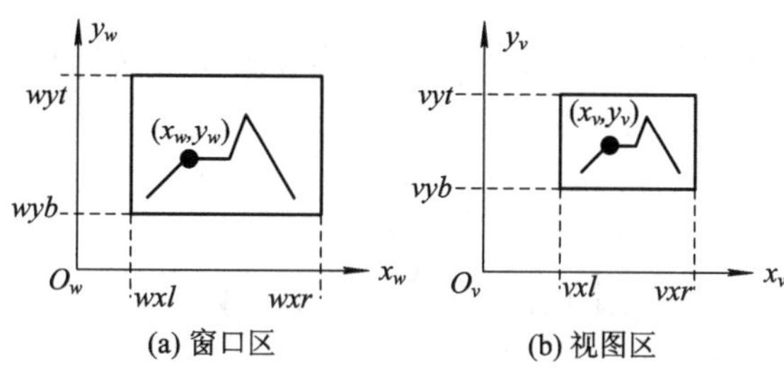

图 B.1　窗口区到视图区的坐标变换

可简单地将二者的关系表示为

$$\begin{cases} x_v = a \cdot x_w + b \\ y_v = c \cdot y_w + d \end{cases}$$

这里

$$a = \frac{vxr - vxl}{wxr - wxl}$$

$$b = vxl - \frac{vxr - vxl}{wxr - wxl} \cdot wxl$$

$$c = \frac{vyt - vyb}{wyt - wyb}$$

$$d = vyb - \frac{vyt - vyb}{wyt - wyb} \cdot wyb$$

用矩阵表示为

$$\begin{bmatrix} x_v \\ y_v \\ 1 \end{bmatrix} = \begin{bmatrix} a & 0 & b \\ 0 & c & d \\ 0 & 0 & 1 \end{bmatrix} \begin{bmatrix} x_w \\ y_w \\ 1 \end{bmatrix}$$

☞ B.2　二维图形的几何变换

在附录 A 中提到，用齐次坐标表示点的变换非常方便，因此在附录 B 中所有的几何变换都将采用齐次坐标进行运算。

二维齐次坐标变换的矩阵形式是

$$\left[\begin{array}{cc:c} a & b & c \\ \hdashline d & e & f \\ g & h & i \end{array}\right]$$

该矩阵的每个元素都有特殊含义，其中，$\begin{bmatrix} a & b \\ d & e \end{bmatrix}$可对图形进行缩放、旋转、对称和错切等变换，$\begin{bmatrix} c \\ f \end{bmatrix}$可对图形进行平移变换，$[g \quad h]$可对图形作投影变换；$[i]$可对图形整体进行缩放变换。

1. 平移变换

平移变换是通过将平移位移量加到一个点的坐标上以生成一个新的坐标位置的过程来实现的，如图 B.2 所示。变换矩阵如下：

$$\begin{bmatrix} x' \\ y' \\ 1 \end{bmatrix} = \begin{bmatrix} 1 & 0 & t_x \\ 0 & 1 & t_y \\ 0 & 0 & 1 \end{bmatrix} \cdot \begin{bmatrix} x \\ y \\ 1 \end{bmatrix}$$

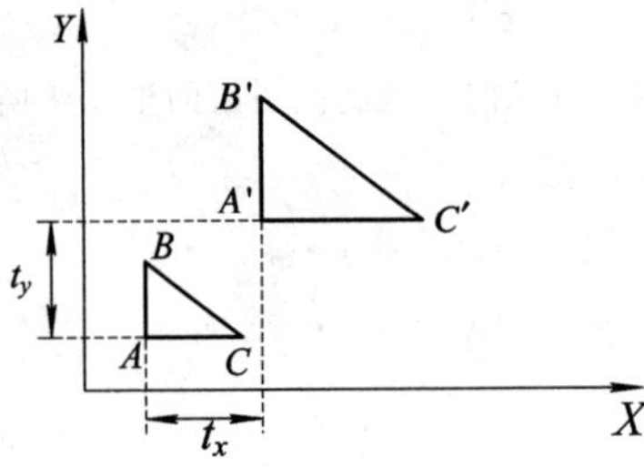

图 B.2　平移变换

2. 旋转变换

旋转变换是指通过制定一个旋转轴和一个旋转角度，将图像对象按指定角度围绕旋转轴旋转的刚体变换。在直角坐标平面中，将二维图形绕原点旋转 θ 角的变换形式如下：

$$\begin{bmatrix} x' \\ y' \\ 1 \end{bmatrix} = \begin{bmatrix} \cos\theta & -\sin\theta & 0 \\ \sin\theta & \cos\theta & 0 \\ 0 & 0 & 1 \end{bmatrix} \cdot \begin{bmatrix} x \\ y \\ 1 \end{bmatrix} = \begin{bmatrix} x\cos\theta - y\sin\theta \\ x\sin\theta + y\cos\theta \\ 1 \end{bmatrix} = R(\theta) \begin{bmatrix} x \\ y \\ 1 \end{bmatrix}$$

逆时针旋转 θ 取正值，顺时针旋转 θ 取负值，如图 B.3 所示。

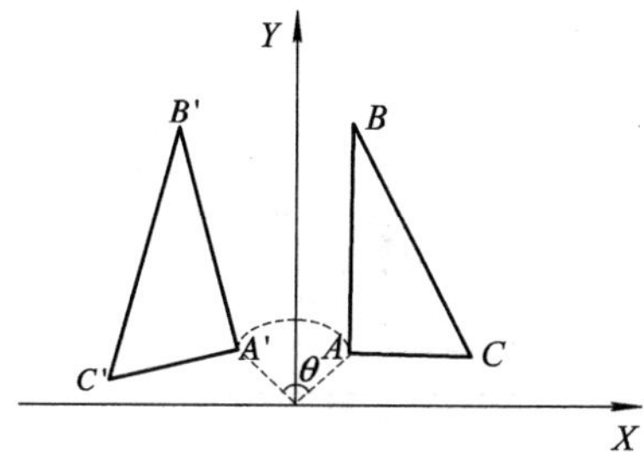

图 B.3 相对原点旋转 θ 角

3. 缩放变换

缩放变换是一种改变图形对象大小的非刚体变换。经过缩放变换，图形的大小与位置同时发生变化，如图 B.4 所示。二维缩放变换公式如下：

$$x' = x \cdot S_x, \quad y' = y \cdot S_y$$

表示成矩阵形式为

$$\begin{bmatrix} x' \\ y' \\ 1 \end{bmatrix} = \begin{bmatrix} S_x & 0 & 0 \\ 0 & S_y & 0 \\ 0 & 0 & 1 \end{bmatrix} \cdot \begin{bmatrix} x \\ y \\ 1 \end{bmatrix}$$

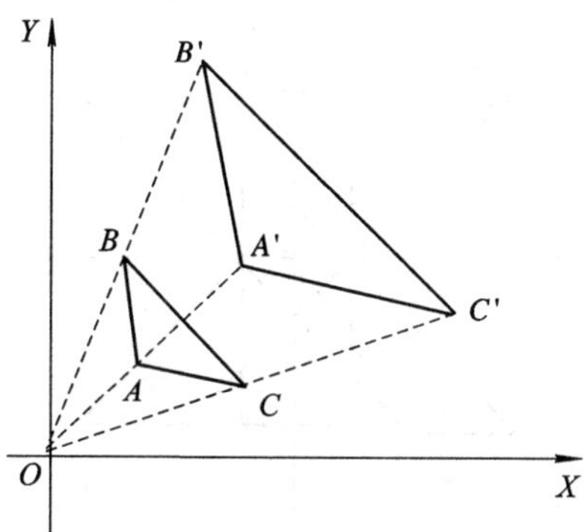

图 B.4 缩放

4. 对称变换

对称变换是围绕某一对称轴产生镜像图形的变换。变换矩阵如下：

$$\begin{bmatrix} x' \\ y' \\ 1 \end{bmatrix} = \begin{bmatrix} a & b & 0 \\ d & e & 0 \\ 0 & 0 & 1 \end{bmatrix} \begin{bmatrix} x \\ y \\ 1 \end{bmatrix} = \begin{bmatrix} ax + by \\ dx + ey \\ 1 \end{bmatrix}$$

对称变换其实只是 a、b、c、d、e 取 0、1 等特殊值产生的一些特殊效果，如：

当 $b=d=0$，$a=-1$，$e=1$ 时，有 $x'=-x$，$y'=y$，产生关于 y 轴对称的图形，见图 B.5；

当 $b=d=0$，$a=1$，$e=-1$ 时，有 $x'=x$，$y'=-y$，产生关于 x 轴对称的图形；

当 $b=d=0$，$a=e=-1$ 时，有 $x'=-x$，$y'=-y$，产生关于原点对称的图形；

当 $b=d=1$，$a=e=0$ 时，有 $x'=y$，$y'=x$，产生关于直线 $y=x$ 对称的图形；

当 $b=d=-1$，$a=e=0$ 时，有 $x'=-y$，$y'=-x$，产生关于直线 $y=-x$ 对称的图形。

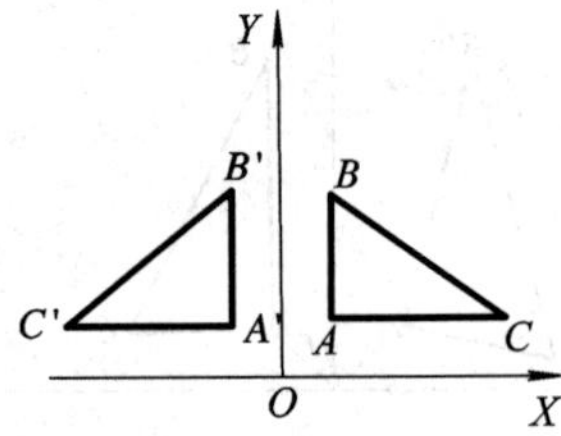

图 B.5 关于 Y 轴对称变换

5. 错切变换

错切变换是一种使对象形状相对某个坐标轴发生比例变化的变换。其效果相当于对象内部夹层沿某一坐标方向发生滑动。变换矩阵如下：

$$\begin{bmatrix} x' \\ y' \\ 1 \end{bmatrix} = \begin{bmatrix} 1 & b & 0 \\ d & 1 & 0 \\ 0 & 0 & 1 \end{bmatrix} \begin{bmatrix} x \\ y \\ 1 \end{bmatrix} = \begin{bmatrix} x+by \\ dx+y \\ 1 \end{bmatrix}$$

(1) 当 $d=0$ 时，$x'=x+by$，$y'=y$，此时图形的 y 坐标不变，x 坐标随初值 (x, y) 及变换系数 b 作线性变化，如图 B.6 所示。

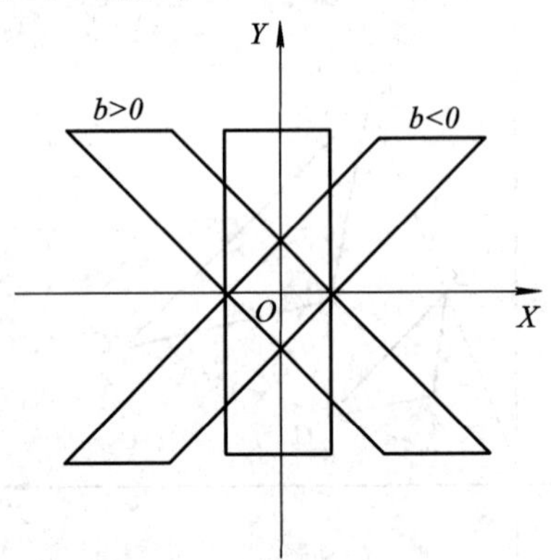

图 B.6 X 方向错切变换

(2) 当 $b=0$ 时，$x'=x$，$y'=dx+y$，此时图形的 x 坐标不变，y 坐标随初值 (x, y) 及变换系数 d 作线性变化，如图 B.7 所示。

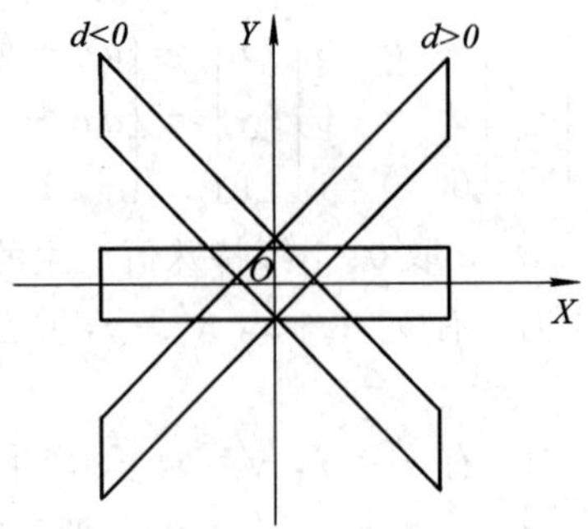

图 B.7 Y 方向错切变换

6. 复合变换

如果图形要做一次以上的几何变换，那么可以将各个变换矩阵综合起来进行一步到位变换。复合变换有如下的性质：

(1) 复合平移。对同一图形做两次平移相当于将两次的平移相加，即

$$\boldsymbol{T}(t_{x2},\ t_{y2})\cdot\boldsymbol{T}(t_{x1},\ t_{y1})=\begin{bmatrix}1&0&t_{x2}\\0&1&t_{y2}\\0&0&1\end{bmatrix}\begin{bmatrix}1&0&t_{x1}\\0&1&t_{y1}\\0&0&1\end{bmatrix}$$

$$=\begin{bmatrix}1&0&t_{x2}+t_{x1}\\0&1&t_{y2}+t_{y1}\\0&0&1\end{bmatrix}$$

$$=\boldsymbol{T}(t_{x2}+t_{x1},\ t_{y2}+t_{y1})$$

(2) 复合缩放。两次连续的缩放相当于将缩放操作相乘，即

$$\boldsymbol{S}(s_{x2},\ s_{y2})\cdot\boldsymbol{S}(s_{x1},\ s_{y1})=\begin{bmatrix}s_{x2}&0&0\\0&s_{y2}&0\\0&0&1\end{bmatrix}\begin{bmatrix}s_{x1}&0&0\\0&s_{y1}&0\\0&0&1\end{bmatrix}$$

$$=\begin{bmatrix}s_{x2}\cdot s_{x1}&0&0\\0&s_{y2}\cdot s_{y1}&0\\0&0&1\end{bmatrix}$$

$$=\boldsymbol{S}(s_{x2}\cdot s_{x1},\ s_{y2}\cdot s_{y1})$$

(3) 复合旋转。两次连续的旋转相当于将两次的旋转角度相加，即

$$\boldsymbol{R}(\theta_2)\cdot\boldsymbol{R}(\theta_1)=\begin{bmatrix}\cos\theta_2&-\sin\theta_2&0\\\sin\theta_2&\cos\theta_2&0\\0&0&1\end{bmatrix}\begin{bmatrix}\cos\theta_1&-\sin\theta_1&0\\\sin\theta_1&\cos\theta_1.&0\\0&0&1\end{bmatrix}$$

$$=\begin{bmatrix}\cos(\theta_2+\theta_1)&-\sin(\theta_2+\theta_1)&0\\\sin(\theta_2+\theta_1)&\cos(\theta_2+\theta_1)&0\\0&0&1\end{bmatrix}$$

$$=\boldsymbol{R}(\theta_2+\theta_1)$$

(4) 关于点 $(x_f,\ y_f)$ 的缩放变换。缩放、旋转变换都与参考点有关，上面进行的各种变换都是以原点为参考点的。如果相对某个一般的参考点 $(x_f,\ y_f)$ 作缩放、旋转变换，则相当于将该点移动到坐标原点处，然后进行缩放、旋转变换，最后将点 $(x_f,\ y_f)$ 移回原来的位置。复合变换时，先作用的变换矩阵在右端，后作用的变换矩阵在左端。

$$\boldsymbol{S}(x_f,\ y_f;\ s_x,\ s_y)=\boldsymbol{T}(x_f,\ y_f)\cdot\boldsymbol{S}(s_x,\ s_y)\cdot\boldsymbol{T}(-x_f,\ -y_f)$$

$$=\begin{bmatrix}1&0&x_f\\0&1&y_f\\0&0&1\end{bmatrix}\begin{bmatrix}s_x&0&0\\0&s_y&0\\0&0&1\end{bmatrix}\begin{bmatrix}1&0&-x_f\\0&1&-y_f\\0&0&1\end{bmatrix}$$

$$=\begin{bmatrix}s_x&0&x_f(1-s_x)\\0&s_y&y_f(1-s_y)\\0&0&1\end{bmatrix}$$

(5) 绕点(x_f, y_f)的旋转变换。

$$\begin{aligned}\boldsymbol{R}(x_f, y_f;\theta) &= \boldsymbol{T}(x_f, y_f)\cdot\boldsymbol{R}(\theta)\cdot\boldsymbol{T}(-x_f, -y_f)\\ &= \begin{bmatrix}1 & 0 & x_f\\ 0 & 1 & y_f\\ 0 & 0 & 1\end{bmatrix}\begin{bmatrix}\cos\theta & -\sin\theta & 0\\ \sin\theta & \cos\theta & 0\\ 0 & 0 & 1\end{bmatrix}\begin{bmatrix}1 & 0 & -x_f\\ 0 & 1 & -y_f\\ 0 & 0 & 1\end{bmatrix}\\ &= \begin{bmatrix}\cos\theta & -\sin\theta & x_f(1-\cos\theta)+y_f\sin\theta\\ \sin\theta & \cos\theta & y_f(1-\cos\theta)-x_f\sin\theta\\ 0 & 0 & 1\end{bmatrix}\end{aligned}$$

参 考 文 献

[1] Presland S, Farrimond B, Hazlewood P, et al. Creating Complex Interactive 3D Visualisations of Naval Battles from Natural Language Narratives. Liverpool Hope University, 2010

[2] Lewis J, Brown D, Cranton W, et al. Simulating Visual Impairments Using the Unreal Engine 3 Game engine. School of Computing & Technology, UK, 2010

[3] Placitelli A P, Gallo L. 3D Point Cloud Sensors for Low-cost Medical In-situ Visualization. Institute of High Performance Computing and Networking, National Research Council of Italy, ICAR-CNR, 2011

[4] Hearn D, Baker M P. 计算机图形学. 3 版. 蔡士杰，等，译. 北京：电子工业出版社，2005

[5] 任爱华，谢淼. 计算机图形学. 北京：电子工业出版社，2011

[6] Gonzalez R C, Woods R E. 数字图像处理. 3 版. 阮秋琦，等，译. 北京：电子工业出版社，2011

[7] Foley J D，等. 计算机图形学导论. 董士海，等，译. 北京：机械工业出版社，2004

[8] Gui Guofu, Jiang Lingge, He Chen. A New Asymmetric Watermarking Scheme Based on A Real Fractional DCT - 1 Trsnsform. Journal of Zhejiang University SCIENCE A, 2006, 7(3): 285 - 288

[9] 许海峰. 基于 DCT 域的图像后处理技术. 上海：上海交通大学博士研究生学位论文，2007

[10] 靳简明，江红英，王庆人. 数学公式图像处理综述. 模式识别与人工智能，2005，18(4)：429 - 440

[11] (美)T. 帕夫利迪斯. 计算机图形显示和图像处理的算法. 吴成柯，译. 北京：科学出版社，1987.

[12] Huang Kai, Yan Xiaolang, Sang-il HAN，等. Gradual refinement for Application-Specific MPSoC Design from Simulink Model to RTL implementation. 浙江大学学报英文版. A 辑：应用物理和工程，2009，10(2)：151 - 164

[13] 贾志科，崔慧娟，唐昆. 改进的 SPIHT 静止图像压缩编码算法，清华大学学报自然科学版，2011，41(7)：25 - 28

[14] 赵珊，汤永利，刘静. 基于 DCT 系数空间分布的 JPEG 图像检索算法. 北京邮电大学学报，2009，32(5)：32 - 35

[15] 许新征，丁世飞，史忠植，等. 图像分割的新理论和新方法. 电子学报，2010，38(2A)：76 - 82

[16] 蔺志青，郭军. 贝叶斯分类器在手写汉字识别中的应用. 电子学报，2002，30(12)：1 - 4

[17] 边肇祺，张学工. 模式识别. 2版. 北京：清华大学出版社，2000
[18] 曲福恒，马驷良，胡雅婷. 一种基于核的模糊聚类算法. 吉林大学学报：理学版，2008，46(6)：1137-1141
[19] Backer E，Jain A K. A Clustering Performance Measure Based on Fuzzy Set Decomposition. IEEE Trans PAMI，1981，3(1)：66
[20] Kennedy J，Eberhart R C. Particle Swarm Optimization. Proceedings of IEEE International Conference on Neural Networks. Perth，Australia，1995. 1942-1948
[21] 刘大力，刘泽民. 多层前向神经网络中BP算法的误调分析及其改进的算法. 电子学报，1995(1)：117-120
[22] 詹青龙，卢爱芹. 数字图像处理技术. 北京：清华大学出版社，2010
[23] 康牧. 图像处理中几个关键算法的研究. 西安：西安电子科技大学博士研究生学位论文，2009
[24] 严国萍，戴若愚，潘晴，等. 基于LOG算子的自适应图像边缘检测方法. 华中科技大学学报：自然科技版，2008，36(3)：85-87
[25] 陶新民，徐晶，杨李彪，等. 一种改进的粒子群和K均值混合聚类算法. 电子与信息学报，2010，32(1)：92-97
[26] 李云松. 实时军事图像编码研究. 西安：西安电子科技大学博士研究生学位论文，2002
[27] 张曦煌，杜俊俐. 计算机图形学. 北京：北京邮电大学出版社，2006
[28] 李春雨. 计算机图形学理论与实践. 北京：北京航空航天大学出版社，2004
[29] 焦永和. 机械制图. 北京：北京理工大学出版社，2001
[30] 卢迪，李大辉，吴海涛. 计算机图形学原理及应用. 北京：国防工业出版社，2009
[31] 宗志坚. CAD/CAM技术. 北京：机械工业出版社，2001
[32] 张义宽. 计算机图形学. 西安：西安电子科技大学出版社，2004
[33] 吴庆标，韩丹夫. 计算机图形学. 杭州：浙江大学出版社，2006
[34] 张铮，王艳平，薛桂香. 数字图像处理与机器视觉：Visual C++与Matlab实现. 北京：人民邮电出版社，2010
[35] 张永恒. 工程优化设计与MATLAB实现(修订版). 北京：清华大学出版社，2011
[36] 张焰林，朱敏. 基于多特征的指纹图像分割算法. 计算机系统应用，2008(10)：43-46